BdWi-Verlag

Ökologisches Erbe und ökologische Hinterlassenschaft

Horst Paucke

Forum Wissenschaft Studien **34**

Die Deutsche Bibliothek – CIP-Einheitsaufnahme

Paucke, Horst:
Ökologisches Erbe und ökologische Hinterlassenschaft /
Horst Paucke – 1. Aufl. – Marburg : BdWi-Verl., 1996
    (Forum Wissenschaft : Studien ; Bd. 34)
    ISBN 3-924684-61-8
NE: Forum Wissenschaft / Studien

Forschungsstelle für Umweltpolitik der
Freien Universität Berlin

Umwelthinweis:
Umschlag und Innenteil dieses Buches sind auf
chlorfrei gebleichtem Zellstoff gedruckt

Verlag: BdWi-Verlag – Verlag des Bundes demokratischer Wissenschaftlerinnen und Wissenschaftler (BdWi) [VN 11351]
Postfach 543 • D – 35017 Marburg
Gisselberger Str. 7 • D – 35037 Marburg
Tel. (06421) 2 13 95 • Fax 2 46 54

© BdWi-Verlag Marburg, 1. Aufl. – April 1996
Alle Rechte vorbehalten
Satz und Layout: Gerd Kempken (Marburg)
Umschlag: Gerd Kempken / gfd Knaab
Gestaltung / Ausstattung: Gerd Kempken
Druck: Difo-Druck, Bamberg

Preis: 39,80 DM / 300,- öS / 39,80 sFR
ISBN 3-924684-61-8
BdWi-Verlag

Dieses Buch ist urheberrechtlich geschützt. Jegliche, auch teilweise Nach- und / oder Abdrucke bzw. Vervielfältigungen oder sonstige Verwertungen des in diesem Band enthaltenen Textes sind ohne schriftliche Genehmigung des Verlages unzulässig. Die Rechte am Text in seiner Gesamtheit liegen ausschließlich beim Autor bzw. bei den in den Quellennachweisen genannten Personen, Verlagen oder Institutionen.

Inhalt

1. Einleitende Bemerkungen 11
2. **Naturverständnis in der Geschichte** 14
   - 2.1. Naturverständnis der Antike 14
     - 2.1.1. Ionische Naturphilosophie 15
     - 2.1.2. Weitere Vertreter des Gedankens der Natureinheit 15
     - 2.1.3. Lehre von den Elementen und Atomen 16
     - 2.1.4. Mensch als Maß aller Dinge 18
     - 2.1.5. Platonisches Weltsystem 20
     - 2.1.6. Aristotelisches Weltsystem 20
     - 2.1.7. Hellenistisches Naturverständnis 22
   - 2.2. Christliche Naturphilosophie 26
   - 2.3. Naturverständnis der Renaissance 29
   - 2.4. Naturverständnis zwischen Renaissance und Aufklärung 32
     - 2.4.1. Naturverständnis von Galileo Galilei 33
     - 2.4.2. Naturverständnis von Francis Bacon 34
     - 2.4.3. Naturverständnis von Rene Descartes 35
     - 2.4.4. Naturverständnis von Thomas Hobbes 37
     - 2.4.5. Naturverständnis von John Locke 38
     - 2.4.6. Naturverständnis von Baruch Spinoza 38
     - 2.4.7. Naturverständnis von Isaac Newton 40
     - 2.4.8. Naturverständnis von Gottfried Wilhelm Leibniz 41
   - 2.5. Naturverständnis der Aufklärung 43
     - 2.5.1. Naturverständnis der englischen Aufklärung 44
     - 2.5.2. Naturverständnis der französischen Aufklärung 45
       - 2.5.2.1. Naturverständnis von Charles Louis Montesquieu . . 46
       - 2.5.2.2. Naturverständnis von Francois Marie Voltaire . . . 47
       - 2.5.2.3. Naturverständnis der französischen Materialisten . . 49
       - 2.5.2.4. Naturverständnis von Jean Jaques Rousseau 55
       - 2.5.2.5. Naturverständnis der Physiokraten 59
       - 2.5.2.6. Naturverständnis von Pierre Simon de Laplace . . . 60
     - 2.5.3. Naturverständnis der deutschen Aufklärung 61
       - 2.5.3.1. Naturverständnis von Christian Wolff 61
       - 2.5.3.2. Naturverständnis von Immanuel Kant 62
       - 2.5.3.3. Naturverständnis von Johann Gottlieb Fichte 66
       - 2.5.3.4. Naturverständnis von Friedrich Wilhelm Joseph Schelling 69

	2.5.3.5. Naturverständnis von Georg Wilhelm Friedrich Hegel	74
	2.5.3.6. Naturverständnis von Ludwig Feuerbach	78
2.6.	Naturverständnis der klassischen deutschen Literatur	82
	2.6.1. Naturverständnis von Johann Gottfried Herder	83
	2.6.2. Naturverständnis von Friedrich Schiller	86
	2.6.3. Naturverständnis von Johann Wolfgang von Goethe	89
2.7.	Naturverständnis der Moderne	94
	2.7.1. Naturverständnis von Karl Marx und Friedrich Engels	95
	2.7.1.1. Konzept der Veränderung von Natur und Gesellschaft	95
	2.7.1.2. Stoffwechsel-Konzept	99
	2.7.1.3. Ökologisierungs-Konzept	100
	2.7.1.4. Theoretische Quellen	102
	2.7.2. Naturverständnis von Ernst Haeckel	104
	2.7.3. Naturverständnis von Wilhelm Ostwald	107
	2.7.4. Naturverständnis von Wladimir Iwanowitsch Wernadski	108
	2.7.5. Naturverständnis von Albert Schweitzer	111
	2.7.6. Was ist Natur?	114
3. Naturbeherrschung und Naturorientierung		**116**
3.1.	Herrschaft über die Natur?	116
	3.1.1. Gewollte und vorhergesehene Wirkungen	120
	3.1.2. Ungewollte und vorhergesehene Wirkungen	121
	3.1.3. Gewollte und unvorhergesehene Wirkungen	123
	3.1.4. Ungewollte und unvorhergesehene Wirkungen	124
	3.1.5. Tradition und Verantwortung	125
3.2.	Naturnutzung und ihre Folgen in der Geschichte	128
	3.2.1. Naturnutzung und ihre Folgen in der Urgesellschaft	128
	3.2.2. Naturnutzung und ihre Folgen in der Sklaverei	129
	3.2.3. Naturnutzung und ihre Folgen im Feudalismus	131
	3.2.4. Naturnutzung und ihre Folgen im Kapitalismus	132
	3.2.5. Entwicklungskonzeptionen und Entwicklungschancen	136
3.3.	Beziehungen zwischen wissenschaftlich-technischem Fortschritt und rationeller Naturnutzung in der Marxschen Theorie – Inhalt, Interpretation, Irrtum	140
	3.3.1. Aneignung der Natur im Arbeits- und Produktionsprozeß	140
	3.3.2. Wesen und soziale Funktion der Technik	142
	3.3.3. Gemeinsamkeiten und Unterschiede der Technik verschiedener Epochen	144

3.3.4. Triebkräfte der technischen Entwicklung	147
3.3.5. Vervollkommnung und Umgestaltung der Produktionsprozesse	149
3.4. Folgen der Naturnutzung und Schwierigkeiten ihrer Ermittlung	153
3.4.1. Wert und Bewertung	153
3.4.2. Problematik des Bruttosozialprodukt-Konzeptes	158
3.4.3. Folgekosten der Luftbelastung	163
3.4.4. Folgekosten der Waldschäden	166
3.4.5. Folgekosten der Bodenbelastung	169
3.4.6. Folgekosten der Wasserbelastung	171
3.4.7. Gesundheitliche Folgekosten der Umweltbelastung	172
3.4.8. Ökologische Schadensbilanz	174
3.5. Naturorientierung durch Ökologisierung	176
3.5.1. Von den Nebenwirkungen der Produktion zum Ökologisierungskonzept	177
3.5.2. Orientierung an der Natur	179
3.5.3. Ökologisierung der Produktion	181
3.5.4. Nachhaltigkeit durch Ökologisierung	190
3.5.4.1. Nachhaltigkeit in der Forstwirtschaft	190
3.5.4.2. Nachhaltigkeit in der Wirtschaft	195
4. Umgang mit dem ökologischen Erbe	**203**
4.1. Rolle der Umwelt auf den Plenartagungen des Zentralkomitees der SED	203
4.2. Rolle der Umwelt im Rat für gegenseitige Wirtschaftshilfe	209
4.3. Rolle der Umwelt in der Gesellschaft für Natur und Umwelt	214
4.3.1. Vorgeschichte der GNU	214
4.3.2. Gründung der GNU	218
4.3.3. Ziele und Aufgaben der GNU	219
4.3.4. Entwicklung der GNU	222
4.3.5. Auflösung der GNU	227
4.3.6. Ursachen des Zerfalls der GNU	232
4.3.6.1. Historische Ursachen	232
4.3.6.2. Politische Ursachen	232
4.3.6.3. Sozialökonomische Ursachen	236
4.4. Rolle der Umwelt in der Kammer der Technik	238
5. Ökologische Hinterlassenschaft und Trends der Umweltsanierung	**247**
5.1. Luftbelastung	248
5.2. Wasserbelastung	251
5.3. Bodenbelastung	256

5.4. Waldschäden 259
　　5.5. Lärmbelastung 262
　　5.6. Gesamtsituation 263

6. Abschließende Bemerkungen 265

7. Literaturverzeichnis 267

8. Personenverzeichnis 279

9. Sachwortverzeichnis 284

10. Abkürzungsverzeichnis 291

1. Einleitende Bemerkungen

> Das letztere, was man findet,
> wenn man ein Werk schreibt,
> ist zu wissen, was man
> an den Anfang stellen soll.
>
> *Blaise Pascal*

Wie bereits im Buch „Chancen für Umweltpolitik und Umweltforschung" 1994 angekündigt[1], wird mit dem nunmehr vorliegenden Buch die Absicht fortgesetzt, die Umweltpolitik der ehemaligen DDR aufzuarbeiten. Daß dies nur sachlich und kritisch erfolgen kann, versteht sich von selbst. Bereits Leopold Ranke äußerte 1824 in seiner kleinen und in vieler Hinsicht auch heute noch aktuellen Schrift „Zur Kritik neuerer Geschichtsschreiber": „Man hat der Historie das Amt, die Vergangenheit zu richten, die Mitwelt zum Nutzen zukünftiger Jahre zu belehren, beigemessen; so hoher Ämter unterwindet sich gegenwärtiger Versuch nicht: er will bloß sagen, wie es eigentlich gewesen".[2] Hierin liegen aber auch die wirklichen Schwierigkeiten der Geschichtsaufarbeitung. Denn es ist natürlich ein Unterschied, ob man die Geschichte von „innen" erlebt oder von „außen" beeinflußt bzw. lediglich beurteilt.

In Zusammenhang mit dem ersten Buch regte Hubert Markl an, bei der wissenschaftshistorischen Bearbeitung gesellschaftlich sensibler Themen, wie der Umweltproblematik, die historischen Aspekte mit der Problemlage der Gegenwart stärker zu verbinden, um die früheren mit den noch vorhandenen Umweltproblemen besser vergleichen und die dabei erreichten Ergebnisse eindeutiger fixieren zu können.[3] Diese Anregung gefiel mir und trug dazu bei, dem vorliegenden Buch inhaltlich eine entsprechende Ausrichtung zu geben.

Der Inhalt des Buches gliedert sich in mehrere Hauptkapitel. Zunächst einmal geht es darum, das Naturverständnis in der Geschichte zu erfassen, in dem sich ein Stück Natur- und Kulturgeschichte der Menschheit widerspiegelt. Es bildet gewissermaßen das geistige Erbe der Menschheit auf ökologischem Gebiet, in dem sich ihr natürliches Erbe bis zu einem gewissen Grade reflektiert. Mir war von vornherein klar, daß es sich hier nur um eine kurze und unvollständige Skizze handeln konnte, die aber selbst in dieser Unvollständigkeit derzeitig noch nicht

---

1) Paucke, H.: Chancen für Umweltpolitik und Umweltforschung. Marburg: BdWi-Verlag 1994
2) Ranke, L.: Historische Charakterbilder. Berlin: Deutsche Buchgemeinschaft, S. 8
3) Markl, H.: Schreiben vom 1. Februar 1995

vorliegt. Das gab nicht zuletzt den Ausschlag für den Entschluß, diese Thematik in Angriff zu nehmen, zumal ich sie schon jahrelang vor mir herschob. Sie ist es in jedem Falle wert, weiter ausgebaut und vervollständigt zu werden, um einen geschlossenen Überblick über die Naturauffassung großer Denker verschiedener Zeitepochen zu erhalten und daraus die notwendigen Schlußfolgerungen zu ziehen. Denn nur wer die Vergangenheit kennt, kann im Sinne von Johann Heinrich Pestalozzi (1746 – 1827) die Gegenwart begreifen und die Zukunft gestalten. Schon die gegenwärtigen Umweltprobleme sind Grund genug, mit diesem geistigen Menschheitserbe pfleglich umzugehen.

Danach schließen sich Fragen von Naturbeherrschung und Naturorientierung an, die sich vor allem mit der rationellen Gestaltung des Mensch-Natur-Verhältnisses in der Geschichte befassen und die Rolle des wissenschaftlich-technischen Fortschritts beleuchten. Seine Ausrichtung mittels gesellschaftlicher Gewinnerzielungsinteressen hat zu vielen negativen Folgen geführt, die nur durch eine Ökologisierung von Wirtschaft und Gesellschaft im allgemeinen und der Produktionstechnologien im besonderen überwunden werden können. Nur so läßt sich ein „Zurück zur Natur" in einer nachindustriellen Gesellschaft verwirklichen, wobei es wohl kaum möglich sein wird, generell vom „sündigen Stadtleben" zum „jungfräulichen Landleben" überzugehen. Das ist eine faszinierende Vision aus den Kindheitsjahren der Menschheit, die man sich aber bewahren sollte. Es wird ohnehin genügend Probleme geben, die ökonomischen, ökologischen, sozialen, technischen, humanen und ethischen Ziele und Interessen miteinander in Einklang zu bringen, um die Menschheit vor dem Verfall zu bewahren.

Schließlich wird der Frage nachgegangen, wie in der DDR ausgewählte Einrichtungen mit dem geistigen und natürlichen Erbe umgegangen sind. Bereits im ersten Buch wurden die Parteitagsbeschlüsse der SED hinsichtlich ihrer Aussagen zum Umweltschutz analysiert und auch die ökonomischen Ursachen für den wirtschaftlichen Zusammenbruch der DDR. Dabei ergab sich, daß die DDR infolge der internationalen, nationalen und innerstaatlichen Rahmenbedingungen objektiv keine Chance hatte, zu überleben. Unter diesen Voraussetzungen muß man auch die Orientierungen sehen, die von den Plenartagungen der SED und vom RGW ausgingen sowie die Arbeit bewerten, die von einigen Organisationen im Umweltschutz geleistet worden ist. Im Endeffekt konnte ihre Arbeit demzufolge auch keine durchschlagenden Erfolge erzielen, die sich in der Umweltsituation der DDR auch tatsächlich niedergeschlagen hätten. Hat man die ökonomische Gesamtentwicklung der DDR nicht im Blick, wird man also zu falschen Bewertungen gelangen.

Das nächste Kapitel geht dann auf die ökologischen Folgen ein, die der einseitigen ökonomischen Orientierung der Wirtschafts- und Gesellschaftspolitik entsprangen. Von einer automatischen Lösung der Umweltprobleme mit Hilfe der ökonomischen Strategie in ihrer Einheit von Wirtschafts- und Sozialpolitik konnte nicht die Rede sein. Die wirklichen ökologischen Hinterlassenschaften sprechen hier eine deutliche Sprache. Abschließend wird versucht, die Trends der ökologischen Sanierung seit der Wende in der DDR aufzuzeigen, um die Fortschritte zu kennzeichnen und die Perspektiven zu umreißen, die sich seitdem ergeben haben bzw. zukünftig noch zu erwarten sind.

2. Naturverständnis in der Geschichte

> Die Geschichte der Wissenschaften
> ist eine große Fuge, in der die
> Stimmen der Völker nach und nach
> zum Vorschein kommen.
> *Johann Wolfgang von Goethe*

2.1. Naturverständnis der Antike

Will man die Entwicklung des philosophischen Denkens verstehen, muß man bei den Griechen beginnen. Von den ersten griechischen Philosophen zieht sich eine ununterbrochene Kette von Ideen durch die Geschichte bis zur Gegenwart. Die Philosophie umfaßte ursprünglich und in der griechischen Welt bis zu Aristoteles (384 – 322) die gesamte Wissenschaft, so die Geometrie, die Physik, die Mathematik und die Politik. Platon (428 – 348) nennt die Philosophie geradezu „Erwerb des Wissens". Der Trieb nach Erkenntnis verstärkte sich besonders dort, wo der denkende Mensch irgendwelche Naturvorgänge nicht zu begreifen vermochte, wie Donner, Blitz, Erdbeben und Mondfinsternisse. Wißbegierde und Furcht trieben dazu an, solchen „übernatürlichen" Erscheinungen auf den Grund zu kommen und das Unheimliche zu begreifen. Da es nur unzureichende Mittel gab, die Fragen zu beantworten, übernahm das freie Spiel der Phantasie die Aufgabe, die Dinge zu erklären. Sie brachte böse und gute Mächte und Götter hervor. Von letzteren erhofften die Menschen ein glückliches Dasein zu Lebzeiten und nach dem Tode. So erhebt sich Gottes Gestalt: er hat Macht über die Natur, wirkt in ihr, belebt, ordnet und lenkt die Natur.

In seiner geschichtlichen Entwicklung verehrte der Mensch nicht nur die Götter, sondern begann im Laufe der Zeit auch über ihre Schwächen, Menschenähnlichkeit sowie an ihrer Existenz zu zweifeln. An die Stelle des Glaubens trat das Denken. Xenophanes (580 – 488) wetterte leidenschaftlich gegen die alten Götter Homers (vermutlich 800 v.d.Z.) und Hesiods (um 700 v.d.Z.), während Sokrates (469 – 399) seine Auflehnung gegen althergebrachte Anschauungen sogar mit dem Tode büßen mußte. Gerade dadurch befreite sich die griechische Philosophie von der Religion und ließ sich nur vom Drange nach Wahrheit leiten. In ihrer jugendlichen Kraft suchte sie nach dem Urgrund der Dinge, nach dem Wesen der Natur. Mit Hilfe von Einzelerkenntnissen strebte sie die Aufhellung der großen Welträtsel an. Als sie an Erkenntnisgrenzen stieß, kamen Zweifel an der Erkenntnisfähigkeit des Menschen auf, die dazu führten, sich dem Menschen und seiner Bestimmung zuzuwenden.

2.1.1. Ionische Naturphilosophie

Die aus Milet (in der antiken Landschaft Ionien) stammenden griechischen Denker Thales (um 624 – 545), Anaximander (um 610 – 545) und Anaximenes (um 585 – 525) sind die Begründer der ionischen Naturphilosophie, die das Entstehen philosophischer Systeme in Europa im 5. Jahrhundert vor der Zeitrechnung kennzeichnet. Es ist die Vielfältigkeit der Naturerscheinungen, die ihre Verwunderung erregt und sie nach einem einheitlichen Weltstoff bzw. materiellen Urstoff (arche) suchen läßt, aus dem die Dinge hervorgehen und wieder zurückkehren. Thales findet diesen im Wasser, das vielfältige Gestalt annehmen kann; Anaximenes in der Luft, dem beweglichsten der sichtbaren Elemente, und Anaximander in der Unendlichkeit und Unbegrenztheit, die er „Apeiron" nennt. Hegel (1770 – 1831) hat Jahrhunderte später diesen Begriff wohl richtig wiedergegeben, als er ihn als „unbestimmte Materie" charakterisierte.

Das sind die ersten bemerkenswerten Versuche einer materialistischen Auffassung der Welt sowie von der Einheitlichkeit, Unendlichkeit, Ewigkeit und Wandelbarkeit der Materie. Die ionischen Naturphilosophen gehen in ihren Ansichten von der ewigen Veränderlichkeit und dem ewigen Fluß der Naturerscheinungen aus. Thales sagte eine Sonnenfinsternis voraus und trug zur Entwicklung des physikalischen, mathematischen und meteorologischen Wissens bei. Anaximander versuchte erstmals, die Entstehung der Tiere und Menschen auf natürliche Weise und die Erdbeben rein physikalisch zu erklären. Anaximenes nimmt schon gewisse Unterscheidungen zwischen Planeten und Fixsternen vor und kommt den eigentlichen Ursachen meteorologischer Erscheinungen (wie Blitz, Hagel, Regenbogen) bereits sehr nahe. Er begründete, weshalb die Erde im Mittelpunkt der Welt steht, und schuf so das „geozentrische" Weltsystem. Bei allen drei Milesiern aber ist das Einzelding lediglich ein Teil des Ganzen, und der Urstoff enthält zugleich das Leben. Sie sind „Holozoisten".

2.1.2. Weitere Vertreter des Gedankens der Natureinheit

Im Gegensatz zu den ionischen Naturphilosophen sehen Pythagoras (um 580 – 501) und seine Anhänger die Einheit der Welt nicht in einem Urstoff und der Entwicklung, sondern in einer ewigen, unveränderlichen Ordnung der Dinge. Dabei bedeutet ihnen Ordnung (Kosmos) die Welt. Sie führen alle Dinge auf Zahlen, alles Geschehen auf Zahlenverhältnisse zurück, die die Welt beherrschen.

Zahl und Zahlenverhältnisse seien das Wesen der Dinge. Die Pythagoräer kehren das Weltbild von Anaximenes um und behaupten, daß im Mittelpunkt der Welt nicht die Erde, sondern ein „Zentralfeuer" steht, um das sich Erde, Mond, Sonne und Planeten bewegen. Im Sinne einer allgemeinen Kreislauftheorie lehrten sie, daß alles nach einer bestimmten Anzahl von Jahren in seinen ursprünglichen Zustand zurückkehrt. Zweihundert Jahre später setzte Aristarch (um 320 – 250) an die Stelle des Zentralfeuers die Sonne und gelangte so zum „heliozentrischen" Weltsystem.

Auch Xenophanes und seine Schule suchen die Welteinheit nicht mehr in einem Urstoff, sondern in dem unveränderlichen und unvergänglichen Bestehenden, und zwar so wie es ist. Das Seiende hängt zusammen und bildet eine Einheit, kann sich aber nicht verändern, und wenn es sich veränderte, wäre es nicht mehr dasselbe. Danach kann es kein Werden und Vergehen geben. Alle Veränderungen in der Natur sind nicht wirklich, nur Erscheinungen, verursacht durch den Widerstreit zwischen Seiendem und Nichtseiendem. Ein Baum bleibt ein Baum, auch wenn er im Wandel der Jahreszeiten sein Aussehen verändert.

Dieser Auffassung stellte sich wiederum Heraklit (um 540 – 480) entgegen, der nicht in der Ruhe und Unveränderlichkeit, sondern im Wandel und in der Bewegung die Gesetzmäßigkeiten der Erscheinungen zu erkennen glaubte. „Alles fließt" lautet sein Bekenntnis, und er begründete es damit, daß man nicht zweimal in demselben Fluß baden könne, weil das Wasser inzwischen anders geworden sei. Dieser ewige Wechsel wird durch einen immerwährenden Kampf der Gegensätze hervorgerufen, der Kampf bzw. Streit der Vater aller Dinge sei, der sich aber stets in Harmonie auflöst. Das Sinnbild des Kampfes ist für ihn das Feuer, das zerstört und schafft, ein Urstoff, aus dem die gesamte Welt hervorgeht und wieder eingeht. Das Prinzip der Einheit und Mannigfaltigkeit der Welt brachte er auf die Kurzform: „Aus allem eins und aus Einem alles".

2.1.3. Lehre von den Elementen und Atomen

Während die einen das Seiende und die anderen die Veränderung leugneten, begaben sich beide der Möglichkeit, die Einzelerscheinungen aus dem Welt-Ganzen zu begreifen (makrokosmische Betrachtungsweise). So schlugen die jüngeren ionischen Naturphilosophen den umgekehrten Weg ein und versuchten, vom Einzelnen und Kleinsten aus die Entstehung der Dinge zu erklären (mikrokosmische Betrachtungsweise). Urstoff und Ordnung mußten demzufolge aus diesen kleinsten Teilen hervorgehen. Damit wurden die beiden bisher einseitig angewandten Prinzipien miteinander vereinigt. Entstehen und Vergehen sowie die Vielfalt von Naturvorgängen und Naturerscheinungen seien in Wahrheit nichts anderes als eine Mischung und Entmischung des Seienden.

Nach Empedokles (um 483 – 430) sind die vier „Elemente" Erde, Wasser, Luft und Feuer die Wurzeln aller Dinge, unvergängliche und unzerstörbare Grundstoffe mit verschiedenen Eigenschaften. Erst die Mischung durch die Bewegung erzeugt den Wechsel der Erscheinungen. Der Urzustand ist für ihn die gleichförmige Mischung der Elemente, die von der Liebe verbunden werden, während der Haß die Elemente trennt und aus ihnen die Vielfalt des Lebens gestaltet. Auf diese Weise entstehen auch Einzelwesen, zuerst die Pflanzen, dann die Tiere und zuletzt die Menschen, wobei die Teile früher als das Ganze vorhanden sind. Also hat es zuerst einzelne Glieder gegeben, aus denen durch Anziehung Pflanzen, Tiere und Menschen wurden. In dieser Auffassung bahnt sich die Trennung von Stoff und Bewegung an. Demnach sind die Lebewesen nicht aus niederen Formen der Materie entstanden, sondern das Ergebnis zufälliger Verbindungen einzelner Körperteile und Gliedmaßen, die vor dem für sich existierten. Unter diesen Umständen kamen auch Mißbildungen zustande, die aber nicht lebensfähig waren und deshalb verschwanden. Das war ein Versuch, eine Entstehungsgeschichte der Einzelwesen zu geben. Empedokles stürzte sich der Sage nach in den Krater des Ätna, um sein Inneres zu erforschen, dabei ordnete sich sein Leben in den ewigen Kreislauf von Werden und Vergehen ein.

Anaxagoras (um 500 – 428) ging wiederum von unendlich vielen Grundstoffen aus, aus denen sich die Dinge zusammensetzen, so auch Erde, Wasser, Luft und Feuer. Im Unterschied zu der qualitativen Auffassung der Unendlichkeit von Anaximander versteht er die Unendlichkeit der Materie quantitativ, und zwar im Sinne der unendlichen Teilbarkeit aller endlichen materiellen Körper. Mischung und Trennung werden bei ihm aber durch die göttliche Vernunft gesteuert, die Bewegungen hervorruft und stoffliche Veränderungen erzeugt. Durch die so in Gang gesetzten Wirbel- und Kreisbewegungen werden zunächst die Weltkörper und dann die einzelnen Wesen auf der Erde ausgeschieden. Seine Philosophie läuft auf einen Dualismus von stofflichen und geistigen Prinzipien hinaus, wobei diese jene beherrschen.

Im Unterschied zu Empedokles und Anaxagoras, bei denen die Eigenschaften der Elemente verschieden waren, führen Leukipp (um 500 – 440) und Demokrit (um 460 – 360) die Vielfältigkeit der Stoffe auf gleichartige Atome zurück, die sich jedoch durch Größe, Gewicht und Gestalt voneinander unterscheiden. Demokrit, der wie die Pythagoräer von der Mathematik entscheidend beeinflußt wird, meinte daher, die Welt besteht aus unzähligen und unzerlegbaren kleinsten Teilchen, die die Gestalt regelmäßiger geometrischer Körper haben und ewig sind. Veränderungen ergeben sich durch Verbindung und Trennung der Atome, wobei die Ursache der Bewegung in der Bewegung selbst liegt.

Dabei kann es zu unterschiedlichen Bewegungsarten kommen, wie Wellen-, Wirbel- oder Kreisbewegungen, je nach dem, welches Gewicht die zusammenstoßenden Atome besitzen. Die Wirbel bilden den Anfang der Weltentwicklung. Auf diese Weise entstehen und vergehen unendlich viele Welten, die nebeneinander und nacheinander existieren. Denn die Atome können aufeinandertreffen, sich eine gewisse Zeit lang vereinigen, ohne zu verschmelzen, oder durch den Aufprall wieder in ihre Ausgangsbestandteile zerfallen. Die Mannigfaltigkeit der Welt resultiert damit letztlich aus der verschiedenartigen Bewegung der Atome und ihrer Vermischung. Dies sei aber nur möglich, weil die Atome in einem leeren Raum existieren, der genügend Platz für Bewegung, Verdünnung und Verdichtung bietet.

Im Gegensatz zum späteren Atombegriff der Chemie bedeutete dieser spekulative Atombegriff in der materialistischen antiken Naturphilosophie lediglich die letzten unteilbaren Einheiten der Materie. Jedoch nahm Demokrit damit auf spekulative Weise die Erkenntnis von der Ewigkeit und Unzerstörbarkeit der Materie, der Unendlichkeit der Welt und der Einheit von Materie und Bewegung vorweg. Außerdem erwies sich die Atomistik als eine recht realistische Spekulation, die selbst der modernen naturwissenschaftlichen Forschung wichtige Impulse gab. Er ist der bedeutendste der antiken Materialisten.

Insgesamt enthielt die griechische Naturphilosophie vor allem vier entscheidende Gedanken:
- die Frage nach dem Ursprung aller Dinge;
- die Annahmen über eine natürliche Entstehung der Welt;
- die Vorstellung vom stofflichen Charakter des Ursprungs;
- der Versuch, die Welt letzten Endes aus einem einheitlichen Prinzip zu verstehen.

2.1.4. Mensch als Maß aller Dinge

Die Naturphilosophie hatte fruchtbare Gedanken hervorgebracht, ohne die Meinungsverschiedenheiten inhaltlich klären zu können. Das führte zu Zweifeln an der Erkenntnisfähigkeit des Menschen. Man wandte sich nunmehr dem Menschen zu, stellte ihn in den Mittelpunkt der Betrachtung und behandelte ihn als das Wichtigste im Weltall (anthropologische Sichtweise). Die Sophisten rückten den Menschen als erste ins Zentrum philosophischer Bemühungen, indem sie sich darauf beriefen, das wir nicht wissen, wie die Dinge wirklich sind, sondern nur, wie sie uns erscheinen. Deshalb ist der Mensch das Maß aller Dinge. Der Erkenntnisdrang sollte lediglich auf das Erfahrbare ausgerichtet werden (empiristische Sichtweise), darüber hinaus gehende Vermutungen über die Welt seien unwissenschaftlich, weil sie sich an den Glauben und nicht an das Wissen wenden. Daher halfen die Sophisten vor allem durch ihre Redekunst (Rhetorik), die Kunst des Streitgesprächs (Eristik) und die Kunst des Beweises (Dialektik) mit, die Kenntnisse ihrer Zeit zu verbreiten und machten sich damit um die Wissenschaft verdient. Berühmte Vertreter dieser philosophischen Richtung waren Protagoras (483 – 410) und Gorgias (um 483 – 375).

Mit dem völligen Übergang zur Skepsis entartete der Sophismus zur reinen Wort- und Begriffsspielerei sowie zur Spiegelfechterei. Durch Überredungskunst wollte man alles beweisen und erreichen können, so auch aus schwarz weiß zu machen. Kritias (um 460 – 403) vollzog den Übergang zwischen der älteren und jüngeren Sophistik. Er verkündete, daß jeder tun und lassen könne was er will, und rechtfertigte vehement ganz egoistische Nützlichkeitsstandpunkte. Bezeichnenderweise ging die philosophische Entartung mit dem moralischen Verfall der Gesellschaft und dem staatlichen Zusammenbruch Athens einher.

Dieser Dekadenz trat Sokrates (469 – 399) mit Entschiedenheit entgegen. Vom Drang nach Erkenntnis beseelt, erklärte er im Gegensatz zu den jüngeren Sophisten, nichts zu wissen, und bewies ihnen mit dem Frage- und Antwortspiel die ganze Hohlheit ihrer „Weisheit". Durch Überwindung widersprüchlicher Meinungen suchte er im Gespräch zur Wahrheit zu gelangen. Bei sich selbst sollte der Mensch das Wahre suchen, weil es ein allgemeingültiges Wissen und allgemeingültige Richtlinien des Handelns gibt, die sich im Innern des Menschen befinden. Daher seine Forderung: „Erkenne dich selbst", um nach den inneren sittlichen Gesetzen auch handeln zu können. Denn Wissen und Tun des Sittlichen bilden für ihn eine untrennbare Einheit. Die Selbsterkenntnis war für Sokrates die einzige Quelle wirklichen Wissens und das Wissen selbst die wahre Tugend, die der Mensch erlernen kann. Das Maß aller Dinge ist aber nicht der Einzelmensch, sondern der Mensch als Gattungswesen.

Auch Sokrates geht vom Nützlichkeitsstreben aus, läßt es aber nur dann gelten, wenn es von allen als gut erkannt und gebilligt wird. Das Gute ist aber durch Selbsterkenntnis zu erlernen und praktisch zu beherrschen. Darum erhob er eine zweite Forderung: „Beherrsche dich selbst". Nützliches und Gutes müssen sich jedoch immer mit dem Praktischen verbinden, das ihm auch die Bestimmung des „Wesens eines Herrschers" erleichterte. Er glaubte es schließlich erkannt zu haben, nicht in körperlicher Kraft, sondern in höherer Einsicht, im Sachverstand. Die viel später aufkommende These „Herrschaft über die Natur" findet hier ihre ursprünglichen Wurzeln. Ihr Substrat ist die Erkenntnis, mit Einsicht und Sachverstand alles zum Guten zu lenken und die Beherrschung der „äußeren" Natur mit der „inneren" Natur des Menschen harmonisch zu verbinden.

2.1.5. Platonisches Weltsystem

Wie Sokrates stellt auch Platon (427 – 347) das Nachdenken über den Menschen, die Möglichkeit des Erkennens und das Wesen des sittlichen Handelns ins Zentrum seiner Betrachtungen. Diese Gedanken ordnete er in seine Ideenlehre ein. Danach liegt – im Unterschied zu Sokrates – das wahre Wissen jedoch nicht im, sondern außerhalb des Menschen und seiner Sinneswelt. Die Ideen bilden die übersinnliche, unveränderliche, einzig reale Welt, die ewig gleich bleibt und nicht vergeht. Alles Erkennen ist nur ein Wiedererinnern, denn die Seele besitzt bereits alle Kenntnisse. Dabei charakterisierte Platon die Denkfähigkeit als Privileg des Menschen und unterschied damit als erster zwischen Tier- und Menschenseele. Die materiellen Dinge seien dagegen nur nach dem Muster von Ideen entstanden, sind also deren vergängliche Nachbildungen, das heißt, der Geist herrscht über den Stoff.

Der Weltgeist (Gott, absolute Idee) schafft Ordnung nach bestimmten Zahlenverhältnissen, die der Ideenwelt zugehören und durch geometrische Figuren in Erscheinung treten. Weil die Kugel die vollkommenste Form besitzt, stellte sich Platon die Welt als Kugel vor, in deren Mittelpunkt die Erde steht, gehalten durch eine Achse, um die Mond, Sonne, die Planeten und die Fixsterne kreisen (geozentrisches Weltbild, später ptolemäisches Weltbild genannt). Das Weltall sei aber nicht einfach eine Summe von Dingen, sondern eine in sich geschlossene Ganzheit. Denn „das Ganze ist mehr als die Summe seiner Teile", eine Erkenntnis, die sich bis heute allgemein durchgesetzt hat. Aufgrund dessen, daß in der Ideenwelt seiner Ansicht nach immer das Gute herrscht, vermag sich die Vernunft zum übersinnlichen Denken zu erheben und das Gute zur Herrschaft zu bringen. Die Ideenwelt stellt nach Platon ein pyramidenförmiges System dar, an dessen Spitze die Idee des Guten steht. Denn das Gute ist die oberste Seins- und Zweckursache.

Mit diesem Gedankengut findet sich erstmals in der Geschichte der Philosophie der Idealismus in systematischer Form überliefert. Seit Platon bilden materialistische und idealistische Anschauungen einen ausgeprägten Gegensatz. Platon wurde zum Begründer des objektiven Idealismus, auf dessen philosophischer Grundlage später Thomas von Aquin, Leibniz und Hegel aufbauten.

2.1.6. Aristotelisches Weltsystem

Aristoteles (384 – 322) kritisierte in der Schrift „Metaphysik" eingehend die Ideenlehre Platons, die das Allgemeine, die Idee verselbständigte und verabsolutierte, und kehrte zur Auffassung zurück, daß der Gegenstand der Erkenntnis in der sinnlich gegebenen Realität zu suchen sei. Ideen, die er Formen nennt, sind an den

Stoff, die Materie gebunden und existieren nicht außerhalb und losgelöst davon. Daher gibt es keine Form ohne Stoff und keinen Stoff ohne Form.[1] Art und Form jedes Dings seien durch einen Endzweck bestimmt, der die eigentliche, treibende Kraft, eine wahrhafte Naturkraft darstellt. Sie wirkt in der Bewegung, der Gestaltung des Stoffs zum einzelnen Ding, das dadurch eine bestimmte Gestalt annimmt. Werden ist damit Bewegung, ein Prozeß der Umwandlung vom Möglichen zum Wirklichen. Denn „alles, was entsteht, entsteht durch etwas, aus etwas und als gewisses Etwas"[2], schrieb er in der „Metaphysik", denn Nichts kann aus nichts entstehen.

Mit der Betonung der allgemeinen und unbewußten Zweckmäßigkeit in der Natur löst sich Aristoteles ebenfalls von Platons Ideenlehre, die noch von einer bewußten, zwecksetzenden Weltseele sprach. Er war der erste, der den Zweck systematisch unter die Ursachen einreihte. Nach Aristoteles ist Ursache als Zweck „dasjenige, um dessentwillen etwas geschieht"[3].

Bewegung und Werden in der Natur gehen seiner Meinung nach vom Himmelsgewölbe aus, in dessen Mitte die Erde ruht, und zwar endlich im Raum, aber unendlich in der Zeit. Die Sterne sind am Himmel unverrückbar verankert und drehen sich zusammen mit ihm, während die Planeten immer wiederkehrende, unveränderliche Kreisbewegungen vollziehen. Aristoteles bewies die Kugelgestalt des Mondes und der Erde, beschrieb rund 500 Tierarten, teilweise erstmals, und ordnete sie mittels vergleichender Untersuchungen in eine Stufenfolge der Naturdinge ein, zuerst die unbelebten, dann die belebten Naturkörper, die sich wiederum in Pflanzen, Tiere und schließlich Menschen unterteilten, wobei der Mensch die oberste Stufe einnahm. Wie hoch er den Mensch stellte, zeigt sich auch in seiner Auffassung, daß die tierische Seele sterblich sei, bei der menschlichen Seele aber noch ein vernünftiger und unsterblicher Teil hinzukäme. Schon damals herrschte die Ansicht vor, daß der Mensch fünf Sinnesorgane besitzt und daß „es außer den fünf Sinnen – ich verstehe darunter Gesicht, Gehör, Geruch, Geschmack, Tastsinn – keinen anderen gibt", wie es in seinem Werk „Über die Seele" heißt.[4]

Aristoteles gilt als der Begründer der Biologie und der vergleichenden Anatomie, aber auch vieler anderer Wissensgebiete und löste sie von der Philosophie. Er vertrat auch die Anschauung, daß der Mensch ein gesellschaftliches Wesen ist und jede gesellschaftliche Ordnung teils auf Naturrecht basiert. Für Aristoteles war

---

1) Aristoteles: Metaphysik. A 9.991b
2) ebd., Buch VIII, S.7
3) ebd., S. 1013a
4) Aristoteles: Über die Seele. III,1

allerdings der Naturzustand mit dem Leben in einer gesunden kulturvollen Gesellschaft identisch.

Wie die ionischen Naturphilosophie betrachtete auch Aristoteles die Natur als etwas Einheitliches und Zusammenhängendes, die aus einem Urstoff besteht und ewig existiert. Die Urmaterie besitzt danach grundlegende Eigenschaften, die der unmittelbaren Erfahrung zugänglich sind und zwei Arten von Gegensätzen bilden, nämlich Warmes und Kaltes, Trockenes und Feuchtes. Aus verschiedenen Kombinationen dieser Eigenschaften sollen vier Elemente oder Naturkräfte entstehen: Erde, Wasser, Luft und Feuer, die wiederum in verschiedenen Proportionen miteinander kombiniert werden können und dadurch zur Entstehung aller auf der Erde vorhandenen Körper führen. Die Kombinationen von Urstoffen waren somit für die Entstehung und Entwicklung von Lebensformen eine grundlegende Voraussetzung. Aber nicht nur die Urmaterie, sondern auch die kombinierten Elemente besitzen unterschiedliche Eigenschaften, Qualitäten, worunter Aristoteles in den „Kategorien" einen Zustand versteht, „vermöge dessen man (Etwas) so oder so beschaffen heißt"[5].

2.1.7. Hellenistisches Naturverständnis

Mit Platon und Aristoteles ist das Denken über große Weltsysteme vorüber, und auch das begriffliche Denken hatte einen nicht mehr zu überbietenden Höhepunkt erreicht. In der Folgezeit wehrte man sich gegen eine einseitige Bevorzugung der Erkenntnis. Sittliche Fragen rückten in den Vordergrund, ging es doch hauptsächlich um die Umgestaltung der alten Welt. Im Mittelpunkt stand weniger der Einzelmensch, sondern wiederum der Gattungsmensch. Die Kultur des niedergehenden Griechenlands war überfeinert, neben dem größten Luxus und der raffiniertesten Genußsucht herrschte das erbärmlichste Elend. Die sozialen Spannungen nahmen zu, überall flammten Bürgerkriege auf, die von der Politik nicht gebannt werden konnten, man wandte sich daher mit Abscheu von der Politik ab, die nur Mord und Blutvergießen brachte. Ein Ekel hatte die Menschen erfaßt vor dem Hasten und Treiben in der lauten Welt, vor der Gewinnsucht, dem Neid, der Bereicherung auf Kosten anderer, den verderbten Sitten, den laxen Auffassungen, der Barbarei der herrschenden Kulte und vor dem verluderten Staatswesen. Die Menschen ersehnten ein besseres Leben.

Die Philosophie hatte inzwischen ihre jugendliche Frische eingebüßt, war zu neuen großen Schöpfungen nicht mehr fähig, befaßte sich mit Detailschilderun-

---

5) Aristoteles: Kategorien. 8b

gen, begnügte sich mit einzelnen geistvollen Leitsätzen und wandte sich der Vergangenheit zu, um sich mit der Zusammenstellung und Verbindung bisher noch nicht verknüpfter Gedanken zu beschäftigen. Es entstanden verschiedenartige Geistesströmungen, von denen der Stoizismus, der Epikureismus und der Skeptizismus herausragten, die den Menschen auf unterschiedliche Weise die Glückseligkeit verhießen.

Zenon (336 – 264) war der Begründer des Stoizismus, der die Rückkehr zu einem natürlichen Leben versprach, um der Entartung zu entgehen. Wie in guten alten Zeiten sollte wieder die Vernunft regieren, weil die Jagd nach materiellen Gütern unvernünftig und wider die Natur sei und das erhoffte Glück nicht brachte. Es käme vielmehr darauf an, sich auf die natürliche Bestimmung des Menschen zu besinnen und wieder mit der Natur in Einklang zu leben. Denn das Ziel alles Lebendigen sei die Selbsterhaltung. Prunk und Pracht wurden Gleichgültigkeit entgegengebracht, weil äußere Dinge auf den Wert des Menschen und sein Glück keinen Einfluß hätten.

Als Idealbild betrachtete man den sittlich vollkommenen Menschen und glaubte fest an das Gute im Menschen, das nicht außer ihm, sondern in ihm, in der Seele selbst liegt. Wenn man es walten läßt, folgt man den Bestimmungen der Natur. Sie verfolgt demnach das Ziel, das Gute im Menschen zur Entfaltung zu bringen. Natur und Mensch gehören zusammen, der Mensch ist nur ein Teil der Natur. Das Gute ist das Höchste, was es gibt (platonisch), wenn es in der Natur liegt, ist Gott in der Natur, dann sind Natur und Gott eins. Gegenüber der Vielgötterei in der Volksreligion sollte nun ein Gott treten, gegenüber den Göttern außerhalb und über der Natur die Gottheit in der Natur. Mit diesen Vorstellungen werden erstmals pantheistische Anschauungen in der Geschichte der Philosophie zum Ausdruck gebracht.

Die Gottheit findet sich in der Gleichmäßigkeit aller Himmelsbewegungen, in der Ordnung und Mannigfaltigkeit, die in der Natur herrscht, im Zusammenhang aller Erscheinungen und allen Zwecken (aristotelisch), die allen Dingen zugrunde liegt. Mit der denkenden Vernunft ist zugleich die Gottheit in der Natur enthalten, die alles bewirkt und alles durch sich selbst in Bewegung setzt. Gott ist das Feuer (heraklitisch), die Seele der Welt, die ihren Sitz in der Sonne hat. Aus dem Urfeuer der Sonne entwickelt sich Luft, aus Luft Wasser, aus Wasser teils Erde, teils das irdische Feuer. Gott und Seele werden stofflich gedacht im Bestreben, alles auf einen Grund zurückzuführen, weil die Natur eins ist und alles umfaßt. Da sich der Lauf der Natur nicht aufhalten läßt, und es auch keinen Sinn hätte, sich dem Schicksal entgegenzustellen, sollte man sich dem Schicksal fügen und naturgemäß leben. Der Macht des Schicksals steht die Ohnmacht des Menschen gegenüber, sie ist deterministisch vorherbestimmt.

Mit dem Stoizismus hat der Epikurismus das Streben nach Glückseligkeit gemeinsam. Epikur (341 – 270) rechnet mit der menschlichen Natur allerdings so, wie sie ist, und gibt sich keinen Illusionen hin. Das eigentliche Ziel des menschlichen Lebens sei die Lust, die er aus der menschlichen Natur ableitete und als Fehlen von Leid verstand, nicht aber als hemmungslosen sinnlichen Genuß, wie ihm das seine Gegner unterstellten. Er selbst blieb immer ein Muster der Mäßigkeit und Bedürfnislosigkeit. Inmitten politischer Unruhen, der Verrohung aller Sitten und des umsichgreifenden Aberglaubens empfahl Epikur, sich vom öffentlichen politischen Leben zurückzuziehen und nach dem Wahlspruch „Lebe im Verborgenen" das Leben zu verbringen, um in der Abgeschiedenheit von der Gesellschaft, im kleinen Kreis von Freunden und Gleichgesinnten der Ruhe des Gemüts zu pflegen und sich rein beschaulichen, geistigen Genüssen hinzugeben.

Er verbannte die Götter aus der Natur und schloß jede Möglichkeit eines übernatürlichen, göttlichen Eingriffs in das Weltgeschehen, auf Natur und Mensch aus. Karl Marx charakterisierte Epikur als Stammvater des antiken Atheismus, als radikalen Aufklärer des Altertums. Die elementaren Bausteine stellen für ihn die Atome dar, die unzerstörbar und unveränderlich sind. Alle Naturerscheinungen seien das Ergebnis verschiedener Atomverbindungen. Da der Mensch aber in seinen Handlungen und Entscheidungen frei sein sollte, die Atomlehre Demokrits jedoch alle Erscheinungen im Verhältnis von Ursache und Wirkung beschrieb und dem Freisein damit Fesseln anlegte, führte Epikur in seine Atomlehre den Zufall ein, der den Mensch aus den strengen Kausalitätsbeziehungen lösen sollte, besonders dann, wenn der Zufall von der Ausnahme zur Regel wird. Damit setzte Epikur zwar dem Determinismus der Stoiker die Willensfreiheit des Menschen entgegen, zerstörte aber zugleich die Logik, die der Lehre Demokrits zugrunde lag, indem er den Zufall in die Atomistik einführte.

Der Skeptizismus stellte schließlich alles in Frage, auch die Erkenntnis, auf die ganz und gar verzichtet werden sollte, weil es ohnehin unmöglich sei, die Welt zu erkennen. Nur durch Verzicht auf Erkenntnis könne man jene Gemütsruhe erlangen, die zu wirklicher Glückseligkeit führt. Die sinnliche Wahrnehmung des Menschen sei nicht in der Lage, ein richtiges Bild von der realen Welt zu vermitteln. Pyrrhon (um 360 – 270) hat zehn Tropen (Gesichtspunkte, Behauptungen, Thesen, Gründe) entwickelt, um zu beweisen, daß es keine Wahrheit gibt, die Welt unerkennbar ist und Erkenntnisse unmöglich sind. Diese philosophische Richtung verzichtete natürlich von vornherein auf die Entwicklung eines allgemeinen Weltbildes, sie bildete eine Vorform des Agnostizismus.

Mit Alexander dem Großen (356 – 323) brach eine Zeit an, die für die Wissenschaft sehr bedeutungsvoll wurde. Die Einzelwissenschaften trennten sich immer mehr und schließlich ganz von der Philosophie, die sich verstärkt religiösen

Fragen zuwandte. Sie blühten auf und schufen vieles, was bis ins Mittelalter höchste Geltung hatte. So faßte Euklid (um 300 v.d.Z.) in Alexandria die Lehren der griechischen Mathematiker in dem Werk „Die Elemente" zusammen und entwickelte die Geometrie. Archimedes (287 – 212) legte die Grundlagen für die mechanischen Wissenschaften, beschäftigte sich mit der Statik, lehrte die Darstellung beliebig großer Zahlen, die angenäherte Bestimmung der Quadratwurzel und die Lösung kubischer Gleichungen durch Kegelschnitte, erfand ein Summationsverfahren zur Ermittlung von Flächen und Rauminhalten, entdeckte die Gesetze des Schwerpunkts, des Hebels und der schiefen Ebene sowie die Schraube, den Auftrieb und das spezifische Gewicht. Aristarch (um 320 – 250) sichtete und wertete die bisherigen astronomischen Erkenntnisse und gelangte zum Schluß, daß sich nicht die Sonne um die Erde, sondern die Erde um die Sonne drehe, eine Meinung, die sich aber gegenüber der damals vorherrschenden Ansicht nicht durchsetzen konnte. Die auf die Pythagoräer zurückgehenden Hypothesen zum heliozentrischen Weltsystem, die er vertrat und weiterentwickelte, lieferten jedoch die Grundlage für das kopernikanische Weltbild und fanden damit historisch ihre, wenn auch späte, Bestätigung. Hipparch (um 190 – 120) bestimmte die Bewegungselemente der Sonne und des Mondes, berechnete die Entfernung der Sonne von der Erde, fand die Mittelpunktsgleichung der Mondbahn und stellte den ersten Sternenkatalog her. Er benutzte und begründete das geozentrische System, demzufolge die Erde den Mittelpunkt des Weltalls bildet, und führte alle Bewegungen auf sogenannte Epizyklen zurück, wonach sich Kreise auf Kreisen bewegen sollten, eine Annahme, die erst durch Kepler gestürzt werden konnte. Auch auf dem Gebiet der Anatomie der Tiere und des Menschen sowie der Medizin wurden vor der Zeitrechnung unvergängliche Entdeckungen gemacht.

Ptolemäus (um 90 – 160) übernahm die Erkenntnisse Hipparchs über die Bewegung der Gestirne, baute sie im Rahmen der damals erreichbaren Beobachtungsgenauigkeit aus und legte sie in seinem Hauptwerk „Almagest" nieder. Obwohl das geozentrische Weltsystem von falschen astronomischen Voraussetzungen ausging, stellte es ein in sich geschlossenes und bis ins Detail ausgearbeitetes naturwissenschaftliches Weltbild dar und bot die Möglichkeit, Beobachtungen über die Gestirne zu ordnen und auf dieser Grundlage bestimmte Voraussagen zu machen, die für die Zeitrechnung (Kalender) und die Seefahrt von Wert waren. Dieses nach ihm benannte Weltbild wurde von der katholische Kirche des Mittelalters sanktioniert und zum Dogma erhoben, weil es ihren religiösen Vorstellungen von der Welt am besten entsprach.

Insgesamt belegen diese Erkenntnisse, daß sich das Altertum als äußerst fähig erwies, sowohl durch ganzheitliche Betrachtungen der Natur als auch durch Zerlegung der Naturvorgänge ein Bild über die Funktionsweise vieler Naturerscheinungen und Naturzusammenhänge zu machen. So manches mußte spekulativ bleiben, weil die geeigneten Meßgeräte fehlten bzw. weil die Spekulation die damals bevorzugte Methode in der Philosophie und den sich aus ihr abspaltenden Einzelwissenschaften war. Da aber auch die moderne Naturwissenschaft bei der Interpretation ihrer Ergebnisse nicht immer über die allerletzten Beweise verfügt, wird die Spekulation wohl immer ein schöpferischer Bestandteil wissenschaftlichen Arbeitens bleiben, der allerdings nur so lange Berechtigung hat, bis er durch Beweise eindeutig widerlegt werden kann.

2.2. Christliche Naturphilosophie

Die religiöse Sehnsucht nach Glückseligkeit hatte schließlich auch die christliche Naturphilosophie und das Christentum selbst hervorgebracht. Zunächst sahen aber die gebildeten Griechen in der Lehre von dem Gekreuzigten eine Torheit und in der Philosophie die beste Waffe gegen diese neue Verirrung der Menschheit. Philosophie und Christentum standen sich so in den ersten Jahrhunderten nach Christus in einer Kampfstellung gegenüber. Um die Stellung des Christentums zu behaupten und zu festigen, sah sich die Kirche vor die Notwendigkeit gestellt, fest geprägte und unverrückbare Lehr- und Glaubenssätze aufzustellen. Die Aufstellung der Dogmen verlief jedoch auch innerhalb der Kirche nicht ohne Widerspruch. Da viele Christen in angesehener sozialer Stellung eine hohe Bildung besaßen und die Lehren der alten Philosophen kannten, versuchten sie, Einfluß auf die endgültige Gestaltung der christlichen Lehrsätze zu gewinnen. Passendes wurde übernommen, Unpassendes verworfen. Bei der Auswahl des Brauchbaren war natürlich das christlich-religiöse Bedürfnis bestimmend.

Je stärker dieses Bedürfnis wurde, desto mehr mußte sich die Philosophie wiederum mit der schwierigen Frage nach dem Verhältnis von Gott und der Welt beschäftigen. Schon zahlreiche Philosophen der Antike stimmten darüber überein, daß der Glaube an Gott ein Produkt der Phantasie der Menschen, ihrer Unwissenheit und Furcht vor den Naturerscheinungen ist, die von den Herrschenden bestärkt wurde, um die Untertanen in Demut zu halten. Aus Sicht der Kirchenväter und der ihrer Meinung zuneigenden Philosophen konnte Gott in dieser unvollkommenen und verderbten Welt keine Stätte haben und mußte ein überweltliches Dasein führen, von dessen Reinheit und Gnade die Menschen beglückt und beseligt werden. Die Heilsbotschaft des Christentums, daß alle Menschen Gottes Kinder und in Liebe untereinander verbunden seien, fand vor allem bei den Leidtragenden, Mühseligen und Beladenen dieser Welt inbrünstige Aufnahme. Mit der Hinwendung zum Christentum büßte die Philosophie jedoch ihre Freiheit und Unabhängigkeit ein und wurde zur Dienerin der Kirche.

Das bestimmende religiöse Bedürfnis jener Zeit wurde getragen vom menschlichen Gefühl der Schwäche und Ohnmacht sowie des Bewußtseins der Schuld. Die Gottheit mußte über alles erhaben sein, und der Mensch hatte nur das Recht, an ihre Liebe und Gnade zu glauben, die dem Menschen Erlösung bringen sollte. Den eigentlichen Inhalt der Lehre der Kirchenväter, Patristik, erhellte Tertullian (um 155 – 220) mit seinem Ausspruch: „Ich glaube, weil es absurd ist". Gottes gnadenreiches Tun sollte danach als reines Wunder in Erscheinung treten. Die Beziehung zwischen Glauben und Wunder brachte Goethe im „Faust" später auf die Kurzform: „Das Wunder ist des Glaubens liebstes Kind"[6].

Gegenüber der Philosophie der Antike verlagerte sich das Interesse von der Natur auf den Mensch. Nicht das Betrachten der Natur und das Begreifen von Naturerscheinungen standen nunmehr im Mittelpunkt, sondern das Seelenleben des Menschen, der Rückzug des Menschen auf sich selbst, auf die Verinnerlichung und Vertiefung seiner Wahrnehmung. Die Frage nach der Entstehung der Welt wird von den Kirchenvätern mit der Schöpfung durch Gott beantwortet. Dabei bedienten sie sich nicht nur der Phantasie, sondern auch der Kenntnis der griechischen Philosophie, vor allem der Lehre Platons, in der die Schöpfung als Ordnung der Unordnung existiert. Bei Augustin (354 – 430) ist die Erkenntnis jedoch nicht mehr Wiedererinnerung, sondern vielmehr Erleuchtung durch Gott, dem Schöpfer des Himmels und der Erde. Er unterscheidet entsprechend den Schöpfungstagen 6 Perioden, die sechste Periode beginnt mit Christus und beendet alles irdische Geschehen, weil das 1000jährige Reich Gottes auf Erden anbrechen sollte. Mit dem Sündenfall von Adam und Eva und ihrer Vertreibung aus dem Paradies verfiel das Menschengeschlecht jedoch dem leiblichen Tode und der seelischen Verdammnis. Aufgrund der Erbsünde ist jeder Mensch seitdem ins Verderben verstrickt, von der er nur noch durch die Gnade Gottes erlöst werden könne.

In der Frühscholastik sah der irische Mönch Johann Scotus Eriugena (815 – 877) in allen Dingen nur göttliche Erscheinungswesen und hatte ein ausgesprochen pantheistisches Weltbild. Für den bedeutendsten Scholastiker des Mittelalters, den Dominikaner Thomas von Aquin (1225 – 1274), ist Gott jedoch der unbewegte Beweger, dessen Existenz sich aus seinem Werk erschloß. Er griff den aristotelischen Gedanken der Zweckmäßigkeit alles Bestehenden auf und erblickte in Gott das oberste vernünftige Wesen, das alle Dinge und Prozesse zweckmäßig gestaltet und lenkt, wobei das Niedere immer zum Zwecke des Höheren da ist. Damit führte er in die kirchlichen Dogmen die Lehre von der hierarchischen Stufenordnung alles Seienden ein, die wiederum auf dem Gedanken der Analogie

---

6) Goethe, J.W.v.: Faust. Berlin: Volksverband der Bücherfreunde, Wegweiser-Verlag 1924, Bd. 21/22, S. 111

des Seins beruhte. Das heißt, den Gegenständen kommt das Sein entsprechend ihres Wesens in verschiedenem Grade zu. Danach verkörpert Gott das Höchste Sein, alle anderen Wesen haben nach Maßgabe ihres Wesens an diesem Sein Anteil. Auf diese Weise existiert eine fortlaufende Reihe zweckmäßiger Formen, von Gott über Mensch, Tier und Pflanze ebenso wie innerhalb der Menschen, Tiere und Pflanzen. Mit dieser „Hierarchie des Seins" bestanden zwar Zusammenhänge zwischen Gott und der Welt, jedoch fielen diese nicht zusammen und verhinderten damit die Möglichkeit pantheistischer Auslegungen.

Die Schöpfung der Welt aus dem Nichts läßt sich jedoch ebensowenig beweisen wie die Unsterblichkeit der Seele und die Existenz Gottes, obwohl bis auf den heutigen Tag viele Anstrengungen gemacht werden, Gottesbeweise anzuführen. Sie beziehen sich aber weniger auf die Entstehung von Gott, sondern mehr auf die Schöpfungsakte durch Gott. Schöpfer und Schöpfung werden auch bei Günter Altner noch streng auseinandergehalten.[7] Der gemeinsame Ursprung von Natur und Mensch, an den die christliche Schöpfungstheologie heute anknüpft, kann sich im strengen Sinne daher nur auf die einzelnen Schöpfungsakte und nicht auf den naturgeschichtlichen Entstehungs- und Entwicklungsprozeß erstrecken. Nur wenn man den einzelnen göttlichen Akten historische Zeitdimensionen beimißt, lassen sich die Gemeinsamkeiten besser verdeutlichen. Ob das aber aus dem Alten und Neuen Testament hervorgeht, ohne ihm Gewalt anzutun, müßte allerdings genauer geprüft werden.[8]

Unabhängig davon, wie man zum Schöpfungsglauben steht, enthalten die biblischen und damit christlichen Überlieferungen eine ungeheure Fülle von Lebensweisheiten und Handlungsorientierungen, die es gerade in Zeiten höchster Gefahr wert sind, neu durchdacht und auf ihre Anwendbarkeit überprüft zu werden, um die eingetretene Entfremdung zwischen Mensch und Natur zu überwinden und mehr Ehrfurcht vor dem Leben zu gewinnen. Von der Rückbesinnung des Stellvertreter Gottes auf Erden und seinen weiteren Handlungen wird es daher abhängen, ob und inwieweit er sich seiner eigentlichen Verantwortung bewußt wird, Leben zu erhalten und zu bewahren. Dies ist eine weitere Prüfung, die ihn Gott bzw. die Evolution auferlegt haben, von deren Ausgang dieses Mal aber nicht nur eine Vertreibung aus dem Paradies, sondern auch die Gefahr droht, auf dem „großen Kirchhofe der Menschengattung und allen Lebens"[9] zu enden.

---

7) Altner, G.: Naturvergessenheit. Darmstadt: Wissenschaftliche Buchgesellschaft 1991, S. 77-80
8) Menge, H.: Die Heilige Schrift. Berlin: Evangelische Haupt-Bibelgesellschaft 1960
9) Kant, I.: Zum ewigen Frieden. Leipzig 1947, S. 10

2.3. Naturverständnis der Renaissance

Mit der Renaissance begann die „Wiedergeburt" der Antike. Es war eine Zeit der Rückbesinnung auf das klassiche Altertum und der Sehnsucht nach Wiederbelebung der griechisch-römischen Kultur, die dem Leben entsprang, zuerst in der Kunst ihren Anfang nahm, sie zu neuer Blüte brachte und dann auf das gesamte Geistesleben übergriff. Sie währt vom 14. bis zum 16. Jahrhundert und setzt in den einzelnen Ländern zu unterschiedlichen Zeiten ein. Namen wie Dante (1265 – 1321), Petrarca (1304 – 1374), Boccaccio (1313 – 1375), Agricola (1443 – 1485), Leonardo da Vinci (1452 – 1519), Erasmus von Rotterdam (1466 – 1536), Morus (1478 – 1535), Luther (1483 – 1546), Hutten (1488 – 1523), Paracelsus (1493 – 1541), Rabelais (1494 – 1553), Melanchthon (1497 – 1560), Campanella (1568– 1639) stehen für diese Entwicklung, die das antike Bildungsideal wiederzubeleben versuchten und um Erkenntnis, Wahrheit und humanistische Gesinnung rangen. Hinsichtlich der Naturphilosophie bezeichnen Cusanus (1401 – 1464) den Anfang, Kopernikus (1473 – 1543) die Mitte sowie Kepler (1571 – 1630) und Bruno (1548 – 1600) das Ende der Renaissance.

Im Gegensatz zur Askese und Lebensfremdheit des Mittelalters, in dem die Erde als Jammertal galt, gewannen mit Beginn der Neuzeit die Freude an der Schönheit und die Hingabe ans Leben die Oberhand. Es „war eine Zeit, die Riesen brauchte und Riesen erzeugte, Riesen an Denkkraft, Leidenschaft und Charakter, an Vielseitigkeit und Gelehrsamkeit"[10]. In dieser Zeit lehnte man sich gegen die Scholastik auf und griff die kirchlichen Dogmen an. Sie war aber auch durch Aberglauben, Hexenprozesse und Hexenverbrennungen, den Bauernkrieg (1525), die Bartholomäusnacht (1572) und die Reformation geprägt. Große geographische Entdeckungen durch Bartolomeo Diaz (um 1450 – 1500), der die Südküste Afrikas umfährt und bis zum „Kap der Guten Hoffnung" vordringt, Vasco da Gama (um 1469 – 1524), der schließlich 1498 den Seeweg nach Indien findet, Christoph Columbus (1451 – 1506), der nach den Normannen das zweite Mal 1492 Amerika entdeckt, und Ferdinand Magellan (1450 – 1521), der von 1519 bis 1521 die erste Weltumseglung ausführt, erweiterten den Gesichtskreis des Abendlandes und die Vorstellungen vom Erdbild.

Cusanus (Nikolaus von Kues, 1401 – 1464) begann an der Richtigkeit des Schöpfungsdogmas zu zweifeln und lehrte, daß Gott eins sei mit der Natur, seine Unendlichkeit auf diese übertrage und deshalb unbegreiflich sei. Gott und die Welt, Geist und Materie werden im Unendlichen (Gott) aufgelöst. Dadurch fallen

---

10) Engels, F.: Dialektik der Natur. MEW, Bd. 20, Berlin: Dietz Verlag 1973, S. 312

bei Cusanus nicht nur die Gegensätze der wirklichen Welt zusammen und vereinen und versöhnen sich in Gott, sondern auch die Einsicht von der Unbegreiflichkeit Gottes gewinnt immer mehr an Boden. Sich vorsichtig von der Scholastik lösend, schrieb der in seiner Schrift „Vom Wissen des Nichtwissens" (1440): „Das heilige Nichtwissen lehrte uns, daß Gott unaussprechbar sei, weil er unendlich größer ist als alles, was benannt werden kann [...]. Durch Ausschließen und Negieren werden wir eher wahr über ihn sprechen, wie auch der große Dionysios ihn weder Wahrheit noch Vernunft, noch Licht, noch sonst etwas genannt wissen wollte"[11]. Cusanus mußte sich noch der Scholastik als Hilfsmittel bedienen und auf Autoritätsbeweise stützen, um das Dogma der Endlichkeit der Welt zu widerlegen. Gott bleibt zunächst noch als geheimnisvolles Prinzip erhalten, welches das Leben der Natur und des Menschen lenkt, wird aber schon in enger Verbindung mit Natur und Mensch gedacht.

Wenn Gott und die Welt eine Einheit bilden, so die Folgerung, müsse sich auch die ganze Welt im Menschen widerspiegeln. Die Welt im Großen (Makrokosmos) und die Welt im Kleinen (Mikrokosmos) sollten danach ähnlich und verwandt sein. Will man jene erkennen, muß man diese verstehen, in ihr offenbart sich die ganze Natur, aus ihr könne man alle Geheimnisse der Natur herauslesen. Umgekehrt sei die Natur des Menschen aus dem Makrokosmos zu verstehen. Die bereits in der Antike entwickelte Idee der Einheit von Makro- und Mikrokosmos wurde nun der scholastisch-theologischen Auffassung gegenübergestellt. Zudem stellte man Analogien zwischen Natur und Mensch her, die im Vergleich zwischen Planeten und menschlichen Organen, wie beim Schweizer Arzt Paracelsus, ihren konkreten Niederschlag und ihre anthropomorphistische Deutung fanden.

Nach Cusanus bewegen sich alle Körper im All um eine unendliche Weltachse, so auch die Erde und die Sonne. Dabei übten auf ihn die Vorstellungen der Pythagoräer einen unübersehbaren Einfluß aus, die alle Körper um ein Zentralfeuer kreisen ließen. Das mußte zwangsläufig zu Zweifeln am ptolemäischen Weltsystem führen, das bisher als unumstößlich erschien.

Aber erst Nikolaus Kopernikus (1473 – 1543) gelang es, dieses Weltbild zu erschüttern und das heliozentrische Weltsystem zu errichten. Sein Hauptwerk „Über die Umdrehungen der Himmelskörper" (1543) wurde nicht zufällig von der katholischen Kirche 1616 auf den Index gesetzt, obwohl er seine Theorie von der Umdrehung der Erde um die Sonne nicht zu beweisen vermochte und sein Nürnberger Herausgeber seine Lehre in eine Hypothese abgeschwächt hatte.[12]

---

11) Cusanus, N.: Vom Wissen des Nichtwissens. 1488, S. 26 und 87
12) Kopernikus, N.: Über die Umdrehungen der Himmelskörper. Nürnberg 1543

Auch an der Kreisbahn hielt Kopernikus noch fest, jedoch geht aus einer durchgestrichenen Randbemerkung seines Manuskripts hervor, daß auch er bereits die elliptische Umlaufbahn erwogen hatte, die später von Kepler erkannt und begründet wurde.

Johannes Kepler (1571 – 1630) erbrachte erst wesentliche mathematische Beweise für die Richtigkeit des kopernikanischen Weltbildes. Dabei konnte er sich auf das umfangreiche Material von Tyho Brahe stützen, der die genauesten Planetenbeobachtungen seiner Zeit durchgeführt hatte. 1609 entdeckte Kepler die ersten beiden Gesetze der Planetenbewegung, und 1619 fand er das dritte Gesetz. Kepler erkannte, daß sich die Planeten auf Ellipsenbahnen mit unterschiedlicher Geschwindigkeit um die Sonne bewegen und ein Zusammenhang zwischen Sonnenabstand und Umlaufgeschwindigkeit der Planeten besteht. Damit gelang Kepler ein entscheidender Durchbruch in der Erkenntnis von Naturerscheinungen, die sich auf die Sonne als Mittelpunkt des Universums gründete.

Giordano Bruno (1548 – 1600) ging über die Erkenntnisse von Kepler hinaus und stellte die Lehre von der Unendlichkeit des Weltalls auf, in dem es keinen Mittelpunkt gibt und die Fixsterne im ganzen Weltall verstreute Sonnen seien. Schöpfer und Schöpfung, Welt und Gott fallen bei ihm wie bei Cusanus zusammen, seine Philosophie trägt jedoch einen geschlosseneren pantheistischen und auch monistischen Zug. Gott ist in den Dingen wie das Sein im Seienden. Dem Menschen ist er unfaßbar als wirkende Natur, aber er entfaltet sich in der gewordenen Natur. Die Erscheinungen selbst befinden sich zwar in ständiger Bewegung und bewegen sich in Gegensätzen, aber sie heben sich auf im Ganzen und Unendlichen, weil sie mit Notwendigkeit der Vollkommenheit, Harmonie und Schönheit zustreben. In seinem Werk „Von der Ursache, dem Prinzip und dem Einen" (1584) gelangte Bruno zum Schluß: „Wer die tiefsten Geheimnisse der Natur ergründen will, der betrachte und beobachte die Minima und Maxima am Entgegengesetzten und Widersprechenden"[13]. Gott selbst ist danach in ständiger Entwicklung zum Vollkommenen, jedoch ein materiell, geistig und seelisches Ganzes, ein „Monade", und als die letzte untrennbare physische und psychische Einheit sogar die Monade aller Monaden.

Diese Auffassung stand zum Weltbild der Kirche und ihrem Dogma in krassem Gegensatz, wonach Gott das Weltall und die Erde erschaffen habe, um den Menschen auf der Erde eine Heimstatt zu geben, und seinen eigenen Sohn sogar auf die Erde sandte, um die Menschen zu erlösen. Damit machte sich Bruno die Kirche zum Feind, zumal er es in seinem Werk „Heroische Leidenschaften und

---

13) Bruno, G.: Von der Ursache, dem Prinzip und dem Einen. 1584, S. V

individuelles Leben" (1585) wagte, Kritik am Parasitismus und an der sittlichen Dekadenz der Kirche zu üben und den Kampf gegen religiösen Mystizismus und kirchliche Autoritäten für berechtigt zu halten.[14] Bruno wurde als Ketzer betrachtet und behandelt. Die Inquisition verurteilte ihn 1600 zum Tode durch den Scheiterhaufen. Sie konnte jedoch nicht verhindern, daß sich die Aufklärung auszubreiten begann und das metaphysisch-theologische Weltbild wissenschaftlich immer mehr in Frage stellte.

2.4. Naturverständnis zwischen Renaissance und Aufklärung

Nach der Renaissance verstärkte sich der Trend in der einzelwissenschaftlichen Forschung, Tatsachen über die Welt systematisch zu sammeln, zu analysieren und auszuwerten. Die Natur wurde in ihre einzelnen Teile zerlegt, die Naturerscheinungen und Naturvorgänge bestimmten Klassen zugeordnet in der Absicht, das Ganze über seine Teile besser zu erkennen und zu deuten. Damit bildete sich zugleich die Gewohnheit heraus, die Naturdinge und Naturvorgänge in ihrer Vereinzelung außerhalb des großen Gesamtzusammenhangs aufzufassen, also nicht in ihrer Bewegung, sondern in ihrem Stillstand, nicht in ihrem Leben, sondern in ihrem Tod.[15] Am weitesten fortgeschritten in ihrer Entwicklung war die Mechanik der irdischen und himmlischen Körper, die vor allem auf den Leistungen von Kopernikus, Kepler und Bruno beruhten, an die nun Galilei (1564 – 1642), Bacon (1561 – 1626), Descartes (1596 – 1650), Hobbes (1588 – 1679), Newton (1642 – 1727), Locke (1632 – 1704) und Spinoza (1632 – 1677) unmittelbar anknüpfen konnten.

Im Unterschied zur Renaissance neigte man jetzt der Ansicht zu, daß alle Körper Automaten seien, die mechanisch bewegt würden. Es war die Zeit der mechanischen Welt- und Naturanschauung, die alles auf quantitative Bestimmungen zurückführte. Ihre Vertreter schufen ein theoretisches System, mit dessen Hilfe es gelang, sowohl die mechanische Bewegung und Wechselwirkung der den Menschen umgebenden Körper richtig zu beschreiben als auch die Bahnen der Himmelskörper zu berechnen und ihre Bewegung mit großer Wahrscheinlichkeit vorauszusagen, ohne sich irgendwelcher übernatürlicher Ursachen oder immaterieller Prinzipien bedienen zu müssen. Die Mechanik hatte auf diese Weise eine derart starke Stellung innerhalb der damaligen Wissenschaft erlangt, daß ihre Grundsätze der gesamten Naturauffassung zugrunde gelegt wurden. Bacon, De-

---

14) Bruno, G.: Heroische Leidenschaften und individuelles Leben. 1585
15) Engels, F.: Herrn Eugen Dührings Umwälzung der Wissenschaft (Anti-Dühring). MEW, Bd. 20, Berlin: Dietz Verlag 1973, S. 20

scartes, Hobbes und Spinoza forderten, zur Erklärung der Naturerscheinungen nicht Zwecke, sondern natürliche Ursachen heranzuziehen. Damit wandten sie sich gegen die Auffassung von Aristoteles, auf den sich die Kirche stützte, daß die Welt eine Stufenreihe von Zwecken darstellt, die sich vom Allgemeinen zum Besonderen und vom Unvollkommenen zum Vollkommenen verwirklichen. Allerdings wurde die Naturerklärung auf mechanische Ursachen und Gesetze reduziert.

2.4.1. Naturverständnis von Galileo Galilei

Für Galilei (1564 – 1642) war die Natur ein aufgeschlagenes Buch, das sich dem Menschen nur offenbarte, wenn er es mit Hilfe der Mathematik zu lesen verstand. Den Spekulationen läßt er Beobachtungen folgen, führt die Ergebnisse theoretisch gewonnener Einsichten mit den Resultaten astronomischer Beobachtungen zusammen. Dabei bediente er sich mathematischer und experimenteller Methoden. Er erfand das Pendelgesetz, formulierte sein Trägheitsprinzip, erforschte die Gesetze des freien Falls und baute selbst ein Fernrohr, mit dem er 1610 erstmals astronomische Fernbeobachtungen durchführte und damit die Unebenheit der Mondoberfläche, die Sonnenflecken, die Zusammensetzung der Milchstraße und den Phasenwechsel der Venus entdeckte. Galilei erkannte die Richtigkeit des kopernikanischen Weltbildes und die irdisch-physikalische Natur der Himmelskörper und zog daraus den Schluß, daß die physikalischen Gesetze irdischer Prozesse grundsätzlich auch auf den anderen Himmelskörpern gelten. Mit der Erkenntnis von der naturgesetzlichen Einheit des Universums wurde Galilei zum Begründer der modernen Naturwissenschaften, insbesondere der Physik im allgemeinen und der Dynamik im besonderen.

Da Galilei (ebenso wie Giordano Bruno) im bewußten Gegensatz zu den Lehren von Aristoteles und der Kirche unbeirrt den Gedanken eines unendlichen Weltalls vertrat und sich offen zur Lehre von Kopernikus bekannte, wurde er 1615/1616 und 1633 vor die Inquisition berufen und mußte die kopernikanische Lehre öffentlich abschwören. In einer Zeit, in der in Europa die Religionskriege tobten, der 30jährige Krieg (1618 – 1648) seinen Höhepunkt erreichte sowie die Ketzergerichte und Autodafes wüteten[16], gehörte viel persönlicher Mut dazu, sich auch zu den als richtig und wahr erkannten Ergebnissen in der Wissenschaft zu bekennen.

---

16) Corvin, O.: Pfaffenspiegel. Berlin: Bock Verlag 1845; Corvin, O.: Die Geißler. Berlin: Bock Verlag; König, B.E.: Hexenprozesse. Berlin: Bock Verlag

2.4.2. Naturverständnis von Francis Bacon

Bacon (1561 – 1626) vertrat den Standpunkt, daß alle Naturerkenntnis auf Erfahrung beruhen muß. Damit wandte er sich gegen die damals übliche einseitige Bevorzugung der Spekulation als wissenschaftliche Methode der Erkenntnisgewinnung, die schon bei Aristoteles ihren Ausgang nahm. In seinem Werk „Organon" behandelte der große griechische Denker Fragen der Logik und leitete die Folgerungen einzelner Sätze aus allgemeinen Voraussetzungen ab. Damit war er im weitesten Sinne der Erfinder der deduktiven Methode. Nach Bacon lassen sich Erkenntnisse jedoch nur gewinnen, wenn der Geist ganz allmählich und mit äußerster Zurückhaltung vom Einzelnen zum Allgemeinen fortschreitet und somit den entgegengesetzten Weg einschlägt. Demzufolge sah Bacon die Induktion als Hauptmethode wissenschaftlicher Forschung an. Durch Sammeln von Tatsachen, Vergleichen und Experimentieren sollte der Geist stufenweise zu höheren Einsichten gelangen. Um seinen Gegensatz zu Aristoteles hervorzuheben, nannte er das Werk, in dem er diese Methode 1620 beschrieb, das „Neue Organon"[17]. Diese wissenschaftliche Vorgehens- und Arbeitsweise brachte Bacon nicht zu unrecht die Bezeichnung „Stammvater des englischen Materialismus und aller modernen experimentierenden Wissenschaften"[18] ein.

Die Rolle von Hypothesen in der Wissenschaft leugnete er zwar nicht, lehnte aber die Überbetonung spekulativer Denkmethoden, wie sie die Scholastik pflegte, entschieden ab. Obwohl seiner Meinung nach der Ursprung allen Wissens in der Sinneserfahrung liegt, sei eine „Auslegung der Natur" allerdings erst dann und insoweit möglich, wenn bzw. wie die allgemeine Wahrnehmung von Fehlern, Irrtümern und Vorurteilen befreit worden ist. Um endgültige Gewißheit zu erlangen, müßten vier Erkenntnisstufen durchlaufen werden, bei denen Täuschungen und Trugbilder abgestreift werden. Alle Erkenntnis müsse letztlich darauf gerichtet sein, die Eigenschaften und Gesetze der Natur zu erfassen und die Macht des Menschen über die Natur zu vermehren. Dabei sollte ein erweitertes Verstehen der Natur zu einer größeren Beherrschung der Natur, vor allem durch die Physik, führen. Demzufolge kann die Natur nur in dem Maße beherrscht werden, wie sie auch richtig verstanden wird.

„Macht" über die Natur zu gewinnen, war bei Bacon mit höheren Einsichten des Menschen in Naturvorgänge verbunden, die dann auch vom Menschen praktisch genutzt werden sollten. Denn die Nutzanwendung der Wissenschaft stand im

---

17) Bacon, F.: Neues Organon. 1620, Buch I, S. 19 und 104
18) Engels, F. / Marx, K.: Die heilige Familie. MEW, Bd. 2, Berlin: Dietz Verlag 1974, S. 135

Vordergrund seines Denkens. Die Wissenschaft sollte im Leben stehen und ins Leben führen, um der Menschheit eine höhere Kultur und ein bequemeres Leben zu sichern. Diese sozialen Zielstellungen erinnern unmittelbar an Vorstellungen von Thomas Morus und Tommaso Campanella, die sie in ihren Werken „Utopia" (1518) und „Sonnenstaat" (1623) bereits entworfen hatten. „Wir vermögen so viel, wie wir wissen", war sein Leitsatz. Wissenschaft muß in der rauhen Luft der Praxis bestehen und sich dort auch bewähren. Die Nutzen- und Zweckorientierung der Wissenschaft entsprang aber nicht so sehr einer Laune ihres Verkünders, sondern vielmehr den herangereiften Bedürfnissen der Gesellschaft, die dem aufstrebenden englischen Bürgertum zu Ansehen, Einfluß und Macht in der von der Aristokratie beherrschten Gesellschaft verhelfen sollte.

Da Bacon Wissenschaft und Leben in steter Verbindung und Wechselwirkung dachte, war es nur folgerichtig, daß er daranging, das wissenschaftliche System neu zu ordnen. In seiner überlieferten Struktur beruhte es auf den Vorstellungen von Platon und Aristoteles und umfaßte die Dialektik (begriffliches Denken), die Physik (sinnliche Wahrnehmung der Natur) und Ethik (Handeln des Menschen durch sein Wollen und Begehren). Bemerkenswert ist die von Bacon vorgenommene Gliederung der Geschichte in die Geschichte der Natur und die Geschichte der Menschheit, die später Karl Marx übernahm. Auch die Philosophie ließ er in die natürliche Theologie, die Lehre vom All und die Lehre vom Menschen zerfallen. Diese Klassifikation der Wissenschaft, die schon recht detailliert war und hier nur grob angedeutet worden ist, trug der sich immer stärker ausprägenden Arbeitsteilung in Gesellschaft und Wissenschaft Rechnung und hatte bis ins 19. Jahrhundert allgemeine Geltung gehabt.

2.4.3. Naturverständnis von Rene Descartes

Im Gegensatz zu Bacon, der sich mehr auf die Erfahrung, die Empirie, und auf induktive Methoden in der Wissenschaft stützte, ging Descartes (1596 – 1650) von der entgegengesetzten Denkweise aus und vertrat stärker die mathematische Spekulation und die deduktive Methode in der Wissenschaft. Sein Weltbild beruhte auf der Überzeugung von der Vernünftigkeit der Wirklichkeit, die sich bereits in der Renaissance herausgebildet hatte und als Vernunft alles das betrachtete, was sich auf mathematische Konstruktionen zurückführen ließ. Durch diese Anschauung wurde er zum führenden Vertreter des Rationalismus in seiner Zeit. Descartes zog vielfältige Beweise heran, um zu belegen, daß alle Sinne täuschen und auf die Erfahrung kein Verlaß sei, man von ihr weder Sicherheit noch Wahrheit erwarten könne. Nur die Ideen Gottes seien wahr und vollkommen, die Ideen der Menschen dagegen unvollkommen und beschränkt.

Der geschichtliche Rückgriff auf Platon ist bei Descartes unverkennbar, nur mit dem Unterschied, daß die Ideen hier nicht mehr außerhalb des Menschen als selbständige Wirklichkeit existieren, sondern im Menschen selbst liegen als Bestandteile menschlichen Bewußtseins. „Ich denke, also bin ich", war der Ausgangspunkt seiner Philosophie. Gott muß in der Wirklichkeit vorhanden sein und den Menschen zu vollkommenen Einsichten führen. Demzufolge muß es auch alle Naturerscheinungen und Naturvorgänge, die der Mensch zu denken vermag, in der Außenwelt tatsächlich geben. Um die Existenz der objektiven Realität zu beweisen, macht Descartes somit den Umweg über den Beweis der Existenz Gottes, der Ursache allen Erkennens sei, während die sinnliche Wahrnehmung der materiellen Gegenstände als Wirkungen fungieren.

Die Notwendigkeit dieses Umweges ergibt sich vor allem aus dem dualistischen Standpunkt von Descartes. Danach besteht die Welt aus einer nichtmateriellen „denkenden Substanz" (res cogitans) und einer materiellen „ausgedehnten Substanz" (res extensa). Da aber die bloße Gegenüberstellung zweier voneinander unabhängiger Prinzipien nicht ausreicht, um die Welt zu erklären, nimmt er zu einem übergreifenden und verbindenden Prinzip Zuflucht, nämlich auf die mit Gott identische „unendliche Substanz". Gott ist ebenso vollkommen wie unendlich und setzt auch das Denken in Bewegung. Gott hat der Bewegung in der Welt überhaupt den ersten Anstoß gegeben. Seitdem hält sich die Welt von selbst in Bewegung. Die später begründete These von der Selbstbewegung der Materie wird hier vorgedacht. Da sich die Bewegung vom stoßenden zum gestoßenen Körper nach Descartes mit gleicher Kraft überträgt, bleibt auch alle Bewegung in der Natur gleich und wird erhalten. Dies war der erste Erhaltungssatz, der in der Philosophie ausgesprochen wurde, und kann gewissermaßen als Vorläufer des Gesetzes von der Erhaltung der Energie angesehen werden. Im übrigen schließt sich Descartes dem Trägheitsgesetz von Galilei an.

Alles Geschehen in der Natur erklärt er rein mechanisch, so auch die Entstehung des Planetensystems, das sich durch Wirbelbildung aus einer amorphen Masse (Äther) entwickelt hätte. Mit der Wirbeltheorie (1644) unternimmt er den Versuch, die Entstehung der Welt (auf der Grundlage kopernikanischer Erkenntnisse) aus sich selbst heraus zu deuten. Damit wird auch die Kant-Laplacesche Hypothese vorweggenommen. Seinen mechanischen Standpunkt dehnte er auch auf alle Lebenserscheinungen aus. In Zusammenhang mit seiner Lehre von der körperlichen und geistigen Substanz rechnete er die Tiere ausschließlich der körperlichen Substanz zu und betrachtete sie damit als nichtdenkende, seelenlose Maschinen, während der Mensch denkt und Anteil an der seelischen Substanz habe. In dieser Hinsicht nimmt Descartes auch bei Platon und Aristoteles geistige Anleihen auf. Wie Bacon sieht auch Descartes in der Herrschaft des Menschen über die Natur, in der Entdeckung und Benutzung von technischen Hilfsmitteln, in der Erkenntnis der natürlichen Ursachen und Wirkungen, in der Vervollkommnung der menschlichen Natur das Hauptziel des menschlichen Wissens. Er zweifelte alles an, nur der Zweifel sei nicht zu bezweifeln, in ihm erkannte er sein eigenes Ich. Diese Form der Skepsis war aber ein fruchtbares Moment philosophischer Reflexion. Wenn aber zweifeln eine Art seines Denkens war, so bleibt die Frage, ob sich seine Zweifel auch auf Gott erstreckten und Gott lediglich ein Zugeständnis an die Kirche war. Hinsichtlich der Bewegung der Welt reduzierte er Gott ohnehin nur auf den Vermittler des ersten Anstoßes.

2.4.4. Naturverständnis von Thomas Hobbes

Hobbes (1588 – 1679) versuchte wiederum, die Erkenntnisse von Bacon und Descartes zu vereinen und für seine Zeit fruchtbar zu machen. Er unterzog den Dualismus von Descartes der Kritik und vertrat den Standpunkt, daß das Denken nicht **von der** denkenden Materie getrennt werden dürfe, weil es nur eine einheitliche materielle Substanz geben würde und weil die Erkenntnistätigkeit und die physiologischen Vorgänge einen einheitlichen mechanischen Zusammenhang bilden. Nur das Körperliche ist Substanz, und das menschliche Bewußtsein mit seinem Denken stellt lediglich eine Tätigkeit des Körpers dar, es existiert demzufolge nicht für sich, sondern ist an den Körper gebunden, meinte er. Die Auffassungen seiner beiden Vorgänger seien dagegen zu einseitig, wenngleich diese Vereinseitigung bei Bacon dem empirischen Boden entspringt und sich bei Hobbes mit einem offenkundigen rationalistischen Akzent verbindet. Hobbes hing aber ebenso wie Bacon und Descartes dem neuen nominalistischen Menschenbild an, das auch eine veränderte Naturauffassung in sich einschloß. Im Nominalismus steht die Natur dem Menschen nicht mehr als schicksalhaft gegeben gegenüber, sondern erweist sich seinen Willenshandlungen als durchaus zugänglich. In ihr kündigt sich bereits eine erkenntnisoptimistische Einstellung an.

Alle Leidenschaften des Menschen seien darauf gerichtet, Macht und Ehre zu erlangen, denen der Trieb zugrunde liegt, sich im Lebenskampf zu erhalten und zu bewähren. Würden die Menschen nur diesem Urtrieb folgen, so würden sie bald wie Tiere übereinander herfallen. Dieser Selbsterhaltungstrieb ist von Natur aus da, weshalb ursprünglich ein „Kampf aller gegen alle" (bellum omnium contra omnes) herrschte, weil „jeder Mensch dem Menschen ein Wolf ist" (homo homini lupus est). Der Mensch müsse daher mit Überlegung handeln und auch das Wohl des Mitmenschen ständig im Auge behalten. Um den Naturzustand der Menschheit zu überwinden, sei es daher nötig, den Verstand zu gebrauchen und einen vernünftigen Kulturzustand zu schaffen. Dieser Übergang vom Natur- zum Kulturzustand sollte durch einen Gesellschaftsvertrag geregelt werden, der auf dem Willen des Volkes beruht. Kultur steht bei Hobbes damit über der Natur, sie stellt eine fortgeschrittenere Entwicklungsstufe der Menschheit dar, weshalb es ihm auch folgerichtig erschien, sich der Ansicht von Bacon und Descartes anzuschließen, daß die Natur durch den Mensch beherrscht werden müsse.

2.4.5. Naturverständnis von John Locke

Wie Bacon und Hobbes sah Locke (1632 – 1704) in der Sinneserfahrung die Quelle aller Erkenntnis. In seinem Hauptwerk „Über den menschlichen Verstand" (1690) begründet er die sensualistische Erkenntnistheorie. Darin gelangt Locke zur Ansicht, daß die Sinnesempfindungen durch objektiv vorhandene, real existierende Körper hervorgerufen werden, die erst die Vorstellungen von den wahrgenommenen Körpern erzeugen. Damit brach er mit der Annahme von Descartes, es gebe angeborene Ideen, machte jedoch den Unterschied zwischen Sinneswahrnehmung (sensation) und Selbstwahrnehmung (reflection). Diese beiden Formen der Erfahrung seien die Quelle der Ideen. Programmatisch erklärte er, daß nichts im Verstand sei, was nicht zuvor in den Sinnen war. Locke hält zugleich an der Auffassung von den „inneren Erfahrungen" fest, die auf die Tätigkeit des Verstandes zurückgehen, womit der dem Verstand gewisse schöpferische Spielräume und Eigenpotenzen zugestand.

Mit Hilfe der Vernunft und auf dem Wege des Gesellschafts- und Staatsvertrages würde der Mensch von einem unvollkommenen Naturzustand zu einer vernünftigen Gesellschaftsordnung gelangen. Im Unterschied zu Hobbes behauptet er jedoch, daß die Menschen im Naturzustand harmonischer zusammengelebt hätten und daß es zu dieser Zeit bereits eine Art von Privateigentum gab.

2.4.6. Naturverständnis von Baruch Spinoza

Auch Spinoza (1632 – 1677) kritisierte und überwand die dualistischen Auffassungen von Descartes und die sich daraus ergebenden Inkonsequenzen. Nach Spinoza ist Gott im Weltall. Gott ist das Weltall und das Weltall ist Gott. Alles ist eins, und das eine ist Gott. Hatte Descartes noch drei Substanzen (eine göttliche, eine geistige und eine materielle), so läßt er in seinem Hauptwerk „Ethik" (1677) nur noch eine einzige Substanz gelten, die unteilbar, unerschaffbar und unzerstörbar ist und durch sich selbst existiert, sie ist die Ursache ihrer selbst (causa sui). Die Annahme eines außerweltlichen und übernatürlichen Schöpfergottes wird damit verworfen, und Naturvorgänge werden aus natürlichen Ursachen erklärt. Das Wesen der Substanz, die sich bei Spinoza in Gott bzw. Natur auflöst, kommt in ihren Attributen zum Ausdruck. Attribute der Substanz sind vor allem Ausdehnung und Denken, sie ist demnach ein ausgedehntes und denkendes einheitliches Ding. Die Substanz mit ihren Attributen tritt in Erscheinung in Gestalt der Modi, und zwar sind die materiellen Körper die Modi des Attributs Ausdehnung und die Ideen sind die Modi des Attributs Denken. Beide stimmen miteinander überein, weil sie die gleiche Ursache haben. Denken und Sein sind hier identisch, und Erkennen bedeutet nach Spinoza, die Dinge und ihre Ordnung in den Ideen und ihrer Ordnung abzubilden bzw. widerzuspiegeln.

Wenn auch Gott und Natur in seinem pantheistischen System eins und damit identisch sind, so bezeichnet Gott die schaffende Natur (natura naturans) und Natur die geschaffene Natur (natura naturata). Gott hat aber die Natur nicht erzeugt, die Natur ist nicht eine Schöpfung Gottes, sondern Gott ist eben die Natur, ist schaffende und geschaffene Komponente zugleich. Gott ist demzufolge auch nicht die Ursache und Natur nicht die Wirkung, sondern Gott und Natur sind Ursache und Folge ihrer selbst, stehen in untrennbarer Verbindung zueinander. Unter geschaffener Natur faßte Spinoza „alles dasjenige, was aus der Notwendigkeit der Natur Gottes folgt, das heißt alle Daseinsformen der Attribute Gottes, sofern sie als Dinge betrachtet werden, welche in Gott sind und welche ohne Gott weder sein noch begriffen werden können"[19].

Daß diese einheitliche Betrachtung von Gott und Natur dennoch unterschiedliche Auslegungen zulassen konnte, zeigen die Auffassungen der Neuplatoniker, die meinten, Gott habe demzufolge die Welt geschaffen, während die Jesuiten vermuteten, Gott wird in dieser Lehre geleugnet. Diese Ansicht hatte damals mehr Gewicht, weshalb Spinoza bis zur Französichen Revolution von 1789 als „Fürst der Atheisten" galt und es gefährlich war, sich zu Spinoza zu bekennen. Erst Lessing, Herder, Goethe, Schleiermacher und Hegel drangen in seine Philosophie tiefer ein und erkannten ihren wahrhaft monistisch-pantheistischen Sinn und Gehalt.

In seiner Affektenlehre baut er zugleich die Beziehungen zwischen Freiheit und Notwendigkeit aus, die sich in der oben angeführten Definition über die geschaffene Natur bereits andeuten. Danach kann ein notwendig vorhandenes Ding zur gleichen Zeit frei sein, wenn es nach der Notwendigkeit seiner eigenen Natur existiert. In diesem Sinne ist einmal die Substanz (Gott, Natur) frei, weil ihre Existenz nur durch ihr eigenes Wesen bedingt ist. Zum anderen ist aber auch der Mensch frei, die Natur und sich selbst zu erkennen. Denn die Erkenntnis der Natur durch den Menschen, sowohl der äußeren wie seiner eigenen, inneren Natur, ist nach Spinoza die Quelle höchsten Glücks und größter Befriedigung.

---

19) Spinoza, B.: Ethik. Buch I, S. 29

Spinoza verarbeitete in seinem System die Ergebnisse der Vergangenheit, insbesondere der mathematischen und mechanischen Wissenschaften des 17. Jahrhunderts. Er vereinigte die cartesianische mit der älteren scholastischen Methode, verwertete den Substanzbegriff der Renaissance, verwendete den Unendlichkeitsbegriff von Cusanus und entwickelte ihn weiter und gelangte, indem er alles miteinander gedanklich zu einer Einheit verschmolz, zur Erkenntnis, daß alle Bestimmung eine Negation ist (omnes determinatio est negatio), die letztlich auf Heraklit zurückging und später von den dialektischen Materialisten ebenfalls aufgegriffen wurde.

2.4.7. Naturverständnis von Isaac Newton

Während zu Beginn der sammelnden und analysierenden Periode der modernen Naturwissenschaft Menschen standen wie Kopernikus, der das heliozentrische Weltbild entwickelte, Kepler, der die Gesetze der Planetenbewegung entdeckte, Harvey (1578 – 1657), der den Blutkreislauf aufklärte, und Galilei, der die moderne Physik begründete, vollendete Newton (1642 – 1727) die klassische Physik mit seiner Gravitationstheorie. In dem Werk „Mathematische Prinzipien der Naturlehre" (1687) legte Newton seine Naturauffassung dar, lieferte erstmals die physikalische Begründung der Keplerschen Planetengesetze zum kopernikanischen System und baute auf der Grundlage der darin entworfenen Gravitationstheorie die mathematische Naturwissenschaft zu einem, die gesamte irdische und himmlische Mechanik umfassenden System aus.

Im Anschluß an Galilei stellte er drei Gesetze auf, nämlich das Trägheitsgesetz, den Impulssatz und den Wechselwirkungssatz. Durch die Anwendung dieser Gesetze auf die Himmelskörper fand er das Gravitationsgesetz (1680), mit dem er die Bewegung der Planeten um die Sonne und Ebbe und Flut erklärte sowie die Abplattung der Erde, die Masse der Planeten, die Schwerkräfte auf ihren Oberflächen und die Bewegungen der Erdachse berechnete. Damit wurde das fast 2000 Jahre vorherrschende geozentrische Weltbild des Aristoteles endgültig widerlegt und ihm ein begründetes heliozentrisches Weltbild entgegengesetzt, dessen grundlegende Begriffe Raum, Zeit, Bewegung und Kraft waren.

Nach Newtons Überzeugung erfolgt alle Bewegung in der Welt, so die Bewegung der Planeten um die Sonne, nach mechanischen Gesetzen, jedoch sei das ganze Weltgetriebe durch einen ersten göttlichen Anstoß in Bewegung versetzt worden, womit er sich der Intention von Descartes anschloß. Die Mechanik trug nicht unwesentlich dazu bei, den Deismus zu begründen. Danach hat Gott die Welt erschaffen und ihr einen ersten Anstoß verliehen mit dem Ergebnis, daß seitdem alle Bewegungen in der Welt ohne weiteres Eingreifen von Gott selbständig ablaufen.

2.4.8. Naturverständnis von Gottfried Wilhelm Leibniz

Leibniz (1646 – 1716) war ein Mann des Ausgleichs und der Versöhnung, der sich sowohl des spekulativen Denkens als auch der Erfahrung bediente und sich ebenso die deduktiven wie die induktiven Methoden zueigen machte, um die philosophischen Denkrichtungen miteinander in Einklang zu bringen. Dabei schuf er das erste einheitliche, rein idealistische Denksystem der Neuzeit. Obwohl er sich den Einflüssen seiner Zeit nicht entziehen konnte und die Berechtigung der mechanistischen Naturerklärung anerkannte, zwang ihn seine Geistesrichtung doch zur Annahme einer Zwecksetzung in den Naturerscheinungen. Denn er suchte nach den eigentlichen und letzten Ursachen, die sich hinter dem mechanischen Verlauf der Naturereignisse verbergen.

Wenn Kraft nach Newton das Wesentliche der Materie ist, so muß sie immer und überall vorhanden sein, dann ist auch Ruhe kein Gegensatz zur Bewegung, sondern nur unendlich kleine Bewegung, da sich Bewegung aus unendlich kleinen Antrieben zusammensetzt, schlußfolgerte Leibniz. Demzufolge zeigt sich in der Stetigkeit das erste Grundgesetz der Naturerscheinungen. ==Alle Dinge entwickeln sich danach stetig auseinander.== Damit waren zwei Aspekte angesprochen: die Entwicklung und die Art der Entwicklung. Hatten vor allem Bruno und Spinoza die Entwicklung als Selbstentwicklung eines materiellen Prinzips gefaßt, so wird dieses dialektische Prinzip der Selbstentwicklung nun von Leibniz in seiner Monadenlehre vertreten. Er betont aber die Kontinuität innerhalb der Entwicklung und läßt die Diskontinuität nicht gelten in der Annahme, daß die Natur keine Sprünge macht und in ihr alles auf Harmonie ausgerichtet sei.

In der Monadenlehre wird die Trennung von Materie und Bewegung zudem aufgehoben. Waren in der griechischen Philosophie Monaden alles, was einfach und unteilbar ist, wie die Idee bei Platon, das Atom bei Demokrit und Epikur, die Formen als zweckmäßig handelnde Kräfte bei Aristoteles, so sind sie für Leibniz (ebenso wie vorher für Cusanus und Bruno) in sich geschlossene und vollendete, letzte und beseelte Einheiten (Substanzen), die in ihrer Gesamtheit das geordnete Weltsystem ausmachen. Er glaubte, im Monadensystem eine Stufenordnung zu erkennen, die von leblosen über tierische zu menschlichen Monaden reicht und schließlich in Gott, der obersten Spitzenmonade, die höchste Vollkommenheit erreicht. Gott erscheint überweltlich und zugleich als die Welt selbst, stellt also einen Widerspruch in sich selbst dar (Prinzip von Identität und Widerspruch), was nicht zuletzt der Versuch war. zwischen Deismus und Pantheismus zu vermitteln.

Da die Monaden in stetigen Übergängen untereinander verbunden und zugleich einander wesensverwandt seien (Prinzip der Wesensverwandtschaft), bestünde zwischen ihnen nicht nur völlige Harmonie, sondern auch inhaltliche Übereinstimmung. Jede Monade ist eine Welt im kleinen und spiegelt die Welt im großen wider, wie auch umgekehrt die große Welt Rückschlüsse auf die kleine Welt zuläßt (Prinzip der Analogie). Die höchste Monade soll bei der Einrichtung der Welt höchst zweckmäßig vorgegangen sein, so daß die Harmonie gottgewollt und von vornherein geplant war (Prinzip von Ursache und Wirkung). In seiner Lehre von den Monaden vereinigt Leibniz metaphysische mit dialektischen Ideen über die innere Bewegung der Materie und die Beziehungen aller Formen der Natur zueinander und leistet vor allem mit der Formulierung der Prinzipien von Kontinuität und Diskontinuität, Identität und Widerspruch, Ursache und Wirkung sowie der Analogie und Harmonie wichtige Vorarbeiten für Hegel, der sich bei der Herausarbeitung seiner dialektischen Prinzipien darauf stützen konnte.

Die Wurzeln der Monadenlehre reichen bis in die Emanationslehre der griechischen Philosophie zurück, bei der das Niedere, Unvollkommene aus dem Höheren, Vollkommenen hervorgeht, so emaniert bei den Pythagoräern alles aus den Zahlen, bei Platon aus den Ideen, bei vielen Stoikern aus der Seele. Auch bei Cusanus ist Gott ebenso in der Welt wie diese in Gott enthalten. Die prästabilisierte Harmonie, die dem Prinzip der Monaden zugrunde lag, wies einmal Beziehungen zur Präformationstheorie in der Biologie auf, die annahm, daß jeder Organismus in allen seinen Teilen im Ei bzw. im Samen vorgebildet ist und sich im Laufe der Entwicklung durch einfaches Wachstum nur noch entfaltet, sich also weder ontogenetisch noch phylogenetisch entwickelt. Noch Harvey prägte den Satz: Alles Lebendige kommt aus dem Ei (omne vivum ex ovo). Zum anderen sind gewisse Beziehungen zur Urzeugungstheorie vorhanden, die in ihrer ursprünglichen Form schon auf Aristoteles zurückging, der die Auffassung vertrat, daß im Prinzip jeder Organismus nur seine artgemäße Form verwirklichen könne, daß immer nur Gleiches aus Gleichem entstehe. Im Laufe der Entwicklung der Evolutionstheorie spielte die Autogenese immer wieder eine gewisse Rolle und trat in verschiedenartigen Varianten in Erscheinung.

Gemäß seiner Annahme vom hierarchischen Stufenbau der Welt betrachtete Leibniz die Organismen als besonders geartete Maschinen, deren Teile selbst wieder aus Maschinen bestehen und denen eine vom Organismus nicht trennbare Kraft innewohnt, die ihn Nahrung aufnehmen und wachsen läßt. Damit versuchte er sowohl die von Descartes aufgestellte Maschinentheorie des Organismus als auch vitalistische Annahmen zu vermeiden. Sein ausgeprägtes Streben nach Harmonie in Wissenschaft und Gesellschaft hat Leibniz zu Lebzeiten größtenteils mehr Ärger als Anerkennung eingebracht. Dennoch vermochte Leibniz mit der ihm eigenen Methode, die Gedanken und Begriffe vorheriger Denker zu größerer Vollkommenheit und Klarheit zu führen, wie die Atome des Demokrit, die auf Wiedererinnerung fußenden Ideen des Platon, die den Stoffen zugrunde liegenden Formen bzw. Ideen des Aristoteles, den Substanzbegriff der Scholastik, die Monaden des Bruno, den Mikrokosmos des Paracelsus, die eingeborenen Ideen des Descartes und die Erkenntnisstufen des Spinoza. Mit diesen großen englischen, französischen und deutschen Denkern wurde der Übergang von der Renaissance zur Aufklärung vollzogen, sie stellen gewissermaßen die Vorläufer dieser bedeutenden gesellschaftlichen Entwicklungsphase dar.

2.5. Naturverständnis der Aufklärung

Die Aufklärung schloß verschiedene geistige Strömungen und Tendenzen in sich ein und durchlief mehrere Entwicklungsetappen. Ihrem Wesen nach unterwarf sie alles einer schonungslosen Kritik, „alles sollte seine Existenz vor dem Richterstuhl der Vernunft rechtfertigen oder auf die Existenz verzichten"[20]. Sie setzte zuerst in England, dann in Frankreich und später in Deutschland sowie in anderen europäischen Ländern ein und erstreckte sich etwa von 1688 bis 1848. In diesem Zeitraum fanden nicht nur die Revolutionen in England (1688), Frankreich (1789) und Deutschland (1848) statt, sondern auch der Nordische Krieg (1700 – 1721), der Spanische Erbfolgekrieg (1701 – 1714), der Siebenjährige Krieg (1756 – 1763) und die Napoleonischen Kriege, die sich von 1804 bis 1813 hinzogen und Europa erschütterten. Kein Wunder, daß sich die Sehnsucht nach Frieden und Humanität verstärkte, die auch in Schriften wie „Zum ewigen Frieden" (Kant) und „Briefe zur Beförderung der Humanität" (Herder) zum Ausdruck kam. Diese Zeit war daher ebenso durch große Monarchen, wie Wilhelm von Oranien in England, Ludwig XIV. (1638 – 1715) in Frankreich, Peter I. (1672 – 1725) und Katharina II. (1729 – 1796) in Rußland, Maria Theresia (1717 – 1780) in Österreich, Friedrich II. (1712 – 1786) in Preußen und Napoleon I. Bonaparte (1769 – 1821) in Frankreich, wie durch große Denker und Humanisten geprägt, die in der Vernunft die Quelle der Erkenntnis sahen.

Ideengeschichtlich gingen der Aufklärung der Humanismus der Renaissance, die Reformation und die rationalistischen philosophischen Systeme des 17. Jahrhunderts voraus. Die philosophischen Strömungen erwuchsen der Notwendigkeit, die Herausbildung neuer und die Differenzierung bisheriger naturwissenschaftlicher Richtungen philosophisch zu reflektieren und die neuen Erkenntnisse der

---

20) Engels, F.: Anti-Dühring. MEW, Bd. 20, A.a.O., S. 16

Physik, Chemie und Biologie weltanschaulich, erkenntnistheoretisch und methodologisch zu interpretieren.

2.5.1. Naturverständnis der englischen Aufklärung

Die europäische Aufklärung nahm in England ihren Ausgang und knüpfte unmittelbar an Locke und Newton an. Matthew Tindal (1656 – 1733) hielt die Bewegung in Natur und Gesellschaft für eine allgemeine Eigenschaft der Materie, stattete die Materie aber mit seelischen Merkmalen aus. Wie Spinoza ist er ein Vertreter des Pantheismus und prägte auch dieses Wort zum ersten Mal. Im Unterschied dazu bestritten George Berkeley (1685 – 1753) und David Hume (1711 – 1776) die Existenz materieller Dinge außerhalb des menschlichen Bewußtseins und behaupteten, daß die objektive Realität nichts weiter sei als eine Annahme, die sich aus der Gewohnheit herleite. Danach entstehen auch Vorstellungen von Naturnotwendigkeiten und Naturgesetzmäßigkeiten durch Assoziation subjektiver Wahrnehmungen und Empfindungen. Mit diesen Vorstellungen begründeten sie den subjektiven Idealismus in der Philosophie.

Hinsichtlich der Naturökonomie erlangte Adam Smith (1723 – 1790) große Bedeutung. Denn Smith entwickelte eine Arbeitswerttheorie, die noch nicht die „Naturvergessenheit" der modernen ökonomischen Theorien kannte. In Anlehnung an die Physiokraten vertrat er die Ansicht, daß die Natur ganz beträchtlich zur Wertgröße der auf dem Markt gehandelten Güter beiträgt. In seinem Hauptwerk „Untersuchung über die Natur und die Ursache des Reichtums der Nationen" (1776) heißt es: „In der Landwirtschaft arbeitet auch die Natur mit dem Menschen und ihre Produkte haben, obgleich ihre Arbeit nichts kostet, dennoch ebensogut ihren Wert, als die der kostspieligsten Arbeiter [...]. Die Arbeiter und die Arbeitstiere [...] helfen gewöhnlich außer zur Hervorbringung des Kapitals des Pächters und aller seiner Profite noch zu der Rente des Grundherrn. Diese Rente kann als das Produkt derjenigen Naturkräfte angesehen werden, deren Nutzung der Grundherr dem Pächter leiht [...]. Sie ist das Werk der Natur, das übrig bleibt, nachdem alles, was als Menschenwerk betrachtet werden kann, in Abzug gebracht oder verrechnet worden ist. Sie beträgt selten weniger als ein Viertel, oft aber mehr als ein Drittel des ganzen Erzeugnisses"[21].

Dagegen leugnete David Ricardo (1772 – 1823) in seinem Buch „Über die Grundsätze der politischen Ökonomie und der Besteuerung" (1817) jeden Anteil der Natur an der Entstehung des Reichtums der Gesellschaft. Er setzte die natür-

---

21) Smith, A.: Der Wohlstand der Nationen. München 1974, S. 124

lichen Grundlagen der Produktion als ewige und unveränderliche äußere Bedingungen des Arbeitsprozesses voraus. Der Wert einer Ware bestand seiner Meinung nach ausschließlich in der Arbeitszeit, die zu ihrer Produktion notwendig ist. Ricardo lehnte deshalb die Naturwertidee der Physiokraten ab und sperrte sich auch gegen die Annahme von Smith, daß die Natur einen unmittelbaren Anteil am Wertbildungsprozeß der auf dem Markt getauschten Güter hat. Er erklärte die Grundrente, die der Pächter an den Eigentümer des Bodens zahlen muß, aus dem Monopol am Boden, den er als eine nicht vermehrbare Ware betrachtete.

Ricardo unterschied zwischen mehreren Differentialrentenarten:
- Differentialrente Ia: stellt eine Marktlagerente dar, die der Pächter dem Bodeneigner bezahlen muß, wenn die gepachtete Bodenfläche eine günstige Marktlage besitzt.
- Differentialrente Ib: ist eine Bodenertragsrente, die in Abhängigkeit von der Bodenfruchtbarkeit der jeweiligen Bodenfläche anfällt. Hierin zeigt sich die Inkonsequenz seiner Theorie, die darin besteht, daß er den Anteil der Natur am Wertbildungsprozeß einerseits verwirft, andererseits aber nicht umhinkommt, die unterschiedlichen Bodenqualitäten als Ursache für unterschiedliche landwirtschaftliche Erträge und damit auch Markterlöse anzuerkennen. Damit wird der Natur ein Anteil am landwirtschaftlichen Produktionsergebnis gezwungenermaßen zugestanden.
- Differentialrente II: fällt bei einer Verbesserung der Gebrauchswerteigenschaften des Bodens durch Einsatz zusätzlicher Kapitalmengen an (Erhöhung der Bodenqualität), die zu höherem Gewinn führt, der dem Verpächter eine höhere Grundrente einbringt.[22]

Anfang des 18. Jahrhunderts erreichte die englische Aufklärung den Höhepunkt ihrer Entwicklung. Ihr Einfluß auf die französiche und deutsche Aufklärung ist nicht zu übersehen.

2.5.2. Naturverständnis der französischen Aufklärung

Die französische Aufklärung erhielt ihre Impulse aus England und aus dem Widerstand gegen die Scholastik. In dieser Hinsicht hatte Descartes zwar schon eine gewisse Vorarbeit geleistet, jedoch waren seine Bemühungen wieder in Vergessenheit geraten. Hinzu kam die Krise des Regimes des „Sonnenkönigs" Ludwig XIV., die den aufklärerischen Ideen eine radikalere Färbung gab. Alles Bestehende wurde kritisiert. In der Vernunft wurde ein Mittel gesehen, mit der man die

---

[22] Hopfmann, J.: Umweltstrategie. München: C.H.Beck Verlag 1993, S. 127-128; Behrens, H.: Marktwirtschaft und Umwelt. Frankfurt a.M.: Verlag Peter Lang 1991

verrotteten Zustände der Gesellschaft, den Glauben an unhaltbare Dogmen und die Verderbtheit der staatlichen Einrichtungen beseitigen konnte. Mit dem Rationalismus von Descartes wurde gebrochen, man wandte sich den irdischen Interessen zu, was sich auch im Weltbild niederschlug, das eine materialistische Tendenz annahm. „Die Metaphysik hatte praktisch allen Kredit verloren".[23]

2.5.2.1. Naturverständnis von Charles Louis Montesquieu

Schon Montesquieu (1689 – 1755) hatte die Gewaltherrschaft unumschränkter Herrscher bekämpft und forderte die Gewaltenteilung (gesetzgebende, vollziehende und richterliche) im Staat, um dem Mißbrauch der Gewalt den Boden zu entziehen. Mit seiner Gewaltenteilungstheorie stützte er sich sowohl auf John Locke und die Verfassungsprinzipien in England als auch auf Aristoteles, der in seinem Werk „Politik" eine derartige Unterscheidung bereits getroffen hatte. Dabei maß Montesquieu der Erziehung und den äußeren Umständen, dem Milieu, große Bedeutung für die Entwicklung der Gesellschaft bei. Unter Milieu wurde nicht nur die äußere natürlich-geographische, sondern auch die soziale Umgebung (Sitten, Gebräuche, Gesetze) verstanden. Es ging vor allem um die Frage, ob und inwieweit der Mensch durch seine Umgebung bestimmt wird, wobei zunächst einmal die geographische und später auch die soziale Umwelt damit gemeint war. Die Entwicklung des Menschen sowie geschichtlicher Zusammenhänge und Ereignisse aus natürlichen, vernünftigen Gesetzen zu erklären, zielte in erster Linie daher gegen eine göttliche Bestimmtheit des menschlichen Schicksals ab und richteten sich auch gegen entsprechende kirchlich-dogmatische Auffassungen. Zugleich war damit der Versuch verbunden, eine von der „Natur des Menschen" ausgehende, „naturgemäße" gesellschaftliche Ordnung zu finden und zu schaffen.

Die Milieutheorie hatte bereits im Altertum ihre Wurzeln. Dort versuchte man schon, vorhandene Unterschiede in der Art und Weise des gesellschaftlichen Zusammenlebens bei verschiedenen Völkern auf Unterschiede des geographischen Milieus zurückzuführen. So befaßte sich der griechische Arzt Hippokrates (um 459 – 377) mit dem Einfluß von Umweltfaktoren sowohl auf den Gesundheitszustand als auch auf das Temperament, den Charakter und die geistige Regsamkeit der Menschen. Über die nördliche gemäßigte Zone Asiens und ihre Bewohner schrieb er unter anderem: „Es leuchtet ein, daß dies Land in seiner Natur und in dem rechten Mittelmaß seiner Jahreszeiten dem Frühling am nächsten kommt. Dagegen können Eigenschaften wie Tapferkeit, Standhaftigkeit gegenüber Ungemach, Straffheit und Mut in einer solchen Natur nicht aufkommen, weder bei den

---

23) Engels,F./Marx, K.: Die heilige Familie. MEW, Bd. 2, A.a.O., S. 134

Eingeborenen noch bei Fremden. Vielmehr muß das Genießen ihren Lebensinhalt bilden". Später ergänzte er: „An dem Mangel an Mut und Tapferkeit der Menschen, das heißt daran, daß die Asiaten unkriegerischer als die Europäer sind und ein sanfteres Wesen haben, sind vor allem die Jahreszeiten schuld, die keinen großen Wechsel mit sich bringen, was Wärme oder Kälte betrifft, sondern einander ganz ähnlich sind. Denn da erfolgen keine starken Erschütterungen des Denkens und keine empfindliche Veränderung des Körpers, wodurch der Charakter des Menschen verwildert und ein trotziges und mutiges Wesen annimmt im Gegensatz zu Menschen, die immer in denselben Zuständen leben. Denn die Wandlungen aller Verhältnisse sind es, die das Denken der Menschen aufregen und sie nicht zur Ruhe kommen lassen".[24]

Später griffen Jean Bodin (1530 – 1596) in seinen „Sechs Bücher über die Republik" (1578) und Montesquieu in seinem Werk „Der Geist der Gesetze" (1748) auf die geographische Milieutheorie zurück. Montesquieu maß insbesondere dem Klima und der Bodenfruchtbarkeit große Bedeutung bei. Er stellte fest: „Die verschiedenen Bedürfnisse unter den verschiedenen Arten von Klima haben die unterschiedlichen Lebensweisen gebildet und diese haben die verschiedenen Arten von Gesetzen hervorgebracht".[25] Den Einfluß des Klimas auf den menschlichen Körper stellte er sich über die Wirkung von Wärme und Kälte vor, wobei sich die Muskelfasern ausdehnen bzw. zusammenziehen. Daraus folgerte Montesquieu, daß die Völker in kalten Klimaten kräftig, mutig und gefühlskalt sowie in warmen Klimaten schwächlich, furchtsam und leidenschaftlich seien und außerdem noch zu Verbrechen neigen. Hinsichtlich der Bodenfruchtbarkeit äußerte er, daß hohe Bodenfruchtbarkeit zu Wohlstand, Verweichlichung und Lebensgenuß führe, während die Unfruchtbarkeit des Bodens die Menschen zu Fleiß, Arbeitsamkeit und Regsamkeit zwingt, weil sie erst einmal erarbeiten müßten, was ihnen der Boden versagt. Obwohl Montesquieu einschränkend bemerkte, daß Natur und Klima fast ausschließlich auf die wilden Völker einen beherrschenden Einfluß ausüben, griff er bei zahlreichen Erscheinungen des gesellschaftlichen Lebens immer wieder unmittelbar auf das Klima zurück.[26]

2.5.2.2. Naturverständnis von Francois Marie Voltaire

Diese Ansichten lehnte Voltaire (1694 – 1778) wiederum mit Entschiedenheit ab. Insbesondere den ausführlichen Darstellungen Montesquieus zum Einfluß des

---

24) Hippokrates: Die Schrift von der Umwelt. Zürich 1956, S. 107-110
25) Montesquieu, Ch.: Vom Geist der Gesetze. Tübingen 1951, S. 321
26) Löther, R.: Mit der Natur in die Zukunft. Berlin: Dietz Verlag 1985, S. 11-24

Klimas, der geographischen Lage und der Ernährung auf die Religion trat er entgegen, indem er feststellte: „[...] die mohammedanische Religion, die dem ausgedörrten, glühenden Boden von Mekka entsprossen ist, gelangt heute in den schönen Landschaften von Kleinasien, Syrien, Thrakien, Mysien, Nordafrika, Serbien, Bosnien, Dalmatien, Epirus und Griechenland zur Blüte; sie hat in Spanien geherrscht, und um ein Haar wäre sie bis nach Rom vorgedrungen. Die Wiege des Christentums war der steinige Boden von Jerusalem, ein Land von Aussätzigen, wo es beinahe tödlich und vom Gesetz verboten ist, Schweinefleisch zu essen. Jesus aß niemals vom Schwein, und bei den Christen ißt man davon: ihre Religion herrscht heute in sumpfigen Ländern vor, wo man sich ausschließlich von Schweinen ernährt, wie in Westfalen".[27]

Es wurden gleich mehrere Argumente herangezogen, um die geographische Bestimmtheit des gesellschaftlichen Zusammenlebens zu widerlegen. Einmal die Ähnlichkeiten der Gesellschaftsformen bei unterschiedlichen klimatischen Bedingungen, zum anderen die Unterschiede der Gesellschaftsformen bei gleichen oder ähnlichen klimatischen Verhältnissen und schließlich die gesellschaftsgeschichtlichen Veränderungen unter gleichgebliebenen oder kaum veränderten Klimabedingungen. Auch andere Vertreter der Aufklärung nahmen in ähnlicher Weise zur Milieutheorie Stellung, wie noch gezeigt wird.

Den mehrjährigen Aufenthalt in England benutzte Voltaire dazu, sich mit Mathematik und Astronomie eingehender zu beschäftigen, die ihn auf den mechanischen Verlauf der Naturprozesse hinlenkten. In dieser Denkrichtung wurde er insbesondere durch das Studium des Werkes „Mathematische Prinzipien der Naturlehre" (1687) von Newton bestärkt, der mit dieser Schrift einen entscheidenden Beitrag zur naturwissenschaftlichen Fundierung der Aufklärungsphilosophie in England geleistet hatte. Zudem neigte er der Ansicht von Locke zu, alle Erkenntnis aus der Erfahrung abzuleiten. Mehr als Locke gab er jedoch dem Gedanken Raum, daß auch die Materie bis zu einem gewissen Grade mit der Fähigkeit des Denkens begabt sei. Damit vollzog sich bei ihm ein Wandel zum Materialismus, dem zwar atheistische Züge anhafteten, der jedoch nicht soweit ging, Gott und die Religion völlig abzulehnen. Voltaire blieb trotz aller Kritik an der orthodoxen Religion als Quelle des Aberglaubens, des Fanatismus und der geistigen Unterdrückung, die ihm oft genug Verfolgung und Haft einbrachte, dem Deismus verbunden. Religion und Glaube hielt er für die Lenkung der Menschen und die Aufrechterhaltung der Gesellschaft für notwendig. „Wenn es keinen Gott gäbe, müßte er erfunden werden", war einer seiner bekannten Aussprüche in den letzten Lebensjahren.[28]

---

27) Voltaire, F.M.: Das ABC oder Dialoge zwischen A, B und C. In: Erzählungen – Dialoge – Streitschriften, Berlin 1981, Bd. 2, S. 165

Seine oft verkannte gemäßigte Haltung zum damals stark diskutierten Naturrecht sowie zu Recht und Gesetz überhaupt drückt sich auch in der Kritik an den übertriebenen Gleichheitsbestrebungen Rousseaus aus, die er in dem Artikel „Mensch" im „Philosophischen Wörterbuch" (1764) in folgende Worte kleidete: „Wenn es irgendwo Inseln gibt, auf denen die Natur alles, was der Mensch zum Leben braucht, reichlich zur Verfügung stellt, ohne daß der Mensch sich darum mühen muß, dann wollen wir dorthin ziehen und ohne den Plunder unserer Gesetze leben. Aber wenn wir uns dort erst einmal niedergelassen haben, werden wir zu Mein und Dein zurückkehren müssen und zu diesen Gesetzen, die oft sehr schlecht, aber doch unentbehrlich sind".[29]

In der „Gedächtnisrede auf Voltaire", die Friedrich II. von Preußen am 26.11.1778 in der Berliner Akademie der Wissenschaften gehalten hatte, wurde die Vielseitigkeit und Fruchtbarkeit seines Schaffens nicht nur allseitig beleuchtet und in einer solchen Gelehrtengesellschaft mit dem bemerkenswerten Satz hervorgehoben, daß „Voltaire allein eine ganze Akademie aufwog", sondern auch dahingehend gewertet, daß Voltaire eine der schönsten Zierden in erlauchten Körperschaften war[30], womit er sicherlich nicht nur die französische Akademie der Wissenschaften meinte, die Voltaire 1746 als Mitglied aufgenommen hatte, sondern auch seine eigenen Versuche, dieses seltene Genie an den preußischen Hof zu holen, was ihm nach 10jährigen Bemühungen 1750 schließlich glückte, wenngleich nur für die Zeit bis 1753.

2.5.2.3. Naturverständnis der französischen Materialisten

Der französische Materialismus stellt eine bedeutende philosophische Strömung innerhalb der französischen Aufklärung dar. La Mettrie, Diderot, Helvetius und Holbach bilden die Hauptvertreter dieser Richtung. Ihre Auffassungen trugen viel zur französischen Revolution von 1789 bei. Von Descartes ausgehend brechen sie kompromißlos mit indeterministischen Vorstellungen, die objektive Kausalzusammenhänge verneinen und auch die Notwendigkeit innerhalb der Prozesse in Natur und Gesellschaft leugnen, und erklären alle Naturvorgänge, ja selbst psychische Vorgänge mit Hilfe mechanischer Prinzipien. Aus dieser Sicht erschien nicht nur das Tier, wie noch bei Descartes, sondern auch der Mensch als ein komplizierter Mechanismus, der allein mechanischen Prinzipien gehorcht.

---

28) Bergner, T.: Voltaire. Berlin: Verlag Neues Leben 1976
29) Voltaire, F.M.: Mensch. In: Philosophisches Wörterbuch, Paris 1764
30) Friedrich II.: Gedächtnisrede auf Voltaire. In: Werke, Berlin: Verlag Reimar Hobbing 1913, Bd. 8, S. 242 und 236

Der Arzt Julien Offray de La Mettrie (1709 – 1751) unternahm in seinem Werk „Der Mensch eine Maschine" (1748) daher folgerichtig den Versuch, diese Maschine näher zu beschreiben. Hinsichtlich der phylogenetischen Entwicklung des Menschen vertrat er unter anderem die Auffassung, daß der Verstand der Tiere vom Bau ihres Gehirns abhängig sei, der Mensch infolge seines größeren und besser organisierten Gehirns höher als die Tiere stehe, und diejenigen Tiere dem Menschen am nächsten kämen, die ihm im Bau des Gehirns auch am meisten ähneln. Generell wandte sich La Mettrie gegen eine metaphysische Betrachtungsweise, die die Lebewesen außerhalb ihres Entwicklungszusammenhanges sah und sie nach empiristischen, künstlichen Merkmalen klassifizierte. Das war ganz unverkennbar gegen den schwedischen Naturforscher Carl von Linne (1707 – 1778) gerichtet, der in seinem Werk „Systema naturae" (1735) die damals bekannten Pflanzen- und Tierarten nach äußeren Merkmalen ordnete und sie in einem System vereinigte, demzufolge sie nach ihrer Erschaffung durch Gott unveränderlich existierten. In seinem System wurde der Mensch den „Herrentieren" zugeordnet.

La Mettrie ging dagegen von einer aktiven Natur aus, die sein einziger Gesichtspunkt war, und sah die Natur mehr im Weiten, Großen und Allgemeinen und nicht so sehr im Besonderen und in kleinen Einzelheiten. Von der Existenz eines Entwicklungszusammenhanges zwischen Mineral, Pflanze, Tier und Mensch überzeugt, sah er aber qualitative Unterschiede zwischen unbelebter und belebter Natur und überwand so die sehr umstrittene These von Descartes, daß die Tiere seelenlose Automaten und damit bloße Maschinen seien.

In der Schrift „Der Mensch eine Maschine" bezeichnete La Mettrie den Materialismus als das erste und älteste philosophische System von der menschlichen Seele. Er übernahm vieles von Descartes, trennte sich aber von dessen Metaphysik und vereinigte die mechanischen Auffassungen mit den materialistischen Anschauungen von Locke und Newton. Damit wurde die Idee des göttlichen ersten Anstoßes, durch den die Welt angeblich in Bewegung geraten ist, und das Postulat des absolut leeren Raumes, der durch Substanz, Partikel, Atome erst gefüllt wird, verworfen und als etwas der Materie Gegenüberstehendes und sich lediglich mit ihr Füllendes betrachtet. Der Materie selbst wird die Fähigkeit zu innerer Bewegung zugeschrieben.

Ebenso wie Voltaire verfügte Denis Diderot (1713 – 1784) über eine unerschöpfliche Schaffenskraft und bemerkenswerte Vielseitigkeit. Besondere Verdienste erwarb er sich um die Herausgabe der „Enzyklopädie oder erklärendes Wörterbuch der Wissenschaften, Künste und Gewerbe", in der die Ideen der Aufklärung von 1751 – 1772 mehr oder weniger entschieden propagiert wurden. Anfangs wirkte Alembert an der Herausgabe dieses Standardwerkes mit. Es spiegelte die verschiedensten Formen des gesellschaftlichen Lebens auf universelle Weise wider und gab den Aufklärern Gelegenheit, sich zu drängenden Problemen der Entwicklung von Natur und Gesellschaft zu äußern. Hier finden sich auch seine „Gedanken über die Interpretation der Natur", die sich durch dialektische Gedankengänge auszeichnen. Ansätze dialektischen Denkens enthält auch seine Schrift „d'Alemberts Traum" (1769), in der das Problem der Entstehung der Arten erörtert wird, was zum damaligen Zeitpunkt geradezu eine wissenschaftliche Pionierleistung darstellt. Die Entwicklung der Naturwissenschaften wird von ihm überhaupt als Wendepunkt philosophischen Denkens begriffen, dem Diderot nur in der Abkehr von der bisherigen spekulativen Weise eine Perspektive zuerkennt. Hinsichtlich seiner Auffassung zur Vernunft ist interessant, daß sie für den Philosophen ebensoviel bedeuten soll wie für den Christen die Gnade, die zum Handeln zwingt. Demnach war Philosophie also eine handelnde Vernunft oder ein vernünftiges Handeln, die in ihrer inneren Verflochtenheit für alle Prozesse in Natur und Gesellschaft allgemeine Gültigkeit besitzen.

Für die französischen Materialisten ist das Bestreben kennzeichnend, Natur und Gesellschaft in ihrer gegenseitigen Bedingtheit zu fassen. Sie sehen die Abhängigkeit des menschlichen Denkens und Handelns von materiellen Interessen, vom gesellschaftlichen Milieu, von der äußeren Natur, der Nahrungs- und Bodenbeschaffenheit und dem Klima. Helvetius (1715 – 1771) versucht jedoch mehr in das menschliche Beziehungsgefüge einzudringen und die Formen und Erscheinungen des gesellschaftlichen Zusammenlebens zu erklären. In seinem Hauptwerk „Vom Geist" (1758) stellt er fest: „Die geographische Lage Griechenlands bleibt immer dieselbe. Warum unterscheiden sich trotzdem die heutigen Griechen so sehr von den früheren? Weil sich ihre Regierungsform geändert hat und weil der Charakter der Völker wie das Wasser, das die Form aller Gefäße annimmt, in die man es gießt, alle möglichen Formen annehmen kann".[31]

Hinsichtlich Tugend, Geist und Mut gibt es für ihn keine von Natur aus bevorzugten Völker, da hat die Natur ihre Gaben nicht ungleichmäßig verteilt. Vielmehr seien die Menschen von Natur aus mit den gleichen geistigen Fähigkeiten ausgestattet, und Unterschiede in Geist und Charakter der Menschen wären keine Folge von Unterschieden des Körperbaus, Temperaments oder der Sinnesorgane. Auch die Achtung, die sich die Völker verschafft haben, und die Verachtung, der sie zeitweise anheimfielen, seien einleuchtende Beweise für den geringen Einfluß des Klimas auf die geistige Entwicklung. Dennoch bestreitet die gesellschaftliche Milieutheorie nicht, daß die natürlichen Umweltbedingungen einen gewissen Einfluß auf die Entwicklung des Menschen haben, der jedoch immer

---

31) Helvetius, C.A.: Vom Geist. Berlin und Weimar 1973, S. 378

durch die Natur der Menschen vermittelt wird. Allerdings kommt den natürlichen Faktoren bei den einzelnen Vertretern der gesellschaftlichen Milieutheorie eine unterschiedliche Gewichtung zu. So mißt Helvetius den sozialen Umweltbedingungen mehr Gewicht bei, was sich in folgenden Äußerungen zeigt: „Wir sind nur das, was die uns umgebenden Umstände aus uns machen [...] da alle unsere Ideen von den Sinnen stammen, ist man zu dem, was man ist, nicht geboren, sondern man wird es".[32] Holbach setzt dagegen etwas andere Akzente, wie noch gezeigt wird.

Klarheit besteht darüber, daß die biologischen Anlagen durch die sozialen Bedingungen überprägt werden. Die Grundlage der Moral und des Handelns bilden für Helvetius Umwelt und Erziehung, sinnliche Eigenschaften und die Selbstliebe, der Genuß und das wohlverstandene persönliche Interesse, wie er in seinem Werk „Vom Menschen" (1772) hervorhebt.[33] Weitere Hauptmomente seiner Lehre sind die Einheit zwischen dem Fortschritt der Vernunft und dem Fortschritt der Industrie, die natürliche Güte des Menschen und die sozialen Bedingungen. Fortschritt war demnach nur durch Vernunft und Güte zu erreichen, und zwar im Verhältnis zwischen den Menschen und zwischen Mensch und Natur.

In einem der bedeutendsten Werke des französichen Materialismus, nämlich im „System der Natur" (1770), behandelt Paul Heinrich Dietrich von Holbach (1723 – 1789) im ersten Kapitel Gott und Natur. Dabei stützt er sich auf die damals zur Verfügung stehenden naturwissenschaftlichen, historischen, philosophischen und sozialen Fakten und Argumente. Zum Begriff Natur schrieb er: „Sehr mannigfaltig und in unendlich verschiedener Weise miteinander verbundene Stoffe erhalten und vermitteln unaufhörlich unterschiedliche Bewegungen. Die verschiedenen Eigentümlichkeiten dieser Stoffe, ihre verschiedenen Verbindungen, ihre notwendig darauf folgenden so mannigfaltigen Wirkungsarten machen für uns das Wesen der Dinge aus; und aus diesem unterschiedlichen Wesen ergeben sich die verschiedenen Ordnungen, Stufen und Systeme, die diese Dinge einnehmen, deren Gesamtsumme das ist, was wir die Natur nennen". Damit definierte Holbach die äußere, objektiv und unabhängig vom Menschen existierende Natur, die vom menschlichen Bewußtsein widergespiegelt wird. Die materiellen Gegenstände wirken dabei durch ihre Eindrücke auf die Sinne, wodurch Empfindungen entstehen, die als Wahrnehmungen im menschlichen Gehirn bewußt werden und als Ideen auf die Gegenstände bezogen sind, die sie hervorrufen. Jede Idee ist demnach das Abbild

---

32) Helvetius, C.A.: Vom Menschen. Berlin und Weimar 1976, S. 111
33) ebd., S. 240

des Gegenstandes, von dem die Empfindungen und Wahrnehmungen ausgehen.[34] Holbach wie auch Helvetius geben damit eine vorwiegend sensualistische Bestimmung des Begriffs Natur bzw. Materie, die beide synonyme Begriffe darstellen und alles das sind, was auf die menschlichen Sinne einwirkt. Die Annahme eingeborener Ideen wurde so zwangsläufig verworfen, die Seele zum natürlichen Bestandteil des menschlichen Körpers erklärt und das Bewußtsein als eine Modifikation, eine Erscheinungsform der Materie angesehen.

In ähnlichem Sinne begreift Holbach (wie auch alle anderen französichen Materialisten) das Universum als zusammenhängendes Ganzes materieller Körper, in dem durch objektive, erkennbare Gesetzmäßigkeiten eine durchgehende Determiniertheit der Naturvorgänge gegeben ist. Bewegung, Raum und Zeit werden als Daseinsweise der Materie aufgefaßt. Die Naturvorgänge sind nach dieser mechanisch-deterministischen Vorstellung weiter nichts als eine einzige, unermeßliche und ununterbrochene Kette von Ursachen und Wirkungen, die notwendig miteinander verknüpft sind und sich unaufhörlich wechselseitig ergeben.[35] Jede Erscheinung ist mit allen ihren Eigenschaften durch ihre Ursache streng bestimmt. Außer dieser Ursache werden keinerlei Bedingungen anerkannt, welche die konkrete Erscheinungsform von Ursache und Wirkung modifizieren könnten. Gleiche Ursachen rufen stets gleiche Wirkungen hervor, in der Wirkung ist nichts, was nicht schon in der Ursache wäre. Zwischen Ursache und Wirkung besteht lediglich eine einseitig gerichtete Beziehung, Wechselwirkungen verschiedener Faktoren innerhalb eines Kausalzusammenhangs bleiben unbeachtet.

Im „System der Natur" werden aber nicht nur Gott und die Natur, sondern auch die Fatalität, die Moral der Religion im Vergleich zur Moral der Naturreligion sowie die Herrscher als Ursachen allen Unglücks der Staaten behandelt. Die Gesellschaft ist danach integrierender Bestandteil der Natur, und das Natursystem dem Gesellschaftssystem übergeordnet. Die Attacken auf die Herrscher waren es sicherlich, die Friedrich II. von Preußen veranlaßten, an den Holbachschen Vorstellungen vom Natursystem Kritik zu üben. Dabei machte der philosophierende Monarch nicht zu Unrecht auf einige Widersprüche und Einseitigkeiten aufmerksam, die insbesondere bei der mechanistischen Naturauffassung in Erscheinung traten. Zudem fiel es ihm schwer, eine „blinde Materie anzunehmen, die durch die Bewegung zum Handeln gelangt", und schrieb der Natur vielmehr eine große Intelligenz zu, weil sie immer in Einklang mit den eigenen Gesetzen handelt.[36]

---

34) Holbach, P.H.D.: System der Natur oder über die Gesetze der physischen und geistigen Welt. Berlin 1960, I, S. 8

35) ebd., S. 28 und 31

36) Friedrich II.: Kritik des „Systems der Natur". A.a.O., Bd. 7, S. 258-269

Der Mensch ist nach Holbach richtigerweise ein Teil und Produkt der Natur, was folgende Äußerungen belegen: „Wenn man nun fragt, was der Mensch sei, so sagen wir: er ist ein materielles Wesen, das auf eine Art und Weise gebaut und gebildet ist, daß es empfinden, denken und in bestimmter Weise modifiziert werden kann, die nur ihm allein, seinem Körperbau, den besonderen Verbindungen der Stoffe, die sich in ihm vereinigt finden, eigentümlich ist. Wenn man uns fragt, welchen Ursprung wir den Wesen der menschlichen Gattung geben, so sagen wir: der Mensch ist wie alle anderen Dinge ein Produkt der Natur, das ihnen in gewisser Hinsicht ähnelt und denselben Gesetzen unterworfen ist und das in anderer Hinsicht von ihnen verschieden ist und besonderen Gesetzen folgt, die durch die Besonderheit seiner Bildung bestimmt werden"[37] Das heißt, innerhalb der naturgesetzlichen Entwicklung, der sich auch der Mensch nicht entziehen kann, bilden sich im Laufe der Menschheitsentwicklung besondere, spezifische gesellschaftliche Gesetzmäßigkeiten heraus, nach denen sich die menschliche Entwicklung immer mehr vollzieht, ohne sich von den Naturgesetzmäßigkeiten lösen zu können.

Zu den Bedürfnissen und Interessen der Menschen äußerte Holbach an anderer Stelle: „Der physische Mensch ebenso wie der moralische ist als lebendes, empfindendes, denkendes und handelndes Wesen in jedem Augenblick seines Lebens bestrebt, sich das anzueignen, was ihm gefällt oder was seinem Sein gemäß ist, und er bemüht sich, das von sich fernzuhalten, was ihm schaden kann"[38] Das Streben der Menschen nach Selbsterhaltung und Verbesserung ihrer Lebensbedingungen wird hier gewissermaßen als Triebkraft des Menschheitsfortschritts gewertet.

Hinsichtlich der Rolle der natürlichen Faktoren bei der Entwicklung der Menschen neigte Holbach – im Gegensatz zu Helvetius – mehr zu einem Gleichgewicht zwischen geographischen und gesellschaftlichen Faktoren. So räumte er der Vererbung und der natürlichen Umwelt eine größere Bedeutung ein. Er bemerkt: „Wenn wir die intellektuellen Fähigkeiten oder die moralischen Eigenschaften des Menschen nach unseren Grundsätzen untersuchen, so müssen wir die Überzeugung gewinnen, daß sie auf solchen materiellen Ursachen beruhen, die den besonderen Körperbau der Menschen auf eine mehr oder weniger dauerhafte oder merkliche Art beeinflussen. Aber woher stammt dieser Körperbau, wenn nicht von unseren Eltern, von denen wir notwendig die Elemente einer Maschine erhalten, die der ihrigen verwandt ist? Woher stammt das Mehr oder das Weniger an feuriger Materie oder an lebensspendender Wärme, die unsere geistigen Eigenschaften

---

37) Holbach, P.H.D.: System der Natur. A.a.O., S. 66
38) ebd., S. 45

bestimmt? Von der Mutter, die uns in ihrem Schoß getragen, die uns einen Teil des Feuers mitgegeben hat, von dem sie selbst belebt war und das mit ihrem Blut in ihren Adern kreiste. Von den Speisen, die uns genährt haben, von dem Klima, in dem wir leben, von der Atmosphäre, die uns umgibt; alle diese Ursachen wirken auf die flüssigen und festen Bestandteile unseres Körpers ein und entscheiden über unsere natürlichen Anlagen"[39]. Solche Ansichten kennzeichnen zugleich Holbachs Hang zu einer naturalistischen Anschauungsweise.

2.5.2.4. Naturverständnis von Jean Jaques Rousseau

Während Montesquieu die Hobbessche Lehre vom Gesellschaftsvertrag noch vollständig übernahm und Locke der darin enthaltenen Annahme von einem Unterwerfungsvertrag nur eine nebensächliche Bedeutung beimaß, bezog sich Jean Jaques Rousseau (1712 – 1778) nur noch auf den Gesellschaftsvertrag. Staat und Gesellschaft waren für ihn Einrichtungen, die in der Natur ihre Begründung haben. Der Mensch als natürliches Wesen und Mitglied der Gesellschaft käme nicht umhin, sich nach den Gesetzen der Natur zu richten und sich dementsprechend zu verhalten. Denn im ursprünglichen Naturzustand sah Rousseau (ebenso wie die traditionelle Naturrechtstheorie) einen Idealzustand allgemeiner Freiheit und Gleichheit, welcher der menschlichen Natur am besten entsprechen würde. Freiheit besteht im Kern darin, alles tun zu können, was keinem anderen schadet. Er wies aber zugleich darauf hin, daß ein solcher Natur- und Gesellschaftszustand mit der Weiterentwicklung der Menschheit keinen dauerhaften Bestand hatte und notwendigerweise ein Ende finden mußte.

Die Ursachen für den allmählichen Verfall der ursprünglichen Gesellschaftszustände lagen seiner Ansicht nach vor allem in der Unwissenheit der Menschen und einer unzulänglichen politisch-rechtlichen Ordnung, die den Machtmißbrauch der ökonomisch Stärkeren nicht verhinderte, sondern eher begünstigte. Erst die private Aneignung von Grund und Boden hätte zur sozialen Ungleichheit und aller daraus folgenden Übel geführt. Dadurch wurde die Mehrheit der Bevölkerung dazu verurteilt, in Armut und Elend zu leben. Denn die Natur hält alles bereit, was die Menschen zum Leben benötigen. Die sozialen Unterschiede seien demnach nicht aus dem Naturzustand, sondern aus dem Gesellschaftszustand erwachsen.

Obwohl für Rousseau das Gemeineigentum als das natürliche Eigentum galt und die Arbeit der alleinige Rechtstitel auf Besitz war, akzeptierte er den unter dem Privateigentum erreichten Fortschritt in der wissenschaftlich-technischen Beherrschung der Natur und hielt es daher nicht für möglich, das Privateigentum wieder

---

[39] ebd., S. 98

aufzugeben. Vielmehr käme es darauf an, allzu große Vermögensunterschiede zu verhüten. In seinem Entwurf für ein Verfassungsprojekt schlug er die praktische Durchführung der Besitzgleichheit lediglich für Korsika vor, wo sich auf dem Lande die alte Gleichheit noch vielfach erhalten hatte, die aus der Gentilgenossenschaft stammte. Die soziale Gleichheit wollte er durch gesetzliche Festlegung eines Maximums an Grundbesitz, Erbschaftsbeschränkungen und Bereitstellung eines staatlichen Bodenreservefonds ausbauen. Dies sollte alles dem Zweck dienen, wie er im „Gesellschaftsvertrag" (1763) niederlegte, das Wohl der Gesellschaftsmitglieder anzustreben und zu sichern.[40]

Alles in allem stellte sich für Rousseau die Geschichte der Menschheit nicht als ein Prozeß des kontinuierlichen geistigen und politischen Fortschritts, sondern des Verfalls dar. Kultur ist seiner Meinung nach eine Entartung des natürlichen Zustandes. Sie habe die Menschen nicht besser, sondern eher schlechter gemacht und ihn von seinen ursprünglich guten Veranlagungen entfernt. Rousseau resignierte jedoch nicht, sondern versuchte zu erklären, warum es notwendig sei, auf allen Gebieten des Lebens den natürlichen Zustand wiederherzustellen. Die Hauptforderung, die sich durch alle seine Werke zieht, lautet: Zurück zur Natur. Zwar ist der Naturzustand des Menschen für immer verloren und unwiederbringlich dahin, jedoch kann der Mensch sein Leben durch Selbsterziehung natürlich gestalten. In seinem Werk „Emile" (1762) gibt Rousseau ein Musterbeispiel einer solchen Erziehung und beantwortet damit zugleich die Frage, ob und wie die Rückkehr zur Natur möglich sei.

Es geht ihm dabei nicht um die Rückkehr zu einem primitiven Naturzustand, sondern um die Fähigkeit des Menschen, sich zu vervollkommnen. Und das, obwohl er erkennt, daß gerade die Vervollkommnungsfähigkeit den Menschen schließlich zum Tyrannen seiner selbst und der Natur gemacht habe und daß sie von Jahrhundert zu Jahrhundert seine Einsichten und Irrtümer, seine Tugenden und Laster ans Licht bringt.[41] Die Vervollkommnungsfähigkeit des Menschen, die auch Fortschritte in der Erkenntnisfähigkeit in sich einschließt, wird somit als widerspruchsvoller Prozeß charakterisiert, der nach dem Modell von Versuch und Irrtum verläuft und sich auch auf die Beherrschung der äußeren Natur wie der Natur des Menschen bezieht.

Bezüglich des Verhältnisses von Aufwand und Ergebnis menschlicher Bemühungen im Ringen mit der Natur fährt Rousseau an anderer Stelle fort: „Betrachten wir auf der einen Seite die gewaltige Mühe, die sich die Menschen gegeben haben,

---

40) Rousseau, J.J.: Der Gesellschaftsvertrag. 1948, III, S. 9
41) Rousseau, J.J.: Über den Ursprung und die Grundlagen der Ungleichheit unter den Menschen. Berlin 1955, S. 57-58

um so viele Wissenschaften zu ergründen und so viele Künste zu ersinnen! Denken wir an die Kräfte, welche die Menschen anwenden mußten, um Abgründe aufzufüllen, Berge abzutragen, Felsen zu sprengen, Flüsse schiffbar und Land urbar zu machen, Teiche anzulegen, Moräste auszutrocknen, riesige Gebäude auf dem Lande zu errichten und das Meer mit bekannten Schiffen zu befahren! Erwägt man hingegen auf der anderen Seite mit einiger Überlegung, welche wahren Vorteile alle diese Anstrengungen für das Glück des menschlichen Geschlechts gebracht haben, so kann man nur über das gewaltige Mißverhältnis erschüttert sein, das zwischen den Erfolgen und den dafür aufgewandten Mühen besteht"[42] Diese Gedanken wurden später von Engels in seiner „Dialektik der Natur" aufgegriffen und weiter ausgebaut.

Rousseau setzt der Überschätzung der Vernunft die Reaktion des Gefühls entgegen. Im Gefühl erst zeigen sich seiner Ansicht nach die natürlichen Anlagen, die den Menschen befähigen, instinktiv das Richtige zu tun. Die Bewunderung der Natur, das Aufgehen im Ganzen und das andachtsvolle Staunen über die Werke der Natur sind die Triebfedern seiner gefühlsbetonten Vernunftsreligion, der er sich tief verbunden fühlte. Die Verherrlichung der Natur und des „natürlichen Menschen" in seiner Schrift „Über den Ursprung und die Grundlagen der Ungleichheit unter den Menschen" (1754) rief unterschiedliche Reaktionen hervor. Während Voltaire es in einem Brief als „Buch gegen das Menschengeschlecht" charakterisierte, nach dessen Lektüre er den Drang verspürte, auf allen Vieren zu laufen, bezeichnete es Friedrich Engels hingegen als ein „Meisterwerk der Dialektik".

Der natürliche Mensch und die menschliche Natürlichkeit bilden für Rousseau eine Einheit, Versöhnung und Harmonie zwischen Natur und Mensch eine Notwendigkeit. Die Menschheit ist Teil der Natur, hat ihren Platz in der natürlichen Ordnung und sei verpflichtet, auf ein Gleichgewicht zwischen Natur und Gesellschaft zu achten. In dieser Balance sieht er Weisheit und Glück der Menschen verbürgt. Um diese Balance herzustellen und zu erhalten, ist es unbedingt erforderlich, entsprechende Fähigkeiten der Menschen durch Erziehung zu erhöhen. Dadurch wird der Mensch erst in die Lage versetzt, die Gesetzmäßigkeiten der objektiven Welt zu erkennen, die unabhängig vom menschlichen Willen herrschen, aber durch menschliche Erkenntnisse nutzbar gemacht werden können und sollen.[43] Denn das eherne Joch der Notwendigkeit sind bei Rousseau die Gesetzmäßigkeiten, der die Dinge der Außenwelt unterliegen.[44]

---

42) ebd., S. 137-138
43) Rousseau, J.J.: Über die Erziehung. Berlin 1958, S. 165
44) Mitzenheim, P.: Zur Auffassung Rousseaus über den Begriff der Natur und ihre Bedeutung für die Weiterentwicklung des pädagogischen Denkens. In: Philosophie und Natur. Weimar: Hermann

Welche Macht die Erziehung hat, belegt Rousseau in seinem „Emile", das er in seinen „Bekenntnissen" selbst als eines der nützlichsten Bücher bezeichnete[45], indem er schrieb: „Alles, was wir bei unserer Geburt nicht besitzen, und was wir brauchen, wenn wir erwachsen sind, gibt uns die Erziehung. Diese Erziehung erhalten wir durch die Natur, oder die Menschen, oder die Dinge. Die innere Entwicklung unserer Kräfte und unserer Glieder ist die Erziehung durch die Natur; der Gebrauch, den man uns von dieser Entwicklung machen lehrt, ist die Erziehung durch Menschen; und was wir, vermöge unserer eigenen Erfahrung, an den auf uns wirkenden Gegenständen lernen, ist die Erziehung durch Dinge. Jeder von uns wird also von diesen dreierlei Meistern gebildet"[46].

Die vom Naturbegriff ausgehenden Auffassungen Rousseaus über die Erziehung haben eine nachhaltige Wirkung gehabt. Pädagogen wie Pestalozzi (1745 – 1827), Campe (1746 – 1818), Herbart (1776 – 1841), Diesterweg (1790 – 1866) und Fröbel (1805 – 1893) vertieften diese Ideen und wandten sie im Schulwesen an. Sein humanistisches Anliegen fand bei ihnen allgemeine Anerkennung. In einem Kommentar zu Rousseaus „Emile" in der „Allgemeinen Revision des gesamten Schul und Erziehungswesens von der Gesellschaft praktischer Erzieher" wird sein großes Verdienst mit den Worten geehrt, er habe über Erziehung die Denker des 18. Jahrhunderts denken gelehrt.[47]

Die philosophischen Gedanken, insbesondere seine Kritik an den Gesellschaftszuständen, der Kultur, dem Fortschritt, den Besitzverhältnissen und der Entfremdung zwischen Mensch und Natur standen jedoch in so krassem Gegensatz zu den herrschenden Anschauungen, daß man seine Hauptwerke „Gesellschaftsvertrag", „Emile" und „Die neue Heloise" (1776) mehrfach verbot und auch verbrannte, und das noch dazu in seiner Vaterstadt Genf. Damit ereilte Rousseau das gleiche Schicksal wie Voltaire, der trotz Ansehen, Anerkennung und höchstem Respekt vor den Verbrennungen seiner Bücher in Frankreich nicht verschont blieb. Hinzu kam der Bruch mit seinen früheren Freunden Diderot, Helvetius und Holbach, die seine Anschauungen ablehnten, vor allem wegen ihrer historisch-perspektivlosen, utopisch-sozialen Forderungen. Die Radikalität seiner politischen Lehre flößte ihnen Besorgnis ein, obwohl er ihrem Atheismus ein theistisches System entgegensetzte. Außerdem empfanden sie den Rückzug Rousseaus auf sein individuelles

---

Böhlaus Nachfolger 1985, S. 119

45) Rousseau, J.J.: Bekenntnisse. Leipzig: Insel-Verlag 1955, S. 520
46) Rousseau, J.J.: Emile oder Über die Erziehung. Berlin 1958, S. 37-38
47) Campe, J.H. (Hg.): Allgemeine Revision des gesamten Schul- und Erziehungswesens von einer Gesellschaft praktischer Erzieher. Wien und Braunschweig 1789, S. 8

Dasein und auf den individuellen Menschen als eigentlichen Träger aller künftigen Entwicklungen als Flucht vor der Wirklichkeit und Auszug aus der Gesellschaft. Ihnen allen blieb das innige Verhältnis Rousseaus zur Natur fremd. In seiner Naturbegeisterung wurde er von seinen enzyklopädistischen Freunden überhaupt nicht verstanden. Das Leben auf dem Lande, die Sehnsucht nach einer natürlichen, idyllischen Lebensweise wird von ihnen höchstens als erotisch-höfisches Schäferspiel gewertet, dem er sich auf dem Landgut der Frau von Epinay angeblich hingab. Rousseau blieb es allerdings vorbehalten, die „Seele" der Landschaft zu entdecken, die auch ein so einfühlsamer Zeitgenosse wie Diderot nicht mitempfinden konnte. Aber gerade sein Anliegen, den Mangel an Kenntnissen über die Natur zu überwinden, die Erziehung zur Naturliebe und zur Humanität zu fördern sowie auf ein Gleichgewicht zwischen Mensch und Natur zu achten, dürfte heute, unter den Bedingungen globaler ökologischer Krisenerscheinungen wieder dazu angetan sein, stärker darüber nachzudenken, was vernünftige Bedürfnisse und eine naturschonende Lebensweise sind und wie sie verwirklicht werden könnten.

2.5.2.5. Naturverständnis der Physiokraten

Die Physiokraten erkannten, daß Naturprozesse gesellschaftlichen Reichtum hervorbringen. Der französiche Arzt Francois Quesnay (1694 – 1774), der als Begründer der physiokratischen Lehre und Führer der physiokratischen Schule gilt, erklärte im Gegensatz zum Merkantilismus nicht das Edelmetall, sondern den Grund und Boden und mit ihm die Arbeit, vor allem in der landwirtschaftlichen Produktion und der extraktiven Industrie, zur Quelle des Reichtums der Gesellschaft. Dagegen gestand er der verarbeitenden Industrie noch keine Schöpfung von Mehrwert zu, weil ihre Produzenten vermeintlich ebensoviel Mehrwert verzehren, wie sie Neuwert schaffen. Handwerk, Handel und Gewerbe wurden als sterile Tätigkeiten aufgefaßt. Quesnay entwarf ein ökonomische Tableau (1758), in dem zum ersten Mal versucht wird, den Kreislauf des gesellschaftlichen Gesamtkapitals und die Gesamtheit des volkswirtschaftlichen Reproduktionsprozesses darzustellen.

Die physiokratische Schule erreichte ihren Höhepunkt um 1770. Jaques Turgot (1727 – 1781), der zeitweise Finanzminister Ludwigs XVI. war, entwickelte Quesnays Lehre zwar weiter, bezog aber nicht nur die Landwirtschaft, sondern auch die Manufakturindustrie als Erzeugerin gesellschaftlichen Reichtums ein, wobei er sich wiederum auf Gournay (1712 – 1759) stützte, der von der Arbeit als aktivem Prinzip ausging.

Jean Baptiste Say (1767 – 1832) erweiterte in seiner Produktionsfaktorentheorie den Gedanken, daß die Natur einen bestimmten Anteil an der Erzeugung des gesellschaftlichen Reichtums hat. Diesen Produktionsanteil der Natur wollte er jedoch nicht nur auf die Bodenrente der Landwirtschaft beschränkt wissen. Denn die Bodenrente sei lediglich eine besondere Aneignungsform der Gratisdienste der Natur durch den Grundbesitzer. Vielmehr zwingt der Mensch die Natur in allen Teilen der Produktion dazu, für ihn Arbeit zu leisten. Auch Wind, Wasser, Sonnenstrahlung und andere Naturfaktoren arbeiten im Produktionsprozeß gratis mit und würden eine Rente abwerfen, wenn sie angeeignet werden könnten. Die Erkenntnis von den Gratisdiensten der Natur wurde später insbesondere von Karl Marx aufgegriffen und in seine Reproduktionstheorie eingebaut.

2.5.2.6. Naturverständnis von Pierre Simon de Laplace

Gab sich Newton mit der Annahme eines „ersten Bewegers" der Materie bzw. der Natur noch einer metaphysischen Spekulation hin, so erklärte der französische Mathematiker und Astronom Laplace (1749 – 1827) vor Napoleon: „Majestät, ich brauche diese Hypothese nicht". Mit einem ähnlich berühmt gewordenen Satz bekannte sich der Astronom Joseph Jerome Lalande (1732 – 1807) offen zum Atheismus, daß man „Gott nicht beweisen", doch „alles ohne ihn erklären" könne.

Laplace ging bei den ursächlichen Erklärungen der Naturerscheinungen ebenfalls von mechanistischen Prinzipien aus und entwickelte unabhängig von Kant eine „Rotationshypothese" (1796). Danach wäre das Sonnensystem entstanden aus einer ausgedehnten, in langsamer Drehung befindlichen Gasmasse. Diese kontrahiert und dreht sich dadurch, weil der Gesamtdrehimpuls konstant bleibt, immer schneller. Damit treten Fliehkräfte auf, die zunächst eine Abflachung der Gasmasse an den Polen und eine Ausbauchung am Äquator verursachen. Dies geht so weit, bis Instabilität in der äquatorialen Zone zur Ablösung von ganzen Ringen führt. Durch Zusammenballung der Massen solcher Ringe sollen die Planeten entstanden sein und in ähnlicher Weise die Monde aus den Planeten. Im Unterschied zur Kantschen Hypothese, derzufolge Sonne und Planeten aus einem gemeinsamen Urnebel entstanden, setzt Laplace die Existenz der sich in Drehung befindlichen Sonne voraus.

Laplace beschäftigte sich wie Newton und Leibniz mit der Wahrscheinlichkeitsrechnung und entwickelte diese erfolgreich weiter, offenbarte dabei aber gewisse fatalistische Ansichten. Er verband sie mit der Fiktion des Dämons, eines intelligenten Weltgeistes, der in der Lage sei, mit einer einzigen Formel die Bewegung der größten Weltkörper wie der leichtesten Atome zu erfassen. Ausgehend von dem augenblicklichen Zustand des Weltalls könnte der Dämon auch mit Hilfe der Gesetze der Mechanik jeden vergangenen und auch zukünftigen Zustand berechnen.[48] In der Vorstellung des Laplaceschen Dämons findet die mechanistische Naturphilosophie ihren plastischen Ausdruck. Ihr Grundmodell der Natur ist der leere Raum, in dem undurchdringliche Partikel (Atome) und Kräfte gegeben sind.

2.5.3. Naturverständnis der deutschen Aufklärung

Die deutsche Aufklärung konnte an den Erkenntnissen der englischen und französischen Aufklärung anknüpfen und sie verarbeiten. Sie fand allerdings nicht in einem einheitlichen Nationalstaat, wie in England und Frankreich, sondern in einer Vielzahl von absolutistischen Partikular- und Miniaturländern statt, die sich in Selbstzufriedenheit und Selbstbeschränkung übten und in denen die Leibnizsche Auffassung von der besten aller Welten vorherrschte. Das wirkte sich auch auf ihr Gepräge aus, das durch die Flucht aus der Wirklichkeit in ideale Regionen charakterisiert war. Erst Immanuel Kant definierte bekanntlich die Aufklärung als den „Ausgang des Menschen aus seiner selbstverschuldeten Unmündigkeit" und als den „Mut, sich seines Verstandes zu bedienen" (1784), was unter den gegebenen gesellschaftlichen Zuständen durchaus keine Selbstverständlichkeit zu sein schien. Denn Deutschland glich im Sinne von Heinrich Heine damals eben einem „Wintermärchen".

2.5.3.1. Naturverständnis von Christian Wolff

Im Anschluß an Leibniz entwickelte Christian Wolff (1679 – 1754) die rationalistische Philosophie, die versuchte, sich sowohl von der Abhängigkeit der Theologie zu befreien als auch die verschiedenen philosophischen Denkrichtungen miteinander zu versöhnen. Er gilt als führender Repräsentant der deutschen Aufklärung, von dem Hegel bereits sagte, daß „Wolff erst das Philosophieren in Deutschland einheimisch gemacht hat"[49]. Und Wolffs Naturbegriff bildete eine tragfähige Grundlage für die Herausbildung der klassischen deutschen Philosophie. In diesem Begriff gehen natürliche Dinge und natürliches Recht ganz selbstverständlich ineinander über. Wolff geht – wie vor ihm Descartes, Spinoza und Leibniz – von einer Welt von Dingen und Relationen aus, die der Mensch als äußere Natur erfährt und in die er selbst fest einbezogen ist.

Naturreligion und Metaphysik sind bei ihm unlöslich miteinander verbunden. Sein Anliegen ist, die christlichen Glaubenswahrheiten mathematisch zu beweisen und das Bild einer aus sich selbst heraus verändernden Mannigfaltigkeit zu zeichnen. Veränderungen beschränkt er aber nicht auf die menschliche Gesellschaft, sondern bezieht sie auch auf alle natürlichen Dinge und ihre Ordnungen. Damit unterteilt Wolff die Geschichte in die Geschichte der Natur und die Geschichte des Menschen, nimmt deren Veränderung in Raum und Zeit an und verpflichtet sich

---

48) Laplace, P.S.: Philosophischer Versuch über die Wahrscheinlichkeiten. Paris 1819, I, S. 3
49) Hegel, G.W.F.: Vorlesungen über die Geschichte der Philosophie. Leipzig 1971, S. 399

dem Entwicklungsgedanken.[50] Trotz der Möglichkeit des Menschen, die Geschichte der Natur, ihre Erscheinungen und Veränderungen erfassen zu können, nimmt er aber enge „Schranken des menschlichen Verstandes besonders in der Erkenntnis der Natur" an[51], während er nur Gott als dem Schöpfer der Welt die Fähigkeit zugesteht, alle Dinge, Zusammenhänge und Prozesse vollständig zu übersehen. Indem Wolff den Dingen und Ereignissen der Natur stets Absichten unterstellt, die er versucht, in „vernünftige Gedanken" zu kleiden, dient ihm Gott als höchste Instanz der Geschichte und ihrer Veränderungen.

Die Erscheinungen und Prozesse in der Natur seien jedoch steten Veränderungen unterworfen, die sich im Rahmen einer „überall spürbaren Ordnung der Welt" vollziehen und sich in ihren wechselseitigen Beziehungen, ihren Folge und Nebenwirkungen realisieren.[52]. Die bewegende Kraft der Welt ist also durch die Art des Zusammenhanges der Dinge und Ereignisse determiniert. Und diese tätige Kraft der Dinge ist es, was Wolff unter Natur versteht.[53] Schon Mitte des 18. Jahrhunderts äußerte Wolff den Gedanken, daß sich das Pflanzen- und Tierreich aus einfachen Organismen entwickelt hätten, eine Auffassung, die etwas später auch der französische Naturforscher Buffon vertrat. Sie richtete sich gegen die scholastische Präformationstheorie und proklamierte die Abstammungslehre. Aber was hier noch geniale Antizipation war, nahm bei Oken wie bei Lamarck festere Umrisse an und wurde von Darwin fast 100 Jahre danach in der „Entstehung der Arten" wissenschaftlich begründet.

2.5.3.2. Naturverständnis von Immanuel Kant

Der Kritizismus von Immanuel Kant (1724 – 1804) brachte die größte Umwälzung in der bis dahin verlaufenden Geschichte der Philosophie. Da sich die Kritik auch auf „Die Religion innerhalb der Grenzen der bloßen Vernunft" (1793) erstreckte, riefen seine kritischen Schriften bald frömmelnde Hofleute auf den Plan. Sie erwirkten bei Friedrich Wilhelm II, der Friedrich dem Großen folgte, daß sich sowohl die Zensur mit Kant stärker befaßte als auch eine königliche Kabinettsorder vom 1.10.1794 erlassen wurde, in der Kant der Vorwurf „der Entstellung und Herabwürdigung mancher Haupt- und Grundlehren der heiligen Schrift und

---

50) Wolff, Ch.: Natürliche Gottesgelahrtheit, nach der beweisenden Lehrart abgefasset. Halle 1742, S. 266

51) Wolff, Ch.: Von den engen Schranken des menschlichen Verstandes besonders in der Erkenntnis der Natur. Halle 1937, S. 153

52) Wolff, Ch.: Vernünfftige Gedancken von Gott, der Welt und der Seele des Menschen, auch allen Dingen überhaupt. Franckfurt und Leipzig 1733, S. 68

53) ebd., S. 384

des Christentums" gemacht und ihm verboten wurde, künftig etwas wider die christliche Religion zu schreiben.

Kant war es vor allem, der der Scholastik den Boden entzog und damit jeden Versuch einer Wiederbelebung dieser Denkweise von vornherein wissenschaftlich unmöglich machte. Durch seine „kopernikanische Wendung" hat er gewissermaßen die Voraussetzungen der scholastischen Philosophie zerstört und die Unhaltbarkeit der Metaphysik von den Grundlagen bis zu ihrer Krönung in den Gottesbeweisen klar bewiesen. In der „Kritik der Urteilskraft" (1790) heißt es: „Wenn man [...] für die Naturwissenschaft und in ihren Kontext den Begriff von Gott hereinbringt, um sich die Zweckmäßigkeit in der Natur erklärlich zu machen und hernach diese Zweckmäßigkeit wieder braucht, um zu beweisen, daß ein Gott sei: so ist in keiner von beiden Wissenschaften innerer Bestand". Für ihn existiert „ein Ding [...] als Naturzweck, wenn es von sich selbst Ursache und Wirkung ist"[54]. Kant schränkt die Anerkennung der Zweckmäßigkeit in der Natur auf die Annahme des subjektiven Prinzips „der reflektierenden Urteilskraft" ein. Damit aber hat die Teleologie für ihn nur regulative Bedeutung. Denn: weil es unmöglich sei, die organische Welt vollständig aus mechanischen Prinzipien zu erklären, müsse man sie so betrachten und erforschen, als sei sie von Zwecken bestimmt. Die Zwecke selbst sind demnach nicht im Objekt, sondern werden durch das Subjekt gesetzt.

Da Kant jedoch im mechanizistischen Weltbild befangen blieb, vermochte er nicht, den Begriff des Naturzwecks mit dem der mechanischen Kausalität zu vermitteln. Während letztere als konstitutives Prinzip der Naturerkenntnis gilt, hält Kant den Zweck lediglich als ein heuristisches, regulatives Prinzip, wobei es darauf ankäme, „alle Produkte und Erzeugnisse der Natur, selbst die zweckmäßigsten, soweit mechanisch zu erklären, als es immer in unserem Vermögen [...] steht"[55]. Mit diesem Gedanken drückt Kant indirekt aus, daß die Welt durch den Menschen rational beherrscht und gestaltet werden kann. Das erscheint möglich, weil der Mensch mit seinem Verstand erst Ordnung und Regelmäßigkeit in die Natur hineinbringe und der menschliche Verstand ihm als Quelle der Naturgesetze, als Gesetzgebung der Natur dient.

Den Menschen erhebt Kant ausdrücklich zum Bürger zweier Welten. Der natürlichen Welt der Erscheinungen gehört er als Naturwesen und der intelligiblen Welt der „Dinge an sich" als Vernunftwesen an. Die Welt der Natur ist die einer Notwendigkeit, in der das Kausalitätsgesetz durchgängig herrscht, die Welt der

---

54) Kant, I.: Kritik der Urteilskraft. 1790, § 68 und § 64
55) ebd., § 78

Vernunft ist die der Freiheit, die aller Naturnotwendigkeit enthoben ist. Unter Freiheit ist jedoch nicht Willkür und Anarchie, sondern Verantwortung und Vernunft zu verstehen. Als Vernunftwesen und damit sittliches Wesen hat der Mensch deshalb auch an der übersinnlichen intelligiblen Welt teil, die sich im Sittengesetz verkörpert. In der „Kritik der praktischen Vernunft" (1788) formuliert Kant schließlich seinen berühmten kategorischen Imperativ, der da lautet: „Handle so, daß die Maxime deines Willens jederzeit zugleich als Prinzip einer allgemeinen Gesetzgebung gelten könne"[56]. Obwohl dieser Imperativ seinem Inhalt nach in der ganzen Geschichte des moraltheoretischen Denkens eine bedeutende Rolle gespielt hat und Kant ihn nur präzise formulierte, hat er gerade hinsichtlich des ökologischen Handelns in der Gegenwart nichts an Aktualität eingebüßt. Im Gegenteil. Heute kommt es mehr denn je darauf an, sich daran zu erinnern und danach zu handeln.

In der Lehre vom „Ding an sich" geht Kant von der These aus, daß nur die Erscheinungen, nicht aber die Dinge selbst, ihr Wesen der menschlichen Erkenntnis zugänglich sind. Das Ding an sich ist unerkennbar, lautet sein Credo. Damit wird aber nur die Erkennbarkeit der Dinge an sich bestritten, jedoch nicht ihre Existenz. Denn wenn die Dinge nicht existieren würden, könnte man sie auch nicht als Erscheinungen wahrnehmen. Mit der Unerkennbarkeit werden im Prinzip lediglich die Grenzen der menschlichen Erkenntnisfähigkeit bzw. deren Relativität markiert. Kant gab damit sicherlich für viele Naturwissenschaftler eine „einsichtige Erkenntniskritik, die zwar Agnostizismus und Apriorismus vereinigte, aber dem Naturwissenschaftler die philosophische Begründung seiner Arbeit abnahm und ihn weiterer philosophischer Analysen enthob, da das „Ding an sich" unerkennbar und die Kategorien und Anschauungsweisen a priori gegeben sind"[57], bemerkt Herbert Hörz. Andererseits waren gerade diese, von Kant gesetzten philosophischen Erkenntnisgrenzen für die weitere Naturerkenntnis nicht sehr förderlich. Selbst Hermann von Helmholtz (1821 – 1894), der lange Zeit ein gläubiger Kantianer gewesen war, betrachtete schließlich die reine Erkenntnis Kants als Tummelplatz der Spekulation.[58]

In seinen naturwissenschaftlichen Schriften (über das Feuer, Über die Winde, Monadologia physica) nahm Kant von der späteren Forschung vielfach bestätigte Gedanken vorweg. So erwies er sich in vielem als entschiedener Anhänger Newtons, näherte sich aber in der Optik bereits der modernen Auffassung an, die das

---

56) Kant, I.: Kritik der praktischen Vernunft. 1788, § 7
57) Hörz, H.: Marxistische Philosophie und Naturwissenschaften. Berlin: Akademie-Verlag 1976, S. 17
58) ebd., S. 17

Licht auf Wellenbewegung zurückführt. Die Ursachen der Erdbeben sieht er in vulkanischen Vorgängen im Innern der Erde. Darüber hinaus meint er, daß sich die Erde in ihrer Drehung verlangsame, wobei Ebbe und Flut stete Verzögerungen herbeiführen würden, und berechnete sogar, wie lange es noch dauern wird, bis die Erde ganz still steht. Und die Hauptströmungen der Winde erklärt Kant aufgrund von Unterschieden der Temperatur und der Rotationsgeschwindigkeit in den verschiedenen Breitenlagen.

Hinsichtlich der Entstehung der Gesteine und ihrer Ablagerungsprozesse ist Kant Anhänger der neptunistischen Version, die in den geologischen Anschauungen damals eine dominierende Rolle spielte, obwohl er sich den Argumenten der vulkanistischen Theorie nicht verschloß. Kant registrierte den Streit, der zwischen Neptunisten und Vulkanisten seit 1788 herrschte, und ordnete vulkanistische Ansichten partiell in seine Gesamtvorstellungen ein, sah aber infolge der Faktenlage keine Notwendigkeit, seine Meinung grundsätzlich zu ändern.

Zur Erklärung der Naturvorgänge überträgt er den Begriff Monade auf die Materie. Die Monaden sind nach Kant ausgedehnte und zugleich einfache Elemente der Körper, sie sind Stoffatome und Ausgangspunkt von Kräften, die in die Ferne wirken. Durch das Wechselspiel der anziehenden und abstoßenden Kräfte ließen sich seiner Meinung nach die Naturvorgänge erklären. In diesen gegensätzlichen Kräften der Attraktion und Repulsion sah er überhaupt die Triebkraft von Bewegung und Entwicklung.

Die Organismen seien Ganzheiten, deren zweckhaftes Verhalten dadurch bedingt ist, daß ihre Teile einander wechselseitig Ursache und Wirkung sind. Den Unterschied zwischen Organismus und Maschine glaubte Kant darin zu erkennen, daß dem Organismus die wirkenden Ursachen als „Naturzwecke" innewohnen, bei der Maschine hingegen eine zwecksetzende Intelligenz von außen als die eigentlich wirkende Ursache auftritt. Mit dieser Erklärung nimmt Kant Stellung zur Organismus-Maschine-Diskussion, die Descartes mit seinen umstrittenen Ansichten ausgelöst hatte.

Die größte Bedeutung erlangte aber seine „Allgemeine Naturgeschichte und Theorie des Himmels" (1755), die zunächst anonym erschien und Friedrich II. von Preußen gewidmet war.[59] In dieser Theorie begründet Kant die Entstehung und Entwicklung unseres Sonnensystems und der Erde aus einem gasförmigen Urzustand. Kernpunkt ist die Meteoritenhypothese. Sie geht davon aus, daß im Urzustand das Sonnensystem eine Masse von frei beweglichen Teilchen gewesen sei, in der sich unter dem Einfluß der Gravitationskräfte durch Verdichtung der Teilchen

---

59) Kant, I.: Allgemeine Naturgeschichte und Theorie des Himmels. Berlin 1755

ein Zentralkörper (Sonne) herausbildete, um den sich die übrigen Teilchen in Kreisbahnen bewegten. In diesen Bahnen wären wiederum Gravitationszentren entstanden, aus denen die Planeten und die Monde hervorgingen. Er nimmt weiterhin an, daß unser Sonnensystem Glied eines Systems höherer Ordnung ist und die „neblichten Sterne" Milchstraßensysteme darstellen, die dem unseren ähneln und in ihrer Gesamtheit ein System höherer Ordnung bilden, das wiederum in der hierarchischen Ordnung Glied eines Systems noch höherer Ordnung sei. Kant denkt sich die meisten der anderen Planeten bewohnt; ihre Bewohner sollen dabei umso vollkommener sein, je weiter die Planeten von der Sonne entfernt sind.

Mit der kosmogonischen Theorie schlug Kant eine Bresche in die seinerzeit allgemein verbreitete metaphysische Auffassung von der absoluten Unveränderlichkeit der Natur, indem er den Entwicklungsgedanken in die Naturwissenschaft einführte und auf die Entstehung des Planetensystems anwendete und so auch dem dialektischen Denken in der Astronomie zum Durchbruch verhalf. Das Universum, der Himmel, die Natur hatte eine Geschichte, die eigenständig, ohne regulierenden Einfluß eines außerweltlichen Schöpfers zustande kam. Selbst auf den ersten Beweger aller Dinge, den Descartes annahm und auf den sich Newton noch stützte, griff Kant nicht mehr zurück. Der Grundgedanke von Kant und Laplace, daß das Sonnensystem aus einer Wolke diffuser Materie mit erheblichem Drehmoment entstanden sei, dient auch heute noch als Ausgangspunkt für kosmogonische Überlegungen, wie Hypothesen amerikanischer, russischer und deutscher Wissenschaftler belegen.

Im Gegensatz zur englischen und französischen Aufklärung kehrt sich Kant vom idealen Naturzustand und vom absoluten Naturrecht ab. In seiner Schrift „Grundlegung zur Metaphysik der Sitten" (1785) ist für ihn der natürliche Zustand nicht ein Zustand der Ungerechtigkeit, sondern der Rechtlosigkeit[60], weil das Recht erst durch den Menschen gesetzt wird.

2.5.3.3. Naturverständnis von Johann Gottlieb Fichte

Leben und Werk von Johann Gottlieb Fichte (1762 – 1814) entsprechen den Worten, die er an Kant schrieb: „Ich bin gänzlich überzeugt, daß der menschliche Wille frei und daß Glückseligkeit nicht der Zweck des menschlichen Daseins ist, sondern Glückwürdigkeit; diese Erde ist nicht das Land des Genusses, sondern der Arbeit"[61]. Nach Fichte ist die Arbeit Pflicht der sittlichen und Existenzbedingung der physischen Persönlichkeit. Wie aus seiner Schrift „Der geschlossene Handels-

---

60) Kant, I.: Grundlegung zur Metaphysik der Sitten. Berlin 1785
61) Brief von J.G. Fichte an I. Kant

staat" (1800) hervorgeht, erwartet er von einem idealen Staat, ein ökonomisches System zu schaffen, das Handelsanarchie und Armut beseitigt und jedem das Recht auf Arbeit und auf die Früchte seiner Tätigkeit gewährleistet.[62] Im Unterschied zu Bestrebungen von Rousseau nach einer Rückkehr zur selbstgenügsamen Hauswirtschaft erkannte Fichte die gesellschaftliche Arbeitsteilung an, verlangte aber eine staatliche Arbeitskräfteplanung und Berufslenkung. Durch seine radikalen Ansichten und die moralische Neigung, Wort und Tat immer in Übereinstimmung zu bringen, geriet Fichte in allerlei Konflikte, die ihm zunächst die Entlassung aus den Diensten der Universität in Jena und später auch die Niederlegung des Rektorats der Universität in Berlin einbrachten.

Wie bei anderen großen Humanisten dieser Periode standen auch bei Fichte die Würde und Freiheit des Menschen, seine schöpferischen geistigen Kräfte und seine unbegrenzte Vervollkommnungsfähigkeit im Zentrum des Denkens. Das Ziel wissenschaftlichen und humanistischen Strebens wurde darin gesehen, die Macht des Menschen über sich selbst und die ihn umgebende Wirklichkeit, die äußere Natur immer mehr zu erweitern, die vielfältigen menschlichen Bedürfnisse immer besser zu befriedigen und das Fortschreiten des menschlichen Individuums und der menschlichen Gesellschaft zu immer größerer Vollkommenheit und Freiheit zu fördern.

Fichtes Bemühungen laufen in letzter Instanz darauf hinaus, von der Spekulation über das absolute „Ich" einen Übergang zum handelnden „Ich" zu finden, das sich in der Welt der Erscheinungen entfalten und bewähren soll. Das Subjekt wird bei ihm so zum absolut freien, handelnden „Ich", das die „Wirklichkeit" hervorbringt. Hatte Kant die naturgeschichtliche Entwicklung auf der Grundlage objektiv wirkender mechanischer Kräfte anerkannt, so lehnte Fichte in seiner „Wissenschaftslehre" die vom Subjekt unabhängige Bestimmung der Außenwelt ab. Die Natur verbannt er in eine intelligible Welt, wenn er schreibt: „Jedem Atom in der Natur legt die Intelligenz Trieb bei, oder strenger; durch dieses Setzen und Realisieren eines Triebes ausser sich, entsteht ihr eben eine Natur"[63]. Die objektive Welt (das Nicht-Ich) ist demnach nichts anderes als eine Entäußerung der menschlichen Subjektivität (des Ichs). Beide werden auf diese Weise identifiziert. Das hat dann auch zur Folge, daß einmal das Subjekt das Primat über das Objekt erlangt und daß zum anderen das subjektive Denken und die objektive Welt denselben Gesetzen unterworfen sind.

---

62) Fichte, J.G.: Der geschlossene Handelsstaat. Stuttgart 1979, Bd. 1
63) Fichte, J.G.: Sätze zur Erläuterung des Wesens der Thiere. A.a.O., Bd. 2, S. 423

Dieser subjektiv-idealistischen Konstruktion des handelnden Ichs liegt allerdings ein realer Sachverhalt zugrunde, nämlich die objektive Dialektik in der theoretischen und praktischen Tätigkeit der Menschen. Das Ich ist für Fichte absolute Tätigkeit: „Wir handeln nicht, weil wir erkennen, sondern wir erkennen, weil wir zu handeln bestimmt sind"[64]. Wenn bei Fichte das Ich also sein Gegenteil, nämlich das „NichtIch" erzeugt und auf dieses einwirkt, während das Ich wiederum durch das NichtIch bestimmt wird, erfaßt er in mystischer Form die Tatsache, daß der Mensch, indem er auf die natürliche und gesellschaftliche Umwelt Einfluß nimmt, sie verändert und sich zugleich selbst verändert. In selbstbewußter, schöpferischer Tätigkeit werde sich das Menschengeschlecht vom blinden Zufall lösen und alle seine Verhältnisse in Freiheit nach der Vernunft einrichten.[65] „Freiheit" wird im Rahmen der Vernunft verstanden, die das Ich über das NichtIch erhebt, das nach den Gesetzen der Notwendigkeit verfährt.

Die Dialektik bezieht sich bei Fichte jedoch nur auf die Begriffsentwicklung, die das jeweilige Subjekt vollzieht, um auf diese Weise die objektive Welt hervorzubringen und gedanklich zu beherrschen. Der Nachweis der Dialektik im Denken erlaubte es Fichte, sie in Analogie auch im Sein aufzudecken. Diese Analogie kommt am deutlichsten in seiner Gesetzesauffassung zum Ausdruck. Danach sind die Gesetze nicht den Naturerscheinungen, sondern dem Subjekt eigen, das die Gesetze im Erkenntnisprozeß auf die Erkenntnisobjekte projiziert, denn das Ich ist die Ursache aller Realität.[66] Demzufolge gibt der Mensch sich und der Natur das Gesetz. Aus dieser widersprüchlichen Konstellation zwischen Ich und Nicht-Ich, zwischen Subjekt und Objekt entstand schließlich das Bedürfnis, den von Kant behandelten dialektischen Widerspruch in den Mittelpunkt seiner Überlegungen zu rücken. Gesetze und Gesetzmäßigkeiten werden aber nicht als Widerspiegelung der objektiven Realität erfaßt.

Entsprechend seiner grundlegenden philosophischen Intention interessieren Fichte naturwissenschaftliche Zusammenhänge nur insoweit, wie diese zur Erklärung des Tätigkeitsprinzips beitragen, insbesondere bezüglich des Übergangs vom anorganischen zum organisch-menschlichen Bereich. Chemischen Vorgängen mißt er als „bewirkende" Momente für höher organisierte Tätigkeiten eine große Bedeutung zu, weil hier offensichtlich Wechselwirkung stattfindet. Den gesamten anorganischen Bereich akzeptiert er zwar, aber nur als niedere Existenzform der Materie, die lediglich als Vorspiel für das höhere Stadium fungiert. Denn der

---

64) Fichte, J.G.: Wissenschaftslehre. A.a.O. Bd. 3, S. 359

65) ebd., S. 633

66) Stahl, J.: Fichtes Beitrag zur Ausbildung einer dialektischen Naturbetrachtung. In: Philosophie und Natur. A.a.O., S. 151

"unorganischen Materie" gesteht Fichte nur Materialität, nicht aber Wechselwirkung zu, während er das Wesen der organischen Materie generell darin sieht, daß jeder Teil mit anderen in Wechselwirkung steht.[67]

Merkwürdigerweise setzt Fichte in diesem Zusammenhang die Natur als unableitbares Faktum voraus.[68] Sie unterliegt seiner Meinung nach aber keiner eigenständigen Entwicklung, und ihre Modifikationen sind das Ergebnis der Einwirkung des Menschen.[69] Hierin zeigen sich gewisse Inkonsequenzen bei Fichte, die eigentlich nicht hätten auftreten dürfen, wenn es so wäre, daß das Nicht-Ich erst durch das Ich entsteht. Nunmehr gilt ihm die Natur, ihre Existenz unabhängig vom Ich als Axiom. Damit gesteht Fichte der Natur unfreiwillig eine eigene Realität zu, wenn auch nicht als schaffende Natur, sondern als einer in ihrer ursprünglichen Form vom Menschen veränderten Natur. Diese Version wurde von der Philosophie bis zum heutigen Tag wohl nicht so recht zur Kenntnis genommen[70], weil solche Äußerungen für Fichte nicht typisch waren und mehr die Ausnahme als die Regel darstellten.

2.5.3.4. Naturverständnis von Friedrich Wilhelm Joseph Schelling

Schelling (1775 – 1854) behob diesen generellen Mangel von Fichte und räumte der Natur im System der Philosophie nunmehr endgültig eine selbständige Bedeutung ein. Dazu haben sicherlich wichtige Entdeckungen auf verschiedenen Gebieten der Naturwissenschaft mit beigetragen, die Schelling in seiner Naturphilosophie Ende der neunziger Jahre des 18. Jahrhunderts verarbeitete. Ihre Verarbeitung erfolgt in Verbindung mit Anschauungen älterer Denker, die er sich nacheinander aneignet. So verwendet er die Idee des Zusammenfallens der Gegensätze in der göttlichen Einheit von Cusanus, den Gedanken der Stufenfolge der Wesen von Bruno, die Monadenlehre von Leibniz, den Substanzbegriff von Spinoza, die Idee der ursprünglichen Ganzheit des Organismus von Platon, die Zwecklehre von Aristoteles, die Anziehungs- und Abstoßungstheorie der Kräfte von Kant, die Vorstellungen des seinem Wesen nach unbestimmbaren Gottesbegriffs und die Mystik von Jacob Böhme (1575 – 1624). Die einzelnen Etappen seiner philosophischen Entwicklung (Naturphilosophie, Identitätsphilosophie, Offenbarungsphilosophie) lassen so erkennen, bei welcher philosophischen Periode er gerade angelangt ist. Seine philosophischen Entwicklungsstufen sind aber durch die Idee

---

67) Schröpfer, H.: Zum Verhältnis von geologischer und philosophischer Erkenntnisgewinnung in der Periode der klassischen deutschen Philosophie. In: Philosophie und Natur. A.a.O., S. 94
68) Fichte, J.G.: Wissenschaftslehre. A.a.O., Bd. 1, S. 116
69) ebd., S. 77
70) Philosophie und Natur. A.a.O., S. 83-115 und 146-155

der Einheit des Seins und des Denkens miteinander verbunden. Diese Art der wissenschaftlichen Arbeitsweise veranlaßte Hegel zu der Bemerkung, daß Schelling seine philosophische Ausbildung vor dem Publikum gemacht habe und daß seine philosophischen Schriften zugleich die Geschichte seiner philosophischen Bildung darstellen.[71]

Zunächst nimmt Schelling an der Philosophie Fichtes eigentlich nur eine Korrektur vor, indem er das Ich mit dem Nicht-Ich verknüpft und so die Einheit zwischen Mensch und Natur herstellt. Natur ist für ihn in erster Linie die eigenständige Welt mit ihren physikalischen, chemischen und biologischen Erscheinungen, die im Gegensatz zum „Geist" auch die Stufenfolge ihrer Bewegungsformen umfaßt. Da jede Erscheinung der Natur ihr Gegenteil in sich trägt, mit dem sie zusammen eine neue Stufe bilden kann, hat die Natur die Fähigkeit zur Selbstentwicklung nach den Prinzipien der Identität, des Widerspruchs und des Zwecks. Jede Entwicklungsstufe der Natur verfügt demnach über das Vermögen (die Potenz), die nächsten aus sich selbst heraus zu entwickeln. Schelling stellt daher aufsteigende und absteigende Potenzreihen auf, um die Natur letztlich als Erzeugnis der Vernunft erscheinen zu lassen, weil sich ihre Entwicklung nach einem bestimmten Zweck vollzieht.

Die erste Stufe der Potenzentfaltung gipfelt nach Schelling in der biologischsinnlichen Natur des Menschen, die durch Weiterentwicklung kontinuierlich in ihr Gegenteil übergeht, nämlich in Nicht-Natur, Geist oder Selbstbewußtsein. Denn der Zweck der Natur bestehe letzten Endes darin, das Ich und das Selbstbewußtseins hervorzubringen. Entsprechend dem Einheitsbedürfnis von Schelling verschmelzen Sein und Bewußtsein, Körper und Geist im Organismus, in dem die gegenständliche Potenzreihe in die gedachte geistige umschlägt. Der Übergang von der unbewußten Phase zum Bewußtsein vollzieht sich allerdings in mehreren Stufen, in deren Folge das Objekt zum Subjekt wird und die Materie, die Natur Bewußtsein über sich selbst erlangt. Da dies im Menschen geschieht, ist der Mensch auch das zentrale Wesen, das sich zwischen Natur und Geist befindet und in dessen Gestalt sich die Natur über sich selbst erhebt.

Aber nicht nur den Menschen, sondern die gesamte Natur faßt er als einen großen Organismus auf, in dem sich die Gegensätze harmonisch vereinen. Und die ursprüngliche Ganzheit des lebenden Organismus wird bei Schelling mit dem Begriff der „Weltseele" belegt, der seinem Inhalt nach auf Platon zurückgeht. Es kommt in der Entwicklung der Materie also nicht darauf an, daß etwas ist, weil etwas ist, sondern daß etwas ist, damit das Nächste sei. Nicht Kausalität, sondern

---

71) Hegel, G.W.F.: Werke. Stuttgart 1959, Bd. 19, S. 647

Zwecksetzung steht bei ihm im Vordergrund. Mit der Annahme von Zwecken, die in den Erscheinungen ruhen, wendet sich Schelling einerseits von der jahrhundertelang geübten mechanischen Naturerklärung ab und wieder den Ansichten von Aristoteles zu. Anderseits nimmt er einen geheimnisvollen, irrationalen Grund an, der die Zwecke setzt, den Schelling in der „Natur in Gott" sieht, ein mystischer Begriff, der von Böhme stammt.

Wenn Schelling von Organismus spricht und ihn als Synonym für Natur gebraucht, dann meint er einmal die Natur außerhalb des Menschen, die zwar lebendig und schöpferisch, aber unbewußt und nicht denkend ist. In Anlehnung an Spinoza faßt er die „Natur als bloßes Produkt (natura naturata)", die geschaffene Natur also als Objekt auf, während er „die Natur als Produktivität (natura naturans)", die schaffende Natur dagegen als Subjekt betrachtet.[72] Von diesem Subjekt-Objekt-Gegensatz wird die Natur bei ihm bestimmt, deren Urbild er aus der Polarität der Magnetpole herleitet. Im Kantschen Sinne sind die Gegensätze sowohl miteinander verbunden als auch einander entgegengesetzt. Die Einheit von Subjekt und Objekt geht jedoch der Polarität voraus, das Ganze seinen Teilen.

Zum anderen versteht Schelling unter Natur aber auch die leiblich-sinnlichen, der biologischen Konstitution verhafteten Kräfte des Menschen. Die Natur ist für Schelling autonom und autark und „ihre eigene Gesetzgeberin (Autonomie der Natur)"[73]. Hinsichtlich der natürlichen Körperlichkeit des Menschen ist sie aber zugleich durch das Ich bestimmt, was nichts anderes heißt, als daß der Mensch als biopsychosoziales Wesen von biologischen und sozialen Gesetzmäßigkeiten geprägt wird. Die Einheit zwischen Mensch und Natur stellt sich demzufolge in zweierlei Weise dar: einmal zwischen dem Menschen und seiner natürlichen Umwelt, zum anderen zwischen den natürlichen und geistigen Komponenten des Menschen. Dieses Prinzip von Einheit und Widerspruch, Identität und Dualität spielt bei Schelling eine herausragende Rolle im dialektischen Denken.

Die dialektische Naturauffassung Schellings reflektiert sich aber auch darin, daß die Natur in ständiger Bewegung und Veränderung begriffen wird, sie ist nichts Fertiges und Starres, sondern Gewordenes und Werdendes. In dieser Hinsicht sind seine Werke „Ideen zu einer Philosophie der Natur" (1797), „Von der Weltseele, eine Hypothese der höheren Physik zur Erklärung des allgemeinen Organismus" (1798) und „Erster Entwurf eines Systems der Naturphilosophie" (1799) bemerkenswert. Der Widerspruch bildet hier die Triebkraft der Bewegung und allen Lebens, doch ist für Schelling der Widerspruch nur eine Form des Übergangs zu

---

72) Schelling, F.W.J.: Werke. Stuttgart 1856, Bd. 3, S. 284 und Bd. 5, S. 218
73) ebd., Bd. 3, S. 17

einer absoluten Identität, zum Absoluten, das sich als Einheit von Geist und Natur, von Subjekt und Objekt verwirklicht.

Aus historischer Sicht ist die Feststellung Schellings interessant, daß das Naturverhältnis des Menschen drei Stadien durchläuft, nämlich: einen ursprünglichen Zustand der Identität von Mensch und Natur, den Zustand ihrer Entzweiung und schließlich die Wiederherstellung der Identität auf höherer Stufe.[74] Mit dem Gedanken der Einheit von Natur und Ich tritt Schelling sowohl der von Kant behaupteten unaufhebbaren Entzweiung von Natur und Ich und Fichtes rigoroser Unterordnung der Natur unter das Ich entgegen. Entzweiung bedeutet ihm nicht Entfremdung, sondern wird im teleologischen Sinne als Mittel zum Zwecke der Versöhnung benutzt.[75] Darin spiegelt sich bei Schelling das Ideal der Humanisierung der Natur und der Naturalisierung des Menschen wider.

In der Auseinandersetzung mit der Natur erst kann der Mensch seine humanen Wesenskräfte entfalten. Dazu schreibt er in den „Ideen zu einer Philosophie der Natur" (1797): „Der Mensch ist nicht geboren, um im Kampf gegen das Hirngespinst einer eingebildeten Welt seine Geisteskraft zu verschwenden, sondern einer Welt gegenüber, die auf ihn Einfluß hat, ihre Macht ihn empfinden läßt, und auf die er zurückwirken kann, all seine Kräfte zu üben; zwischen ihm und der Welt muß also keine Kluft befestigt, zwischen beiden muß Berührung und Wechselwirkung möglich sein, denn nur so wird der Mensch zum Menschen"[76]. Das Naturverhältnis des Menschen möchte Schelling als Aneignung der Natur verstanden wissen, wenn er weiter formuliert: „Daß der Mensch auf die Natur selbsttätig wirkt, sie nach Zweck und Absicht bestimmt, vor seinen Augen handeln läßt und gleichsam im Werke belauscht, ist die reinste Ausübung seiner rechtmäßigen Herrschaft über die tote Materie, die ihm mit Vernunft und Freiheit zugleich übertragen wurde. Daß aber die Ausübung dieser Herrschaft möglich ist, verdankt er doch wieder der Natur, die er vergebens zu beherrschen strebte, könnte er sie nicht in Streit mit sich selbst und ihre eignen Kräfte gegen sie in Bewegung setzen [...]. Dies zu bewerkstelligen nun ist der Hauptkunstgriff, der in unserer Gewalt steht und dessen wir uns bedienen"[77].

Danach soll im Grunde genommen der Mensch von der Natur lernen, um sie mit Vernunft für seine Zwecke wirken zu lassen. Da „Vernunft" nach Schelling gleich „Gott" ist, ein Ausdruck höchster Vollkommenheit, und Gott sich nur als

---

74) ebd., Bd. 2, S. 12
75) ebd., Bd. 2, S. 13
76) ebd.
77) ebd., S. 77

selbstbewußte Vernunft im menschlichen Bewußtsein der Natur, der Welt offenbaren kann, erlegt er der menschlich-göttlichen Vernunft die Pflicht und Verantwortung auf, die Herrschaft Gottes, des Guten, Vollkommenen und Harmonischen auf Erden anzustreben. Da dieses Streben nicht immer bzw. nur selten mit dem Nützlichkeits- und Brauchbarkeitsprinzip übereinstimmt, wird Schelling nicht müde, diese Prinzipien zu kritisieren und die „Sklaverei des Eigennutzes" zu verdammen.[78]

Sicherlich ist das eine Aufforderung an den Menschen, sich die Natur nicht nur materiell, sondern auch geistig-kulturell anzueignen, in ihrer Ganzheit, um sich auch an ihrer Schönheit zu erbauen und ihre Vielfalt zu genießen, wie aus seiner Schrift „Bruno oder über das göttliche und natürliche Prinzip der Dinge" (1802) zu entnehmen ist.[79] Insofern durchläuft die Menschheitsgeschichte in der Tat verschiedene Entwicklungsphasen, die Schelling „Weltepochen" nennt, wobei der Mensch mit zunehmender Erkenntnis der Notwendigkeit, also der Natur und ihrer Gesetzmäßigkeiten, zu größerer Freiheit gelangt. Freiheit ist demnach Erkenntnis der Notwendigkeit, Einsicht in die Notwendigkeit und Handeln im Rahmen der Notwendigkeit, wozu der Mensch bei Strafe seines Unterganges verpflichtet ist. Darin sieht Schelling Verantwortung, Vernunft, Klugheit und auch List des Menschen.

Denn über diese Eigenschaften muß der Mensch verfügen, um hinter die Geheimnisse der Natur zu kommen, nämlich Kenntnisse über Struktur und Organisation sowie Funktionsweise und Selbstregulation ihres Organismus zu erlangen und sie menschlichen Zwecken dienstbar zu machen. Nur der Mensch hat die Freiheit, die Naturkräfte aus ihrem System herauszulösen, neu zu kombinieren und zu beherrschen. In Zusammenhang mit der Entdeckung der galvanischen Kette, die damals großes Aufsehen erregte und zu verschiedenen Deutungen veranlaßte, versuchte Schelling, die Grundprinzipien der Verfahrensweise der Natur aufzuklären. Diese sah er einmal in einer nach vorn gerichteten „geraden Linie", wenn die Natur den Strom von Ursachen und Wirkungen nicht hemmt, und zum anderen in „einer Kreislinie", wenn dieser Strom gehemmt wird und in sich selbst zurückkehrt.[80] Das „Geschlossensein" und „Geschlossenbleiben" sei in der galvanischen Kette nur durch fortwährende Aktion bedingt, durch Antagonismus und Polarität der wirkenden Naturkräfte. Danach ist die Herstellung von Naturkreisläufen kein einmaliger Akt, sondern ein ständiger Prozeß.[81]

---

78) ebd., Bd. 5, S. 258
79) ebd., Bd. 4, S. 213
80) ebd., Bd. 2, S. 349

Mit den „aufrichtigen Jugendgedanken", wie Karl Marx die frühen Schriften von Schelling bezeichnete[82], wurde nach Ansicht von Heinrich Heine (1797 – 1856) die Natur wieder in ihre legitimen Rechte eingesetzt[83], während Hegel Schelling als den „Stifter der neueren Naturphilosophie" würdigte.

2.5.3.5. Naturverständnis von Georg Wilhelm Friedrich Hegel

Hegel (1770 – 1831) versteht den historischen Sinn der Identitätsphilosophie Schellings auf seine Weise. Natur und Geist sind bei Hegel nur verschiedene Entwicklungsstufen und Erscheinungsformen des Seins, das bei ihm nur den Anfang in der Entwicklung der „absoluten Idee" bildet. Die Natur wird so zur Vorstufe des Geistes. Hegel nimmt aber nicht eine wirkliche, sondern nur eine gedachte Entwicklung an, die er in den Begriffsbereich verlegt. Denn der Geist, die „absolute Idee" ist Schöpfer der Welt und zugleich ihr wahres Wesen. Die ganze Entwicklung der Welt stellt nur die stufenweise Entfaltung des Geistes vom Sein bis zur „absoluten Idee" dar, welche die letzte und höchste Stufe allen Seins ist. Diese Entwicklung erfolgt in Form des Begriffs, und die Entwicklungsstufen des Geistes sind Etappen seiner Bestimmung und Konkretisierung und zugleich seiner fortschreitenden Selbsterkenntnis.[84] Wirkliche Entwicklung kommt nach Hegel nicht der Natur, sondern allein der Idee, dem Begriff zu, weil die Natur kein Subjekt, sondern lediglich Objekt ist. Mit der Verwirklichung der absoluten Idee findet die Geschichte ihren Abschluß. Indem Hegel Natur und Gesellschaft als Entwicklungsstufen der sich entäußernden absoluten Idee betrachtet, sind natürlich auch die ihnen zugrunde liegenden Gesetze nur Gesetze der sich entwickelnden absoluten Idee.

Daß Hegel der Natur jedwede Entwicklung abspricht und den Entwicklungsgedanken ablehnt, könnte mit dem damaligen unbefriedigenden Entwicklungsstand der Abstammungslehre zusammenhängen, die für ihn vielleicht zwar eine interessante Idee und Hypothese war, aber noch nicht durch empirisches Material hinreichend belegt erschien, wie Georg Biedermann annimmt.[85] Immerhin untersuchte Hegel die verschiedensten Theorien von der klassischen Mechanik bis zur Biologie von mehr als 120 Naturwissenschaftlern und Mathematikern. Inwieweit

---

81) ebd., Bd. 3, S. 164-165
82) Marx, K.: Marx an Ludwig Feuerbach. MEW, Bd. 27, Berlin: Dietz Verlag 1976, S. 420
83) Heine, H.: Werke, Berlin 1961, Bd. 5, S. 302; Dietzsch, S. (Hg.): Natur-Kunst-Mythos. Berlin: Akademie-Verlag 1978
84) Hegel, G.W.F.: Wissenschaft der Logik. 1816, III, 3, S. 3
85) Biedermann, G.: Zum Begriff der Natur in der deutschen Klassik. In: Philosophie und Natur. A.a.O., S. 42

die idealistische Grundposition seiner Philosophie den Ausschlag gegeben hat, der Natur keine geschichtliche Entwicklung, sondern nur eine ständig sich wiederholende Veränderung zuzugestehen, wie Horst Schröpfer vermutet[86], bleibt daher eine offene Frage. Dennoch enthält seine „Wissenschaft der Logik" selbst den Entwicklungsgedanken, obwohl er die Entwicklung in der Natur nicht gelten läßt.

Da Hegel nur ein spekulatives Verhältnis zur Natur hatte, interessierten ihn mehr solche Grundbegriffe wie „Raum", „Zeit" und „Bewegung", um den Begriff „Natur" zu bestimmen und in sein Begriffssystem vom absoluten Geist und dessen logischer Entfaltung einzuordnen. Bezugspunkt hierfür ist der Begriff Idee. Aufgrund der Unterschiede, die zwischen der Vorstellung von der Natur und der wirklichen Natur bestehen, betrachtet er in seinem Werk „Enzyklopädie der philosophischen Wissenschaften im Grundriß" (1830) die Natur als „anschauende Idee"[87], die nicht nur äußerlich „relativ gegen diese Idee (und gegen die subjektive Existenz derselben, den Geist)" ist, sondern die Äußerlichkeit selbst würde die Bestimmung ausmachen, „in welcher sie als Natur ist"[88]. Hegel löst also die Kantsche Trennung von Wesen und Erscheinung auf und vereint beide miteinander, weil kein Wesen ohne Erscheinung und keine Erscheinung ohne Wesen sein kann. Es wäre jedoch ein Irrtum, daraus auf die Identität von Wesen und Erscheinung zu schließen.

In ihrem Dasein zeigt die Natur zudem keine Freiheit, sondern Notwendigkeit und Zufälligkeit.[89] Freiheit und Notwendigkeit bilden bei Hegel dialektische Begriffspaare wie Notwendigkeit und Zufall, Dasein und Nichtsein, Subjekt und Objekt, Materie und Geist, Natur und Mensch. Sie können nur in ihrem gegenseitigen Bezug verstanden werden, wobei eins das andere ergänzt. Freiheit ist ein Attribut des „absoluten Geistes" und kommt in der Entwicklung des menschlichen Geistes in zunehmendem Maße zum Bewußtsein ihrer selbst. Im Gegensatz dazu ist die in der Natur herrschende Notwendigkeit durch eherne Gesetzmäßigkeiten bestimmt, die sich blindwirkend, weil ohne Bewußtsein, durchsetzen. Diesen Naturgesetzmäßigkeiten sind auch die Menschen in ihrem natürlichen „Dasein" unterworfen, das im Gegensatz zum „Nichtsein" wiederum nur in der Entwicklung begriffen werden kann, wenn es einen Sinn haben soll.

---

86) Schröpfer, H.: Zum Verhältnis von geologischer und philosophischer Erkenntnisgewinnung in der Periode der klassischen deutschen Philosophie. A.a.O., S. 100
87) Hegel, G.W.F.: Enzyklopädie der philosophischen Wissenschaften im Grundrisse. Berlin 1969, § 244
88) ebd., § 247
89) ebd., § 248

Wenn schon die Natur kein Subjekt ist, so ist sie doch „an sich ein lebendiges Ganzes"[90], das zwar ohnmächtig gegenüber dem Geist erscheint, aber physikalische, chemische und biologische Bewegungsformen aufweist.[91] Mit deren Hilfe ist das Lebendige, der Organismus in der Lage, Beziehungen zwischen Organismus und Umwelt herzustellen, den Stoffwechsel zu vollziehen und Körperfremdes in Körpereigenes so zu verwandeln, daß jeweils am Ende der Bewegung der realisierte Zweck, der identisch reproduzierte Organismus steht. „Nur als dieses sich Reproduzierende, nicht als Seiendes, ist und erhält sich das Lebendige; es ist nur, indem es sich zu dem macht, was es ist; es ist vorausgehender Zweck, der selbst nur das Resultat ist"[92]. Mit der Deutung biologisch zielstrebiger Vorgänge als Hierarchie kausaler Prozesse weist Hegel sowohl die Vorstellung von der Existenz immaterieller Lebenskräfte als auch die mechanizistische Lebenserklärung zurück und bahnt den Weg für eine materialistische und dialektische Erklärung der Stoffwechselvorgänge.

Für Hegel sind Inhalt und Methode untrennbar miteinander verbunden. Das Umschlagen jedes Begriffs in sein Gegenteil ist bei Hegel Methode beim Entwickeln von Gedanken. Die Form der Abfolge als These, Antithese und Synthese ist dabei nur ein äußerliches Schema, um den Umschlag zu einer höheren Einheit zu vollziehen. Widerspruch und Negation der Negation bilden die wesentlichen methodischen Grundlagen. Der Widerspruch ist für Hegel „das Prinzip aller Selbstbewegung, [...] die Wurzel aller Bewegung und Lebendigkeit; nur insofern etwas in sich selbst einen Widerspruch hat, bewegt es sich, hat Trieb und Tätigkeit", stellt er in der „Wissenschaft der Logik" (1816) fest.[93] Aus Widerspruch geht Bewegung und Entwicklung hervor, er ist deren eigentliche Triebkraft, Ursache und Quelle. Hegel formulierte somit als erster in der Geschichte des philosophischen Denkens die allgemeinen Gesetze der Dialektik, indem er die Bewegung und Entwicklung als Übergang quantitativer Veränderungen in neue qualitative Zustände, als Entstehung und Überwindung von Widersprüchen und als Negation der Negation faßte, wenn auch in idealistischer Weise.

„Der große Grundgedanke", schreibt Friedrich Engels, „daß die Welt nicht als ein Komplex von fertigen Dingen zu fassen ist, sondern als ein Komplex von Prozessen, worin die scheinbar stabilen Dinge nicht minder wie ihre Gedankenabbilder in unserm Kopf, die Begriffe, eine ununterbrochene Veränderung des

---

90) ebd., § 251
91) ebd., § 252
92) ebd., § 352
93) Hegel, G.W.F.: Wissenschaft der Logik. A.a.O., II, 1, S. 2

Werdens und Vergehens durchmachen, in der bei aller scheinbaren Zufälligkeit und trotz aller momentanen Rückläufigkeiten schließlich eine fortschreitende Entwicklung sich durchsetzt – dieser große Grundgedanke ist, namentlich seit Hegel, so sehr in das gewöhnliche Bewußtsein übergegangen, daß er in dieser Allgemeinheit wohl kaum noch Widerspruch findet"[94].

Das praktische und theoretische Verhältnis des Menschen zur Natur wird im Begriff Natur ebenfalls angelegt. Wenn die Praxis auch nur in Form der „Tätigkeit des Begriffs" auftritt, so bedeutet dies doch, daß sie ein Glied in der Kette des Erkenntnisprozesses bildet.[95] Wenn zudem der Weltgeist, die absolute Idee nur durch Entäußerung, durch Tätigkeit zum Selbstbewußtsein im Menschen kommt, so wird in mystifizierter Form erfaßt, daß der Mensch durch seine Arbeit sich selbst und damit auch seine Geschichte selbst erzeugt. In diesem Zusammenhang schätzte Hegel die Arbeitsmittel höher ein „als die endlichen Zwecke der äußern Zweckmäßigkeit – der Pflug ist ehrenvoller, als unmittelbar die Genüsse sind, welche durch ihn bereitet werden und die Zwecke sind [...]. An seinen Werkzeugen besitzt der Mensch die Macht über die äußerliche Natur, wenn er auch nach seinen Zwecken ihr vielmehr unterworfen ist"[96].

Unter diesen Bedingungen schwingt sich der Mensch über die Natur, aus der er entstammt, nur deswegen auf, weil er mit Hilfe des Mittels die Einheit von Subjektivem und Objektivem herzustellen vermag. Weder Natur noch Mensch allein besitzen ein ausschließliches Prioritätsrecht. Und die Herstellung eines einheitlichen, harmonischen Verhältnisses des Menschen zur Natur ist demnach zwangsläufig ein wesentlich praktisches Verhältnis, das der Mensch in der ständigen Auseinandersetzung mit der Natur immer wieder herstellen muß, was bedingt, die entsprechenden Fähigkeiten zu erwerben und im Handeln zu verfestigen. Dieses Verhältnis zur Natur ist also nicht von vornherein determiniert, von der absoluten Idee nicht präsumptiv eingegeben. Die Hegelsche „List der Vernunft" ist somit Mittel und Ergebnis eines Prozesses, dem sich der Mensch nicht entziehen kann, weil sich aus der Vernunft zugleich Freiheit der Zwecksetzung und Verantwortung für die Verwirklichung der vom Menschen gesetzten Zwecke ableitet.[97]

---

94) Engels, F.: Ludwig Feuerbach und der Ausgang der klassischen deutschen Philosophie. MEW, Bd. 21, Berlin: Dietz Verlag 1979, S. 293
95) Hegel, G.W.F.: Enzyklopädie. A.a.O., § 245 und § 246
96) Hegel, G.W.F.: Wissenschaft von der Logik. A.a.O. II, S. 398
97) Ley, H.: Hegels Naturbegriff in seiner „Enzyklopädie". In: Philosophie und Natur. A.a.O., S. 166

2.5.3.6. Naturverständnis von Ludwig Feuerbach

Ludwig Feuerbach (1804 – 1872) knüpft an den Hauptgedanken Hegels an, kritisiert insbesondere die Verabsolutierung des menschlichen Bewußtseins über das wirkliche Sein und kommt zu einer Umkehrung der Beziehungen zwischen Sein und Bewußtsein, Natur und Geist. Denn der „Inbegriff der Wirklichkeit ist die Natur (Natur im universellsten Sinne des Worts). Die tiefsten Geheimnisse liegen in den einfachsten natürlichen Dingen, die der jenseits schmachtende phantastische Spekulant mit Füßen tritt. Die Rückkehr zur Natur ist allein die Quelle des Heils"[98], stellt er in seiner Schrift „Zur Kritik der Hegelschen Philosophie" (1839) fest. Natur und Geschichte sind für ihn die „höchsten Behörden der Welt"[99], und der Mensch ist das „höchste Wesen der Natur". In seinem Hauptwerk „Das Wesen des Christentums" (1841) hob er schließlich den Materialismus ohne Umschweife wieder auf seinen Thron und wertete die Hegelsche Philosophie im Sinne eines anthropologischen Materialismus um, ohne damit einen totalen Bruch mit dem idealistischen System seines Vogängers zu vollziehen.

Feuerbach verwarf den Begriff des unterschiedslosen Seins, der Materielles und Ideelles vereint, und faßte das Sein als Materie, Natur, objektive Realität auf.[100] Die Beziehung von Denken und Sein charakterisierte er im Unterschied zu Hegel mit den Worten: „Das wahre Verhältnis von Denken und Sein ist nur dieses: das Sein ist Subjekt, das Denken Prädikat. Das Denken ist aus dem Sein, aber das Sein nicht aus dem Denken. Sein ist aus sich und durch sich – Sein wird nur durch Sein gegeben – Sein hat seinen Grund in sich, weil nur Sein Sinn, Vernunft, Notwendigkeit, Wahrheit, kurz alles in allem ist"[101]. Dieses reale Sein bildet für Feuerbach den Gegenstand der Erkenntnis, und Gegenstand ist nur, was außerhalb des Kopfes existiert. Der Gegenstand ist dem Menschen in den Sinnen gegeben, mit denen er sich die Wirklichkeit aneignet. Daher kann es ohne Sinnestätigkeit kein Denken und kein Erkennen geben, stellt er in seinem Werk „Das Wesen der Religion" (1845) fest.[102]

Sein Sensualismus ist allerdings frei von jedem Anflug von Agnostizismus, sind doch die Sinne zuverlässige Zeugen, deren „Material" zu einer fortschreitenden Erkenntnis der Welt genügt, um so mehr, als die Natur sich nicht versteckt, sondern sich dem Menschen mit Gewalt aufdrängt.[103] Da er den Menschen samt

---

98) Feuerbach, L.: Zur Kritik der Hegelschen Philosophie. Werke, Berlin 1970, Bd. 9, S. 61
99) Feuerbach, L.: Erklärung vom Verfasser des „Hippokrates in der Pfaffenkutte". A.a.O. Bd. 9, S. 154
100) Feuerbach, L.: Vorlesungen über das Wesen der Religion. A.a.O., Berlin 1967, Bd. 6, S. 136
101) Feuerbach, L.: Vorläufige Thesen zur Reformation der Philosophie. A.a.O., Bd. 9, S. 258-259
102) Feuerbach, L.: Vorlesungen über das Wesen der Religion. A.a.O., S. 14

seinen Sinnesorganen für ein Ergebnis der natürlichen Entwicklung hält, sind diese an die Natur und ihre Qualitäten angepaßt und zu deren Erkenntnis befähigt. Während Locke meinte, dem Menschen blieben viele Eigenschaften verborgen, weil er nicht mehr als fünf Sinne hätte, sieht Feuerbach keinen Grund für die Annahme, daß der Mensch, selbst wenn er „mehr Sinne oder Organe hätte, er auch mehr Eigenschaften oder Dinge der Natur erkennen würde. Es ist nicht mehr in der Außenwelt, in der unorganischen Natur, als in der organischen. Der Mensch hat gerade so viel Sinne, als eben notwendig ist, um die Welt in ihrer Totalität, ihrer Ganzheit zu fassen [...]. So wie der Mensch nur dem Zusammenwirken der gesamten Natur seine Existenz und Entstehung verdankt, so sind auch seine Sinne nicht auf bestimmte Gattungen oder Arten körperlicher Qualitäten oder Kräfte eingeschränkt, sondern sie umfassen die ganze Natur"[104]. Die Natur gilt ihm als „das erste Wesen", das Bewußtsein als ein Produkt des menschlichen Körpers und seinem Inhalt nach als eine Widerspiegelung der materiellen Welt. Das Bewußtsein wurde aber überwiegend als ein Naturprodukt mit passivem Reflex betrachtet, ohne seine aktive Rückwirkung auf die materielle Welt genügend zu berücksichtigen.

Die Entwicklung der Natur vollzieht sich bei Feuerbach vom Niederen zum Höheren, denn: „Das Höhere setzt das Niedere, nicht dieses jenes voraus"[105]. An anderer Stelle seiner Schrift „Das Wesen der Religion" fährt er fort: „Entstehen heißt, sich individualisieren; Entstehung und Individualisierung sind unzertrennlich [...] das individualisierte Wesen ist der Qualität nach ein höheres, göttliches Wesen". Differenzierungs- und Individualisierungsprozesse des Seins deutete er als Resultat von gegensätzlichen Kräften, die der materiellen Wirklichkeit selbst innewohnen, wie sich überhaupt „das Leben nur im Konflikt unterschiedener, ja, entgegengesetzter Stoffe, Kräfte und Wesen" selbst erzeugt. Den dialektischen Entwicklungsgedanken schließt er ab mit der Bemerkung: „Unfruchtbar ist die Einheit, fruchtbar nur der Dualismus, der Gegensatz, der Unterschied"[106]. Die philosophischen Verallgemeinerungen stützten sich auf vielfältige naturwissenschaftliche Erkenntnisse seiner Zeit, vor allem auf den Gebieten der Physik, Chemie, Biologie, Physiologie und Geologie. Der dialektische „Gegensatz" bildet danach eindeutig die treibende Kraft der Entwicklung, während die „Einheit" hier

---

103) ebd.
104) ebd.
105) Feuerbach, L.: Das Wesen der Religion. A.a.O. Berlin 1971, Bd. 10, S. 17
106) ebd., S. 22 und 24

nur eine kurze Phase, einen qualitativen Umschlags- und Ausgangspunkt für die Weiterentwicklung darstellt.

Seine Kenntnisse der Naturwissenschaften zeigen sich ganz konkret in aktuellen Stellungnahmen zu grundlegenden Fragen, die damals gerade in der Diskussion waren. So schrieb er hinsichtlich der geologischen Enwicklung: „Die Erde ist nicht immer so gewesen, wie sie gegenwärtig ist; sie ist vielmehr nur nach einer Reihe von Entwicklungen und Revolutionen auf ihren gegenwärtigen Standpunkt gekommen"[107]. Um der Spekulation in der Geologie zu begegnen, gibt es seiner Meinung nach nur einen Ausweg, nämlich: „völlige Wiedergeburt des Bewußtseins durch die Natur. Offen und klar liegt sie vor dem Menschen [...]. Sich mit ihr versöhnend, versöhnt er sich mit sich selbst und hört die Steine reden, wo die Menschen schweigen"[108]. Bemerkenswerterweise spielt hier mit der Versöhnung das dialektische Prinzip der „Einheit" gegenüber dem „Kampf" der Gegensätze doch wieder eine größere Rolle.

Hinsichtlich der „zoologischen Produktionskraft" der Erde schwankte er in seinen Ansichten infolge der unsicheren Grundlage der damaligen Kenntnisse zwischen der Katastrophentheorie (1812) von Georges Cuvier (1769 – 1832) und der Evolutionstheorie von Charles Lyell (1797 – 1875). Einerseits habe die Erde „nur in den Zeiten ihrer geologischen Revolutionen" die Fähigkeit zur Entwicklung lebender Organismen entfaltet. Wenn aber andererseits „jetzt die Natur keine Organismen mehr durch ursprüngliche Erzeugung hervorbringen kann oder hervorbringt, so folgt daraus nicht, daß sie dies auch einst nicht konnte. Der Charakter der Erde ist gegenwärtig der der Stabilität; die Zeit der Revolutionen ist vorüber; sie hat ausgetobt". Keinesfalls konnte er sich mit der Ansicht Cuviers befreunden, daß die Organismen nach jeder Erdkatastrophe völlig neu entstehen.[109]

Hieran schließen sich sogleich Aussagen zur Entstehung des Menschen selbst an, die er so erklärt: „Wenn daher die Erde kraft ihrer eigenen Natur im Laufe der Zeit sich so entwickelt und kultiviert hat, daß sie einen mit der Existenz des Menschen verträglichen, dem menschlichen Wesen angemessenen, also sozusagen selbst menschlichen Charakter annahm, so konnte sie auch aus eigner Kraft den Menschen hervorbringen", wobei ihre Wirkungen an bestimmte Bedingungen geknüpft sind.[110] Unter dem Aspekt der materiellen Einheit der Welt stellte Feuerbach auch den Zusammenhang zwischen Mensch und Natur heraus. In der Schrift

---

107) ebd., S. 19
108) Feuerbach, L.: Dr. Christian Kapp und seine literarische Leistungen. A.a.O., Bd. 9, S. 72-73
109) Feuerbach, L.: Das Wesen der Religion. A.a.O., S. 21
110) ebd., S. 20

„Das Wesen des Christentums" heißt es dazu: „Wie der Mensch zum Wesen der Natur [...] so gehört auch die Natur zum Wesen des Menschen"[111]. In derselben Schrift äußerte er sich auch zum Unterschied zwischen Mensch und Tier, den er vor allem darin sah, daß „in einem Wesen, das zum Bewußtsein erwacht, eine qualitative Veränderung des ganzen Wesens vor sich geht"[112]. Damit polemisierte Feuerbach gegen Auffassungen, die im Menschen nur ein Tier mit Bewußtsein sahen. Feuerbach nannte eine Reihe besonderer Qualitätsmerkmale des Menschen, die ihn vom Tier unterscheiden, sah aber den wesentlichen Unterschied darin, daß sich das Wesen des Menschen nur in der menschlichen Gattung verwirklichen kann.[113] Die „Vereinigung mit andern Menschen zu einem Gemeinwesen" war seiner Ansicht nach überhaupt das entscheidende Merkmal des Menschen „zur Unterscheidung seines Wesens von der Natur"[114].

Die Beziehungen der Menschen zueinander und zur Natur werden damit in erster Linie auf natürliche Verhältnisse zwischen Individuum und Gattung zurückgeführt, ohne die historischen und sozialen Verhältnisse ausdrücklich zu erwähnen.[115] Aus dem Selbstverständnis der Aufklärung heraus war das sicherlich auch nicht nötig, ging es doch generell darum, im Namen der Vernunft Natur und Gesellschaft rational zu beherrschen. Denken, Fühlen und Handeln sollten uneigennützig auf das Wohl anderer, in letzter Instanz der Menschheit gerichtet sein. Altruistisches Verhalten war daher auch für Feuerbach eine Alternative zum Egoismus und die Moral der Zukunft. Ausgangspunkt seiner anthropologisch-materialistischen Anschauung ist die Natur des Menschen, die rein abstrakt zu existieren und ein für allemal gegeben schien. Da Feuerbach ebenfalls an das Gute im Menschen glaubte, das durch Aufklärung des Menschen zur Ausbildung gebracht werden sollte, hielt er es durchaus für möglich, die Interessen des einen (des Ich) mit denen des anderen (des Du) durch „allgemeine Liebe" miteinander in Einklang zu bringen. Dazu sei es lediglich erforderlich, das Streben des Menschen nach Befriedigung seiner Bedürfnisse und Glück auf Selbstbeschränkung und Harmonie zu gründen.

Dieses echte humanistische Anliegen Feuerbachs wie der gesamten Aufklärung blieb aber ebenso wie der kategorische Imperativ von Kant ohnmächtig und daher unerfüllt, weil die gesellschaftlichen Verhältnisse auf das Wesen des Menschen doch

---

111) Feuerbach, L.: Das Wesen des Christentums. Berlin 1956, Bd. 2, S. 409
112) ebd., Bd. 1, S. 37
113) Feuerbach, L.: Grundsätze der Philosophie der Zukunft. A.a.O., Bd. 9, S. 338-339
114) Feuerbach, L.: Das Wesen der Religion. A.a.O., S. 43-44
115) Schuffenhauer, W.: Materialismus und Naturbetrachtung bei Ludwig Feuerbach. Deutsche Zeitschrift für Philosophie, H. 12, Berlin 1972, S. 1461-1473

einen stärkeren Einfluß nehmen als damals angenommen wurde. In der Folgezeit setzte sich jedoch die Erkenntnis immer mehr durch, daß der Mensch nicht nur ein biologisches, sondern ein biopsychosoziales Wesen ist, an dessen Ausbildung biologische und soziale Faktoren ihren spezifischen Anteil haben.

2.6. Naturverständnis der klassischen deutschen Literatur

Philosophie und Dichtung ergänzten sich auf wunderbare Weise in einer Zeit, als Deutschland politisch immer mehr sank und durch die Partikularitätssucht seiner Landesfürsten schließlich kraftlos am Boden lag. Die Dichtung gab der Philosophie ästhetische Anregungen, und die Philosophie befruchtete die Gedankenwelt der Dichtung. Dieser Bund zwischen Dichtung und Philosophie wirkte sich auf das Naturverständnis der Aufklärung produktiv aus. Zunächst waren Gotthold Ephraim Lessing (1729 – 1781), Friedrich Gottlieb Klopstock (1724 – 1803) und Christoph Martin Wieland (1723 – 1813) die führenden Schriftsteller der deutschen Aufklärung, die sich in ihren Werken vor allem für Toleranz und Humanität einsetzten. Klopstock machte in seinem Lebenswerk „Der Messias", dessen Abfassung sich über 25 Jahre hinzog, die Natur zum Träger menschlicher Stimmungen. Lessing nahm die Naturansichten Rousseaus verständnisvoll auf und bekannte sich zum Pantheismus Spinozas. Auch in seinen reifsten Schöpfungen der letzten Lebensjahre „Nathan der Weise" (1779) und „Die Erziehung des Menschengeschlechts" (1780) gibt es keinen außerhalb der Welt stehenden Gott, in ihr wirkt aber die göttliche Kraft. Sie ist eingegangen und aufgegangen in der werdenden Welt. Gott offenbart sich in dem durch Vorsehung geleiteten Weg der Selbstentfaltung des menschlichen Geistes, der sich seiner göttlichen Inhalte nach und nach bewußt wird. In dieser Hinsicht geht Lessing über Fichte hinaus und trifft sich mit Hegel.

Die Erziehung enwickelt jedoch erst die Anlagen des Menschen und gibt ihm das Bewußtsein der Vernunft und die Einsicht, Gutes zu tun auch ohne materielle Belohnung. Lessing setzte auf den „Plan der allgemeinen Erziehung des Menschengeschlechts"[116] große Hoffnungen und nahm an, daß sich die Erziehung der Menschheit zur Vernunft im Verlaufe von Generationen wie des Individuums im Laufe eines Lebens nach ähnlichem Muster vollziehen könnte, der Mensch durch Erziehung erst zum Menschen wird. Hier kreuzen sich die Grundideen von Lessing mit denen von Kant in der „Kritik der praktischen Vernunft". Sie belegen den Wert der Erziehung des Menschen, um zu Einsicht, Vernunft und Freiheit zu gelangen.

---

[116] Lessing, G.E.: Die Erziehung des Menschengeschlechts. Berlin-Leipzig-Wien-Stuttgart: Deutsches Verlagshaus Bong, Bd. 6, S. 80-81

Ohne Erziehung gibt es keine moralische Autorität, weil die Anlagen zum Guten durch gesellschaftliche Einflüsse gebrochen werden. Die Erziehung der Erzieher ist demzufolge nur dann nötig, wenn die Erzieher selbst nicht im Sinne der Vernunft erzogen sind. Denn Vernunft ist erforderlich im Umgang des Menschen mit dem Menschen und mit der Natur. Mit Herder, Schiller und Goethe finden die humanistischen Gedanken in der klassischen deutschen Literatur ihre Fortsetzung und Vollendung.

2.6.1. Naturverständnis von Johann Gottfried Herder

Vervollkommnung war das sittliche Ziel von Leibniz und der Aufklärung gewesen, die es aber nur auf die Gegenwart bezog. Johann Gottfried Herder (1744 – 1803) wendet diesen Begriff auch auf die Vergangenheit an. Er sympathisiert zwar mit dem Pantheismus Spinozas, hält aber an einem höheren Wesen fest, das die Geschicke von Natur und Mensch nach einem großen Plan lenkt. In der Entwicklung von Weltall, Erde und Mensch offenbart sich ihm nicht die Zufallswirkung blind wirkender Kräfte, sondern eine weise Ordnung, die nach ewigen Gesetzen verfährt, ein überall spürbares göttliches Walten und für die Menschheit ein ewiges Ziel, wie aus seinen „Ideen zur Philosophie der Geschichte der Menschheit" (1791) hervorgeht. „Die Natur ist kein selbständiges Wesen, sondern Gott ist alles in seinen Werken [...]. Wem der Name Natur durch manche Schriften unsres Zeitalters sinnlos und niedrig geworden ist, der denke sich statt dessen jene allmächtige Kraft, Güte und Weisheit, und nenne in seiner Seele das unsichtbare Wesen, das keine Erdensprache zu nennen vermag [...]. Ein gleiches ists, wenn ich von den organischen Kräften der Schöpfung rede"[117].

Stufenweise haben sich Natur und Mensch entwickelt, alles ist auf natürliche Weise geworden und in ständiger Veränderung begriffen. Auf der Erde erschienen erst Pflanzen, dann Tiere und schließlich der Mensch. Die Geschichte der Natur hat sich in der Geschichte der Menschheit nur fortgesetzt. Demzufolge läßt sich auch „das Schicksal der Menschheit aus dem Buch der Schöpfung" lesen. Aus der Fortentwicklung aller Erdgeschöpe zu immer höheren Stufen ergibt sich für Herder die unendliche Vervollkommnungsfähigkeit des Menschen und das Ideal der Humanität.

Die Erde ist für ihn ein „Stern unter Sternen", der Wohnplatz der Menschheit in einem Weltgebäude voller Harmonie, in dem Einheit und Mannigfaltigkeit herrschen. Die Natur hat aber viele Revolutionen durchgemacht, bringt auch jetzt

---

117) Herder, J.G.: Ideen zur Philosophie der Geschichte der Menschheit. Berlin-Leipzig-Wien-Stuttgart: Deutsches Verlagshaus Bong, Bd. 5, S. 54-56

noch alles aus sich selbst hervor und fordert gelegentlich das Ihre zurück, wenn die Naturkräfte „nach immer fortwirkenden Naturgesetzen periodisch aufwachen"[118]. In der „Abwechslung von Gestalten und Formen" spiegeln sich Werden und Vergehen, Kontinuität und Veränderung wider, die sich „nach den ewigen Gesetzen der Weisheit und Ordnung" vollziehen.[119] „Immer und überall sehen wir, daß die Natur zerstören muß, indem sie wiederaufbaut, daß sie trennen muß, indem sie neu vereinet", denn die ganze Schöpfung befindet sich in einem fortwährenden Krieg, nur durch das Gleichgewicht der Kräfte wird Frieden hergestellt.[120] Harmonie beruht bei Herder also auf der Vereinigung von Gegensätzen, die dauernd wirken, sich ständig auftun und setzen. Die Zustände und Prozesse in der Luft, im Wasser und im Boden sind das Ergebnis von mannigfachen und mächtigen „Prinzipien der Naturwirkungen auf der Erde"[121]. Schließlich nimmt die Mannigfaltigkeit der Geschöpfe und „die Kunst der Organisation in einem Geschöpf" bis hin zum Menschen stufenweise zu, der Mensch ist „der Herr und Diener der Natur, ihr liebstes Kind und vielleicht zugleich ihr aufs härteste gehaltner Sklave"[122].

Aus der Natur ergibt sich die Geschichte im Raum nebeneinander und in der Zeit nacheinander, aus den Verhältnissen der Erde ergeben sich die Arten der auf ihr lebenden Wesen. Die Geschichte der Völker ist für Herder eine zusammenhängende Entwicklung zu deren Vervollkommnung, wobei die Eigenart und besondere geschichtliche Bedeutung der Völker aus natürlichen Bedingungen und Gesetzen resultieren. Der Mensch wiederum vereint in sich die feinsten Züge der einzelnen Tiergattungen und ist das höchste Gebilde, die Krone der Schöpfung, weil mit Vernunft begabt, die aber erst ausgebildet werden soll, ebenso wie Humanität und menschliche Lebensweise. Der Mensch muß daher das ganze Leben hindurch lernen, denn es ist sein Beruf, alles zu lernen, und oft erst durch Irren zur Wahrheit zu kommen und Vernunft anzunehmen. Je schneller er seine Fehler erkennt und sie behebt, desto mehr bildet sich seine Humanität, und der Mensch „muß sie ausbilden oder Jahrhunderte durch unter der Last eigner Schulden ächzen"[123].

Herder sieht den Sinn und Zweck des Menschengeschlechts in seinem ewigen Fortgang und Streben zu immer größerer Humanität, die erst den Mensch zum

---

118) ebd., S. 67
119) ebd., S. 68
120) ebd., S. 87 und 96
121) ebd., S. 72
122) ebd., S. 70
123) ebd., Bd. 5, S. 158-159 und Bd. 7, S. 173

Menschen macht und das eigentliche „Studium des Lebens" ist.[124] „Humanität ist der Zweck der Menschennatur, und Gott hat unserm Geschlecht mit diesem Zweck sein eigenes Schicksal in die Hände gegeben"[125]. Charakteristisch für Herder ist dabei, daß er diesen nicht geradlinig, sondern dialektisch verlaufenden Prozeß des historischen Fortschritts unter zwei verschiedenen, aber sich gegenseitig ergänzenden Aspekten sieht. Einerseits meint er: „Der Verfolg der Geschichte zeigt, daß mit dem Wachstum wahrer Humanität auch der zerstörenden Dämonen des Menschengeschlechts wirklich weniger geworden sei, und zwar nach innern Naturgesetzen einer sich aufklärenden Vernunft und Staatskunst"[126]. Andererseits betont er jedoch, „daß, wo in der Menschheit das Ebenmaß der Vernunft und Humanität gestört worden, Schwingungen von einem Äußersten zum andern geschehen werden. [...]. Offenbar ist es auch, daß die ganze Zusammenordnung unsres Geschlechts auf dergleichen wechselnde Schwingungen eingerichtet und berechnet worden. [...]. So gehet wie in der Maschine unsres Körpers durch einen notwendigen Antagonismus das Werk der Zeiten zum Besten des Menschengeschlechts fort und erhält desselben dauernde Gesundheit"[127]. Da Vernunft mit Kultur einhergeht, zieht sich auch die „Kette der Kultur" durch alle gebildeten Nationen und bestimmt ihr Verhältnis zueinander. Dieses kulturvolle Verhalten der Nationen im gegenseitigen Umgang versuchte Herder nicht zuletzt mit seinem Werk „Briefe zur Beförderung der Humanität" (1797) zu beschleunigen.[128]

Im Schicksal der Menschen waltet eine weise Güte, die Herder in der Organisation der Natur und ihrer Gesetze sieht. Und der Plan der gesamten Natur ist das Ergebnis allgemeiner Naturweisheit. Alle Werke Gottes beruhen „auf dem Gleichgewicht widerstrebender Kräfte durch eine innere Macht, die diese zur Ordnung lenkte"[129]. Es ist aber nicht ein personifizierter Gott, sondern eine Gott-Natur, die Herder in ihrem Werk bewundert. „Der Gott, den ich in der Geschichte suche, muß derselbe sein, der er in der Natur ist"[130]. Die Gesetze der Natur zu erforschen, die Regeln der Naturordnung zu ergründen und zur Erkenntnis der Wahrheit zu gelangen, ist daher eine Aufgabe, der sich der Mensch zu widmen hat. Nur sie verschafft ihm Würde und Glück, um im „Rat" der Natur, der Weisheit, Güte und

---

124) ebd., Bd. 5, S. 193
125) ebd., Bd. 7, S. 171
126) ebd., S. 178
127) ebd., S. 190-191
128) Herder, J.G.: Briefe zur Beförderung der Humanität. A.a.O., Bd. 9
129) Herder, J.G.: Ideen zur Philosophie der Geschichte der Menschheit. A.a.O., Bd. 7, S. 202
130) ebd., S. 198

Vernunft mitwirken zu können. „Vernunft aber und Billigkeit allein dauern; da Unsinn und Torheit sich und die Erde verwüsten"[131].

In Herders humanistischer Gedankenwelt sind der Optimismus von Shaftesbury (1671 – 1730), die Idee der Harmonie und Vervollkommnung von Leibniz, der Hang zur Natur von Rousseau zusammengeflossen und haben sie mit dem Gedanken der Entwicklung in Natur und Gesellschaft verschmolzen. Dieser Entwicklungsgedanke wurde aber erst nach seinem Tod zum Leitgedanken des folgenden Jahrhunderts.

2.6.2. Naturverständnis von Friedrich Schiller

Auch für Friedrich Schiller (1759 – 1805) schien es erwiesen zu sein, daß „das Universum das Werk eines unendlichen Verstandes sei und entworfen nach einem vortrefflichen Plane", während er die Bestimmung des Menschen darin sah, „aus den einzelnen Wirkungen Ursach und Absicht, aus dem Zusammenhang der Ursachen und Absichten all den großen Plan des Ganzen" zu entdecken, „aus dem Plane den Schöpfer" zu erkennen, zu lieben und zu bewundern. Dies ist ein ewiges und unendliches Ziel, an dem der Mensch wachsen wird, ohne es jemals zu erreichen.[132] Das „Ganze" kann der Mensch jedoch nur aus den einzelnen Wirkungen, die „Bewegungen der Materie" sind, finden und empfinden.[133] Mit der Übung seiner Kräfte am großen Plan der Natur wird der Mensch aber eine immer größere Vollkommenheit erreichen.[134] In den hier zitierten philosophischen Schriften „Philosophie der Physiologie" und „Über den Zusammenhang der tierischen Natur des Menschen mit seiner geistigen" befaßte sich Schiller näher mit den Beziehungen zwischen Körper und Geist, Denken und Sein sowie der Entwicklung des Menschen aus dem Tierreich und der Unterschiede zwischen Mensch und Tier.

Im inneren Zusammenhang damit steht seine kulturhistorische Schrift „Etwas über die erste Menschengesellschaft nach dem Leitfaden der Mosaischen Urkunde", in der Schiller den Übergang des Menschen zur Freiheit und Humanität darstellt. Den „Abfall des Menschen vom Instinkt" feierte er darin als „die glücklichste und größte Begebenheit in der Menschengeschichte", weil sich der Mensch damit aus dem „Paradies der Unwissenheit und Knechtschaft" zu einem „Paradies

---

131) ebd., S. 203

132) Schiller, F.: Philosophie und Physiologie. Berlin-Leipzig: Deutsches Verlagshaus Bong, Bd. 12, S. 78-79

133) ebd., S. 80

134) Schiller, F.: Über den Zusammenhang der tierischen Natur des Menschen mit seiner geistigen. A.a.O., Bd. 12, S. 96

der Erkenntnis und der Freiheit" hinaufgearbeitet hat, um zum „Schöpfer seiner Glückseligkeit" zu werden, wie es die Vorsehung mit ihm vorhatte. Zugleich war das eine „erste Äußerung der Selbsttätigkeit" und „erstes Wagestück der Vernunft" des Menschen, wodurch aus einem „Sklaven des Naturtriebes ein freihandelndes Geschöpf, aus einem Automat ein sittliches Wesen wurde"[135]. Ebenso wie der Mensch erst ein Tier sein mußte, bevor er zum Menschen wurde[136], war der Kampf ums Dasein nötig, damit der Mensch seine Vernunft und Sittlichkeit ausbilden konnte.[137]

Natur ist seiner Meinung nach nichts anderes „als das freiwillige Dasein, das Bestehen der Dinge durch sich selbst, die Existenz nach eignen und unabänderlichen Gesetzen"[138]. In Blumen, Vögel, Bienen liebt Schiller „das stille schaffende Leben, das ruhige Wirken aus sich selbst, das Dasein aus eignen Gesetzen, die innere Notwendigkeit, die ewige Einheit mit sich selbst [...]. Sie sind, was wir waren; sie sind, was wir wieder werden sollen. Wir waren Natur, wie sie, und unsere Kultur soll uns auf dem Wege der Vernunft und der Freiheit zur Natur zurückführen"[139]. Kultur hat den Menschen demzufolge zu Beginn seiner Entwicklung von der Natur zunächst entfremdet, sie soll den Menschen aber auf höherer Kulturstufe mit der Natur wieder vereinen. Hier betont Schiller nicht nur den Gedanken der Einheit zwischen körperlichen und geistigen Komponenten im Menschen selbst, sondern zwischen dem Menschen und seiner natürlichen Umgebung.

Schiller versucht zwischen Wirklichkeit und Ideal zu vermitteln, wenn er in den wirklichen Naturdingen zugleich die „Darstellungen unserer höchsten Vollendung im Ideale" erkennt. Einschränkend fügt er jedoch hinzu, daß diese Vollkommenheit aber nicht das Verdienst der Naturdinge selbst ist, weil sie nicht das Werk ihrer Wahl sind, sondern aus naturgesetzlicher Notwendigkeit entstanden. Im Unterschied dazu ist der Mensch frei, Herr seiner vernunftmäßigen Entwicklung. Freiheit und Notwendigkeit stehen aber nicht beziehungslos nebeneinander, sondern können nur in ihrer gegenseitigen Bedingtheit verstanden werden. Deshalb sein Hinweis: „Aber nur wenn beides sich miteinander verbindet – wenn der Wille das Gesetz der Notwendigkeit frei befolgt und bei allem Wechsel der Phantasie die

---

135) Schiller, F.: Etwas über die erste Menschengesellschaft nach dem Leitfaden der Mosaischen Urkunde. A.a.O., Bd. 11, S. 188-189

136) Schiller, F.: Über den Zusammenhang der tierischen Natur des Menschen mit seiner geistigen. A.a.O., S. 108-109

137) Schiller, F.: Etwas über die erste Menschengesellschaft nach dem Leitfaden der Mosaischen Urkunde. A.a.O., S. 190

138) Schiller, F.: Über naive und sentimentalische Dichtung. A.a.O., Bd. 8, S. 115

139) ebd., S. 116

Vernunft ihre Regel behauptet, geht das Göttliche oder das Ideal hervor"[140]. Mit anderen Worten: ==Freiheit ist Einsicht in die Notwendigkeit.== Werden die Naturgesetzmäßigkeiten also nicht erkannt oder nicht beachtet und befolgt, kann auch das Vernünftige, Vollkommene, Harmonische, Göttliche, Ideale nicht erreicht werden.

In diesem Zusammenhang unterscheidet Schiller auch zwischen wirklicher und wahrer Natur. „Wirkliche Natur existiert überall, aber wahre Natur ist desto seltener; denn dazu gehört eine innere Notwendigkeit des Daseins. Wirkliche Natur ist jeder und noch so gemeine Ausbruch der Leidenschaft, er mag auch wahre Natur sein, aber eine wahre menschliche ist er nicht; denn diese erfordert einen Anteil des selbständigen Vermögens an jeder Äußerung, dessen Ausdruck jedesmal Würde ist. Wirkliche menschliche Natur ist jede moralische Niederträchtigkeit, aber wahre menschliche Natur ist sie hoffentlich nicht; denn diese kann nie anders als edel sein"[141]. Natur und Mensch werden von ihm in ihrer Wirklichkeit und in ihrem Ideal gesehen, Natur und Kultur unterschieden, aber nicht getrennt. Ziel menschlicher Natur kann es aber nur sein, sich durch Kultur zu veredeln, ohne sich der Natur zu entledigen.

Insbesondere durch ihn erfährt auch der Begriff „Idealismus" einen Bedeutungswandel. Im Gegensatz zum Realisten wird als Idealist jetzt ein Mensch bezeichnet, der von einem Vernunftideal erfüllt ist und sich von diesem leiten läßt. „Da der Realist durch die Notwendigkeit der Natur sich bestimmen läßt, der Idealist durch die Notwendigkeit der Vernunft sich bestimmt, so muß zwischen beiden dasselbe Verhältnis stattfinden, welches zwischen den Wirkungen der Natur und den Handlungen der Vernunft angetroffen wird [...]. Wenn sich der Realist, auch in seinem moralischen Handeln einer physischen Notwendigkeit ruhig und gleichförmig unterordnet, so muß der Idealist einen Schwung nehmen, er muß augenblicklich seine Natur exaltieren, und er vermag nichts, als insofern er begeistert ist"[142].

Überall sieht Schiller die Einheit von Gegensätzen, da die Gegensätze an sich nur einen Teil der Wahrheit und Wirklichkeit ausmachen und zu Vereinseitigungen führen, wenn man nur von ihnen ausgeht: „Fürchte dich nicht vor der Verwirrung außer dir, aber vor der Verwirrung in dir; strebe nach Einheit, aber suche sie nicht in der Einförmigkeit; strebe nach Ruhe, aber durch das Gleichgewicht, nicht durch den Stillstand deiner Tätigkeit!"[143]

---

140) ebd.
141) ebd., S. 168
142) ebd., S. 182 und 185
143) ebd., S. 128

Schiller beklagt bereits zu seiner Zeit den Verlust der Natur im Laufe der Menschheitsentwicklung und begründet die Sehnsucht der Menschen nach Natur: „Nicht unsere größere Naturmäßigkeit, ganz im Gegenteil die Naturwidrigkeit unsrer Verhältnisse, Zustände und Sitten treibt uns an, dem erwachenden Triebe nach Wahrheit und Simplizität, der, wie die moralische Anlage, aus welcher er fließet, unbestechlich und unaustilgbar in allen menschlichen Herzen liegt, in der physischen Welt eine Befriedigung zu verschaffen, die in der moralischen nicht zu hoffen ist. Deswegen ist das Gefühl, womit wir an der Natur hangen, dem Gefühle so nahe verwandt, womit wir das entflohene Alter der Kindheit und der kindlichen Unschuld beklagen. Unsre Kindheit ist die einzige unverstümmelte Natur, die wir in der kultivierten Menschheit noch antreffen; daher es kein Wunder ist, wenn uns jede Fußstapfe der Natur außer uns auf unsre Kindheit zurückführt"[144]. Die Sehnsucht nach Natur geht somit zwangsläufig mit dem Verlust an Natur einher und verstärkt sich mit zunehmenden Alter. Dabei sind es nicht nur Erinnerungen an die Kindheit, sondern auch die physischen Bedürfnisse, die das Verlangen nach Natur steigern und den Menschen ständig daran erinnern, wie abhängig er von den natürlichen Grundlagen und Bedingungen seiner Existenz ist.

Die Dichter sind daher überall, meint Schiller in seiner vortrefflichen Schrift „über naive und sentimentalische Dichtung", die Bewahrer der Natur und werden entweder als Zeugen oder als Rächer der Natur auftreten. „Sie werden entweder Natur sein, oder sie werden die verlorene suchen. Jenes macht den naiven, dieses den sentimentalischen Dichter"[145]. In der Vollkommenheit der Natur sieht er das Ideal, und das Ideal wird ihm zur Wirklichkeit. Auf die Verfeinerung und Kultivierung der Natur des Menschen versucht Schiller dort einzuwirken, wo es Vernunft, Humanität und gute Sitten erfordern. Schillers Abneigung gegen alles Rohe, Niedrige und Gemeine richtet sich daher nicht etwa gegen die ursprüngliche Natur, sondern gegen einen Kulturzustand des Menschen, der dem Wesen seiner Gattung nicht entspricht. Wie Herder erweist sich auch Schiller als Erzieher der Menschheit zu einem kulturvollen Umgang mit sich selbst und der Natur.

2.6.3. Naturverständnis von Johann Wolfgang von Goethe

Während Schiller vom Gedanken, der Idee ausging und diese dann zu verkörpern suchte, ging Goethe (1749 – 1832) von der Betrachtung der Natur und der Welt aus, um das Geschaute geistig zu gestalten. Goethe huldigte dem Gedanken

---

144) ebd., S. 129
145) ebd., S. 131 und 134

von der Einheit der Welt und alles Seienden. Den Teilen der Natur stellte er die Natur als Ganzes entgegen. Deshalb betrachtete er Analyse und Synthese, Experiment und Beschreibung als notwendige Ergänzungen. Danach richtete Goethe sein Studium der Naturwissenschaften aus, das er 1780 begann und dem er bis zum Ende seines Lebens treu blieb. Goethe ordnete auch philosophische Haltungen seinem Naturverständnis unter, obwohl er von der Philosophie Spinozas des „Welt-Einen" beeinflußt war. Natur und Gottheit sind bei ihm demzufolge eins, die Natur ist in allen ihren Offenbarungen ein Ganzes, jedes Geschöpf ist ihm nur „eine Schattierung einer großen Harmonie".

In seiner Schrift „Zur Philosophie" schrieb er: „In der lebendigen Natur geschieht nichts, was nicht in Verbindung mit seinem Ganzen stehe", und da „alles in der Natur, besonders aber die allgemeinen Kräfte und Elemente in einer ewigen Wirkung und Gegenwirkung sind, so kann man von einem jeden Phänomene sagen, daß es mit unzähligen andern in Verbindung stehe"[146]. Wie Helmut Metzler prägnant und äußerst gedrängt zum Ausdruck brachte[147], faßt Goethe die Natur als eine in Ewigkeit bestehende, unendliche, sich entwickelnde, durch die Dynamik gegensätzlicher Bewegungen und Polaritätenspannungen charakterisierte, aus sich selbst schöpferische, durch Gesetze bestimmte, dabei den Zufall einschließende objektive Realität auf, die ihre innere Einheit in einer Vielfalt von Erscheinungen äußert, die selbst einen Wechselwirkungs- bzw. Bedingungszusammenhang bilden.[148] Das geht aus den naturwissenschaftlichen Schriften von Goethe hervor, vor allem aus den Schriften „Die Metamorphose der Pflanzen", „Zur Farbenlehre", „Beiträge zur Optik", „Über den Granit", „Maximen und Reflexionen" und „Versuch einer allgemeinen Vergleichungslehre". Der Mensch ist dabei ebenso ein Teil der Natur wie der Stein, die Pflanze und das Tier.[149] Die Natur ist gegenüber dem Menschen primär, der allerdings mit Hilfe seiner natürlichen Abbildungsorgane in der Lage ist, das Original, nämlich die außerhalb des Menschen bestehende objektive Realität, subjektiv abzubilden.[150]

Die Natur wird in erster Linie als Subjekt aufgefaßt. Das spiegelt sich in solchen Formulierungen und Wendungen wider, wie die Natur rückt uns etwas Bestimm-

---

146) Goethe, J.W.v.: Zur Philosophie. Weimar und Berlin 1966, Bd. 12, S. 22

147) Metzler, H.: Wechselbeziehungen zwischen Naturverständnis und Unterschieden in der dialektischen Methode bei Goethe und Hegel. In: Philosophie und Natur, A.a.O. S. 174-178

148) ebd., S. 179-181

149) Goethe, J.W.v.: Vorträge über die ersten drei Kapitel des Entwurfs einer allgemeinen Einleitung in die vergleichende Anatomie, ausgehend von der Osteologie. In: Die Schriften der Naturwissenschaft. Weimar 1947, I, Bd. 9, S. 195 und 203

150) Goethe, J.W.v.: Zur Farbenlehre. A.a.O., I, Bd. 4, S. 18 und Bd. 3, S. 306

tes aus den Augen, sie unterscheidet etwas voneinander, sie übt ihr Recht aus, sie bildet bestimmte Formen, sie ist würdig sich einer Sache zu bedienen, sie verteilt etwas, etwas ehrt die Natur, sie ist respektabel und gilt als große und ewige Mutter[151], deren Reichtümer unermeßlich sind und nicht ausgeschöpft werden können. Für Goethe spricht die Natur „mit sich selbst und zu uns durch tausend Erscheinungen"[152]. Dem Menschen als dem vollkommensten Geschöpf wird die Fähigkeit zugesprochen, der Natur „den höchsten Gedanken, zu dem sie schaffend sich aufschwang, nachzudenken" und „mit dem Komplex von Geisteskräften, den man Genie zu nennen pflegt [...] dem gewissen und unzweideutigen Genie der hervorbringenden Natur entgegenzudringen"[153]. Goethe geht also von der schaffenden Natur aus (natura naturans), wenn er sie im subjektiven Sinne gebraucht.

Nur in den Fällen, wo es um die Bändigung von Naturkräften geht, verschlingt Goethe die Subjekt-Objekt-Beziehungen miteinander. „Was sind die elementaren Erscheinungen der Natur selbst gegen den Menschen, der sie alle erst bändigen und modifizieren muß, um sie einigermaßen assimilieren zu können!"[154] Erkenntnis der Natur und Selbsterkenntnis des Menschen werden als einheitlicher Prozeß aufgefaßt. Die geschaffene, vom Menschen veränderte und kultivierte Natur (natura naturata) entspricht also mehr der Vorstellung von Goethe, um die Natur im objektiven Sinne zu apostrophieren. Die Aktivitäten des Menschen beschränkt er daher nicht nur auf die Widerspiegelung der Natur im Bewußtsein, sondern auch auf das Handeln in der Praxis und den Gebrauch der Natur.[155]

Im „Faust" kommt bei Goethe die Sehnsucht nach kraftvollem Handeln zum Wohle der Mitmenschen zum Tragen. Dabei wird der Drang nach Genuß vom Drang nach Tat verdrängt bzw. in der Tat liegt für Goethe der eigentliche Genuß. So läßt er „Faust" noch am Ende seines Lebens die Trockenlegung eines großen Sumpfes planen und sich die segensreichen Wirkungen ausmalen. Auch in der Natur erscheint ihm nicht alles schon so gut, daß es nicht noch besser sein könnte, besonders im Hinblick auf die natürlichen Lebensbedingungen der Menschen. Der Faustsche Handlungsplan bezieht sich auf die Natursphäre, geht es doch um die Aneignung von Naturkräften durch und für den Menschen, um den menschlichen Existenz und Wirkungsraum auszuweiten sowie produktiv und human zu nutzen. Gerade im „Faust" zeigt sich das eigentliche Menschheitsproblem, das darin

---

151) Goethe, J.W.v.: Die Metamorphose der Pflanzen. A.a.O., I, Bd. 9, S. 46
152) Goethe, J.W.v.: Zur Farbenlehre. A.a.O., S. 3
153) Goethe, J.W.v.: Vorträge über die ersten drei Kapitel ... A.a.O., S. 153 und 200
154) Goethe, J.W.v.: Maximen und Reflexionen. Berlin 1972, Bd. 18, S. 588
155) Goethe, J.W.v.: Der Versuch als Vermittler von Objekt und Subjekt. Weimar 1947, I, Bd. 3, S. 286

besteht, den Widerspruch zwischen Produktivität und Humanität aufzuheben und den Fortschritt der Menschheit auch menschlich zu vollziehen.

Unterwerfung, Aneignung und Beherrschung von Naturkräften stellt Goethe deshalb in diesen Fortschrittsrahmen, wobei nicht nur der Mensch auf die Natur, sondern auch die Natur auf den Menschen wirkt. Diese dynamische Prozeßgestaltung und Wechselwirkung im „Herrschafts bzw. Unterwerfungsprozeß" betont Goethe, wenn er schreibt: „Wenn der zur lebhaften Beobachtung aufgeforderte Mensch mit der Natur einen Kampf zu bestehen anfängt, so fühlt er zuerst einen ungeheuren Trieb, die Gegenstände sich zu unterwerfen. Es dauert aber nicht lange, so dringen sie dergestalt gewaltig auf ihn ein, daß er wohl fühlt wie sehr er Ursache hat auch ihre Macht anzuerkennen und ihre Entwicklung zu verehren. Kaum überzeugt er sich von diesem wechselseitigen Einfluß, so wird er ein doppelt Unendliches gewahr, an den Gegenständen die Mannigfaltigkeit des Sein und Werdens und der sich lebendig durchkreuzenden Verhältnisse, an sich selbst aber die Möglichkeit einer unendlichen Ausbildung, indem er seine Empfänglichkeit sowohl als sein Urteil immer zu neuen Formen des Aufnehmens und Gegenwirkens geschickt macht"[156]. Damit werden Grundpositionen zu der Art der Auseinandersetzung mit der Natur ausgesprochen. Es handelt sich um ein partnerschaftliches Verhältnis zwischen Mensch und Natur, das Goethe vorschwebt, ein Verhältnis des gegenseitigen Gebens und Nehmens, bei dem der Mensch gut beraten ist, sich die „Erfahrungen" der Natur in ihrer Milliarden Jahre währenden Entwicklung zunutze zu machen.

Für Goethe ist der Mensch aus den Tieren hervorgegangen und aufs engste mit ihnen verwandt. Diese Einsicht gewann er bei entsprechenden anatomisch-vergleichenden Studien, bei denen er den Zwischenkieferknochen beim Menschen 1784 endeckte, was damals eine epochale Entdeckung war. „Die Übereinstimmung des Ganzen macht ein jedes Geschöpf zu dem, was es ist, und der Mensch ist Mensch sogut durch die Gestalt und Natur seiner obern Kinnlade, als durch Gestalt und Natur des letzten Gliedes seiner kleinen Zehe"[157]. Dieser Ansatz phylogenetischen Denkens ist für die damalige Zeit eine erstaunliche Leistung, obwohl sie sich im „Weimarer Kreise" herausgebildet hatte und eben auch von Herder und Schelling vertreten wurde. Daß Goethe nicht im Empirismus steckenblieb und sich nicht nur mit Teilerkenntnissen begnügte, sondern immer nach der „Übereinstimmung des Ganzen" und nach Naturprinzipien suchte, geht aus einem Brief an Charlotte von Stein hervor, in dem es heißt: „So viel neues ich finde, find ich doch nichts

---

156) Goethe, J.W.v.: Die Metamorphose der Pflanzen. A.a.O., Bd. 9, S. 5
157) Goethe, J.W.v.: An Knebel. A.a.O. IV, Bd. 6, S. 389-390

unerwartetes, es paßt alles und schliest sich an, weil ich kein System habe und nichts will als die Wahrheit um ihrer selbst willen"[158].

Wenn Goethe die Welt der Lebewesen stammes- und entwicklungsgeschichtlich von den einfachsten bis zu den höchsten Formen verfolgt, so gehen für ihn die Tiere nicht aus den Pflanzen hervor, wie man damals allgemein annahm, sondern er nimmt zwei parallele Entwicklungslinien zwischen Pflanzen und Tieren an: „Wenn man Pflanzen und Tiere in ihrem unvollkommensten Zustande betrachtet, so sind sie kaum zu unterscheiden. Ein Lebenspunkt, starr, beweglich oder halbbeweglich, ist das was unserm Sinne kaum bemerkbar ist. Ob diese ersten Anfänge, nach beiden Seiten determinabel, durch Licht zur Pflanze, durch Finsternis zum Tier hinüber zu führen sind, getrauen wir uns nicht zu entscheiden. Soviel aber können wir sagen, daß die aus einer kaum zu sondernden Verwandtschaft als Pflanzen und Tiere nach und nach hervortretenden Geschöpfe, nach zwei entgegengesetzten Seiten sich vervollkommnen, so daß die Pflanzen sich zuletzt im Baum dauernd und starr, das Tier im Menschen zur höchsten Beweglichkeit und Freiheit sich verherrlicht"[159]. Der Begriff „Lebenspunkt" ist bei Goethe nicht zufällig gewählt, sondern charakterisiert den Beginn der Entwicklung der organischen Materie, im Gegensatz zum Ursprung der unbelebten Materie.

Obwohl Goethe zwischen den verschiedenen Qualitäten der Materie und ihren Entwicklungsstufen genau zu unterscheiden weiß, geht er immer von einem holistischen Standpunkt aus, bei dem Teil und Ganzes nicht zu trennen sind. Alle Lebewesen müsse man bei aller Anerkennung der „Zergliederungskünste" als Einheit betrachten, „da alles dieses nur existieren kann in so fern die Naturen organisiert sind, und sie nur durch den Zustand, den wir das Leben nennen, organisiert und in Tätigkeit erhalten werden können. Mit völliger Befugnis legte man diesem Leben, um des Vortrags willens, eine Kraft unter; man konnte, ja man mußte sie annehmen, weil das Leben in seiner Einheit sich als Kraft äußert die in keinem der Teile besonders enthalten ist"[160].

Die Ganzheitsauffassung spiegelt sich nicht zuletzt in seiner pantheistischen Überzeugung wider, nach der Gott und Natur nicht zwei voneinander geschiedene Wesenseinheiten sind, sondern die Natur in ihrer Gesamtheit und in jeder Einzelheit die Allgegenwart des Göttlichen bezeugt und das Verhältnis zwischen Schöpfer und Schöpfung jede historische, jede ursächliche Beziehung verliert. In Goethes Leben hat niemals das innere Bedürfnis ausgesetzt, der außermenschlichen elemen-

---

158) Goethe, J.W.v.: An Charlotte von Stein. Ebd., Bd. 7, S. 229
159) Goethe, J.W.v.: Die Metamorphosen der Pflanzen. A.a.O., Bd. 9, S. 9-10
160) ebd. Bd. 10, S. 142

taren Natur und dem menschlichen Schöpfertum die Weihe des Göttlichen zu geben. Wenn Goethe Gott und Natur zusammen nennt und als gleichbedeutend empfindet, wandelt er auf den Pfaden von Spinoza, ohne in dessen reinen rationalen Pantheismus zu verfallen. Die Schönheit und zweckmäßige Ordnung der Natur betrachtet Goethe zwar als Beweis für die Allmacht, Güte und Allwissenheit Gottes, aber die Grundlage für das Vertrauen zur Welt, für die Idee der Vollkommenheit, für alle Beziehungen zwischen Dasein und Wert sieht er nicht im Schöpfer, sondern in der Schöpfung. Wie bereits Hugo Bieber bemerkte, bedarf es für Goethe keines Nachdenkens über das Wesen Gottes und auch keiner Zuflucht des Glaubens zum Schöpfer der Welt, weil er den Schöpfer in der Schöpfung verehrt.[161]

Auch stehen Erfahrung und Idee in Goethes Denken und Empfinden nicht in einem schroffen Gegensatz zueinander, wie es bei Kant noch der Fall war. Anschauung und Begriff haben für Goethe nur als Gegenteil und Beziehung des Einzelnen zum Allgemeinen wissenschaftliche Bedeutung. Goethe verspürt auch nicht den Drang, zwischen Idee, Gesetz und reiner Gestaltung der Idee und des Gesetzes zu unterscheiden. Vielmehr will er den Gegenstand der Erfahrung erkennen und eine Verbindung zwischen Anschauung und Denken herstellen und auf diese Weise zu den eigentlichen Gesetzen vordringen, die in den Naturerscheinungen und Naturprozessen schlummern.

2.7. Naturverständnis der Moderne

Die Wissenschaft schritt im 19. Jahrhundert stürmisch voran und schuf günstige Bedingungen für die endgültige Überwindung der metaphysischen Denkweise. Waren bis zu dieser Zeit vor allem die physikalischen Wissenschaften entwickelt, so nahmen nunmehr auch die anderen Wissenschaftszweige einen gewaltigen Aufschwung (Biologie, Chemie, Geologie, u. a.). Bereits Mitte des 18. Jahrhunderts wurden durch die Forschungen auf dem Gebiet der Geologie in einzelnen Erdschichten Fossilien verschiedener Pflanzen- und Tierorganismen entdeckt, die Zeugnis für die geschichtliche Entwicklung der Erde ablegten. Von Lyell wurden diese Erkenntnisse bald zu einer Evolutionstheorie über die Entwicklung der Erde verarbeitet. Vor allem aber wurde die Entwicklung der Wissenschaft charakterisiert durch die drei großen Entdeckungen des vorigen Jahrhunderts, nämlich der organischen Zelle durch Schwann und Schleiden (1839), des Gesetzes von der Erhaltung und Umwandlung der Energie durch Mayer, Joule und Helmholtz

---

161) Bieber, H.: Goethe im XX. Jahrhundert. Berlin: Volksverband der Bücherfreunde Wegweiser-Verlag 1932, S. 240-243

(1842) sowie durch die Theorie von der Entstehung der Arten von Darwin (1859). Weitere naturwissenschaftliche Entdeckungen trugen dazu bei, daß dieser gesamte Prozeß schließlich zu einer Umwälzung in der Naturwissenschaft führte, in der der Entwicklungsgedanke vorherrschte. Damit waren geeignete Voraussetzungen vorhanden, das Naturverständnis in der Folgezeit weiterzuentwickeln.

2.7.1. Naturverständnisses von Karl Marx und Friedrich Engels

Die Fülle des wissenschaftlichen Tatsachenmaterials veranlaßten Karl Marx (1818 – 1883) und Friedrich Engels (1820 – 1895), sich mit den dialektischen Zusammenhängen und Gesetzmäßigkeiten der Natur stärker zu befassen. Im Ergebnis langjähriger Arbeit entstand unter anderem das Werk von Friedrich Engels „Dialektik der Natur", in dem er die wichtigsten Resultate des damaligen Entwicklungsstandes der Naturwissenschaften verallgemeinerte. Hierin stellte er fest, „daß in der Natur dieselben dialektischen Bewegungsgesetze im Gewirr der zahllosen Veränderungen sich durchsetzen, die auch in der Geschichte die scheinbare Zufälligkeit der Ereignisse beherrschen"[162]. Zusammen mit dem Engelsschen Werk „Herrn Eugen Dührings Umwälzung der Wissenschaft" (Anti-Dühring) war es von grundlegender Bedeutung für die Entwicklung der materialistische Dialektik. Die Dialektik wurde darin als die Wissenschaft von den allgemeinen Bewegungs- und Entwicklungsgesetzen der Natur. der Gesellschaft und des Denkens formuliert und erläutert.

Die Gedanken zu den Mensch-Natur-Beziehungen sind in das gewaltige Theoriengebäude von Marx und Engels eingeflossen und erlangten insbesondere in der Reproduktionstheorie eine besondere Bedeutung. Inhaltlich lassen sich diese Erkenntnisse etwa sieben Problemkreisen zuordnen, wie es in dem Buch „Chancen für Umweltpolitik und Umweltforschung" versucht worden ist.[163] Die Kernaussagen der beiden Gedankenriesen des vorigen Jahrhunderts können aber auch in folgenderweise kurz skizziert werden.

2.7.1.1. Konzept der Veränderung von Natur und Gesellschaft

Im Unterschied zu Hegel und Feuerbach betrachteten Marx und Engels den Menschen als Subjekt der Veränderung in der Welt, dessen Wesen sie als „Ensemble gesellschaftlicher Verhältnisse" auf historisch konkreter Entwicklungsstufe begriffen. Erst in der Gesellschaft wird der Mensch befähigt, den Stoffwechsel mit der

---

162) Engels, F.: Anti-Dühring. A.a.O., S. 11
163) Paucke, H.: Chancen für Umweltpolitik und Umweltforschung. A.a.O., S. 45-76

Natur produktiv zu vollziehen, seine Bedürfnisse in der Auseinandersetzung mit der Natur zu befriedigen und dabei die Natur und sich selbst zu verändern. Unter diesem Aspekt sind zahlreiche Hinweise über die Stadt, ihre historische Entwicklung und Funktion, das Verhältnis von Stadt und Land sowie über die Lebensbedingungen der Menschen zu betrachten. Die Mensch-Natur-Beziehungen beinhalten demzufolge nicht nur die Beziehungen des Menschen zur Natur, sondern auch die gesellschaftlichen Verhältnisse, in denen gearbeitet und gelebt wird, und betreffen somit die Stellung des Menschen in der Gesellschaft.

Die dabei gewonnenen Erkenntnisse sind teilweise auch heute noch aktuell. Es handelt sich vor allem um Aussagen über die Qualität der Produktionsverhältnisse, die in jedem Fall auf die Qualität der Naturverhältnisse durchschlagen. Das heißt, wenn die Beziehungen der Menschen untereinander den Stempel der Ausbeutung, des Eigennutzes und der Disharmonie tragen, wird auch die Art des Umgangs zwischen Mensch und Natur nicht anders als ausbeuterisch, egoistisch und unharmonisch sein können. Diese Aussagen enthalten zweifellos einen rationellen Kern und sollten nicht nur zum Nachdenken, sondern auch zur Veränderung der gesellschaftlichen Verhaltensweise der Menschen gegenüber sich selbst und der Natur veranlassen.

Wenn Marx und Engels damals im Proletariat den Hauptträger der revolutionären Veränderungen in Gesellschaft und Natur erblickten, was sich vor der Weltgeschichte offensichtlich als Irrtum erwiesen hat, so hat dieser Irrtum andererseits erheblich dazu beigetragen, wie die Entwicklung in den industriell entwickelten Ländern im wesentlichen zeigt, die Verhältnisse zwischen den Menschen und zwischen Mensch und Natur zu humanisieren. Das Proletariat war damit historisch nicht Hauptträger einer neuen Entwicklung, sondern vielmehr eine wesentliche Komponente im gesellschaftlichen Reproduktionsprozeß, der im fortwährenden Widerstreit und Interessenkampf zwischen Kapital und Arbeit die Entwicklung der Gesellschaft unendlich vorangebracht hat, was sich nicht zuletzt aus den Zuständen des vorigen Jahrhunderts, die August Bebel in seiner Biographie „Aus meinem Leben" anschaulich beschreibt[164], bis heute ablesen läßt. Der Kapitalismus wurde letztlich nicht durch einfache Negation aufgehoben, wie man nach der „Großen Sozialistischen Oktoberrevolution" glaubte annehmen zu können, sondern durch das Prinzip der Einheit und des Kampfes der Widersprüche zu einer neuen Qualität geführt. Wohin eine Gesellschaft treibt, die sich dieses lebendigen Kampfes der Widersprüche selbst beraubt, hat die Entwicklung der sozialistischen Länder gezeigt.

---

164) Bebel, A.: Aus meinem Leben. Stuttgart: Verlag J.H.W. Dietz 1910 und 1914

Natur und Gesellschaft sind schließlich die „beiden Komponenten" wie Engels in einem Brief von 1893 schrieb, „durch die wir leben, weben und sind"[165]. In ihrem Werk „Die deutsche Ideologie" stellen Marx und Engels fest, daß sich Geschichte der Natur und Geschichte der Menschen gegenseitig bedingen, solange Menschen existieren.[166] Für den dialektischen und historischen Materialismus ist im Unterschied zu früheren Naturkonzeptionen das Verhältnis von Natur und Gesellschaft wesentlich praktischer Art; denn der Mensch ist im Sinne von Marx nicht nur ein Naturwesen, sondern auch ein gesellschaftliches Wesen, das von der Natur lebt. Diese bildet den „unorganischen Körper" des Menschen, mit dem dieser in ständiger Verbindung und dauerndem Stoffwechsel bleiben muß, „um nicht zu sterben"[167]. Ohne die „äußere", den Menschen umgebende Natur ist die Existenz des Menschen nicht vorstellbar, weil die Gesellschaft als ein Entwicklungsprodukt der Natur entstand, die Natur die Grundlage für die Entwicklung der Gesellschaft bildet und die Menschen auch in fernster Zukunft an Naturbedingungen gebunden sein werden. Die Naturbedingungen zu beeinträchtigen, zu schädigen oder zu zerstören bedeutet demnach, die Lebensbedingungen der Menschen negativ zu beeinflussen.

Natur und Gesellschaft bilden eine Einheit von Gegensätzen, die zugleich in ständigem Kampf miteinander liegen und eine objektive, gesetzmäßige Tendenz zur Entwicklung vom Niederen zum Höheren haben, wobei das „Höhere" nicht ohne dem „Niederen" existieren kann und lediglich ein Kriterium für das Streben nach Vollkommenheit darstellt. Beide materiellen Bereiche der Realität sind etwas in Raum und Zeit Gewordenes. Daß das physische und geistige Leben des Menschen mit der Natur zusammenhängt, hat also keinen anderen Sinn, als daß die Natur mit sich selbst zusammenhängt, wenn der Zusammenhang auch wesentliche qualitative Unterschiede aufweist. Diese Qualitätsunterschiede zeigen sich vor allem darin, daß im anorganischen und organischen Entwicklungsbereich der Materie alles bewußtlos vor sich geht, während im gesellschaftlichen Entwicklungsbereich der Materie nichts ohne Bewußtsein geschieht. Bewußtsein setzt Erkenntnis voraus und auch ein Handeln, das dem erreichten Erkenntnisstand entspricht. Da aber die Erkenntnisse sich immer nur relativ der absoluten Wahrheit bzw. objektiven Realität annähern, bleibt die Frage, ob menschlich-gesellschaftliche „Bewußtheit" tatsächlich zu besseren Ergebnissen führen kann als natürliche „Bewußtlosigkeit", die sich mit elementarer Gewalt im unendlichen und ewigen

---

165) Engels, F.: Engels an George William Lamplugh. MEW, Bd. 39, Berlin: Dietz Verlag 1978, S. 63
166) Marx, K./Engels, F.: Die deutsche Ideologie. MEW, Bd. 3, Berlin: Dietz Verlag 1969, S. 18
167) Marx, K.: Ökonomisch-philosophische Manuskripte aus dem Jahre 1844. MEW, Ergänzungsband, Erster Teil, Berlin: Dietz Verlag 1973, S. 516

Evolutionsprozeß vollzieht und die Vielgestaltigkeit der Naturerscheinungen und Naturprozesse hervorgebracht hat. Legt man die Erhaltung, Schaffung und Weiterentwicklung der Mannigfaltigkeit von Naturerscheinungen als Maßstab an die schöpferischen Potenzen von Natur und Mensch an, so ergibt sich das Paradoxon, daß die „bewußtlose" Natur kreativer ist und wirkt als der „bewußt" agierende Mensch, der anscheinend mehr destruktive als konstruktive Fähigkeiten besitzt. Vielleicht stellt der Mensch nur eine Laune der Natur dar, die ihn geschaffen hat, um sich das Schauspiel einer Selbstvernichtung zu gönnen. Wie dem auch sei, der Mensch hat keinen Grund, sich gegenüber der „bewußtlosen" Natur abfällig und arrogant zu verhalten.

Der Mensch ist und bleibt immer ein Teil der Natur. Mehr noch. Marx spricht von einem menschlichen Wesen der Natur und einem natürlichen Wesen des Menschen.[168] Die gesamte bisherige Geschichte betrachtete er in diesem Zusammenhang als Vorbereitung darauf, daß der Mensch zum Menschen wird, daß die universelle humane Wesensentfaltung dem Menschen zum Bedürfnis wird und ihn dann auch zum humanen Umgang mit der Natur befähigt. Die ganze Geschichte wird letztlich unter diesem Aspekt subsumiert, sie ist selbst „ein wirklicher Teil der Naturgeschichte, des Werdens der Natur zum Menschen"[169]. Aus der dialektischen Verklammerung von Natur und Gesellschaft resultiert, daß die Geschichte einmal eine Hinwendung des Menschen zur Natur und zum anderen ein Werden der Natur zum Menschen ist.

Daraus ergeben sich wiederum viele praktische Konsequenzen, weil das Ringen mit der Natur in keiner Gesellschaftsordnung ein „Kampf" sein kann, der auf die „Vernichtung" eines „Feindes" hinausläuft. Im Gegenteil, wann und wo der Mensch widrige bzw. mit den Bedürfnissen der Menschen nicht verträgliche Naturverhältnisse verändert, muß das der „kooperativen" Einbeziehung der Natur in den zu erweiternden Stoffwechsel dienen. Da sich die Natur im allgemeinen „stumm" verhält, ergibt sich für den Menschen die Pflicht, als Sachwalter der Naturinteressen aufzutreten und zu handeln. Ist das nicht der Fall, schädigt sich der Mensch selbst. Denn durch räuberisches, feindselig-zerstörerisches Verhalten zur Natur beeinträchtigt er die natürlichen Quellen seines eigenen Lebensprozesses oder beraubt sich ihrer sogar, wie das durch Entwaldung weiter Gebiete unserer Erde geschieht, in deren Folge Erosion, Versteppung, Verkarstung auftreten, die letztlich eine der Ursachen für das weitere Fortschreiten der Wüsten sind.

---

168) ebd., S. 535
169) ebd., S. 544

2.7.1.2. Stoffwechsel-Konzept

Das bestimmende Moment in der Geschichte der Menschen ist nach materialistischer Auffassung, schrieb Engels in seinem Werk „Der Ursprung der Familie, des Privateigentums und des Staats", die „Produktion und Reproduktion des unmittelbaren Lebens"[170]. Beide Grundprozesse vollziehen sich, mit Ausnahme der Erzeugung von Menschen, durch materielle Einwirkung des Menschen auf die Natur im gesellschaftlichen Produktionsprozeß, wobei die Natur stofflich und energetisch angeeignet wird. Diese Aneignung von Stoffen und Kräften der Natur geschieht durch Arbeit. Sie hat den Menschen erst zu dem gemacht, was er ist. Die Arbeit hat immer den natürlichen oder den bereits vom Menschen modifizierten Stoff zur Voraussetzung, den sie aneignet, formt und in Gebrauchswert verwandelt. Marx und Engels stellen deshalb klar, daß nicht nur die Arbeit, sondern auch die Natur Quelle des stofflichen Reichtums der Gesellschaft ist.[171]

Nach Marx ist die „Arbeit [...] zunächst ein Prozeß zwischen Mensch und Natur, ein Prozeß, worin der Mensch seinen Stoffwechsel mit der Natur durch seine eigne Tat vermittelt, regelt und kontrolliert"[172]. Die Arbeit ist danach eine „allgemeine Bedingung des Stoffwechsels zwischen Mensch und Natur, ewige Naturbedingung menschlichen Lebens"[173]. Ohne Arbeit kann es demzufolge weder einen Stoffwechsel mit der Natur noch menschliches Leben überhaupt geben.

Arbeits und Stoffwechselprozeß sind aber nicht identisch, sondern unterscheiden sich insofern, als der Arbeitsprozeß den Stoffwechsel zwischen Gesellschaft und Natur erst in Gang bringt und hält. Durch Verwendung des biologischen Begriffs „Stoffwechsel" charakterisiert Marx die fundamentalste Erscheinung im Verhältnis zwischen Natur und Gesellschaft, weil sie der individuellen und gesellschaftlichen Reproduktion dient[174] und außerdem die Erhaltung und Verbesserung der natürlichen Existenzgrundlagen des Menschen mit einschließt. Ansonsten könnte ein normal funktionierender Stoffwechsel nicht stattfinden. Mit dem Begriff „Stoffwechsel" verweist Marx eindringlich auf die dialektische Einheit von anorganischer und organischer Entwicklungsform der Materie einerseits sowie dieser und der gesellschaftlichen Entwicklungsform der Materie andererseits.

Der Marxsche Hinweis, daß der Mensch durch eigene Tat den Stoffwechsel zwischen sich und der Natur regelt und kontrolliert, deutet zugleich auf die

---

170) Engels, F.: Der Ursprung der Familie, des Privateigentums und des Staats. MEW, Bd. 21, Berlin: Dietz Verlag 1979, S. 27

171) Marx, K.: Kritik des Gothaer Programms. MEW, Bd. 19, Berlin: Dietz Verlag 1974, S. 15

172) Marx, K.: Das Kapital. MEW, Bd. 23, Berlin: Dietz Verlag 1973, S. 192

173) ebd., S. 198

174) Marx, K.: Grundrisse der Kritik der Politischen Ökonomie. Berlin: Dietz Verlag 1974, S. 533

Notwendigkeit hin, den Stoffwechsel mit der Natur bewußt, planmäßig und rationell zu vollziehen, um Schaden von Mensch und Natur abzuwenden.[175] Denn in der Natur geschieht nichts vereinzelt, sondern eins wirkt aufs andere und umgekehrt. Diese Notwendigkeit zur gesellschaftlichen Steuerung, Regelung und Kontrolle der Stoffwechselprozesse stellt die Menschheit insgesamt immer wieder vor die Aufgabe, nicht nur den unmittelbaren, beabsichtigten, gewollten und berechneten Resultaten der Produktionshandlungen Aufmerksamkeit zu schenken, sondern in Verbindung damit auch die möglichen Neben-, Früh- und Spätwirkungen im voraus zu bedenken. Das Studium dieser Wirkungen ist eine äußerst aktuelle Aufgabe, die die Menschheit notwendigerweise erlernen muß, um sich über die Folgen ihrer gewöhnlichsten Produktionstätigkeit Klarheit zu verschaffen, wenn auch nur allmählich, durch lange, oft harte Erfahrungen[176] und auf der Grundlage einer Reihe materieller Existenzbedingungen, die selbst wiederum das Ergebnis „einer langen und qualvollen Entwicklungsgeschichte sind"[177]. Das ist gewissermaßen der Preis für die Möglichkeit, sich die Natur anzueignen und sie menschlichen Zwecken dienstbar zu machen. Zugleich warnt Engels nachdrücklich vor Überheblichkeit, Arroganz, Siegestaumel und Herrschaftsrausch gegenüber der Natur und mahnt dazu, die Gesetze der Natur zu ergründen und richtig anzuwenden.[178]

2.7.1.3. Ökologisierungs-Konzept

In Zusammenhang mit der Erforschung der Ökonomie des konstanten Kapitals gelangte Marx zu Erkenntnissen, die für die Gestaltung geschlossener Stoffkreisläufe von Bedeutung sind. Seine theoretischen Studien wurden auch durch Anschauungen und Erfahrungen ergänzt, die den damaligen Zustand der Themse betrafen. Diese war durch „Exkremente" von Produktion und Konsumtion so verpestet, daß die Belastung der Natur und die damit verbundene Verschwendung von Roh- und Hilfsstoffen geradezu ins Auge sprang und in die Nase stach. Es mögen daher nicht nur ökonomische, sondern auch technische, hygienische und moralisch-ethische Überlegungen und Antriebe gewesen sein, den Abfallproblemen verstärkt Aufmerksamkeit zu schenken und sie theoretisch zu lösen.

---

175) Paucke, H.: Marx, Engels und die Ökologie. Deutsche Zeitschrift für Philosophie, H. 3, Berlin 1985, S. 207-215
176) Engels, F.: Dialektik der Natur. MEW, Bd. 20, A.a.O., S. 454
177) Marx, K.: Das Kapital. MEW, Bd. 23, A.a.O., S. 94
178) Engels, F.: Anti-Dühring. MEW, Bd. 20, A.a.O., S. 264 und Dialektik der Natur. Bd. 20, A.a.O. S. 452-455

Marx blieb aber nicht bei der wissenschaftlichen Aufdeckung dieser Probleme stehen, sondern gab generelle praktische Hinweise zu ihrer grundsätzlichen Lösung, für die er folgende Wege sah:
- „die unmittelbare Vernutzung, bis zum Maximum, aller in die Produktion eingehenden Roh- und Hilfsstoffe", die am besten durch die Gestaltung geschlossener Stoffkreisläufe erfolgt.

Damit in Zusammenhang steht
- „die Reduktion der Produktionsexkremente auf ihr Minimum", das heißt die Minimierung der Abfallmenge durch Schaffung und Anwendung abfallarmer Technologien. Diese beide Aspekte sind zu verbinden mit dem zweiten Weg,
- der „Wiederbenutzung [...] der Exkremente der Produktion und Konsumtion", das heißt der möglichst vollständigen Verwendung des Abfalls als Sekundärrohstoff.[179]

Was die wissenschaftliche Durchdringung der Produktionsprozesse anbelangt, so fügte Marx noch hinzu: „Jeder Fortschritt der Chemie vermannigfacht nicht nur die Zahl der nützlichen Stoffe und die Nutzanwendung der schon bekannten [...] Er lehrt zugleich die Exkremente des Produktions- und Konsumtionsprozesses in den Kreislauf des Reproduktionsprozesses zurückzuschleudern"[180].

Zweifellos sind die von Marx untersuchten Probleme der Abfallwirtschaft und der Schaffung geschlossener Stoffkreisläufe zugleich Teilfragen des Gesamtkomplexes der Ökologisierung von Produktion und Gesellschaft. Ökologisierung bedeutet letztlich nichts anderes als die Berücksichtigung ökologischer Gesetzmäßigkeiten im ökonomischen Handeln der Menschen. Sie stellt praktisch die industrielle Anpassung an die Natur und das Zurückfinden des Menschen zu seiner Natürlichkeit auf hoher materiell-technischer Basis dar. Um die industriell-technische Vervollkommnung in historisch längerwährenden Zeiträumen zu erreichen, orientierte Marx auf die Erforschung der Funktionsprinzipien der Natur und lenkte das Interesse hier insbesondere auf die Geschichte der natürlichen Technologie. Denn die „Technologie enthüllt" immer mehr „das aktive Verhalten des Menschen zur Natur, den unmittelbaren Produktionsprozeß seines Lebens, damit auch seiner gesellschaftlichen Lebensverhältnisse und der ihnen entquellenden geistigen Vorstellungen"[181].

Am Entwicklungsstand dieses technologischen Verhaltens zur Natur läßt sich nach Marx zugleich die Wegstrecke ablesen, die die Menschheit noch zurückzule-

---

179) Marx, K.: Das Kapital. MEW, Bd. 25, Berlin: Dietz Verlag 1973, S. 110 und 112
180) ebd., Bd. 23, S. 632
181) ebd., S. 393

gen hat, um „die vollendete Wesenseinheit des Menschen mit der Natur, die wahre Resurrektion der Natur, der durchgeführte Naturalismus des Menschen und der durchgeführte Humanismus der Natur"[182] zu erreichen. Das erschien Marx und Engels als ein unabdingbares Erfordernis, um die Natur schließlich „als boni patres familias den nachfolgenden Generationen verbessert zu hinterlassen"[183] und den Stoffwechsel mit der Natur „mit dem geringsten Kraftaufwand" und unter den der „menschlichen Natur würdigsten und adäquatesten Bedingungen" vollziehen zu können.[184]

2.7.1.4. Theoretische Quellen

Wie alle großen Geister vor ihnen, bemühten sich Marx und Engels darum, das vorhandene Wissen zu sichten, aufzuarbeiten, zu ordnen und zu werten. Dabei wurde ihnen bald klar, daß Natur und Gesellschaft eine Geschichte in Raum und Zeit haben, nicht ewig so bleiben, wie sie sind, und sich in ewiger Veränderung befinden, wobei sich die Veränderungen nach den dialektischen Gesetzen und Gesetzmäßigkeiten vollziehen. Dabei handelt es sich um

- das Gesetz von der Einheit und dem „Kampf" der Gegensätze, dem zufolge die Triebkraft jeder Bewegung und Entwicklung die den Dingen innewohnenden Widersprüche sind, die Bewegung also als Selbstbewegung gefaßt wird;
- das Gesetz vom Umschlagen quantitativer in qualitative Veränderungen und umgekehrt, das die Entwicklung nicht als einfache quantitative Veränderung faßt, sondern die Einheit von Quantität und Qualität, Kontinuität und Diskontinuität betont;
- das Gesetz der Negation der Negation, nach dem die Entwicklung eine Weiter- und Höherentwicklung ist, keine einfache Vernichtung des Vorhandenen, sondern ein Prozeß dialektischer Negationen, in denen frühere Stadien zwar überwunden werden, ihre entwicklungsfähigen Seiten aber erhalten bleiben.

Marx und Engels waren aber weder die Erfinder des Materialismus noch der Dialektik; sie verbanden allerdings beides zu einer innigen historischen Einheit. Die ersten Versuche einer materialistischen Auffassung der Welt gingen bekanntlich auf die Griechen Thales, Anaximander und Anaximenes zurück, die auch zur Erkenntnis der Einheitlichkeit, Unendlichkeit, Ewigkeit und Wandelbarkeit der Materie gelangten. Heraklit erkannte in dem Wandel und der Bewegung allgemeine Gesetzmäßigkeiten, die durch Kampf der Gegensätze getragen werden und sich

---

182) Marx, K.: Ökonomisch-philosophische Manuskripte aus dem Jahre 1844. A.a.O., S. 538
183) Marx, K.: Das Kapital. MEW, Bd. 25, A.a.O., S. 784
184) ebd., S. 828

in Harmonie auflösen. Aus dem widerspruchsvollen Entwicklungsprozeß, in dem sich die Gegensätze negieren und die Entwicklung vorantreiben, entsteht danach auch die Mannigfaltigkeit der Welt und der Natur. Daraus ergab sich, daß die Materie verschiedene Qualitäten aufweist, deren Verschiedenartigkeit durch Kombination noch vergrößert wird. Demokrit sah schließlich die Ursache der Bewegung in der Bewegung der Atome selbst und begründete damit die Auffassung der Einheit von Materie und Bewegung. Bruno, Galilei, Descartes und Spinoza übernahmen später diese Erkenntnisse von der Selbstbewegung der Materie und ihrer Bewegung in Gegensätzen und entwickelten sie weiter. Schelling erkannte im Widerspruch die Triebkraft der Bewegung. Hegel arbeitete die dialektischen Gesetzmäßigkeiten heraus, die Engels wiederum schärfer faßte und ihre Gültigkeit auf Natur und Gesellschaft verstanden wissen wollte.

Nach der ionischen Naturphilosophie war die Realität immer Gegenstand der Erkenntnis. Diese Auffassung ging historisch zeitweise zwar verloren, trat historisch aber immer wieder in Erscheinung. Fichte unterscheidet die anorganischen, organischen und gesellschaftlichen Existenzformen der Materie, wobei ihm Bacon durch seine Einteilung der Geschichte in Natur- und gesellschaftliche Entwicklungsbereiche wertvolle Anregungen gab. Seit Zenon ist der Mensch Teil und seit Holbach Produkt der Natur, und Rousseau wünschte sich bereits einen natürlichen Menschen und eine menschliche Natur, wobei er der Erziehung der Menschen eine bedeutende Rolle beimaß. Spinoza und Rousseau betrachteten die Welt der Natur als das Reich der Notwendigkeit und die Welt der Vernunft als das Reich der Freiheit, wobei sie davon ausgingen, daß in beiden Bereichen unterschiedliche Gesetze und Gesetzmäßigkeiten herrschen. Hegel sprach von den blindwirkenden Gesetzen in der Natur, eine Formulierung, die man bei Engels wiederfindet. Nicht zuletzt spielte die Idee der Naturkreisläufe schon bei Pythagoras, Heraklit, Aristoteles und Schelling eine bedeutende Rolle, um bestimmte Naturerscheinungen erklären zu können.

Das alles sind wesentliche Gedanken, auf die Marx und Engels in ihrem Schaffen zurückgreifen konnten, sie bildeten wichtige Bausteine für ihre dialektische und materialistische Naturauffassung, die sie seit 1844 in Zusammenhang mit der Ausarbeitung der Reproduktionstheorie kontinuierlich entwickelten. Mit den Ansichten und Schriften von Marx und Engels ist Haeckel während seines Lebens jedoch nicht in Berührung gekommen, obwohl er eine recht universelle Bildung besaß, die er sich durch intensive Studien und ausgedehnte Weltreisen angeeignet hatte.

2.7.2. Naturverständnis von Ernst Haeckel

Darwins epochemachendes Werk „Entstehung der Arten durch natürliche Zuchtwahl" (1859) verhalf dem Entwicklungsgedanken in der Biologie endgültig zum Durchbruch, wozu insbesondere Lamarck (1809), Geoffroy St. Hilaire (1830) und Goethe wirkungsvolle Vorarbeiten geleistet hatten. Dieses Werk vereinte den wesentlichen Inhalt der Deszendenztheorie (Abstammungslehre) mit der Evolutionstheorie, welche die Evolution materialistisch und dialektisch aus dem Wechselspiel von individuellen Variationen der Organismen und natürlicher Auslese im Kampf ums Dasein erklärt. Sie entzog der idealistischen Dreiheit von Vitalismus, Teleologie und Schöpfungsglauben das Objekt ihrer Spekulation und wurde zu einer entscheidenden naturwissenschaftlichen Grundlage des dialektischen Materialismus und zur naturgeschichtlichen Voraussetzung des historischen Materialismus. Darwin selbst hielt die natürliche Auslese zwar für wichtig, aber für zweitrangig „gegenüber der Frage: Erschaffung oder Entstehung durch Abänderung, Schöpfung oder Entwicklung", wie er in einen Brief an den Botaniker Asa Gray vom 11.5.1863 zu erkennen gibt.[185]

Ernst Haeckel (1834 – 1919) fand in Darwins Naturauffassung und in seiner überzeugenden Begründung der Entwicklungslehre die Lösung des Problems, vor dem sein hochverehrter Lehrer Johannes Müller kapituliert hatte. Kein Wunder, daß seit 1860 der Entwicklungsgedanke im Mittelpunkt des Denkens und Forschens von Haeckel stand, den er für den größten Fortschritt der menschlichen Naturerkenntnis des 19. Jahrhunderts hielt. Auch Haeckel sah in der Variabilität und Vererbung die Grundlagen und Voraussetzungen für die Wirksamkeit der natürlichen Zuchtwahl, betrachtete es aber als einen Mangel der Darwinschen Theorie, daß sie für die Entstehung des Urorganismus keinen Anhaltspunkt gab.

Wie sehr Haeckel die Ideen von Darwin verinnerlichte, wird in seinem Werk „Generelle Morphologie der Organismen" (1866) deutlich, in dem er versuchte, die Entwicklungslehre auf das gesamte Gebiet der Morphologie (Formenlehre) anzuwenden und die gesetzmäßigen Ursachen der Formenmannigfaltigkeit zu erklären. Hier wird auch erstmals der Versuch unternommen, den Monismus, das heißt die durchgängige Einheit der gesamten anorganischen und organischen Natur zu begründen. Um dem Mangel einer plausiblen Erklärung über die Herkunft des Lebens in Darwins Lehre abzuhelfen, stellt Haeckel eine moderne Urzeugungstheorie auf, die sich auf die elementare Gleichartigkeit der organischen

---

185) Schmidt, H.: Ernst Haeckel. Berlin: Deutsche Buch-Gemeinschaft 1928, S. 215

und anorganischen Materie stützt und eine spontane Entstehung der Organismen aus anorganischer Substanz annimmt.

In diesem Werk taucht auch zum ersten Mal der Begriff Ökologie auf, die als die „Wissenschaft von den Beziehungen der Organismen zur umgebenden Außenwelt" definiert wird. Nicht zuletzt entwickelt Haeckel hier das biogenetische Grundgesetz, wonach die „Ontogenie" eine abgekürzte Rekapitulation der „Phylogenie" darstellt.[186] Dieses Werk ist ein wissenschaftliches Reservoir, aus dem sämtliche späteren Einzelbeiträge von Haeckel zur Entwicklungsgeschichte und zum Monismus geflossen sind, natürlich angereichert durch neue Erkenntnisse. Hierzu zählen die Natürliche Schöpfungsgeschichte (1868), die Anthropogenie (1874), die Systematische Phylogenie (1894), die Welträtsel (1899) und die Lebenswunder (1904).

Haeckel nahm in seiner „Natürlichen Schöpfungsgeschichte" an, daß jeder große Fortschritt in der wahren Naturerkenntnis unmittelbar oder mittelbar auch eine entsprechende Vervollkommnung des sittlichen Menschenwesens herbeiführen müsse und sah deshalb die Aufgabe der Naturwissenschaft im allgemeinen darin, den Fortschritt des Menschengeschlechts zur Freiheit der Selbstbestimmung unter der Herrschaft der Vernunft zu befördern.[187] Mit diesem Werk wollte Haeckel weiter nichts belegen, als daß alles in der Welt mit natürlichen Dingen zugeht, und daß jede Wirkung ihre Ursache und jede Ursache ihre Wirkung hat. Das Kausalgesetz stellte er also über die Gesamtheit aller dem Menschen erkennbaren Erscheinungen und verwarf damit entschieden jede wie auch immer geartete Vorstellung von übernatürlichen Vorgängen. Die Offenheit und Kompromißlosigkeit, mit der er seine ehrliche Überzeugung vertrat, brachte ihm nicht nur allgemeine Anerkennung und Bewunderung, sondern auch den Ruf ein, Materialist und Atheist zu sein. Aber gerade die „Natürliche Schöpfungsgeschichte" war es, die Darwins und Haeckels Ideen um die Erde trugen.

In seiner „Anthropogenie" (1874) versuchte Haeckel, die individuelle Entwicklungsgeschichte des Menschen aus seiner Stammesgeschichte zu erklären. Kein anderer Zweig der Naturwissenschaft war bis dahin mit einem so verhüllenden Schleier umgeben worden wie die Keimesgeschichte, die Embryologie des Menschen, der als Stellvertreter Gottes auf Erden unmöglich von tierischen Vorfahren abstammen konnte. Zusammenfassend geht Haeckel auf diese Kardinalfrage ein mit den Worten: „Seiner ganzen Organisation nach ist der Mensch erstens ein Glied des Wirbeltierstammes, zweitens ein Glied der Säugetierklasse und drittens

---

186) Haeckel, E.: Generelle Morphologie der Organismen. Berlin: Henschel Verlag 1866
187) Haeckel, E.: Natürliche Schöpfungsgeschichte. Berlin: Henschel Verlag 1868

ein Glied der Primatenordnung"[188]. Viele seiner Anhänger waren der Ansicht, daß man Haeckel im Mittelalter wegen dieses Buches vor die Inquisition gefordert und ihn und sein Werk verbrannt hätte, um so das „Attentat auf die Wahrheit der Offenbarung und die Grundlagen der Religion" zu ahnden.

Schließlich stellte er in seinem wiederum äußerst widersprüchlich kommentierten Buch „Die Welträtsel" (1899) seine Auffassung über den Monismus dar, die bei Haeckel im wesentlichen auf den drei Säulen ruht: Einheit der Welt, immanente Kausalität des Weltgeschehens und Entwicklung der Weltformen. Von besonderem Interesse für das Naturverständnis von Haeckel sind hierin die Darlegungen zur kosmologischen Perspektive, die er in 12 Punkten kurz zusammenfaßte:

„1. Das Weltall (Universum oder Kosmos) ist ewig, unendlich und unbegrenzt. 2. Die Substanz desselben mit ihren beiden Attributen (Materie und Energie) erfüllt den unendlichen Raum und befindet sich in ewiger Bewegung. 3. Diese Bewegung verläuft in der unendlichen Zeit als eine einheitliche Entwickelung, mit periodischem Wechsel von Werden und Vergehen, von Fortbildung und Rückbildung. 4. Die unzähligen Weltkörper, welche im raumerfüllenden Äther verteilt sind, unterliegen sämtlich dem Substanzgesetz. 5. Unsere Sonne ist einer von diesen unzähligen vergänglichen Weltkörpern, und unsere Erde ist einer von den zahlreichen vergänglichen Planeten, welche diese umkreisen. 6. Unsere Erde hat einen langen Abkühlungsprozeß durchgemacht, ehe auf derselben tropfbar flüssiges Wasser und damit die erste Vorbedingung organischen Lebens entstehen konnte. 7. Der darauf folgende biogenetische Prozeß, die langsame Entwickelung und Umbildung zahlloser organischer Formen, hat viele Millionen Jahre (weit über hundert!) in Anspruch genommen. 8. Unter den verschiedenen Tierstämmen, welche sich im späteren Verlaufe des biogenetischen Prozesses auf unserer Erde entwickelten, hat der Stamm der Wirbeltiere im Wettlaufe der Entwickelung neuerdings alle anderen weit überflügelt. 9. Als der bedeutendste Zweig des Wirbeltierstammes hat sich erst spät (während der Triasperiode) aus Amphibien die Klasse der Säugetiere entwickelt. 10. Der vollkommenste und höchst entwickelte Zweig dieser Klasse ist die Ordnung der Herrentiere oder Primaten, die erst im Beginne der Tertiärzeit durch Umbildung aus niedersten Zottentieren entstanden ist. 11. Das jüngste und vollkommenste Ästchen des Primatenzweiges ist der Mensch, der erst in späterer Tertiärzeit aus einer Reihe von Menschenaffen hervorging. 12. Demnach ist die sogenannte „Weltgeschichte" eine verschwindend kurze Episode in dem langen Verlaufe der organischen Erdgeschichte, ebenso wie diese selbst ein kleines Stück von der Geschichte unseres Planetensystems; und wie

---

188) Haeckel, E.: Anthropogenie. Leipzig: Alfred Kröner Verlag 1874

unsere Mutter Erde ein vergängliches Sonnenstäubchen im unendlichen Weltall, so ist der einzelne Mensch eine vorübergehende Erscheinung in der vergänglichen organischen Natur"[189].
In einer Festrede zum 80. Geburtstag von Ernst Haeckel am 19. Februar 1914 konnte Wilhelm Ostwald in Hamburg unter anderem feststellen, daß die „Welträtsel" zu einem wirklichen Markstein in der Geistesgeschichte nicht nur Deutschlands, sondern auch der Kulturwelt geworden sind und daß der unvergängliche Teil dieses Werkes sehr viel größer und erheblicher darin ist als der vergängliche.

2.7.3. Naturverständnis von Wilhelm Ostwald

Wie Haeckel hatte auch der Physiochemiker Wilhelm Ostwald (1853 – 1932) eine streng monistische Naturauffassung. Ihn beschäftigten besonders Fragen des Lebens. Er meint, daß Unbelebtes nur durch seine Vergangenheit bestimmt sei, Lebendes dagegen auch durch seine Zukunft. Im Sinne der Laplaceschen Weltformel verknoten sich unzählige Kausalketten, deren Ausläufer bis in die fernste Vergangenheit zurückreichen, in jedem Ding oder Vorgang. Damit ergibt sich die Gegenwart aus der Vergangenheit und die Zukunft aus der Gegenwart, während die Gegenwart nicht auf die Vergangenheit und die Zukunft nicht auf die Gegenwart zurückwirken können. An dem Gewesenen können wir nicht das Geringste ändern: ewig still steht die Vergangenheit. Interessant seien aber die Anteile der Vergangenheit, die noch in die Gegenwart und Zukunft hineinragen und diese beeinflussen.[190]
In Anlehnung an Darwin kann sich seiner Meinung nach ein Lebewesen umso sicherer erhalten, je dauerhafter es organisiert ist. Dauerhaftigkeit ergibt sich wiederum aus der Zweckmäßigkeit von Organisation und Verhalten der Lebewesen und ihrer richtigen Einstellung auf zukünftige Bedingungen, wozu sie durch Daseinskampf, Zuchtwahl und Anpassung gelangen. Im Unterschied zu der unbelebten Materie hätte die belebte Materie damit die Möglichkeit, sich an der Zukunft zu orientieren. Schließlich könne der Mensch die Zukunft vorwegnehmen und gestalten, weil sie sich berechnen ließe, wenn alle Faktoren bekannt sind, die sie beeinflussen.[191] Diese Annahme von Ostwald ist zwar theoretisch von Wert, kann aber praktisch nur da und dort verwirklicht werden, wo sich auch tatsächlich alle Bedingungen erkennen und erfassen lassen, um die Vorhersage von Zukünfti-

---

189) Haeckel, E.: Die Welträtsel. Leipzig: Alfred Kröner Verlag 1908, S. 9
190) Ostwald, W.: Gedanken zur Biosphäre. Leipzig: Akademische Verlagsgesellschaft Geest & Portig 1978, S. 35
191) ebd., S. 45

gen treffen zu können. Bemerkenswert sind die Beschreibungen aller Lebensvorgänge als Fließgleichgewichte im Gegensatz zu den Gleichgewichten in abgeschlossenen Systemen. Obwohl Ostwald diese eindeutigen Formulierungen bereits um die Jahrhundertwende gebrauchte, schreibt die Nachwelt dem Zoologen Ludwig von Bertalanffy die Prägung des Begriffs Fließgleichgewicht seit 1940 zu und übersieht damit die Priorität von Ostwald.

Dieses fließende Gleichgewicht sei es auch, die den Lebewesen die Fähigkeit zur Selbsterhaltung, das heißt zur Reproduktion und Assimilation, gibt. Das schließt seiner Ansicht nach die Notwendigkeit ein, über die erforderlichen Energiequellen zu verfügen oder, wenn das nicht der Fall ist, an sie heranzukommen und zu nutzen. Denn von der Größe der Energiezufuhr werden verschiedene Lebensäußerungen beeinflußt, wie Wachstum, Entwicklung, Stagnation und Verfall. Bei jüngeren Lebewesen überwiegt die Zufuhr über den Verbrauch an Energie. Wäre ein Lebewesen nicht mehr in der Lage, den Energieverbrauch zu ersetzen, so müßte es bald zugrunde gehen. Aber auch der einfache Ersatz der verbrauchten Energiemenge kommt bei biologischen Systemen nur selten vor, weil das Mechanismen und Regelungen von größter Sensibilität und Kompliziertheit erfordern würde. Vielmehr sei es eine ganz allgemeine Eigenschaft der Lebewesen, den Energieverlust zu überkompensieren. In der Fähigkeit der Lebewesen zur Reproduktion und damit Assimilation, Ernährung und Fortpflanzung liegt auch der prinzipielle Unterschied zur Maschine, weshalb Ostwald die Analogie zwischen Organismus und Maschine, wie sie immer wieder angestellt wurde und wird, nicht für gerechtfertigt hielt.[192]

Mit seinen Forschungen und eigenwilligen Interpretationen ihrer Ergebnisse hat Ostwald wesentlich zum Verständnis des Lebens und dem physikalischen, chemischen und biologischen Ablauf der Lebensprozesse beigetragen. Auf ganz natürliche Weise werden Probleme erklärt, die noch gegen Ende des vorigen Jahrhunderts in den Welträtsel-Debatten eine Rolle spielten. Sie wurden durch den Physiologen Emil du Bois-Reymond (1818 – 1896) insbesondere mit seinem Werk „Die sieben Welträtsel" (1882) hervorgerufen und bezogen sich allesamt auf die Biosphäre unseres Planeten.

2.7.4. Naturverständnis von Wladimir Iwanowitsch Wernadski

Die Beschäftigung mit Cuvier, Lyell und besonders Buffon gab Wernadski (1863 – 1945) nachweislich viel Stoff zum Nachdenken über die Natur und ihre

---

192) ebd., S. 23

Geschichte. Zweifellos verdankt er auch Buffon, der das Weltall als einheitliches Ganzes betrachtet hatte, viele Anregungen für die Idee der Einheitlichkeit der Materie, die Wernadski in seinen Vorlesungen über Kristallographie 1894 erstmals vertrat und später weiter ausbaute. Sah er doch zwischen der belebten und unbelebten Materie bestimmte Wirkungszusammenhänge und Abhängigkeiten. Durch die Arbeiten zur Inventur der mineralischen und lebenden Ressourcen Rußlands reifte in Wernadski 1916 daher der Gedanke, ähnlich wie die mineralischen Bodenschätze auch die tierischen und pflanzlichen Ressourcen in einem vergleichbaren Maße darzustellen und ihre Vorräte zu berechnen. Das erschien ihm wichtig, weil er der organischen Materie eine große Bedeutung bei der Entwicklung der Erde einräumte und ihre Wirkung auf die anorganische Materie genauer erfassen wollte. Speziell ging es vor allem um die Frage, welchen Einfluß die Biosphäre auf das geochemische Verhalten der Elemente, ihrer Verteilung in der Erdrinde und ihrer Migration hat. Damit wurde er zum Gründer der Biogeochemie. Für den Lebens- und Wirkungsraum der „lebenden Materie" übernahm er vom österreichichen Geologen Eduard Suess die Bezeichnung Biosphäre.

Die Erweiterung und Vertiefung der Biogeochemie führten Wernadski zwangslos zur Beschäftigung mit der Bildung und Entwicklung der Biosphäre, wobei er im Stoffkreislauf der anorganischen und organischen Materie, durch die Transformation der Sonnenenergie ermöglicht, den zentralen Prozeß zu erkennen glaubte, der auch zu einem Gleichgewicht in der Biosphäre führt. Die geologische und industrielle Tätigkeit des Menschen warf allerdings zugleich die Frage auf, welchen Einfluß der Mensch auf die Weiterentwicklung der Biosphäre nimmt, der aus seiner Sicht bereits zu einem geologischen Faktor geworden war.

Allein aus der Erhöhung des Kohlendioxidgehaltes der Atmosphäre zog Wernadski den Schluß: „Der zivilisierte Mensch stört auf diese Weise das auf der Erde bestehende Gleichgewicht. Wir müssen hierin eine neue geologische Kraft erblicken, deren Bedeutung für die Geochemie aller Elemente auf der Erde im Wachsen begriffen ist"[193]. An anderer Stelle heißt es: „Das Gleichgewicht, das sich in der Migration der Elemente im Laufe geologischer Zeiten eingestellt hatte, ist durch den Geist und die Tätigkeit der Menschen gestört worden. Wir befinden uns zur Zeit in einer Periode umwälzender Änderungen der thermodynamischen Gleichgewichtsbedingungen innerhalb der Biosphäre [...]. In früheren Zeiten beeinflußten die Organismen nur die Geschichte derjenigen Elemente, die zu ihrem Wachsen, ihrer Ernährung, Atmung sowie Vermehrung erforderlich waren. Der Mensch hat diese Grenzen erweitert, indem er in seinen Kreis auch noch solche

---

193) Wernadskij, W.I.: Geochemie in ausgewählten Kapiteln. Leipzig: Akademische Verlagsgesellschaft Geest & Portig 1930, S. 209

Elemente mit einbezog, die für die Technik und zur Aufrechterhaltung und Entwicklung zivilisierter Lebensbedingungen nötig sind. Der Mensch wirkt hier nicht als Homo sapiens, sondern vielmehr als Homo faber"[194].

Infolge des menschlichen Einflusses würde die Biosphäre in die Noosphäre übergehen, die den letzten von vielen Evolutionszuständen der Biosphäre darstellt. Wie Rolf Diemann hervorhebt, war es Wernadski klar, daß der Mensch die Erde zwar bewußt, hauptsächlich aber unbewußt verändert, was in den Diskussionen um die Noosphäre anscheinend nicht immer genügend berücksichtigt wurde.[195] Den Terminus „Noosphäre" hatte der französische Naturwissenschaftler, Mathematiker und Philosoph Le Roy gemeinsam mit seinem Freund, dem Geologen und Paläontologen Teilhard de Chardin im Jahre 1927 vorgeschlagen, um das Stadium zu kennzeichnen, das die Biosphäre gegenwärtig durchläuft.[196] Für die Begriffsprägung spielte die Tätigkeit der Menschen bei der Umgestaltung der Natur jedoch keine explizite Rolle. Wernadski übernahm deshalb zwar diesen Begriff, bezog aber den Menschen ausdrücklich in die Begriffsbildung ein, weil der Mensch als geologischer Faktor sowohl positiv als auch negativ auf die Natur einwirkt. In der Noosphäre sah Wernadski eine Sphäre der „Vernunft", in der also der Mensch die weitere Entwicklung der Biosphäre mit Hilfe der Wissenschaft und unter Berücksichtigung der Naturgesetze vernünftig steuert und regelt. Diese Vorstellungen entwickelte er im programmatischen Artikel „Einige Worte über die Noosphäre" (1944), der als XXI. Kapitel in sein Hauptwerk „Der chemische Aufbau der Biosphäre der Erde und ihrer Umwelt" Eingang fand.[197] Wie sehr Wernadski seine Lehre mit dem eigenen Leben verband und so die eigene Natur mit der umgebenden Natur verknüpfte, geht aus einer der letzten Tagebuchaufzeichnungen Ende August 1943 hervor, in der es heißt: „Ich bereite mich auf den Weggang aus dem Leben vor. Ohne Furcht. Zerfall in Atome und Moleküle"[198].

---

194) ebd., S. 231
195) Diemann, R.: Die Konzeption Vernadskijs von der Biosphäre und der Noosphäre und das Verhältnis von Biosphäre/Noosphäre zum Naturbegriff von Marx und Engels. Zeitschrift für geologische Wissenschaften, H. 4, Berlin 1977, S. 424
196) Krüger, P.: Wladimir Iwanowitsch Wernadskij. Leipzig: Teubner Verlagsgesellschaft 1981, S. 95
197) Wernadskij, W.I.: Einige Worte über die Noosphäre. Biologie in der Schule, H. 6, Berlin 1972, S. 222
198) Krüger, P.: Wladimir Iwanowitsch Wernadskij. A.a.O., S. 102

2.7.5. Naturverständnis von Albert Schweitzer

Die Ethik von Albert Schweitzer (1875 – 1965) der Ehrfurcht vor dem Leben gründet sich auf einen aktiven Humanismus und unterscheidet sich dadurch von der himmlischen Botschaft des heiligen Franz von Assisi (1182 – 1226). Dieser verkündete die Verbrüderung der Menschen mit der Kreatur, was für seine Zuhörer eine fromme Dichtung war, ohne daß sie sich zu einem Versuch ihrer Verwirklichung auf Erden aufraffen konnten. Bei Schweitzer tritt diese Botschaft nach eigener Bestimmung „als eine elementare, unabweisbare Verwirklichung heischende Forderung menschlichen Denkens auf"[199]. Er hoffte, daß die Menschen dadurch in ein neues geistiges Verhältnis zum Universum gelangen und andere Menschen werden. Die Menschen sollten sich der fundamentalen Tatsache bewußt werden: „Ich bin Leben, das leben will, inmitten von Leben, das leben will"[200]. Diese Erkenntnis müßte den „denkend gewordenen Mensch" nötigen, „allem Willen zum Leben die gleiche Ehrfurcht vor dem Leben entgegenzubringen wie dem seinen"[201]. Sittlich gut ist danach, Leben zu erhalten und zu fördern, sittlich böse dagegen, Leben zu hemmen und zu vernichten. Dabei ging es Schweitzer nicht nur um die Ehrfurcht vor dem menschlichen Leben, sondern vor allem Leben. Hinsichtlich der Ziele sittlichen Verhaltens der Menschen drängen sich hier zweifellos Vergleiche zum kategorischen Imperativ von Kant unmittelbar auf.

Diese Auffassung entstand nicht zufällig im Jahre 1915, als der erste Weltkrieg zu wüten begann und die Inhumanität und Sinnlosigkeit der Schädigung und Vernichtung von Leben verdeutlichte. Es war für Schweitzer daher klar: „Nur das Denken, in dem die Gesinnung der Ehrfurcht vor dem Leben zur Macht kommt, ist fähig, die Zeit des Friedens in unserer Welt anbrechen zu lassen"[202]. Denn das Leben als solches war ihm heilig, eine vielleicht einmalige Erscheinung im Universum. Um den Frieden und damit das Leben dauerhaft zu sichern, erschien es ihm deshalb notwendig, daß die Ehrfurcht vor dem Leben nicht nur einzelne Menschen, sondern auch alle Völker erfaßt. Die Notwendigkeit dazu ergibt sich seiner Ansicht nach ganz zwangsläufig aus dem Gang der Geschichte, der bisher die Inhumanität der Menschen vergrößerte. Insbesondere mit den Atomwaffen hat die Möglichkeit und Versuchung unermeßlich zugenommen, Leben zu vernichten.

---

199) Schweitzer, A.: Die Entstehung der Lehre der Ehrfurcht vor dem Leben und ihre Bedeutung für unsere Kultur. Berlin: Union Verlag 1969, Bd. 5, S. 187
200) ebd., S. 181 und Schweitzer, A.: Die Ethik der Ehrfurcht vor dem Leben. A.a.O., Bd. 2, S. 377
201) ebd., S. 378 und Bd. 5, S. 181
202) ebd., S. 182

Denn durch „die großartigen Fortschritte der Technik ist die Fähigkeit grausiger Vernichtung von Leben zum Schicksal der heutigen Menschheit geworden"[203].

Ethik ist demnach „ins Grenzenlose erweiterte Verantwortung gegen alles, was lebt"[204]. Der Mensch ist danach das Maß aller Dinge, er trägt bei Strafe seines Unterganges die Verantwortung für alles Leben. Das erfordert, nicht in abstraktes Denken zu verfallen, weil sie dann in „toter Welt und Lebensanschauung gefangen" bleibt.[205]. Die Ehrfurcht vor dem Leben erwächst vielmehr aus dem Miterleben aller Zustände und Aspirationen des Willens zum Leben und begründet erst die Verantwortlichkeit für das Leben, die wiederum den Menschen antreibt, Ehrfurcht vor dem Leben zu haben. Dieser Trieb zu humanem Verhalten ist nicht angeboren, sondern anerzogen, indem man sich also selbst bezwingt und zur inneren Wahrhaftigkeit durchringt, Mensch zu werden und zu sein. Erst dadurch unterscheidet sich der Mensch von allen Wesen, die wir kennen, und auch von den Naturgewalten, die in jedem Augenblick Leben vernichten.[206]

Die Entscheidung über die Notwendigkeit, im Interesse der eigenen Selbsterhaltung anderes Leben zu schädigen und zu vernichten, überläßt Schweitzer der Verantwortlichkeit jedes einzelnen Menschen, „indem er sich dabei von der aufs höchste gesteigerten Verantwortung gegen das andere Leben leiten läßt"[207]. Eine solche Entscheidungsfreiheit setzt aber einen idealen, von der Humanität durchdrungenen und beseelten Menschentyp voraus, den es gegenwärtig und wohl auch zukünftig wohl kaum in dieser Reinheit und Vollkommenheit gibt und geben wird. Das weiß natürlich auch Schweitzer, was aus folgenden Worten hervorgeht: „Die Welt ist das grausige Schauspiel der Selbstentzweiung des Willens zum Leben. Ein Dasein setzt sich auf Kosten des anderen durch, eines zerstört das andere"[208]. Es ist daher für ihn ein schmerzvolles Rätsel, „mit Ehrfurcht vor dem Leben in einer Welt zu leben, in der Schöpferwille zugleich als Zerstörungswille und Zerstörungswille zugleich als Schöpferwille waltet"[209].

Diese Lebensgesetze der Natur tragen allerdings zum dynamischen Gleichgewicht in der Natur bei. Dem Wirken der Naturgesetzmäßigkeiten und den ewigen Prozessen des Werdens und Vergehens in der Natur kann sich auch der Mensch

---

203) ebd., S. 190
204) ebd., S. 190 und Bd. 2, S. 379
205) ebd., S. 377
206) ebd., S. 380-385
207) ebd., S. 388
208) ebd., S. 381
209) ebd.

nicht entziehen. Höchstes Ziel der Menschen sollte es jedoch sein, im zwischenmenschlichen Umgang die fundamentalen Lebensprinzipien der Natur zu veredeln, das heißt, den „Zerstörungswillen" zu unterdrücken und schließlich ganz aus ihren sozialen Beziehungen zu eliminieren. Soziale Gesetze und Gesetzmäßigkeiten wären demnach nichts anderes als durch die Kultur veredelte Naturgesetzmäßigkeiten.

Albert Schweitzer stellt der tätigen Ethik die Aufgabe, vor allem gegen Egoismus und Gedankenlosigkeit zu kämpfen, um sich dem humanistischen Idealbild des Menschen wenigstens anzunähern nach dem Motto: wer strebend sich bemüht, den können wir erlösen. Die neue Gesinnung ist nach Schweitzer möglich und auch notwendig, „wenn wir nicht miteinander materiell und geistig zugrunde gehen wollen"[210]. Dabei setzt Schweitzer auf die Kulturenergien, die von der Ethik der Ehrfurcht vor dem Leben freigesetzt werden können und müssen. Darunter versteht er Fortschritte des Wissens und Könnens, Fortschritte in der Vergesellschaftung der Menschen und in der Geistigkeit.[211] Aus dem Wissen kommt aber auch Macht über die Naturkräfte, die wiederum die menschlichen Aktivitäten außerordentlich steigert und die Lebensumstände der Menschen weitgehend verändert. Diese Fortschritte bringen Vor- und Nachteile mit sich. Einerseits befreit sich der Mensch von den Kräften der Natur und macht sie sich dienstbar, andererseits lockert der Mensch seine Bindungen zur Natur und schafft sich „Lebensbedingungen, deren Unnatürlichkeit mannigfache Gefahren bringt"[212], die Schweitzer in vielfältigen materiellen und geistigen Schädigungen der menschlichen Existenz sieht.

Der Kampf ums Dasein kann schließlich die Kulturfähigkeit des Menschen ganz in Frage stellen, wenn das Ziel der Kultur nicht anerkannt und erreicht wird, jedem Menschen ein möglichst menschenwürdiges Dasein zu ermöglichen, um zu wahrem Menschentum zu gelangen.[213] Dies erfordert eine radikale Umkehr, die auf Einsicht und Vertrauen beruht, Macht über die Umstände zu erlangen und die Verhältnisse der Menschen zu verändern, wenn sie der Menschenwürde nicht entsprechen.[214] Diese Gedanken und Forderungen erinnern nicht nur an die Feuerbach-Thesen von Karl Marx, sondern auch an die Anmahnung eines neuen Denkens von Albert Einstein und eines neuen Humanismus von Aurelio Peccei.

---

210) ebd., S. 411
211) ebd., S. 405-406
212) ebd., S. 406
213) ebd., S. 407-411
214) ebd., S. 410-411

Um die Umgestaltung vollbringen zu können, käme es darauf an, die Gesinnung der Ehrfurcht vor dem Leben in hinreichender Stärke und Stetigkeit zu entwickeln[215], wobei die Umgestaltung der religiösen, sozialen und politischen Gemeinschaft vor allem von innen heraus erfolgen sollte.[216] Nur wenn eine neue Gesinnung im Staat und zwischen den Staaten entsteht und waltet, kann es zu Frieden und Völkerverständigung kommen.[217]

In den Beziehungen zwischen Mensch und Kreatur bleibt aber nach wie vor die Frage, ob und wie selbst der humane Mensch in einer angenommenen humanen Weltgesellschaft beurteilen und entscheiden kann, was im Interesse der Erhaltung und Förderung des Lebens einzelner Menschen und der Menschengattung „notwendig" und „unvermeidlich" ist, um anderes Leben, das den Menschen umgibt, zu schädigen oder zu vernichten. Denn in den wenigsten Fällen wird ein einzelner Mensch in der Lage sein, dazu eine richtige Entscheidung zu treffen. Selbst eine ganze Gesellschaft wird es schwer haben, dafür die wahren Kriterien und Parameter zu finden. Der Mensch ist darauf angewiesen, in die Natur einzugreifen, um sich am Leben zu erhalten. Eingriffe des Menschen in die Natur waren und sind zugleich immer mit Veränderungen der Natur verbunden und werden es auch künftig sein. Schadensbegrenzung durch tieferes Verständnis der Notwendigkeit des „niederen" Lebens für die Existenz des „höheren" Lebens ist den Menschen daher aufgetragen, um sich nicht selbst zu gefährden.

2.7.6. Was ist Natur?

Unter „Natur" könnte man die Gesamtheit aller materiellen Gegenstände, Strukturen und Prozesse in der unendlichen Mannigfaltigkeit ihrer Erscheinungsformen verstehen. Inhaltlich deckt sich dieser Begriff damit mit solchen Begriffen wie „Materie" und „objektive Realität". Die Natur existiert ewig und befindet sich in einem ständigen Entwicklungsprozeß. Im Ergebnis dieser Entwicklung bildete sich auf der Erde die anorganische, organische und gesellschaftliche Bewegungsform der Materie heraus. Diese drei Bewegungsformen weisen einerseits grundlegende qualitative Unterschiede mit den ihnen entsprechenden Gesetzmäßigkeiten auf, andererseits bedingen und durchdringen sie sich aber gegenseitig, wobei den Naturgesetzmäßigkeiten die Priorität zukommt.

---

215) ebd., S. 415
216) ebd., S. 417
217) ebd., S. 419

Mit der Herausbildung der menschlichen Gesellschaft war eine Entwicklungsstufe erreicht, in der nichts mehr bewußtlos, spontan und blind, sondern nur noch mit bewußter Absicht handelnder Menschen vor sich ging. Die Menschheit wirkte von da an auf die übrige Natur ein und machte sie zum Bereich ihrer Tätigkeit, um ihre Bedürfnisse zu befriedigen.

Mit der Gegenüberstellung von Natur und Gesellschaft wird der Begriff „Natur" zwangsläufig eingeengt auf die gesamte materielle Welt mit Ausnahme der menschlichen Gesellschaft. Im engeren Sinne versteht man damit unter „Natur" alle natürlichen Existenzbedingungen der menschlichen Gesellschaft, das natürliche Milieu, in dem und von dem der Mensch lebt und ohne das er nicht existieren könnte. Bereits Aristoteles faßte die Natur als ein „Ensemble natürlicher Agenten bzw. Dinge" auf.[218]

Die objektiv und unabhängig vom menschlichen Bewußtsein vorhandene „äußere", den Menschen umgebende Natur in ihrer Vielfalt, Komplexität und Dynamik richtig zu erkennen, kann – wie die historische Erfahrung lehrt – nur im Verlaufe einer unendlichen Erfahrungs- und Erkenntnisgeschichte geschehen. Da aber der Mensch nicht nur in der Natur, sondern auch in der Gesellschaft lebt, die wiederum die Natur ständig beeinflußt und verändert, kommt es ebenso darauf an, die natürliche und soziale Umwelt in ihrer Einheit, Widersprüchlichkeit, Veränderlichkeit und gegenseitigen Verflechtung auf konkret-historischer Entwicklungsstufe zu erfassen. Insgesamt bedeutet das, genaue Kenntnisse über die allgemeinen und speziellen Bewegungs- und Entwicklungsgesetze der Natur, der Gesellschaft und des Denkens zu erwerben, um sich und die Welt zu erkennen und danach richtig zu handeln. Ganz offensichtlich hat die Menschheit hier noch einen steilen und steinigen Pfad vor sich, der zudem mit dichtem Dornengestrüpp umgeben ist, um auf die ihr von der Evolution zugewiesenen Höhen zu gelangen, nämlich sich in den Evolutionsprozeß einzuordnen und als vergeistigter Teil der Natur für die übrige Natur Verantwortung zu tragen.

---

218) Rapp, F. (Hg.): Naturverständnis und Naturbeherrschung. München: Wilhelm Fink Verlag 1981, S. 37

3. Naturbeherrschung und Naturorientierung

> Unsere ganze Aufmerksamkeit muß darauf gerichtet sein,
> der Natur ihr Verfahren abzulauschen, damit wir sie durch
> zwängende Vorschriften nicht widerspenstig machen,
> aber uns dagegen auch durch ihre Willkür
> nicht vom Zweck entfernen lassen.
> *Johann Wolfgang von Goethe*

3.1. Herrschaft über die Natur?

Mit der Entwicklung von Wissenschaft und Technik kam beim Menschen die Illusion auf, daß er die Natur beherrschen, sich über die Natur erheben, sich von der Natur unabhängig machen und sich über die Naturgesetze hinwegsetzen könne. In der europäischen Geistes- und Kulturgeschichte entstand vor allem mit dem Gedankengut der Aufklärung zumindest teilweise ein oftmals mißverstandenes historisches Naturverständnis, das die „Ausbeutung der Natur" und den „Sieg über die Natur" als die höchste Berufung des Menschen betrachtete.

In den letzten Jahren reißen dagegen die Versuche nicht ab, die These von der „Herrschaft über die Natur" durch Thesen wie „Kooperation mit der Natur", „Dialog mit der Natur", „Solidarität mit der Natur", „Versöhnung mit der Natur" und „Frieden mit der Natur" zu ersetzen, um die Mensch-Natur-Beziehungen zeitgemäßer zu charakterisieren.[1] Diesem Sinneswandel liegt die Erkenntnis und Erfahrung zu Grunde, daß sich die „äußere", den Menschen umgebende Natur nicht wie ein fremdes Volk unterdrücken und beherrschen läßt, ohne sich dabei selbst zu gefährden.

Je mehr die Menschen versuchten, in die Gesamtheit aller materiellen Gegenstände, Strukturen und Prozesse in der unendlichen Mannigfaltigkeit ihrer Erscheinungsformen, also in die Natur, einzudringen, desto mehr wuchs die Einsicht der Relativität ihrer Erkenntnisse und Handlungsmöglichkeiten. Die Natur in ihrer Vielfalt, Komplexität und Dynamik zu erkennen und auch sinnlich zu empfinden, bildet letztlich aber die Voraussetzung für richtiges Handeln in der Praxis. Im Sinne von Günter Altner geht es dabei vor allem darum, das Erkennen fühlend und das Fühlen erkennend zu machen.[2] Damit konzentriert sich die Frage nach der

---

1) Altner, G. Naturvergessenheit. Darmstadt: Wissenschaftliche Buchgesellschaft 1991; Rapp, F.: Naturverständnis und Naturbeherrschung. München: Wilhelm Fink Verlag 1981

2) Altner,G.: Naturvergessenheit. A.a.O., S. 119

Beherrschbarkeit von Naturprozessen auf die Erkenntnis ihrer Gesetze und Gesetzmäßigkeiten sowie ihre sinnliche Erfassung und Bewertung, um sie im gesellschaftlichen Arbeits- und Lebensprozeß adäquat anwenden zu können.

Die Beherrschung von Inhalt, Bedingungen, Mitteln und Resultaten der Lebensprozesse der Menschen ist eine Möglichkeit, Aufgabe und ein historischer Prozeß entsprechend dem jeweils erreichten Erkenntnisstand von objektiv existierenden Gesetzmäßigkeiten in Natur und Gesellschaft. Dabei existieren die Naturgesetze unabhängig vom menschlichen Willen, während die gesellschaftlichen Gesetzmäßigkeiten von den sozialen Beziehungen der Menschen bestimmt werden. Beherrbarkeit und Beherrschung sind im erkenntnistheoretischen Sinne daher Beziehungen zwischen Möglichkeit und Wirklichkeit. Aus der Erkenntnis, daß sich Natur und Gesellschaft in einem unendlichen und vielfältigen Entwicklungs- und Wechselwirkungsprozeß befinden, folgt zwingend, daß die Erkenntnis und Beherrschung von natürlichen und sozialen Prozessen nie perfekt, definitiv und absolut, sondern immer nur relativ sein kann mit der Tendenz, sich zu vervollkommnen. Die materiell-technischen Produktivkräfte, insbesondere Technik und Technologie, ihre Entfaltung und Entwicklungstendenzen veranschaulichen daher den jeweils erreichten und zukünftig möglichen Stand der Mittel, um sich bestimmte Naturpotentiale und Naturprozesse dienstbar zu machen. Und in der historischen Abfolge der Gesellschaftsformationen, von der Urgesellschaft bis zur sozialen, ökologisch orientierten Marktwirtschaft, zeigen sich die qualitativen sozialökonomischen Entwicklungsstufen bei der Beherrschung der sozialen und natürlichen Entwicklungsprozesse. „Beherrschung" dieser Prozesse kann also nur heißen, sie zu erkennen, in ihrem Wesen und Funktionsmechanismus zu begreifen sowie sie richtig anzuwenden und demzufolge in den Dienst des Fortschritts der Menschheit zu stellen. Das setzt ein ständiges, unaufhörliches Lernen von der Natur für die Gesellschaft voraus, um sich ihre Erfahrungen, die sie im Evolutionsgeschehen über mehrere Milliarden von Jahren erworben hat, gewissermaßen im Zeitraffertempo anzueignen.

Die von K. Marx im vorigen Jahrhundert formulierten Erkenntnisse, den Stoffwechsel mit der Natur durch „eigne Tat" zu vollziehen, „rationell" zu regeln, „gemeinschaftlich" zu kontrollieren, mit dem „geringsten Kraftaufwand" durchzuführen sowie unter den der menschlichen Natur „würdigsten und adäquatesten Bedingungen" zu verwirklichen[3], treffen daher auch heute noch zu, weil sie allgemeingültig sind und darauf hinweisen, den Stoffwechsel bewußt, rationell, demokratisch, human und kulturvoll zu gestalten, um Schäden für Gesellschaft

---

3) Marx, K.: Das Kapital. MEW, Bd. 25, Berlin: Dietz Verlag 1973, S. 828

und Natur möglichst von vornherein abzuwenden. Diese Erkenntnisse setzen sich aber nicht von selbst durch, sondern müssen als Möglichkeit begriffen und entsprechend verwirklicht werden. Vom Entwicklungsniveau der „Produktivkräfte", vor allem von Wissenschaft und Technik und vom Organisationsniveau der Produktion hängt es schließlich ab, welche Fortschritte die Beherrschung von Naturprozessen macht und inwieweit die Dialektik von Beherrschbarkeit und Beherrschung, Ansicht und Einsicht, Möglichkeit und Wirklichkeit auch tatsächlich beherrscht wird und zum unendlichen Prozeß des Entstehens und Lösens von Widersprüchen in neuen Dimensionen und auf neuem Niveau beiträgt.

In diesem Entwicklungsprozeß kann sich die Menschheit viele Irrtümer, Irrwege und Schwierigkeiten ersparen, wenn sie sich von den unbestechlichen „Evolutionserkenntnissen und Erfahrungen" der Natur leiten läßt. Wissenschaft und Technik/Technologie könnten so produktiver wirksam werden, und der wissenschaftlich-technische Fortschritt (WTF) würde sich besser als wirklicher „Fortschritt" ausweisen können. Da aber auch in der Natur die natürlichen „Werkzeuge" der Pflanzen und Tiere sowohl produktiv als auch destruktiv verwendet werden können, verwundert es nicht, daß sich auch die gesellschaftlichen „Produktivkräfte" durch den Menschen jederzeit in „Destruktivkräfte" verwandeln lassen, was auf der Ambivalenz der Werkzeuge und des wissenschaftlich-technischen Fortschritts beruht. Die Art des Umgangs mit dem WTF ist aber eine Frage, wie die Menschen mit den gewonnenen Erkenntnissen umgehen und von welchen Verantwortungs-, Kultur- und Humanvorstellungen sie sich dabei leiten lassen. Solange die Menschen tendenziell von ganz egoistischen Interessen in ihren Beziehungen untereinander und zur Natur ausgehen, besteht selbstverständlich immer die Möglichkeit, entweder eigentliche Produktivkräfte für destruktive Zwecke zu verwenden oder die Entwicklung von Wissenschaft und Technik zu deformieren und in eine destruktive Richtung zu drängen, die ihrem humanen Zweck widerspricht.

Die materiell-technischen Produktivkräfte, mit deren Hilfe sich die Naturaneignung gesellschaftlich vollzieht, müssen ihrem Wesen nach immer das produktive Verhältnis des Menschen zur Natur verkörpern. Die Schaffung und Anwendung der Technik/Technologie sowie das Tempo und die Richtung ihrer Entwicklung hängen jedoch von den gesellschaftlichen Zielen und Bedingungen ab, die ihrerseits wiederum vom Entwicklungsstand der materiell-technischen Basis beeinflußt werden. Dieser Einfluß darf jedoch nicht so groß werden, daß er schließlich die gesellschaftliche und individuelle Entwicklung des Menschen bestimmt und ihn zum Objekt der Technik macht, wie das Schönherr befürchtet.[4] Aneignung und

---

4) Schönherr, H.M.: Von der Schwierigkeit, Natur zu verstehen – Entwurf einer negativen Ökologie. Frankfurt a.M. 1989, S. 91

Beherrschung von Naturpotentialen und Naturprozessen bedeuten somit stets die dialektische Beherrschung natürlicher und gesellschaftlicher Prozesse, die sich in ihrer Wirkung gegenseitig voraussetzen, bedingen und begrenzen.[5] Die sich hierin ausdrückenden Widersprüche wirken zugleich als Quelle und Triebkraft der Entwicklung von Wissenschaft, Technik/Technologie und gesellschaftlichen Organisationsformen, um mit deren Hilfe immer besser den gewollten Wirkungen zum Durchbruch zu verhelfen. „Gewollt" kann dabei nur sein, was dem humanen Menschheitsfortschritt dient unter der Voraussetzung, daß dieser dann auch den Menschen zum humanen Umgang mit der Natur befähigt, erzieht und verpflichtet.

Die Relationen von gewollten und ungewollten sowie von vorhergesehenen und unvorhersehbaren Wirkungen sind im Kern Relationen von Erkenntnis und Voraussicht dialektischer Prozesse in Natur und Gesellschaft sowie zwischen ihnen. Dabei sind „gewollte" Wirkungen nicht immer „vorhergesehene" Wirkungen und „unvorhersehbare" Wirkungen müssen nicht immer „ungewollte" Wirkungen sein. Aus diesen Relationen ergeben sich theoretisch vier Varianten, die für die Beschreibbarkeit und Beherrschbarkeit von Naturprozessen praktische Bedeutung haben, nämlich gewollte und vorausgesehene Wirkungen, ungewollte und vorausgesehene Wirkungen, gewollte und unvorhersehbare Wirkungen sowie ungewollte und unvorhersehbare Wirkungen.[6]

Erkenntnisse richtig anzuwenden bedeutet, objektive Kriterien mit gesellschaftlich determinierten Zielstellungen im humanem Interesse zu optimieren. Diese müssen stets das naturwissenschaftlich Mögliche mit dem technisch Machbaren, ökonomisch Vertretbaren, ökologisch Notwendigen und human Erforderlichen verbinden. Nicht immer gibt es dabei nur eine einzige optimale Möglichkeit. Da sich die vielfältigen Prozesse nur unter ganz bestimmten, konkret-historischen Entwicklungsbedingungen vollziehen, für die ganz spezielle Bedürfnisse, Interessen und Ziele charakteristisch sind, haben wiederum nur ganz bestimmte Entwicklungsbedingungen und -varianten innerhalb eines vorhandenen Möglichkeitsfeldes die Chance, realisiert zu werden.[7] Das Möglichkeitsfeld optimaler Varianten und praktischer Handlungen erweitert sich stets mit der Vielfalt der zu berücksichtigenden Aspekte, für deren Realisierung sich bestimmte Wahrscheinlichkeiten

---

5) Teichmann, D.: Beherrschbarkeit und Beherrschung des wissenschaftlich-technischen Fortschritts als weltanschauliches Problem. Deutsche Zeitschrift für Philosophie, H. 8, Berlin 1985, S. 694

6) Paucke, H.: Zur marxistischen These „Herrschaft über die Natur". Zeitschrift für den Erdkundeunterricht, H. 7, Berlin 1986, S. 228-236

7) Hörz, H./Wessel, K.-F.: Philosophische Entwicklungstheorie. Berlin: Deutscher Verlag der Wissenschaften 1983, S. 110-111

angeben lassen.⁸ Das zukünftige Geschehen in Natur und Gesellschaft ist demnach nicht deterministisch festgelegt, sondern offen, ein Werde-, Entfaltungs- und Entwicklungsgeschehen in der Zeit und daher nur schwer zu prognostizieren. Die gesellschaftliche Bestimmung von Vorzugsvarianten sollte sich deshalb davon leiten lassen, die vorhandenen Risiken, die mit gesellschaftlichen Handlungen einhergehen, einzuschränken, weil es erfahrungsgemäß wenig wahrscheinlich ist, sie völlig auszuschließen. Daß solche Optimierungen nur in der Lage sind, günstige Kompromißlösungen zu finden, zeigen beispielsweise technische Entwicklungen. Bei ihnen werden gesellschaftliche Forderungen nach hoher Leistungsfähigkeit, Zuverlässigkeit, geringer Eigenmasse, niedrigem Energieverbrauch, geringem Lärmpegel nicht als Maximum, sondern immer als Optimum aller Werte erreicht. In dieser Hinsicht erweisen sich Optimierungen als gesellschaftlich notwendige Prozesse, die von einem ganzheitlichen Denken und Handeln getragen sind, um die dazugehörenden Detailprozesse so harmonisch wie möglich miteinander zu verbinden.

3.1.1. Gewollte und vorhergesehene Wirkungen

Im Idealfall decken sich gewollte und vorhergesehene Wirkungen. So müssen von einer ökologisch orientierten sozialen Marktwirtschaft entscheidende Impulse ausgehen, die Produktion an den Grundbedürfnissen (nicht Luxusbedürfnissen) der Menschen auszurichten und gleichzeitig den spezifischen Energie- und Materialverbrauch zu senken, die Sekundärrohstoffnutzung zu erhöhen und die Umweltbedingungen zu erhalten, zu fördern und – wo das notwendig ist – zu verbessern. In Zusammenhang damit ist es wenig sinnvoll, die Bedürfnisse der Menschen gegen die Bedürfnisse der Natur auszuspielen⁹, wenn man davon ausgeht, daß die Bedürfnisse der Menschen historisch entstehen und vergehen und die Gesellschaft bei der Ausprägung der individuellen Bedürfnisse eine ausschlaggebende Rolle spielt. Dies zu ignorieren oder zu unterschätzen, bedeutet letztlich, die gesellschaftlichen Triebkräfte der Entwicklung nicht zu verstehen und auf ein wesentliches Steuerungs- und Regelungsinstrument gesellschaftlichen Fortschritts zu verzichten.

Um ökologische Bedürfnisse zu stimulieren, sind entsprechende marktwirtschaftliche Rahmenbedingungen zu schaffen bzw. besser zur Wirkung zu bringen. Dazu gehört auch, Wissenschaft und Technik ökologiegerechter zu orientieren. Fast alle bisherigen Technologien leiden darunter, zu sehr den Stoffumsatz und zu

---

8) Dürr, H.P.: Das Netz des Physikers. Naturwissenschaftliche Erkenntnis in der Verantwortung. München/Wien 1988, S. 36
9) Altner, G.: Naturvergessenheit. A.a.O., S. 16

wenig die Stoffausnutzung zu berücksichtigen. Daraus folgt die Notwendigkeit, den stoffwirtschaftlichen und energetischen Wirkungsgrad technologischer Prozesse zu erhöhen. Das wiederum zwingt dazu, die in der Produktion, Zirkulation und Konsumtion anfallenden Rückstände weitgehend zu verwerten. Mit der Schaffung und Anwendung abfallarmer Technologien und geschlossener Stoffkreisläufe geht es bis jetzt noch darum, allgemeine Entwicklungstendenzen zu verwirklichen, die aber im Besonderen noch recht unvollkommen sein können. Das zeigte sich deutlich in der internationalen Sammlung von Dokumentationen über abfall-, wasser- und energiearme Verfahren, die erstmals vom Umweltkongreß 1979 in Genf veranlaßt worden ist.[10] Die dort enthaltenen Entwicklungen abfallarmer Verfahren tragen dem Prinzip der technologischen Vervollkommnung zwar Rechnung, stellen aber vorwiegend nur Detailverbesserungen konventioneller Verfahren auf den verschiedensten Gebieten der Volkswirtschaft dar. Es zeigt sich, daß genaue Kenntnisse der physikalischen, chemischen, biologischen, technologischen und anderer Gesetzmäßigkeiten notwendig sind, um realistische Forderungen zu stellen und optimale Lösungen zu erreichen. So sind gesellschaftliche Forderungen, die ökonomische Leistungsfähigkeit und Effektivität von Wärmekraftmaschinen ständig zu steigern, eben nur dann etwas Wert, wenn sie die unvermeidlichen Wärmeverluste berücksichtigen, die entsprechend den Gesetzen der Thermodynamik zwangsläufig entstehen. Darüber hinaus gehende Forderungen wären unrealistisch.

3.1.2. Ungewollte und vorhergesehene Wirkungen

Bei den ungewollten und vorhergesehenen Wirkungen handelt es sich um unerwünschte, aber unvermeidliche Nebenwirkungen, die zwar nicht bezweckt, aber bekannt und einkalkuliert sind und letzlich in Kauf genommen werden, um den Hauptzweck gesellschaftlicher Handlungen zu erreichen. Negative Wirkungen stehen den positiven Effekten gegenüber, und es obliegt der Gesellschaft zu entscheiden, inwieweit die ungünstigen Effekte tragbar und verantwortbar sind, welche Größenordnungen sie im äußersten Fall annehmen dürfen und was getan werden muß, um die dadurch entstehenden Nachteile, Schäden und Verluste zu vermindern bzw. zu verhindern. So bilden die Steinkohle und Braunkohle wesentliche energetische Ressourcen für die Entwicklung der Volkswirtschaft in Deutschland und werden es auf Grund der geologischen Ausstattung des Territoriums

---

10) Kompendium abproduktarme/-freie Technologie der UNO-Wirtschaftskommission für Europa. Sonderinformation, Zentrum für Umweltgestaltung, H. 7, Berlin 1989, Teil 8 und Workshop Programm Umweltschutz – Technologie. Leipzig 15.3.1990

vorerst sicherlich auch bleiben. Förderung und Verbrennung von Kohle verursachen bekanntlich aber Schadstoffimmissionen im Umkreis von Industriegebieten und bei Braunkohle noch Grundwasserabsenkungen im Einflußbereich der Fördergebiete, die weitgehend objektiv bedingt, unvermeidlich, berechenbar, aber dennoch insgesamt unerwünscht sind. Es wäre aber illusorisch, deshalb die Energiegewinnung aus Kohle sofort und kompromißlos einzustellen, ohne ein entsprechendes Energieäquivalent aus anderen umweltfreundlichen Energiequellen zu besitzen. Auf Energie zu verzichten, würde mit Sicherheit bedeuten, die Lebensweise der Menschen wieder auf steinzeitliches Niveau herabzudrücken und soziale Konflikte zu provozieren. Das hieße auch, kulturelle und zivilisatorische Fortschritte aufzugeben, die inzwischen lebensnotwendig geworden sind. Schließlich würde ein plötzlicher und unvorbereiteter Energieverzicht zu einem gesellschaftlichen Chaos mit unkalkulierbaren sozialen Folgen führen.

Das bedeutet jedoch nicht, sich mit den negativen Begleiterscheinungen der Produktion als „unvermeidliches Schicksal" abzufinden. Sie stellen vielmehr eine Herausforderung an den menschlichen Erfindergeist dar, sich diesen Problemen zu stellen und sie zu lösen. Für die Verhinderung von Grundwasserabsenkungen im Einflußbereich von Tagebauen und zur Reduzierung von Schadstoff-Emissionen bei der Kohleverbrennung gibt es bereits viele wissenschaftlich-technische Lösungswege, die allerdings hohe Investitionen erfordern. Auf Dauer erweisen sie sich jedoch als ökonomisch vorteilhaft und ökologisch stabilisierend. Der gesellschaftliche Nutzen dieser Investitionen liegt aber nicht nur in der rationellen Nutzung der einheimischen Rohstoffe, sondern auch in der Vermeidung von volkswirtschaftlich verheerenden Umweltschäden und vor allem in der Erhaltung der Gesundheit der Menschen.

Der Hauptzweck gesellschaftlicher Handlungen muß aber in Frage gestellt werden, wenn sich die negativen Wirkungen zu Umweltkatastrophen entwickeln bzw. entwickeln können. In solchen Fällen handelt eine Gesellschaft unverantwortlich, rücksichtslos und ohne Gewissen, wenn sie versucht, die Nachteilswirkungen herunterzuspielen, zu verniedlichen und zu verdrängen, um sich fragwürdige ökonomische Vorteile kurzfristig zu verschaffen. So bringt die weltweit ständig steigende Verschmutzung der Gewässer durch Abwassereinleitung, durch diffusen Eintrag von Nährstoffen und Agrochemikalien, durch Jauche und Gülleberegnung, durch Silosickersaftdeponie und durch andere Wasserschadstoffe von Industrie und Haushalt eine so hohe Grundbelastung der Gewässer mit sich, daß auf großen Strecken bereits ihr natürliches Selbstreinigungsvermögen versagt, zumindest aber vermindert wird, was zwar ungewollt, aber vorhersehbar und nicht zu verantworten ist. Denn fehlendes oder eingeschränktes Pufferungsvermögen aquatischer Ökosysteme kann zu Gefährdungen der Menschen und des volkswirtschaftlichen Reproduktionsprozesses führen, von deren Ausmaß und Intensität bisher jede Vorstellung fehlt. Die Zuspitzung des Widerspruchs zwischen ständig steigendem Wasserbedarf und zunehmender Wasserverschmutzung einerseits und gleichbleibendem Wasserdargebot andererseits erfordert in wachsendem Maße detaillierte Kenntnisse über globale, regionale und lokale Prozesse.

Mit Hilfe internationaler Programme, wie der Internationalen Hydrologischen Dekade (IHD) und dem Internationalen Hydrologischen Programm (IHP) der UNESCO sowie des Weltklimaprogramms der WMO wurde zwar versucht, wissenschaftliche Lösungen für die gegenwärtig anstehenden Wasserprobleme zu finden, jedoch scheitert es in der Regel am politischen Willen der Weltgemeinschaft, die vorgeschlagenen Maßnahmen auch ökonomisch und technisch abzusichern und ernsthaft zu verwirklichen. Denn technisch wäre heute schon vieles möglich, um umweltfreundlich und sozialverträglich zu verfahren, wenn die vorhandenen ökonomischen Mittel auf die Lösung wesentlicher Probleme gelenkt werden würden, von denen letztlich die Weiterentwicklung der Menschheit anhängt.

3.1.3. Gewollte und unvorhergesehene Wirkungen

Die bei den gewollten und unvorhersehbaren Wirkungen auftretenden positiven Effekte sind im allgemeinen nicht zu prognostizieren und begründen auch nicht die in Gang gesetzten gesellschaftlichen Handlungen, kommen aber dennoch gewissermaßen als zufällige Nebenwirkungen zum Vorschein. Der Zufall als nicht erkannte, ungeplante und nicht bewußt beherrschte Erscheinung in Natur und Gesellschaft spielte und spielt insbesondere in Forschung und Entwicklung als Möglichkeit und Wirklichkeit keine unwesentliche Rolle, wie die Geschichte der Erfindungen und Entdeckungen lehrt. So sind viele Ergebnisse der Industrie, Landwirtschaft, Ökologie, Raumfahrt und des Gesundheitswesens multivalent nutzbar, obwohl sie nicht gemeinsam geplant und gezielt anvisiert werden. Mikroelektronik und Biotechnologie verdanken ihre Bedeutung teilweise solchen Zufällen. Diese zu unterschätzen, kann zu wissenschaftlich-technischem Rückstand und zu ökonomischen Verlusten führen, was unter Konkurrenzbedingungen des Weltmarktes und der Weltwirtschaft darauf hinausläuft, sich wesentlicher Entwicklungsbedingungen zu berauben.

Ein Umdenken ist daher gefordert, es wird aber nur in dem Maße eine Realisierungschance haben, wie sich die Weltgemeinschaft entschließt, die weltwirtschaftlichen Prämissen, Rahmenbedingungen und Mechanismen zu ändern und damit zu mehr Gerechtigkeit unter den Handelspartnern überzugehen. Solange das nicht der Fall ist, bestimmt gnadenlose Konkurrenz das Weltmarktgeschehen. Unter diesen Bedingungen ist Konzentration der Forschung auf bestimmten Gebieten daher nur so lange vorteilhaft, wie sie auch die Beobachtungsforschung nicht vernachlässigt, deren Ergebnisse oftmals zukunfts- und gewinnträchtiger sein können, als die eigentlichen Forschungsziele selbst. Bei aller Notwendigkeit, einmal gestellte Ziele energisch und kontinuierlich zu verfolgen, erscheint es erforderlich, auf überraschend auftauchende Entwicklungslinien und Prinziplösungen in Forschung und Entwicklung schnell zu reagieren, um nicht aussichtsreiche Chancen auf dem Weltmarkt zu verpassen. Forschungs- und Produktionsprofil müssen daher genügend Dynamik und Flexibilität besitzen, um den Anforderungen des Weltmarktes zu entsprechen. Die soziale Bereitschaft ist demzufolge zu erlernen, mit unerwartet auftretenden Nutzungsmöglichkeiten technischer Neuerungen generell zu rechnen. Das trägt dazu bei, neue Entwicklungs- und Wirkungsspielräume zu erschließen und auszufüllen.

3.1.4. Ungewollte und unvorhersehbare Wirkungen

Dagegen stellen ungewollte und unvorhersehbare Wirkungen den gravierendsten Widerspruch zwischen Absicht und Ergebnis dar und sind mit unangenehmen Überraschungen verbunden. Derartige Effekte sollten für gesellschaftliche Entwicklungsprozesse allerdings auch nicht typisch sein und nur ausnahmsweise auftreten, wenn auch mit ihnen gerechnet werden muß. Ein Beispiel stellt die seit geraumer Zeit viel diskutierte CO_2-Freisetzung durch anthropogene Prozesse und deren Folgen für die Stabilität des Klimas der Erde dar. Obwohl die allgemeine Zirkulation der Atmosphäre dazu tendiert, in einem gegebenen Zustand zu verharren, können bereits relativ geringe Anstöße einen Übergang in ein anderes Klimaregime bewirken. In dieser Hinsicht interessieren insbesondere solche Fragen, ob unser heutiges Klima durch Erhöhung der atmosphärischen CO_2-Konzentrationen beeinflußt wird, in welchem Umfang sich gegebenenfalls die entscheidenden meteorologischen Parameter ändern, mit welchen Auswirkungen gerechnet werden muß und wie den eventuellen Folgen begegnet werden kann. Da eine Klimatheorie erst in der Entwicklung begriffen ist, wird man allerdings noch längere Zeit auf eine zufriedenstellende Beantwortung dieser Fragen warten müssen. Deshalb ist es nach dem Prinzip der maximalen Vorsicht nötig, entsprechende Maßnahmen bereits dann einzuleiten, wenn noch keine endgültige Klarheit über die Kausalitätsbeziehungen besteht.

Die Bemühungen laufen in der Praxis im allgemeinen darauf hinaus, die gewollten Ziele mit den erreichten Resultaten auf lange Sicht immer mehr in Einklang zu bringen, die unvorhersehbaren und ungewollten Wirkungen möglichst zurückzudrängen und einzuengen und damit den Spiel- und Wirkungsraum derjenigen Kräfte und Prozesse zu erweitern, die der ökologischen und sozialökonomischen Entwicklung dienen. „Herrschaft" über die Natur kann also nur heißen, die Gesetzmäßigkeiten in Natur und Gesellschaft zu erkennen und im gesellschaftlichen Handeln richtig anzuwenden. Dies bedarf eines Erkenntnisfortschritts, der den Menschen befähigt, mit Sachverstand, Umsicht, Vorsicht und Einfühlungsvermögen in Verantwortung mit der natürlichen Umwelt umzugehen, um seine Aktivitäten harmonisch in die Naturprozesse einzupassen. Wenn das nicht geschieht und der Mensch versucht, sich unbekümmert zum „Herrscher" über die Natur aufzuschwingen, wird er sehr bald einsehen müssen, daß ihn die in Gang gesetzten natürlichen Prozesse überwältigen.[11]

Das menschliche Unvermögen, die Gesetze und Gesetzmäßigkeiten in Natur und Gesellschaft richtig und rechtzeitig zu erkennen und dann auch richtig anzuwenden, hat zu dem heutigen Dilemma geführt, das sich in der Umweltproblematik zeigt. Man kann lange darüber streiten, ob der Mensch zu einer solchen Erkenntnis und Handlungsweise überhaupt fähig ist. Da es eine Eigentümlichkeit jeder Erkenntnis ist, Erscheinungen, Prozesse, Zusammenhänge und Wechselwirkungen als Reflexion der Wirklichkeit erst im nachhinein zu erfassen, werden die Erkenntnisse immer den Ereignissen hinterherlaufen und demzufolge zu spät kommen. Es kommt daher vor allem darauf an, Erkenntnisse über die Folgen menschlicher Handlungen in naher und ferner Zukunft zu erlangen, um das menschliche Handeln so ausrichten und gestalten zu können, daß die negativen Wirkungen eingegrenzt oder vermieden werden. Schäden von vornherein zu vermeiden, ist und bleibt ein Ideal, dem die menschliche Erkenntnis zustrebt. Entscheidend ist daher, daß die möglichen Neben-, Früh- und Spätwirkungen nicht ein Risiko für Mensch und Natur darstellen und von Natur und Mensch ohne Nachteile für ihre Entwicklung verkraftet werden können.

3.1.5. Tradition und Verantwortung

Die Folgen der Handlungen des Menschen werden für Mensch und Natur aber immer katastrophaler, weil größtenteils gehandelt wird, ohne die Folgen zu bedenken. Selbst wenn die Folgen bekannt sind, fällt es aus Bequemlichkeit, Trägheit oder aus der Verfolgung vermeintlich vorteilhafter kurzfristiger Interessen schwer, die Handlungen entsprechend zu verändern. So entsteht ein Teufelskreis, in dem sich die nachteiligen Wirkungen für Mensch und Natur immer mehr anhäufen. Daraus erwächst dann auch der Vorwurf, daß die sinnliche Erfahrung aus der

---

11) Peschel, M.: Wissenschaft in der Gesellschaft. wissenschaft und fortschritt, H. 6, Berlin 1989, S. 135

Natur- und Gesellschaftserkenntnis ausgeklammert wird und der Mensch nur anthropozentrisch denkt, weshalb ein Paradigmenwechsel nötig sei, um die Denk- und Handlungsweise ganzheitlich und ökozentrisch auszurichten. Davon versprechen sich manche, um die weitere Entwicklung von Mensch und Natur besorgte Wissenschaftler eine bessere Ausgangsbasis für die Lösung von Umweltproblemen und sehen darin auch einen möglichen Ausweg aus dem ökologischen Desaster.

Bei solchen Überlegungen spielen allem Anschein nach aber weder die Dialektik von Teil und Ganzem die ihr gebührende Rolle noch die historischen Bemühungen der Wissenschaft, durch induktive und deduktive Methoden sowie durch Spezialisierung und Integration der wissenschaftlichen Arbeit zu besseren Einsichten über die Ganzheit und deren Funktionsmechanismen zu gelangen. Die Schwierigkeiten darüber reflektieren sich nicht zuletzt im Streit der Wissenschaft über den Wert von Induktion und Deduktion für die wissenschaftliche Arbeit und damit die Erkenntnisgewinnung, der sich durch die ganze bisherige Wissenschaftsgeschichte zieht und sich auch im historischen Naturverständnis niederschlägt. Im Ergebnis stellt sich immer wieder heraus, daß beide Herangehensweisen für die Erkenntnisgewinnung nicht nur legitim, sondern unerläßlich sind. Andererseits wurde zu lange auf Spezialisierung gesetzt und die Integration vernachlässigt, ohne zu begreifen, wie wichtig die Zusammenführung wissenschaftlicher Erkenntnisse durch interdisziplinäre Zusammenarbeit ist, um die Zusammenhänge zu verstehen und das Ganze wenigstens zu erahnen.

Zum anderen ist der Mensch nun einmal ein Mensch (weder Pflanze noch Tier), der gar nicht anders kann, als anthropozentrisch zu denken. Anthropozentrisch heißt in diesem Sinne, als Mensch zu denken und zu handeln und nicht etwa, sich als Mittelpunkt der Welt zu wähnen. Sein ganz egoistisches Selbsterhaltungsinteresse muß es aber sein, als Teil der Natur sich für die ganze Natur (soweit das überhaupt möglich ist) verantwortlich zu fühlen und danach auch zu handeln. Denn durch den Mensch kommt das Leben erst zum Bewußtsein seiner selbst. Mit dem Menschen beginnt die Verantwortung, bei ihm endet sie. Die Folgen nicht oder falsch wahrgenommener Verantwortung treffen den Menschen in jedem Fall. Er ist also bei Strafe seines Unterganges verpflichtet, Verantwortung für die Natur (einschließlich der menschlichen Natur) zu tragen. „Der gegenwärtige Dualismus zwischen der anthropozentrischen und der biozentrischen Position hat etwas sehr Künstliches und Triviales an sich. Er ist die Konsequenz eines nicht zu Ende gedachten Verantwortungsprinzips, das den Menschen sowohl für sich selbst als auch der Natur gegenüber in Pflicht nimmt"[12], bemerkt Günter Altner. Es ist also

---

12) Altner, G.: Naturvergessenheit. A.a.O., S. 276

nicht nur eine Frage von Moral und Ethik, sondern eine Frage, die mit ganz vitalen Lebensinteressen der Menschen zusammenhängt, und schließlich auch eine Frage der humanen Entwicklung des Menschen, die alle großen Geister der Menschheitsgeschichte beschworen haben, als sie sich Gedanken über die Natur, über sich selbst und über die Stellung des Menschen in der Natur machten.

Das war auch bei Bacon und Descartes der Fall. Es ist unvorstellbar und aus ihren Schriften auch nicht zu belegen, daß sie so naiv gewesen sein sollen, zu glauben, daß der Mensch die Natur wie ein „Weltgeist" beherrschen könnte. Vielmehr verstanden auch sie die „Herrschaft über die Natur" dem Wesen nach als einen wissenschaftlichen Erkenntnisprozeß, der den Mensch in die Lage versetzt, sich der Naturpotentiale und Naturprozesse zu bemächtigen und sie in seinen Dienst zu stellen. Dabei wird es sich mit Sicherheit nicht um alle Naturkräfte handeln können, die es gibt, sondern nur um diejenigen, die dem Menschen zugänglich sind, was Portmann offensichtlich nicht verstehen will.[13] Aus solchen selbstverschuldeten Mißverständnissen entspringen dann auch immer wieder Schuldzuweisungen gegenüber anderen, um sich selbst zu erhöhen. Es ist natürlich sehr leicht und auch bequem, die Schuld für die gegenwärtige Umweltmisere in Denkansätzen großer Denker der Vergangenheit zu suchen.

Aber: erstens lebt und gedeiht die Wissenschaft nur auf der Grundlage schöpferischen Denkens, dem keine Grenzen gesetzt sind. Zweitens vermögen selbst die faszinierendsten Denkansätze an sich nichts zu bewirken, wenn sie nicht Bedürfnisse und Interessen der Zeit zum Ausdruck bringen, denen die Menschheit dann auch bereitwillig folgt. Die Rolle von Persönlichkeiten in der Geschichte muß also immer in Zusammenhang mit dem konkreten Verlauf der Geschichte gesehen werden, der die Persönlichkeiten erst zur Wirkung kommen läßt. Drittens haben einzelne Persönlichkeiten nie die Macht, andere zu ihrer Denkweise zu verpflichten und andere Denkweisen zu verbieten. Viertens war die Menschheit nicht gezwungen, den Herrschaftsvisionen von Bacon und Descartes zu folgen, daß der Mensch mittels wissenschaftlicher Erkenntnis zum „Herrn und Meister der Natur" werde. Auch wenn eine solche Vision den Menschen schmeichelt und sie im nachhinein der Verantwortung für Fehlentwicklungen enthebt, wäre es ein geistiges Armutszeugnis für die nachfolgenden Generationen, sich wider besseres Wissen darauf zu berufen, um sich der Mitschuld zu entziehen.

Was für die Kirche als Institution gilt, gilt umso mehr für Einzelpersonen wie Bacon und Descartes. So schreibt Günter Altner, daß die von C. Amery und L. White aufgestellte These, die neuzeitliche Naturausbeutung sei eine direkte „gna-

---

13) Portmann, A.: An den Grenzen des Wissens. Wien/Düsseldorf 1974, S. 236

denlose Folge" des Christentums, so nicht mehr zu halten sei, und begründet dies mit folgenden Worten: „Nach 300 Jahren Selbstbefreiung der menschlichen Vernunft aus den Fesseln kirchlich diktierter Wahrheiten können die kirchlichen Traditionen nicht als Alleinschuldige an den Krisenpranger der neuzeitlichen Geschichte gestellt werden"[14].

Schließlich wird fünftens allzu oft ein radikales Umdenken in Richtung auf eine ganzheitliche Betrachtungsweise der Natur und Herangehensweise an die Natur gefordert, ohne genauer zu beschreiben, wie das geschehen sollte und könnte. In dieser Hinsicht wäre es sicherlich nützlich, in Anlehnung an Kant von einem ökologischen Imperativ auszugehen, der da lautet: „Handle so, daß die Maxime deines Handelns jederzeit zum Prinzip einer allgemeinen Gesetzgebung für das Verhalten gegenüber Mensch und Natur gemacht werden könnte". Um diesem humanen Verhaltenskodex, der nur gelten läßt, was man auch für sich selbst in Anspruch nimmt und von anderen erwartet, im Leben eine reale Chance zu geben, sollte er durch wirksame ökonomische und rechtliche Regelungen, Instrumentarien und Mechanismen auf den Weg gebracht werden.

3.2. Naturnutzung und ihre Folgen in der Geschichte

In der historischen Abfolge der sozialökonomischen Epochen treten die Unterschiede in der Produktionsweise deutlich hervor und determinieren die Lebensweise und Lebensformen sowie das Verhältnis des Menschen zur Natur. So hatte der Mensch in den frühen Entwicklungsperioden seiner Geschichte ein unmittelbares, ungebrochenes Verhältnis zur Natur. Die hauptsächlichen produktiven Organe waren die natürlichen Organe des Menschen; seine Kontakte mit der Natur waren groß, die unmittelbaren Einwirkungen auf die Natur dagegen gering, und die Lebensweise wies waldursprüngliche Züge auf.

3.2.1. Naturnutzung und ihre Folgen in der Urgesellschaft

Das blieb auch in der Urgesellschaft so, weil die Arbeitsmittel ebenfalls noch recht ursprünglich und naturwüchsig waren und den damaligen Lebensbedürfnissen der Menschen, sich fertige Naturprodukte (durch Sammeln und Jagen) anzueignen, genügten. In dieser Zeit vollzog sich der Übergang von der nomadischen zur seßhaften Lebensweise der Menschen. Erstmals geschah das im 10. Jahrtausend vor der Zeitrechnung (v. d. Z.) in den Hochländern Kleinasiens, Syriens und Irans.

---

14) Altner, G.: Naturvergessenheit. A.a.O., S. 76-77

Nunmehr wurden die vorgefundenen Naturbedingungen „kultiviert". Im Ergebnis der Kultivierung entstanden zuerst die frühen Getreideformen Einkorn, Emmer und Weizen, während später die Züchtung von Ziegen, Schafen und Kamelen in Vorderasien und Afrika erfolgte. Der Übergang von der Aneignung naturgegebener Nahrungsquellen zur kontinuierlichen Erzeugung pflanzlicher und tierischer Nahrungsmittel führte zu einer schnelleren Entwicklung der Produktivkräfte, zu einem Anwachsen der Bevölkerung und zur Herausbildung eines ständigen gesellschaftlichen Mehrprodukts.[15] Selbst dort, wo es die Menschen infolge des Naturreichtums gar nicht nötig gehabt hätten, ein Mehrprodukt zu erzeugen, war das zweiffellos der Fall, weil sie ebenso wie ihre tierischen Vorfahren den (genetisch sicherlich fixierten und bis heute noch erhaltenen) Drang verspürten, Vorratswirtschaft zu betreiben, um sich entweder für angenommene schlechtere Zeiten zu rüsten oder um dadurch mehr Zeit füreinander zu gewinnen. Dabei spielte sicherlich auch die allmähliche Ausprägung anderer individueller und sozialer Bedürfnisse eine Rolle, die über den bloßen Nahrungserwerb hinausgingen.

Insbesondere die Bevölkerungszunahme zwang zur Erweiterung der Anbaufläche, selbst durch Brandrodung und Raubbau, was nicht selten Bodenerosionen nach sich zog. Da der Boden noch nicht gepflügt und gedüngt wurde, erschöpfte er sich bald und verwüstete vor allem dort, wo das Weiden von Viehherden die natürliche Wiederbewaldung verhinderte.[16] Trockenheit trug mit dazu bei, daß die Wälder selbst an Berghängen immer mehr verschwanden. Das förderte nicht nur die Wüstenbildung in ariden und semiariden Gebieten, sondern auch die soziale Differenzierung, weil das Mehrprodukt große Unterschiede aufwies. Die zunächst zufälligen Überschüsse wurden schon im Jungpaläolithikum ausgetauscht, später weitete sich der Handel vor allem mit Holz, Gesteinen, Metallen aus.

3.2.2. Naturnutzung und ihre Folgen in der Sklaverei

In der Sklaverei verdrängten die Eisenwerkzeuge diejenigen aus Stein und Bronze. Durch ihre Anwendung gelang es, die Äcker gründlicher zu bearbeiten und auf Kosten der Wälder zu vergrößern. Der Wechsel vom Hackbau zum Pflug sowie die Anlage von Bewässerungssystemen ermöglichten im Alten Orient, die landwirtschaftliche Produktion zu steigern und Lebensmittelüberschüsse zu erzielen, die wiederum die Arbeitsteilung begünstigten. Die Erfindung von Wagenrad und

---

15) Musiolek, P./Epperlein, S./Fischer, H./Kagel, W./Schattkowsky, M.: Zu Problemen von Gesellschaft und Umwelt in den vorkapitalistischen Produktionsweisen. Jahrbuch für Wirtschaftsgeschichte, Teil 4, Berlin 1983, S. 105-118

16) Grünert, H.: Landwirtschaft. In: Handbuch Wirtschaftsgeschichte, Bd. 1, Berlin 1981, S. 309 ff.

Segelboot erleichterte Warenaustausch und Verkehr, und die Entwicklung der Eisenverarbeitung erweiterte erneut die Produktionsmöglichkeiten. Insgesamt hielten sich die Naturnutzung und die Nutzungsfolgen noch in bescheidenem Rahmen. Eroberungskriege um die Küstengebiete Kleinasiens, Libanons und des Persischen Golfes wurden geführt, um Rohstoffquellen zu erschließen und Macht zu gewinnen.

Die griechisch-römische Antike brachte gegenüber dem Alten Orient keine wesentlichen Neuentwicklungen in der Landwirtschaft, im Handwerk, im Bergbau- und Hüttenwesen sowie im Transport- und Verkehrswesen hervor. Auch in der Antike war der Boden das Hauptproduktionsmittel. Die Wohnsitze konzentrierten sich in städtischen Zentren, die zusammen mit dem Grund und Boden der selbstwirtschaftenden Bauern das Gebiet des antiken Stadtstaates ausmachten. Nahrungsgrundlage der mediterranen Region war der Getreideanbau (Weizen, Gerste, Emmer). Mit Hacke und Pflug wurde der Boden mehrfach gelockert und mit Tiermist gedüngt. Gründüngung durch Unterpflügen von Pflanzen ist erst bei Xenophon (430 – 354) und Theophrast (372 – 287) belegt. Man erntete mit der Sichel, die Sense kam erst später auf (Spätantike/Frühmittelalter). Die Anbaufläche wurde nach der Zweifelderwirtschaft bestellt. Ziegen, Schafe, Schweine, Rinder, Esel und Pferde bildeten die Grundlage der Tierzucht. Im griechischen Raum dominierte das kleine und mittlere Grundeigentum. Auf den mittelgroßen Gütern wurden die landwirtschaftlichen Kenntnisse der Zeit genutzt, Boden, Kulturpflanzen und Vieh sorgfältig gepflegt, um Gewinne zu erzielen, während die Kleinbetriebe vorwiegend für die Selbstversorgung arbeiteten. Die städtischen Zentren entwickelten sich schneller als das Umland, die Arbeit in der Stadt war von Jahreszeiten, Witterungsbedingungen und natürlichem Wachstum unabhängiger, der Arbeitsprozeß konnte auf vielen Gebieten das ganze Jahr über kontinuierlich durchgeführt werden, während sich Arbeitsteilung und Austauschbeziehungen verstärkten.

Erste Gedanken zu den Mensch-Umwelt-Beziehungen tauchten bei Platon, Aristoteles und Hippokrates auf, man stellte Überlegungen an, wie die Natur von den Menschen genutzt werden könnte. Sophokles (496 – 406) besingt in seiner „Antigone" den technischen Sinn des Menschen, sich die Natur zunutze zu machen. Antiphon (480 – 411) meint, mit Hilfe der Technik die Siege der Natur ausgleichen zu können. Die damalige „Technik" sollte das Fehlende der Natur ausfüllen.

Auch negative Folgen wurden schon erkannt. Vitruv warnte vor Bleivergiftungen durch Bildung von Bleioxyd in Bleileitungen für Wasser. Xenon teilte mit, daß das Bergwerksgebiet im Süden Attikas wegen der Verhüttungsabgase ungesund sei, Strabon erwähnte Blei und Arsendämpfe, während Plinius auf ihre tödliche Wirkung hinwies. Raubbau an Waldbeständen führte zur Verkarstung weiter Gebiete. Holz war nicht nur wichtigster Brennstoff, sondern auch für den Haus- und Schiffbau gefragt. Die Industrie (Keramikproduktion, Glasherstellung, Metallschmelze) verbrauchte gewaltige Mengen Holz und Holzkohle (1 Tonne Roheisen erforderte 30 Tonnen Holz). In den Städten wurden Fäkalien und Müll zunächst den Straßen überlassen und vom Regen weggespült, erst später entstanden Einrichtungen zur Sammlung von Unrat und Abfällen sowie ausgedehnte Kanalisationen.

3.2.3. Naturnutzung und ihre Folgen im Feudalismus

Im Feudalismus herrschte kleine Einzelproduktion vor. Die Arbeitsmittel waren auf den Einzelgebrauch zugeschnitten, daher klein gehalten und von „zwerghafter" Wirkung auf die Natur. Die Naturaneignung befand sich auf niedrigem Niveau und wurde durch die Einzelproduzenten in der Regel von Anfang bis Ende übersehen und beherrscht. Die primitiven, aber naturverträglichen Arbeitsmittel brachten nur eine geringe Arbeitsproduktivität hervor, die aber den Ansprüchen der ruralen Lebensweise genügte. Die meisten Menschen lebten noch auf dem Lande und wußten die natürlichen Gegebenheiten geschickt zu nutzen.[17] Das Klima beeinflußte jedoch die Lebens- und Siedlungsweise. So trug die Wärmeperiode zur Kolonisation Islands im 9. Jh. und Grönlands im 10. Jh. bei, dagegen verursachten anhaltende Kälte- oder Trockenperioden mitunter die Aufgabe von Siedlungsplätzen. Klimafaktoren prägten die Landnutzung ganzer Gebiete, das heißt den Anbau bestimmter Pflanzen bis hin zur Monokultur, wie etwa beim Wein an Seine und Loire.[18]

In welchem Maße es den Menschen gelang, sich Naturkräfte dienstbar zu machen, zeigt anschaulich der Bau von Wasser- und Windmühlen.[19] Mit der stärkeren Nutzung der Natur waren zwangsläufig stärkere Naturveränderungen verbunden. Mehr Getreide konnte nur erzeugt werden bei intensiverer Bodenbearbeitung. Dagegen kam es auf dem Gebiet des heutigen Irak kaum zu technischen Neuerungen, weil die hohe natürliche Bodenfruchtbarkeit das entbehrlich zu machen schien. Eine Steigerung der Erträge erreichte man im mittelalterlichen Europa durch verbesserte Feldbewirtschaftungssysteme. Der regelmäßige Wechsel von Wintergetreide – Sommergetreide und Brache in der Dreifelderwirtschaft brachte eine Reihe von Vorteilen. Mißernten beim Wintergetreide konnten unter

---

17) Ennen, E./Jannsen, W.: Deutsche Agrargeschichte. Wiesbaden 1979, S. 111-114
18) Duby, G.: Die Landwirtschaft des Mittelalters. In: Europäische Wirtschaftsgeschichte, Bd. 1, Stuttgart/New York 1978
19) Gimpel, J.: Die industrielle Revolution des Mittelalters. München/Zürich 1981

Umständen durch bessere Erträge der Sommerfrucht ausgeglichen werden, und der Pflege des Saatgutes wurde mehr Aufmerksamkeit geschenkt. Positive Wirkung hatte die gedüngte Brache, obwohl der Stallmist nicht ausreichte, weil nur wenige Stalltiere gehalten wurden. Im 13. Jh. begann man, Äcker zu mergeln, jedoch erreichten die Mergelbeigaben nicht die Wirksamkeit der planmäßigen Schlammdüngung, kunstvollen Kompostierung und der gezielten Nutzung von Fäkalien wie in der chinesischen Landwirtschaft.

Defizite an Ackerland wurden im Mittelalter durch Waldrodungen ausgeglichen. Unbedachte Rodungen zogen jedoch schwere Schäden nach sich, weil die Entwaldung Grundwasserabsenkungen und Mißernten verursachte und schließlich den Ackerbau infrage stellte. Steigender Holzbedarf führte im späten Mittelalter in einigen Gebieten Europas zu akutem Holzmangel. Der enorme Holzverbrauch der Glas- und Metallhütten gab Veranlassung, deren Standorte immer mehr an vorhandene Waldbestände zu verlegen. Um die weitere wirtschaftliche Entwicklung zu sichern, wurde die fortgesetzte Schädigung der natürlichen Umwelt in Kauf genommen. Diese fehlerhafte Verhaltensweise setzte sich bis in die Gegenwart fort. Die Bedeutung des Waldes für den Menschen machte es aber erforderlich, einige Schutzmaßnahmen zu treffen. Davon zeugen Brennholzrationierungen ebenso wie Verbote „wilder" Rodungen.[20]

Seit dem 12. Jh. kam es mit Bekanntwerden von antikem und arabischem Kulturgut in Europa allmählich zu einer wissenschaftlichen Beschäftigung mit der Natur. Auf dem Gebiet der Landwirtschaft wird das Interesse an antiken Erkenntnissen vor allem dort wach, wo eine intensivere Agrikultur in Gang kam, wie etwa in Italien.[21] Einen Einblick in Kenntnisse über Ackerbau und Gartenkultur im 13. Jh. gibt Albertus Magnus (1193 – 1280) in seinem Werk „Über die Pflanzen", in dem er Düngung, Bewässerung von Wiesen und Feldern, Saattermine, Bodenbeschaffenheiten für bestimmte Pflanzen, Bodenerosion, Schädlingsbekämpfung, Rebenveredlung und Gartenpflege behandelt.

3.2.4. Naturnutzung und ihre Folgen im Kapitalismus

Mit der Herausbildung des Kapitalismus erfuhr die Industrialisierung eine beträchtliche Ausweitung und Vertiefung. Ausgelöst wurde dieser Prozeß durch die

---

[20] Mantel, K.: Die Anfänge der Waldpflege und Forstkultur im Mittelalter unter Einwirkung der lokalen Waldordnung in Deutschland. Forstwissenschaftliches Centralblatt, Nr. 2, München 1968, S. 75 ff.

[21] Abel, W.: Geschichte der deutschen Landwirtschaft vom frühen Mittelalter bis zum 19. Jahrhundert. Stuttgart 1967, S. 162 ff.

Industrielle Revolution, die zu einer enormen Entwicklung der Technik/Technologie führte. An die Stelle der weitgehend manuell vollzogenen Rohstoff- und Nahrungsmittelversorgung trat die maschinelle Produktion, wodurch sich der Stoffaustausch zwischen Natur und Gesellschaft erweiterte, vertiefte und beschleunigte. Mit der „Großen Industrie" entstand die Organisationsform der kapitalistischen Produktion, die durch fortschreitende Arbeitsteilung und Spezialisierung gekennzeichnet war, wodurch eine Entfremdung zwischen Mensch und Natur eintrat und sich in der Folge auch verstärkte.

In diesen Produktions- und Reproduktionsprozeß wurden immer größere Teile der natürlichen Umwelt als Arbeitsgegenstand oder als Arbeitsmittel einbezogen, und die natürliche Umwelt wurde in einem bisher noch nicht gekanntem Umfang von der Gesellschaft in Anspruch genommen. Die Inanspruchnahme der Natur, ihrer Ressourcen und Potentiale erfolgte unter dem Aspekt vorteilhafter Kapitalverwertung. Damit traten ökonomische Aspekte immer mehr in den Vordergrund und drängten die ökologischen Aspekte in den Hintergrund. Das konnte geschehen, weil die Naturpotentiale ausreichten, die negativen Wirkungen der Produktion zu verkraften. Die Folgen einer solchen Verfahrensweise wurden erst in dem Maße sichtbar, wie sich das Regenerations- und Selbstreinigungsvermögen der Natur erschöpfte. Begünstigt und beschleunigt wurde diese Entwicklung durch die damals allgemein herrschende Vorstellung von der unbegrenzten Verfügbarkeit von Boden, Wasser und Luft sowie der kostenlosen Inanspruchnahme dieser „freien Güter". Derartige Vorstellungen forcierten zwar die hemmungslose Ausbeutung der Naturreichtümer, brachten aber in kürzester Zeit höchste Profite. Die Gesetzmäßigkeiten der kapitalistischen Produktion lösten somit recht widersprüchliche Entwicklungen aus, die der Menschheit einerseits einen enormen technischen Fortschritt bescherten, andererseits aber die Wurzeln für viele der heutigen Umweltprobleme legten.

Auch die Naturwissenschaft wurde historisch erstmals in den Dienst der Produktion gestellt mit dem Ziel, Naturprozesse in der Produktion anzuwenden, und zwar in großem Umfang sowie mit zunehmender Geschwindigkeit und Wirksamkeit. Insbesondere die Naturwissenschaft erhielt starke Impulse für ihre Entwicklung durch die Wirtschaft. Diese Impulse wirkten aber in eine einseitige Richtung und steigerten den Naturstoffumsatz, statt die Naturstoffausnutzung. Der rein quantitative Naturstoffumsatz konnte mit relativ wenigen Technologien kostengünstig betrieben werden, zumal die Abfälle der Produktion den Naturkreisläufen überlassen und damit aufgebürdet wurden in der Annahme, daß sie dort keinen Schaden anrichten. Eine Orientierung von Wissenschaft und Produktion auf eine qualitative Naturstoffausnutzung hätte zwangsläufig zu einer rohstoffintensiven und abfallarmen Technologieentwicklung nach dem Vorbild der Natur geführt.

Dafür wären aber hohe Kosten nötig gewesen, die den ökonomischen Ertrag geschmälert hätten. Das lag jedoch nicht im Verwertungsinteresse des Kapitals.

Wie es sich heute herausstellt, wirkten damals Wirtschafts- (Ertrags-) und Wissenschafts- (Entwicklungs-) interessen in einer unheilvoller Weise zusammen. Da die Wissenschaft immer eine gesellschaftliche Institution war und ist, blieb ihr offenbar keine andere Wahl, als sich den Wirtschaftsinteressen zu beugen, die stets eine Macht in der Gesellschaft darstellen. Seitdem hat die Verfilzung von Wirtschaft, Wissenschaft und Politik zugenommen. Es scheint hoffnungslos, dieses Triumvirat zu entflechten und zu entmachten. Erfolgversprechender sind offenbar ökonomische und moralische Anreize und Zwänge, die eine gesellschaftlich determinierte Fehlentwicklung der Wirtschaft korrigieren helfen. In diesem Bestreben spielt die Ökologie unzweifelhaft eine zentrale Rolle. Sie eröffnet der Ökonomie, Wissenschaft und Politik ungeahnte Handlungs- und Entwicklungsperspektiven und den Menschen unendliche Betätigungsfelder, um seine Wesenskräfte zu entfalten. Dabei würden die produktiven ökologischen, ökonomischen und sozialen Potenzen von Wissenschaft und Technologie in ihrer Kombination des wissenschaftlich-technischen Fortschritts historisch zum erstenmal wirklich in Erscheinung treten können.

Das war und ist bisher allerdings nicht der Fall. Arbeits- und Dampfmaschinen, Eisenbahn und Dampfschiffahrt, Nutzung von Elektrizität sowie die Entstehung der chemischen Industrie ließen in Industrie, Landwirtschaft und Verkehr den Bedarf an Energie- und Rohstoffen sprunghaft ansteigen, vor allem bei Steinkohle, Eisenerz, Nichteisenerze und Salze. Die mineralischen Rohstoffe gewannen mit fortschreitender Industrialisierung gegenüber den bis dahin vorrangig genutzten landwirtschaftlichen Rohstoffen zunehmend an Bedeutung. Steinkohle löste im 19. Jh. das Holz als Energielieferanten für Industrie- und Bevölkerungsbedarf ab. Eisen wurde zum wichtigsten metallischen Werkstoff. Die wachsende Ausbeutung der Naturressourcen spiegelte sich insbesondere in der Entwicklung der Förderleistung an Rohstoffen wider. So stieg allein von 1800 bis 1900 die Fördermenge an Steinkohle in Deutschland von 0,3 Mio t/Jahr auf 110 Mio t/Jahr, und die Roheisenerzeugung erhöhte sich im gleichen Zeitraum von 0,04 Mio t/Jahr auf 8,5 Mio t/Jahr.[22] Diese Eingriffe in den Naturhaushalt führten in Verbindung mit der raschen Ausdehnung von Industrieanlagen und Städten zu gravierenden Veränderungen der Landschaftsstruktur. Hinzu kamen örtlich starke Belastungen durch industrielle und kommunale Abfälle.

---

22) Statistisches Jahrbuch für das Deutsche Reich. Berlin 1889, S. 22 und Berlin 1907, S. 19

Insgesamt war und ist die Industrialisierung ökologisch von vielen negativen Erscheinungen begleitet, die sich durch den spontanen, anarchischen, ungezügelten und hemmungslosen Verlauf ihrer Entwicklung insbesondere in der 2. Hälfte des 20. Jahrhunderts noch verstärkten. Landschaften wurden verschandelt, ohne sie nach ihrer industriellen Nutzung wieder genügend zu sanieren, Pflanzen und Tierarten dezimiert und ausgerottet, Boden, Wasser und Luft verseucht, ohne auf deren Regenerationspotential Rücksicht zu nehmen, Gesundheit und Wohlbefinden der Menschen beeinträchtigt. Die Schädigung der natürlichen Existenzgrundlagen der Menschen machte und macht – trotz einiger Bemühungen im Umweltschutz – verheerende Fortschritte.

Dennoch haben sich die Menschen in den industriell entwickelten Ländern an den zivilisatorischen Fortschritt, der sie inzwischen auf allen Lebensgebieten erreicht und ihnen im großen und ganzen Wohlstand gebracht hat, gewöhnt. Sie möchten ihn nicht missen und leben nunmehr in einem inneren Widerspruch und Konflikt, weil sich ihre Lebensweise auf Verschwendung, Schädigung und Vernichtung der Naturstoffe und Naturkräfte gründet. Ihr Wohlstand beruht aber ebenso auf einer Weltwirtschaftsordnung, die ihnen Vorteile und den Entwicklungsländern in der Regel noch Nachteile bringt. Das Lebensniveau zwischen und innerhalb der einzelnen Länder in der Welt weist also große Unterschiede auf, die der sozialen Differenzierung entspricht, die offensichtlich weiter zunimmt.

Wenn also vom Prinzip der Gleichheit aller Naturgeschöpfe (einschließlich des Menschen) unter naturgeschichtlichen Aspekten ausgegangen wird und „aus der gemeinsamen Vergangenheit gleiche Lebensinteressen und Lebensrechte für die Gegenwart"[23] und Zukunft abgeleitet werden sollen, so steht nicht nur die ökologische, sondern auch die soziale Gleichheit zur Disposition – zumindest theoretisch. Ökologischer Frieden hat damit ökonomischen und sozialen Frieden zur Voraussetzung bzw. ökologische, ökonomische und soziale Komponenten der Menschheits- und Naturentwicklung bilden eine untrennbare Einheit. Solange das nicht erkannt wird, solange die Menschen untereinander nicht friedensfähig sind und einer sich auf Kosten des anderen bereichert und schadlos hält, solange darf man sich nicht wundern, daß es keinen „Pax oecologica" gibt und die Menschen sich immer wieder zu einer Fortsetzung des „Krieges gegen die Natur" entschließen. „Wird die Enteignung der Natur und ebenso auch die Enteignung der Entwicklungsländer und der künftigen Generationen im System der Weltwirtschaft nicht rückgängig gemacht, gibt es keine Rettung vor der Selbstzerstörung", meint Günter Altner, weshalb er einen Paradigmenwechsel fordert.[24] Mit anderen

---

23) Altner, G.: Naturvergessenheit. A.a.O., S. 202-207

Worten: Solange die Ausbeutung des Menschen durch den Menschen noch anhält, solange hat auch die Beendigung der Ausbeutung der Natur durch den Menschen keine Chance. Inwieweit es überhaupt eine „Gleichheit" gibt, sei dahingestellt. Sie ist ohnehin fraglich, weil selbst die Menschen von Natur aus (genetische Konstitution) ungleich sind. Und soziale Gleichheit für alle herzustellen, hat sich historisch als Utopie erwiesen. Unabhängig davon ist die im vorigen Jahrhundert von Friedrich Engels bereits angedachte Vision der „Versöhnung mit der Natur und mit sich selbst" die einzige Alternative zur unvermeidlichen Selbstzerstörung der Menschheit.

Diese alternative Vision oder visionäre Alternative ist schwer zu verwirklichen. Denn: „Mit dem realen Sozialismus östlicher Prägung ist die Illusion untergegangen, ein Endziel in der Geschichte direkt verwirklichen zu können. Aber auch der siegreich erscheinende Kapitalismus mit seinen Technik und Vermarktungsprozessen hat die Einsicht in die eigene Krise noch vor sich. Der Mensch am Ende des 20. Jahrhunderts zeigt sich einmal mehr als suizidal fixiertes Untier"[25]. Wenn das so ist, hat der Mensch zwar versucht, aber es in seiner bisherigen Geschichte nicht vermocht, sich aus dem Tierreich zu entfernen. Die Vorgeschichte der Menschheitsentwicklung wäre demzufolge abgeschlossen, und die eigentliche Menschheitsgeschichte müßte erst beginnen. Ziel wäre, zu einem menschlichen Menschen und einer humanen Gesellschaft auf Erden zu gelangen. Ob die derzeitige Menschheit die moralische Kraft für eine solche Entwicklung hat, steht noch nicht fest, obwohl es ihre einzige Überlebensmöglichkeit zu sein scheint.

3.2.5. Entwicklungskonzeptionen und Entwicklungschancen

Tatsache ist, daß sich die Entwicklung der Menschheit historisch quantitativ und qualitativ vollzogen hat und so auch weiter vollziehen wird. Die quantitativen Wachstumsprozesse werden aber immer mehr in qualitative Entwicklungsprozesse übergehen bzw. übergehen müssen, um das Überleben der Gattung Mensch zu sichern. Insofern werden sich die scheinbaren Gegensätze der Gesellschafts- und Entwicklungskonzeptionen von Rostow und Marx in einer weder von Rostow noch von Marx angenommenen Weise auflösen. Denn richtig an der Annahme von Walter Rostow ist, daß jede Gesellschaft mehrere Wachstums- (besser Entwicklungs-) phasen bzw. -stadien durchläuft[26], wobei der Kapitalismus historisch eine

---

24) ebd., S. 270-271
25) Altner, G.: Der offene Prozeß der Natur. Jahrbuch Ökologie 1993, München: Verlag C.H. Beck 1992, S. 10
26) Rostow, W.W.: Stadien wirtschaftlichen Wachstums. Eine Alternative zur marxistischen Entwick-

große Dynamik, Produktivität, Flexibilität und Anpassungsfähigkeit bewiesen hat, die insgesamt von enormen Überlebenspotenzen zeugen. Am Ende wird der Kapitalismus, sollte er auch die ökologische Krise überstehen, aber ein anderes soziales und technisches Gepräge haben als am Anfang. Das bringen historische Wandlungsprozesse zwangsläufig mit sich, die bereits heute mit Herausforderungen nie gekannten Ausmaßes an die Industriegesellschaft verbunden sind. Dies wiederum führt zur gesetzmäßigen Höherentwicklung der ökonomischen Gesellschaftsformationen, die sich in der Geschichte der Menschheit bisher vollzog, die aber ganz offensichtlich nicht in eine klassenlose Gesellschaft des Sozialismus/Kommunismus einmünden wird, wie Karl Marx annahm.

Wie die Zukunftsgesellschaft der Menschheit konkret aussehen wird, vermag niemand zu sagen. Sicher scheint, daß sich der Kapitalismus durch geeignete Anpassungsstrategien reformieren und modifizieren wird. Gewiß ist auch, daß diese sozialen, ökonomischen und technischen Wandlungen unter ökologischem Vorzeichen verlaufen werden, die allesamt den dialektischen Entwicklungsgesetzen unterliegen, nämlich dem Gesetz der Negation der Negation, dem Gesetz von der Einheit und des Widerspruchs der Gegensätze sowie dem Gesetz vom Umschlagen der Quantität in Qualität, die sich in der bisherigen Natur- und Gesellschaftsgeschichte geradezu in hervorragenderweise „bewährt" haben.

Ein „Zurück zur Natur" in dem Sinne, daß die gesellschaftliche Entwicklung der Menschheit rückgängig gemacht wird und wieder zu ihrem Ausgangspunkt zurückkehrt, wird und kann es nicht geben, weil sich die menschliche Geschichte und die Evolution der industriellen Entwicklung nicht einfach zurückdrehen lassen und irreversibel sind.[27] Die produktiven Potenzen der Menschheit werden sich aber am Reproduktionsvermögen der Natur orientieren müssen mit dem Ziel, das Reproduktionsvermögen von Natur und Menschheit miteinander zur Deckung zu bringen. Hier liegen Herausforderungen und Chancen für die Menschheit, denn die Natur hat immer eine Zukunft.

Vielfach wird die Rettung der Menschheit in einem Wertewandel gesehen, der sich in einem Übergang von materiellen zu postmateriellen Werthaltungen reflektiert.[28] In ihrem Buch „Umweltkatastrophe Mensch" (1991) schreibt Sigrun Preuss hierzu: „Unser gesamtgesellschaftliches Wertsystem favorisiert eine tiefgreifende Naturausbeutung anstelle von Natur- und Lebensschutz. Als das höchste Gut in unserer Gesellschaft gelten die materialistischen Werte, also das Konsumieren und

---

lungstheorie. Göttingen 1960, S. 15-18
27) Immler, H.: Vom Wert der Natur. Opladen: Westdeutscher Verlag 1990, S. 168, 182, 196 und 198
28) Kessel, H./Tischler, W.: Umweltbewußtsein. Berlin: edition sigma 1984, S. 73-83

Besitzen. Mit genau dieser Haltung hat sich die Menschheit die ökologische Katastrophe produziert. Sie hat den Menschen zur eigentlichen Umweltkatastrophe werden lassen. Solange es uns nicht gelingt, unsere umweltfeindliche kulturelle Werthaltung zu verändern, werden sämtliche technologischen Bemühungen zur Milderung oder Überwindung der Problematik scheitern"[29]. Und an anderer Stelle fährt sie fort: „Die Auffassung des Materialismus setzt Wirtschaftswachstum über Umweltschutz. Sie benutzt die Natur, um Wohlstand zu fördern und geht dabei bewußt erhebliche Risiken ein. Ihre Wertschätzung des Menschen beruht auf seiner Leistungsfähigkeit und seinem wirtschaftlichen Beitrag. Demgegenüber stellt die Werthaltung des Postmaterialismus den Umweltschutz über das Wirtschaftswachstum. Ihr Ziel ist es, die Natur zu erhalten und produktionsbedingte Risiken weitestgehend zu vermeiden. Sie betont die Qualität der Person und ihrer Lebensbedingungen"[30].

Abgesehen von den sonderbaren Kenntnissen zum Materialismus laufen diese Aussagen und Interpretationen im Prinzip darauf hinaus, den geistig-kulturellen Bedürfnissen und Interessen der Menschen mehr Gewicht zu geben, weil eine ständige Steigerung des materiellen Lebensniveaus der Menschen nicht möglich und auch nicht sinnvoll ist. Im Sozialismus wurde dies zwar ebenfalls erkannt und von Juri Andropow 1983 deutlich ausgesprochen[31], jedoch wurde nicht danach gehandelt. Vielmehr galt die „Befriedigung der ständig steigenden materiellen und kulturellen Bedürfnisse" als grundlegendes Axiom gesellschaftlichen Handelns. Ein ähnlicher Widerspruch zwischen Wort und Tat bestand auch darin, daß Wirtschaftspolitik im Sozialismus nicht Selbstzweck, sondern Mittel zum Zweck sein sollte, um die natürliche Umwelt zu verbessern und zur Entfaltung der Wesenskräfte des Menschen beizutragen und damit zu neuen Menschen, kommunistischen Persönlichkeiten zu gelangen, die sich in freier, gesellschaftlich sinnvoller Arbeit – auch im Umweltschutz – selbst verwirklichen.

Die Ausprägung individueller Bedürfnisse ist immer ein historischer Prozeß, in dem selbst die Grundbedürfnisse des Menschen (essen, trinken, kleiden, wohnen, schlafen, lieben) gesellschaftlich überprägt, modifiziert und auch stimuliert werden. Bedürfnisse entstehen und vergehen im gesellschaftlichen Entwicklungsprozeß, wobei die Wertorientierungen der Gesellschaft die Art der Bedürfnisse determinieren. Die Gesellschaft setzt Maßstäbe, prägt das individuelle Verhalten und formt den Menschen. Natur- und sozialverträgliche Wertorientierungen und die

---

29) Preuss, S.: Umweltkatastrophe Mensch. Heidelberg: Roland Asanger Verlag 1991, S. 144
30) ebd., S. 150
31) Andropow, J.: Rede auf dem Treffen mit Parteiveteranen im ZK der KPdSU. Neues Deutschland vom 18. August 1983, S. 5

darauf beruhenden Bewußtseins- und Verhaltensweisen entstehen nicht aus sich heraus oder durch bloße Appelle. Das Alltagsbewußtsein eines jeden Menschen, das unmittelbar sein tägliches Tun und Treiben bestimmt, spiegelt vielmehr seine gesellschaftlichen Lebensbedingungen wider. Deshalb kann nicht erwartet werden, daß die Mehrzahl der Menschen umwelt- und sozialverträglich handelt, wenn die gesellschaftlichen Bedingungen Umweltverbrauch und Umweltbelastung geradezu stimulieren. Gegen das gesellschaftliche Sein, die herrschenden ökonomischen Rahmenbedingungen also, die Menschen zu mehr Sozial- und Umweltverträglichkeit motivieren zu wollen, ist in der Regel daher aussichtslos. Die Kulturgeschichte der Menschheit ist voll von mißglückten Versuchen der moralischen und politischen Überzeugungsarbeit. Vielmehr müssen die politischen und wirtschaftlichen Rahmenbedingungen dazu anregen, aus materieller Notwendigkeit heraus zu ideellen Einsichten zu gelangen, die erst adäquate Verhaltens- und Handlungsweisen auslösen. Nur ihnen ist historisch ein dauerhafter Erfolg beschieden.

Sind Lebensbedingungen zudem mit ökonomischen Unsicherheiten verbunden, so weckt das natürlich den Wunsch nach Wohlstandssteigerung und wirtschaftlicher Absicherung. Wenn Inglehart zur Erkenntnis gelangte, daß die Gewährleistung materieller Bedürfnisse es dem Menschen ermöglicht, zunehmend außerökonomische, ideelle Bedürfnisse zu entwickeln[32], so verdeutlicht das geradezu die Notwendigkeit, materielle Grundbedürfnisse zunächst einmal zu befriedigen, damit immateriellen Bedürfnissen keimen und gedeihen können. Hierin scheinen sich soziale Gesetzmäßigkeiten anzudeuten. Das schließt nicht aus, ökologische Werthaltungen im Rahmen postmaterieller Wertvorstellungen zu vermitteln, um die Entfremdung zwischen den Menschen sowie zwischen Mensch und Natur abzubauen und die Menschen zu mehr sozialem und ökologischem Engagement zu ermutigen, wie das Hans-Joachim Fietkau seit langem mit seinen Arbeiten versucht.[33]

Das notwendige Umdenken muß vor allem in der Ökonomie damit beginnen, daß die Ausgaben für den Umweltschutz nicht als ökonomische Einbußen betrachtet werden, sondern – insbesondere bei konsequenter Nutzung der Abfälle als Sekundärrohstoffe – als gesellschaftliche Aktivposten, die sich für Gesellschaft und Natur auszahlen.[34] Hier sind historisch offensichtlich entscheidende Veränderun-

---

32) Inglehart, R.: Wertewandel in den westlichen Gesellschaften: Politische Konsequenzen von materialistischen und postmaterialistischen Prioritäten. In: Klages, H. & Kmieciak, P. (Hg.): Wertwandel und gesellschaftlicher Wandel. Frankfurt a.M.: Campus 1984

33) Fietkau, H.-J.: Bedingungen ökologischen Handelns. Weinheim und Basel: Beltz Verlag 1984, S. 60-71

34) Paucke, H./Streibel, G.: Rationelle Nutzung und Schutz der Natur unter besonderer Berücksich-

gen der Bedürfnisentwicklung im Gange, die begreiflich machen, daß die Gestaltung humaner Wechselbeziehungen zwischen Gesellschaft und Natur allmählich zu einer entscheidenden materiellen Kraft auf unserem Planeten werden, weil es um Werte der Natur und des Lebens der Menschen geht, letztlich um den Sinn menschlichen Lebens überhaupt.

3.3. Beziehungen zwischen wissenschaftlich-technischem Fortschritt und rationeller Naturnutzung in der Marxschen Theorie – Inhalt, Interpretation, Irrtum

Marx und Engels betrachteten Technik und Technologie immer als ein Element und damit Bestandteil der gesellschaftlichen Produktivkräfte, die dazu beitragen sollten, die materiell-technische Basis von Produktion und Gesellschaft zu bilden und zu gestalten. Demzufolge sind technisch-technologische Fragen bei ihnen stets sozialökonomisch determiniert. Die Beschäftigung mit technischen Fragen diente Marx und Engels insbesondere dazu, wesentliche Ursachen und Bedingungen der Technikentwicklung aufzuklären, um daraus allgemeine Gesetzmäßigkeiten abzuleiten sowie die Rolle der Technik/Technologie und ihren Platz in der Geschichte der Menschheit zu bestimmen. Die Analyse der historischen Entwicklung der Technik erstreckte sich auf die Gebiete des Transports, der Baumwollindustrie, des Schiffbaus, des Mühlenbaus, der Uhrenindustrie, der Papierindustrie und des Militärwesens. Wie aus den „Heften zur Technologie" von Marx hervorgeht, kann die schrittweise Vervollkommnung der Produktivkräfte allerdings nur in dem Maße erfolgen, in dem sich wissenschaftlich-technische, ökonomische und soziale Fortschritte vollziehen.

3.3.1. Aneignung der Natur im Arbeits- und Produktionsprozeß

Das bestimmende Moment in der Geschichte der Menschen ist nach materialistischer Auffassung letzten Endes die Produktion und Reproduktion des unmittelbaren Lebens.[35] Damit wurde vor 150 Jahren bereits auf das Kernproblem kurz hingewiesen, um das es sich heute bei der Etablierung einer Sozialökologie dreht.[36] Beide Grundprozesse (Produktion und Reproduktion) vollziehen sich durch ma-

---

tigung sowjetischer Erfahrungen. Soziologie und Sozialpolitik. Beiträge aus der Forschung, H. 2, Berlin 1984, S. 71

35) Engels, F.: Ursprung der Familie, des Privateigentums und des Staats. MEW, Bd. 21, Berlin: Dietz Verlag 1979, S. 27

36) Immler, H.: Vom Wert der Natur. A.a.O., S. 89-96

terielle Einwirkung des Menschen auf die Natur im gesellschaftlichen Produktionsprozeß. Dabei entnimmt der Mensch der Natur bestimmte Stoffe und nutzt bestimmte Naturkräfte, um seine individuellen und gesellschaftlichen Bedürfnisse zu befriedigen. Diese Aneignung von Stoffen und Kräften der Natur geschieht durch Arbeit. Sie ist nach Marx „zunächst ein Prozeß zwischen Mensch und Natur, ein Prozeß, worin der Mensch seinen Stoffwechsel mit der Natur durch seine eigne Tat vermittelt, regelt und kontrolliert"[37]. Die Arbeit ist somit eine „allgemeine Bedingung des Stoffwechsels zwischen Mensch und Natur, ewige Naturbedingung des menschlichen Lebens"[38] und daher eine „von allen Gesellschaftsformen unabhängige Existenzbedingung des Menschen"[39]. Ohne Arbeit kann es demzufolge weder einen Stoffwechsel mit der Natur noch menschliches Leben überhaupt geben.

Zur Verwirklichung der materiell-praktischen Tätigkeit müssen die Menschen ihre Umwelt erkennen und Arbeitsmittel schaffen. Dann erst sind sie in der Lage, sich mit der Natur auseinanderzusetzen und diese umzugestalten. Die dazu notwendigen Kenntnisse gewinnen die Menschen durch ihre unmittelbare praktische Tätigkeit, die ebenso unendlich ist wie der Erkenntnisprozeß, der unaufhörlich fortschreitet. Die menschliche Arbeit zeichnet sich gerade dadurch aus, daß sich der Mensch im voraus das Ergebnis seiner Arbeit bewußt vorstellt[40] und außer seinen natürlichen Organen künstliche Arbeitsmittel benutzt, indem „das Natürliche selbst zum Organ seiner Tätigkeit" wird, zum „Organ, das er seinen eigenen Leibesorganen hinzufügt, seine natürliche Gestalt verlängernd"[41]. Darin liegt das Wesen der Arbeit des Menschen im Unterschied zur Tätigkeit des Tieres.

Ein weiterer Unterschied besteht darin, daß die Tätigkeit der Tiere jahrtausendelang unverändert blieb, während sich diese beim Menschen vor allem infolge Vervollkommnung von Arbeitsmitteln und Arbeitsorganisation ständig veränderte. Dabei befanden sich die Arbeitsmittel zunächst im natürlichen Zustand und entwickelten sich dann immer mehr zu bereits bearbeiteten, künstlichen Arbeitsmitteln, die vom Menschen geschaffen wurden und menschliche Arbeit enthielten. Die Entstehung der Technik durchlief in der Aufeinanderfolge der Gesellschaftsformationen viele Metamorphosen und führte schließlich zur Entwicklung von Maschinen und von automatischen Maschinensystemen.

---

37) Marx, K.: Das Kapital. MEW, Bd. 23, Berlin: Dietz Verlag 1973, S. 92
38) ebd., S. 198
39) ebd., S. 57
40) ebd., S. 193
41) ebd., S. 194

Durch die Entwicklung gelang es immer besser, die natürlichen Bedingungen in den Dienst des Menschen zu stellen. In diesem Entwicklungsprozeß dringt der Mensch durch Technik und Wissenschaft immer tiefer in die Natur ein, erschließt neue Stoffe und Kräfte der Natur oder auch neue Gebrauchseigenschaften schon bekannter Naturstoffe und -kräfte. Dadurch ist er in der Lage, immer höhere gesellschaftliche Bedürfnisse ständig besser zu befriedigen. Einmal in Gang gesetzt, treiben diese Bedürfnisse „die Exploration der Erde nach allen Seiten"[42] voran und verleiben die Naturreichtümer dem Gesellschaftsorganismus sukzessive ein, sei es als Gegenstand des Konsums, sei es als Mittel der Produktion.

Das waren nicht Wünsche, sondern Feststellungen von Marx, an denen sich bis heute nichts geändert hat. Mit der Einverleibung natürlicher Ressourcen wird die Reproduktion der Gesellschaft erst ermöglicht und gesichert, wobei Arbeit und Produktion die Naturressourcen erschließen, umformen und für die Gesellschaft aufbereiten. Das heißt, die Natur produziert grundsätzlich alles, was die Menschen konsumieren, während die Natur letztlich auch alles konsumieren muß (damit aber bereits ihre Schwierigkeiten hat), was die Menschen produzieren. Der Mensch war, ist und wird immer von der Natur abhängig sein, er ist auch nicht als biopsychosoziales Wesen in der Lage, Natur (unbewußt oder bewußt) zu schaffen oder zu erzeugen, wie Hans Immler doziert[43], sondern nur fähig, das Reproduktionsvermögen der Natur (einschließlich seines eigenen) auszunutzen und die darauf beruhende Produktivität der Natur abzuschöpfen. Wäre das anders, könnte der Mensch gewissermaßen als „Naturschöpfer" fungieren, so wären die Ängste der Menschen hinsichtlich Naturverbrauch und Naturbelastung völlig unbegründet.

3.3.2. Wesen und soziale Funktion der Technik

Natur und Arbeit sind die beiden Quellen von Gebrauchswerten und gesellschaftlichem Reichtum[44], die Arbeit ist der Vater des stofflichen Reichtums und die Erde seine Mutter.[45] Die Natur ist somit nicht nur eine Bedingung[46], Voraussetzung, ein Moment[47] und Element der Produktion[48], sondern bildet die natür-

---

42) Marx, K.: Grundrisse der Kritik der Politischen Ökonomie. Berlin: Dietz Verlag 1974, S. 312
43) Immler, H.: Vom Wert der Natur. A.a.O., S. 222-225
44) Marx, K.: Kritik des Gothaer Programms. MEW, Bd. 19, Berlin: Dietz Verlag 1974, S. 15
45) Marx, K.: Das Kapital. MEW, Bd. 23, A.a.O., S. 58
46) Marx, K.: Grundrisse der Kritik der Politischen Ökonomie. A.a.O., S. 911
47) Marx, K.: Einleitung zur Kritik der Politischen Ökonomie. MEW, Bd. 13, Berlin: Dietz Verlag 1974, S. 628
48) Engels, F.: Umrisse zu einer Kritik der Nationalökonomie. MEW, Bd. 1, Berlin: Dietz Verlag 1974,

liche Grundlage und substanzielle Seite der Technik. Sie dient bestimmten Zwecken der Menschen und nicht schlechthin der Produktion um der Produktion willen.[49] Ohne Natur wären weder Produktion noch Technik möglich, sie ist primär, alles andere demzufolge sekundär. Die Frage, wer von wem abhängig ist, der Mensch von der Natur oder die Natur vom Menschen, wurde damit bereits im vorigen Jahrhundert richtig entschieden. Darüber heute noch zu diskutieren, zeugt nicht nur von Ignoranz, sondern auch von mangelnder Logik und fehlendem Sachverstand.

Das allgemeinste Ziel der gesellschaftlichen Anwendung der Technik ist die Dienstbarmachung von Naturstoffen und -kräften durch menschliche Arbeit. In diesem Prozeß entstand die Industrie, die im Sinne der universellen Entwicklung von Mensch und Natur das „aufgeschlagene Buch der menschlichen Wesenskräfte"[50] darstellt. Im Verlaufe dieses industriell-technischen Entwicklungsprozesses übernimmt jede Generation von der vorangegangenen Generation die Masse der Produktivkräfte und die historisch geschaffenen Verhältnisse zur Natur. Die Technik ist ein notwendiges Mittel der gesellschaftlichen Lebenstätigkeit der Menschen, das die Arbeit effektiver und produktiver macht.

Durch Anwendung der Technik wird der Mensch aber in zunehmendem Maße durch Maschinen ersetzt[51], wodurch er neben den Produktionsprozeß tritt, statt sein Hauptagent zu sein[52] und zum „Wächter und Regulator" der Produktion wird[53], sich also vorrangig mit deren Leitung, Planung, Lenkung und Überwachung beschäftigt. Inwieweit diese objektiv gegebene Entwicklungstendenz auch tatsächlich der „Sicherung der höchsten Wohlfahrt und der freien allseitigen Entwicklung aller Mitglieder der Gesellschaft"[54] dient, wie sich das W.I. Lenin vorgestellt hat, ist jedoch abhängig von den Produktionsverhältnissen, unter denen gearbeitet wird.

Im Kapitalismus, meint Marx, wird der ganze Vorteil der Technik in sein Gegenteil verkehrt, wodurch die Menschen in einfache Anhängsel der Maschinen verwandelt werden[55], und die Fähigkeit der Maschinen zur Steigerung der Arbeits-

---

S. 509
49) Marx, K.: Zur Kritik der Politischen Ökonomie. MEW, Bd. 13, Berlin: Dietz Verlag 1974, S. 111
50) Marx, K.: Ökonomisch-philosophische Manuskripte aus dem Jahre 1844. MEW, Ergänzungsband, Erster Teil, Berlin: Dietz Verlag 1973, S. 542
51) Marx, K.: Das Kapital. MEW, Bd. 23, A.a.O., S. 396
52) Marx, K.: Grundrisse der Kritik der Politischen Ökonomie. A.a.O., S. 593
53) ebd., S. 592
54) Lenin, W.I.: Bemerkungen zum zweiten Programmentwurf Plechanows. Werke, Bd. 6, Berlin: Dietz Verlag 1975, S. 40

produktivität benutzt wird, die Arbeitslosigkeit zu erhöhen. Den „Produktionsprozeß zu vermenschlichen, angenehm oder nur erträglich zu machen" ist „vom kapitalistischen Standpunkt eine ganz zweck- und sinnlose Verschwendung"[56]. Marx hatte hier die industriellen Verhältnisse des vorigen Jahrhunderts und ihre sozialen Auswirkungen im Visier und sah noch keine Anzeichen dafür, wie sich das einmal ändern könnte und aufgrund des Erstarken der Gewerkschaften in den industriell entwickelten Ländern auch tatsächlich geändert hat, wodurch es gelang, die schlimmsten sozialen Folgen zu mildern.

3.3.3. Gemeinsamkeiten und Unterschiede der Technik verschiedener Epochen

Marx war der Ansicht, daß die Produktivkräfte letztlich als Gradmesser des gesellschaftlichen Fortschritts fungieren. Er schrieb: „Nicht was gemacht wird, sondern wie, mit welchen Arbeitsmitteln gemacht wird, unterscheidet die ökonomischen Epochen. Die Arbeitsmittel sind nicht nur Gradmesser der Entwicklung der menschlichen Arbeitskraft, sondern auch Anzeiger der gesellschaftlichen Verhältnisse, worin gearbeitet wird"[57]. Danach vollzieht sich die Höherentwicklung in der Geschichte der Produktivkräfte als ständige Veränderung der Arbeitsmittel, der technologischen Art und Weise der Produktion und damit der technologischen Verhältnisse, in denen produziert wird. Über längere historische Zeiträume hinweg nehmen die Produktivkräfte also nicht nur mengenmäßig zu, sondern auch eine neue Qualität an, die sich von der Qualität der vorangegangenen Produktivkräfte unterscheidet. In diesem Sinne sprach Marx auch davon, daß jede Produktionsweise ihre eigene technische Basis hat[58], die für „die technologische Vergleichung verschiedener Produktionsepochen"[59] herangezogen werden kann.

Die Arbeitsmittel sind also in letzter Instanz die ausschlaggebenden Faktoren, die dem Typ der materiell-technischen Produktivkräfte einer ökonomischen Epoche erst die charakteristische Prägung geben, die ihn von anderen ökonomischen Epochen abhebt und unterscheidet. Wäre eine solche Unterscheidung demzufolge nicht möglich, könnten die Arbeitsmittel auch nicht als Anzeiger der Produktionsverhältnisse fungieren. Den „Reliquien von Arbeitsmitteln" maß Marx daher für die Beurteilung untergegangener ökonomischer Gesellschaftsformationen dieselbe

---

55) Marx, K.: Das Kapital. MEW, Bd. 23, A.a.O., S. 674
56) Marx, K.: Das Kapital. MEW, Bd. 25, Berlin: Dietz Verlag 1973, S. 97
57) Marx, K.: Das Kapital. MEW, Bd. 23, A.a.O., S. 194-195
58) ebd., S. 403
59) ebd., S. 195

Wichtigkeit bei, wie dem „Bau von Knochenreliquien für die Erkenntnis der Organisation untergegangener Tiergeschlechter"[60].

Legt man also den Zustand der Produktivkräfte als Hauptkriterium der gesamten gesellschaftlichen Entwicklung zugrunde, so gelangt man zwangsläufig zum Schluß, daß sich die Industriegesellschaften kaum voneinander unterscheiden und für eine prinzipielle Trennung zwischen Kapitalismus und Sozialismus in der Zeit von 1917 bis 1989 nach Marx daher kein notwendiger und hinreichender Grund bestand. Denn der untergegangene Sozialismus war nicht in der Lage, ein qualitativ höheres Produktivkraftsystem zu schaffen, was wiederum historische Gründe hatte. Eine neue Qualität wäre erst erreicht worden, wenn die technisch/technologischen Produktionssysteme den Anforderungen der Zeit entsprechend nach ökologischen Kriterien und Prinzipien entwickelt und im großen Maßstab im Sozialismus eingesetzt worden wären, was jedoch nicht der Fall war. Vielleicht hatte Marx andere Vorstellungen von den Produktivkräften und ihrer Wirkungsweise im Sozialismus. Sicher scheint jedoch, daß die Menschheit um eine ökologische Produktionsweise mit dem ihr adäquaten Typ von Produktivkräften nicht herumkommt.

Als Marx den geschichtlichen Entwicklungsprozeß der Produktion in seinen verschiedenen Phasen verfolgte, stellte er unter anderem fest: „[...] alle Epochen der Produktion haben gewisse Merkmale gemein, gemeinsame Bestimmungen [...]. Einiges davon gehört allen Epochen an; andres einigen gemeinsam. Einige Bestimmungen werden der modernsten Epoche mit der ältesten gemeinsam sein. Es wird sich keine Produktion ohne sie denken lassen"[61]. Als allgemeine, allen Produktionsepochen gemeinsame Merkmale nannte Marx, daß die Menschheit als Subjekt und die Natur als Objekt immer dieselben sind, daß keine Produktion ohne Produktionsinstrumente möglich ist, und daß es keine Produktionsinstrumente ohne vergangene, angehäufte Arbeit gibt. In diesen allgemeinen Bedingungen aller Produktion sah Marx aber nur abstrakte Momente, mit denen „keine wirkliche geschichtliche Produktionsstufe begriffen ist"[62].

Die bei Marx anzutreffende Subjekt-Objekt-Trennung von Mensch und Natur bezieht sich in erster Linie auf den Produktionsprozeß, wo sie in der Tat gerechtfertigt ist. Andererseits ergibt sich aus der von ihm betriebenen Subjekt-Objekt-Dialektik und der Tatsache, daß er der Natur (und nicht dem Menschen) historische Priorität einräumte, zugleich die berechtigte Vermutung, daß Marx Natur und

---

60) ebd., S. 194
61) Marx, K.: Einleitung zur Kritik der Politischen Ökonomie. MEW, Bd. 13, A.a.O., S. 617
62) ebd., S. 620

Gesellschaft (und damit den Menschen) zugleich sowohl als Subjekt als auch als Objekt begriff, zumal eine solche Auffassung den Intentionen des dialektischen Materialismus entspricht, der erst durch Marx und Engels seine charakteristische Ausprägung erhielt.

Mit der Produktion auf immer größerer Stufenleiter werden nach Marx die materiellen Voraussetzungen für die später folgende Reproduktion auf erweiterter Stufenleiter geschaffen.[63] In dieser Hinsicht ist die kapitalistische Produktionsweise ein historisches Mittel, um die materiellen und technischen Produktivkräfte zu entwickeln.[64] Sie ist nach Marx historisch eine vorübergehende notwendige Form[65], um die Entwicklung der gesellschaftlichen Produktivkräfte auf einen Höhegrad zu bringen, der „eine gleiche menschenwürdige Entwicklung für alle Glieder der Gesellschaft möglich machen wird"[66]. Der kapitalistischen Produktionsweise wies Marx damit die historische Aufgabe zu, die „materiellen Grundlagen einer neuen Welt zu schaffen"[67], die er die Welt des Sozialismus nannte.

Es ist immerhin erstaunlich, welche Entwicklungspotenzen Marx der kapitalistischen Produktionsweise beimaß und wo er ihre historische Überlebtheit ansiedelte. Der Übergang vom Kapitalismus zum Sozialismus, wie er sich nach 1917 in Rußland und nach 1945 in den osteuropäischen Ländern vollzog, war demnach von vornherein zum Scheitern verurteilt, deren Ursachen bereits im Buch „Chancen für Umweltpolitik und Umweltforschung" von Horst Paucke dargestellt worden sind.[68] Da sich aber Geschichte so nicht mehr wiederholt, die evolutionäre Entwicklung der Menschheitsgeschichte wie der der Naturgeschichte aber offen ist und allem Anschein auch nach dem Prinzip der Selbstorganisation der Materie verläuft, werden sicherlich noch große Umwälzungen in der Struktur von Gesellschaft und Produktivkräften stattfinden, die hoffentlich nicht einen destruktiven Charakter annehmen.

---

63) Marx, K.: Das Kapital. MEW, Bd. 24, Berlin: Dietz Verlag 1975, S. 501
64) Marx, K.: Das Kapital. MEW, Bd. 25, A.a.O., S. 260
65) Marx, K.: Theorien über den Mehrwert. MEW, Bd. 26.1, Berlin: Dietz Verlag 1974, S. 157
66) Engels, F.: Rezension des „Kapitals" für das „Demokratische Wochenblatt". MEW, Bd. 16, Berlin: Dietz Verlag 1975, S. 242
67) Marx, K.: Die künftigen Ergebnisse der britischen Herrschaft in Indien. MEW, Bd. 9, Berlin: Dietz Verlag 1975, S. 226
68) Paucke, H.: Chancen für Umweltpolitik und Umweltforschung. Marburg: BdWi-Verlag 1994, S. 164-201

3.3.4. Triebkräfte der technischen Entwicklung

Die Herausbildung der großen Industrie war Ergebnis und Voraussetzung des wissenschaftlich-technischen Fortschritts. Industrie und Technik wurden seit der Industriellen Revolution mit einer ungeahnten Geschwindigkeit entwickelt. So schuf die große Industrie „ihre adäquate technische Unterlage und stellte sich auf ihre eigenen Füße"[69]. Ihr Aufbau und ihr Betrieb benötigte Naturressourcen in bestimmter Anzahl, Menge und Güte. Durch produktive Nutzung der Naturressourcen hat „die Bourgeoisie [...] massenhaftere und kollossalere Produktionskräfte geschaffen als alle vergangenen Generationen zusammen"[70].

Als allgemeine Triebkraft dieser Entwicklung wirkten die gesellschaftlichen Bedürfnisse, die die Produktion und Konsumtion fortwährend beeinflußten. Dabei zwang die Konkurrenz als treibende Kraft der profitablen Kapitalverwertung jeden einzelnen industriellen Kapitalisten bei Strafe seines Untergangs, schrieb Engels[71], die Technik zu verbessern, die Maschinen zu vervollkommen, die Rentabilität zu erhöhen, die Produktion zu erweitern, die Märkte auszudehnen und den Weltmarkt zu schaffen. Zugleich übte die Aufrechterhaltung der industriellen Prosperität einen Druck darauf aus, jedes Jahr mit weniger Kosten mehr zu produzieren. Das war durch Verbesserung der Maschinerie, Verminderung der Abfälle und Vervollkommnung der Produktionsmethoden möglich[72] und vor allem durch maßlose Ausbeutung von Mensch und Natur. Denn das Kapital ist und bleibt rücksichtslos gegen Mensch und Natur, wo „es nicht durch die Gesellschaft zur Rücksicht gezwungen wird"[73].

Die Einführung neuer Technik hatte dann auch „eine Vervollkommnung und Verbilligung aller Maschinen zur Folge und trieb zu weiteren Erfindungen und Verbesserungen" an.[74] Die bewußte Anwendung vor allem der Naturwissenschaft als Produktionspotenz wirkte somit als weitere Quelle des technischen Fortschritts.[75] Die Wirksamkeit, mit der die Naturkräfte auf diese Weise dem Produktionsprozeß einverleibt werden, hängt natürlich auch von den Methoden und wissenschaftlichen Fortschritten ab. Wie eng Wissenschaft und Technik miteinan-

---

69) Marx, K.: Das Kapital. MEW, Bd. 23, A.a.O., S. 405
70) Marx, K./Engels, F.: Manifest der Kommunistischen Partei. MEW, Bd, 4, Berlin: Dietz Verlag 1974, S. 467
71) Engels, F.: Anti-Dühring. MEW, Bd. 20, A.a.O., S. 255
72) Engels, F.: Die Zehnstundenfrage. MEW, Bd. 7, Berlin: Dietz Verlag 1978, S. 228
73) Marx, K.: Das Kapital. MEW, Bd. 23, A.a.O., S. 285
74) ebd., S. 406
75) ebd., S. 382

der verbunden sind, geht aus den Worten von F, Engels an W. Borgius hervor, die da lauten: „Wenn die Technik [...] ja größtenteils vom Stande der Wissenschaft abhängig ist, so noch weit mehr diese vom Stand und den Bedürfnissen der Technik. Hat die Gesellschaft ein technisches Bedürfnis, so hilft das der Wissenschaft mehr voran als zehn Universitäten"[76].

Die revolutionäre Kraft der Wissenschaft, die in die Entwicklung von Technik und Industrie immer mehr eingreift, ist damit eine Form der Produktivkraftentwicklung.[77] Diese Entwicklung vollzieht sich allerdings in einem unendlichen widerspruchsvollen Prozeß, in dem einzelne Fragen meist nur stückweise, durch eine Reihe von langwierigen Forschungen gelöst werden können. Im allmählich verlaufenden Stufengang des Erkenntnisfortschritts, der auch alle Irrwege durchläuft[78], werden die Grenzen, die sich dem technischen Fortschritt zeitweise auftun, schrittweise überwunden und erweitert. Alle Erfolge hängen daher von der Kenntnis und Beurteilung der technischen Schwierigkeiten ab, wozu aber nicht nur Wissen, sondern auch Anschauung gehört[79], die für die technische Machbarkeit große Bedeutung hat. „Daher stellt sich die Menschheit immer nur Aufgaben, die sie lösen kann, denn genauer betrachtet wird sich stets finden, daß die Aufgabe selbst nur entspringt, wo die materiellen Bedingungen ihrer Lösung schon vorhanden oder wenigstens im Prozeß ihres Werdens begriffen sind"[80].

Technische Lösungen müssen praktisch funktionieren. Die Urteils- und Bewertungsmaßstäbe darüber, wie sie funktionieren sollen, reichen aber über den engeren Technikbereich weit hinaus und in den ökonomischen, sozialen, politischen und ökologischen Bereich weit hinein. Die Vorstellung von den unbegrenzten Möglichkeiten der Technik bedarf daher der Korrektur und Einsicht in die Randbedingungen technischer Realisierbarkeit. Wenn die Technik im Laufe ihrer historischen Entwicklung viele negative Züge angenommen hat und wenn sich diese immer mehr verstärkten und verstärken, so liegt das nicht an der Technik schlechthin, sondern an ihrer gesellschaftlichen Orientierung und Anwendung. Sie haben es vermocht, die Technikentwicklung in eine Richtung zu treiben, die die Technik dem Menschen entfremdet und schließlich zu einem Dämon werden läßt, der sich gegenüber Mensch und Natur zerstörerisch äußert. Die Gesellschaft gleicht dann

---

76) Engels, F.: Engels an W. Borgius. MEW, Bd. 39, Berlin: Dietz Verlag 1978, S. 205
77) Engels, F.: Das Begräbnis von Karl Marx. MEW, Bd. 19, Berlin: Dietz Verlag 1974, S. 336
78) Engels, F.: Anti-Dühring. MEW, Bd. 20, A.a.O., S. 23
79) Marx, K.: Marx an Engels. MEW, Bd. 30, Berlin: Dietz Verlag 1974, S. 320
80) Marx, K.: Zur Kritik der Politischen Ökonomie. MEW, Bd. 13, A.a.O., S. 9

einem Hexenmeister, der die unterirdischen Gewalten nicht mehr zu beherrschen vermag, die er heraufbeschwor.[81]
Der Widerspruch zwischen technischem Fortschritt und Raub an sozialen und ökologischen Lebensbedingungen beruht deshalb auf gesellschaftlichen Fehlorientierungen der Technikentwicklung, die vor allem in einseitigen Ökonomisierungen ihren Ursprung haben. Dies ruft seit längerem schon Konflikte hervor, die auf eine Lösung drängen. So entwickelt die „große Industrie" einerseits die „Konflikte, die eine Umwälzung der Produktionsweise zur zwingenden Notwendigkeit erheben [...] und sie entwickelt andererseits in eben diesen riesigen Produktivkräften auch die Mittel, diese Konflikte zu lösen"[82]. Die Entwicklung der Widersprüche einer geschichtlichen Produktionsform ist somit der einzig geschichtliche Weg ihrer Auflösung und Neugestaltung.[83] Dieser Weg führt, wenn auch nicht geradlinig, sondern auf verschlungenen Pfaden, schließlich aber doch zu einer ökologischen Produktionsweise, die eine neue Qualität des Stoffwechselprozesses zwischen Mensch und Natur einleitet und die Reproduktion der natürlichen und sozialen Prozesse sichert.

3.3.5. Vervollkommnung und Umgestaltung der Produktionsprozesse

Allgemein geht es zunächst darum, dem eigentlichen humanen Wesen der Technik, die Arbeit zu erleichtern und die Reproduktion der Natur zu sichern, zum Durchbruch zu verhelfen und damit den „Normalfall der modernen Industrie" erst einmal herzustellen. Friedrich Engels ließ sich von dem Gedanken leiten, daß diesen Normalfall „nur eine Gesellschaft, die ihre Produktivkräfte nach einem einzigen großen Plan harmonisch ineinandergreifen läßt"[84], erreichen kann. Eine solche Gesellschaft kann und muß es der Industrie erlauben, ihre „technische Gestalt" sukzessive zu verändern und allmählich zu vervollkommnen. Bei der Vervollkommnung geht es einmal darum, fehlerhafte, ökonomisch vereinseitigte und teilweise deformierte Produktionsprozesse aufzuheben. Zum Anderen kommt es gleichzeitig darauf an, die Arbeitsorganisation und Arbeitsmittel laufend zu verbessern.
Die Möglichkeiten dazu sind in einer ökologisch orientierten sozialen Marktwirtschaft vorhanden. Gerade hier betrachtet und behandelt die moderne Industrie

---

81) Marx, K./Engels, F.: Manifest der Kommunistischen Partei. MEW, Bd. 4, A.a.O., S. 467
82) Engels, F.: Anti-Dühring. MEW, Bd. 20, A.a.O., S. 240
83) Marx, K.: Das Kapital. MEW, Bd. 23, A.a.O., S. 512
84) Engels, F.: Anti-Dühring. MEW, Bd. 20, A.a.O., S. 276

die vorhandene Form der Produktionsprozesse nie als definitiv, weil ihre technische Basis revolutionär ist. „Durch Maschinerie, chemische Prozesse und andere Methoden wälzt sie beständig mit der technischen Grundlage der Produktion die Funktionen der Arbeiter und die gesellschaftlichen Kombinationen des Arbeitsprozesses um. Sie revolutioniert damit ebenso beständig die Teilung der Arbeit im Innern der Gesellschaft"[85].

Um die industrielle Vervollkommnung zu erreichen, orientierte sich Marx an Funktionsprinzipien der Natur und lenkte das Interesse auf die Geschichte der natürlichen Technologie, deren Studium gerade heute unter den Bedingungen des wissenschaftlich-technischen Fortschritts immer dringlicher wird. Denn die „Technologie enthüllt" in der Tat „das aktive Verhalten des Menschen zur Natur, den unmittelbaren Produktionsprozeß seines Lebens, damit auch seiner gesellschaftlichen Lebensverhältnisse und der ihnen entquellenden geistigen Vorstellungen"[86].

Die revolutionäre Seite der Technikentwicklung drückt sich einmal qualitativ in der „unendlichen Vervollkommnungsfähigkeit der Maschinen der großen Industrie"[87], ihrer aufs höchste gesteigerten Verbesserungsfähigkeit aus. Das bedeutet zweierlei, nämlich Vervollkommnung der Einzelmaschine und des Maschinensystems[88], eine Vervollkommnung, die hauptsächlich durch Einführung fehlender Glieder in das bestehende Maschinensystem gekennzeichnet ist. Dadurch könnte eine qualitative Verbesserung des Maschinensystems erreicht und der Produktionsprozeß in sich geschlossen werden.[89] In den bisherigen Produktionsprozessen waren dagegen nur vereinzelt Kreislaufzyklen vorhanden. Infolgedessen bestand die Produktionskette aus den Gliedern Rohstoff, Erzeugnis, Abfall, während das Endglied fehlte, das die Kette kreisförmig schließt und den Abfall größtenteils wieder zum Sekundärrohstoff werden läßt. Die anthropogene industrielle Stoffumwandlung verläuft aber bis heute noch im großen ganzen linear. Das führt zwangsläufig zur Naturstoffvergeudung und Naturbelastung. Die Herstellung technologischer Produktionskreisläufe im großen Maße und auf immer höherer Stufenleiter würde geradezu eine technische Umwälzung der Produktionsprozesse bewirken.

Diese qualitativen Veränderungen müssen durch quantitative Wandlungen vorbereitet werden. Dazu zählen zunächst die Mängelbeseitigung an Einzelmaschinen und Aggregaten. Denn eine „Maschine z. B. mag mit noch so vollkommner

---

85) Marx, K.: Das Kapital. MEW, Bd. 23, A.a.O., S. 510-511
86) ebd., S. 395
87) Engels, F.: Die Entwicklung des Sozialismus von der Utopie zur Wissenschaft. MEW, Bd. 19, A.a.O., S. 217
88) Marx, K.: Das Kapital. MEW, Bd. 23, A.a.O., S. 455
89) ebd., S. 477

Konstruktion in den Produktionsprozeß eintreten; bei dem wirklichen Gebrauch zeigen sich Mängel, die durch nachträgliche Arbeit korrigiert werden müssen"[90]. Die Korrekturen geben auch meistenteils neue Impulse für Detailverbesserungen an den vorhandenen Maschinen. Inwieweit diese „angebracht werden können, hängt natürlich von der Natur der Verbesserungen und von der Konstruktion der Maschinen selbst ab"[91]. Schließlich muß bei rascher Entwicklung der Produktivkräfte die ganze alte Maschinerie durch vorteilhaftere ersetzt werden[92], was ebenfalls einen „qualitativen Wechsel im Maschinenbetrieb"[93] herbeiführen und den wissenschaftlich-technischen und ökonomischen Fortschritt beschleunigen müßte. Auf diese Weise könnte der Charakter ganzer Industriezweige so plötzlich und so vollständig verändert werden, daß die dadurch bewirkte technische Umwälzung des Produktionsprozesses eine Neugestaltung der bisherigen Produktionsform nach sich ziehen würde. Da es sich unter den heutigen Aspekten nur um eine ökologische Produktionsform handeln könnte, erscheint es überflüssig zu betonen, daß damit auch ein ökologischer Fortschritt verbunden wäre.

Hierin zeigt sich, wie eng die Vervollkommnung von technischen Arbeitsmitteln mit der Vervollkommnung der Arbeitsorganisation zusammenhängt. Aufgrund dessen, daß die technische Basis der Industrie immer revolutionär ist, bedingt sie auch einen fortwährenden Wechsel in den Produktionsmethoden[94], die dem jeweiligen Stand der Technik entsprechen. Die ständigen Verbesserungen, die auf dem Gebiet der Arbeitsmethoden möglich und notwendig sind, entspringen aus den gesellschaftlichen Erfahrungen, einschließlich wissenschaftlicher Erkenntnisse und Erfahrungen, die sich von Generation zu Generation vererben und sich mit der Zeit anhäufen. Bei der rationellen Gestaltung der Produktionsorganisation geht es schließlich darum, die Kooperation von Maschinen bzw. Maschinensystemen durch Kombination verschiedenartiger Arbeitsstufen und -prozesse herzustellen, um so kontinuierliche Übergänge aus einer Produktionsphase in die andere zu schaffen.[95] Ist das nicht gesichert, treten Stockungen im Produktionsablauf ein, die das Nacheinander und Nebeneinander der Produktion in Unordnung bringen, weil Stockungen in einem Stadium mehr oder minder große Stockungen in anderen Stadien bewirken.[96] Kooperation, Kombination und Kontinuität im

---

90) Marx, K.: Das Kapital. MEW, Bd. 24, Berlin: Dietz Verlag 1975, S. 175
91) ebd., S. 172-173
92) Marx, K.: Das Kapital. MEW, Bd. 25, A.a.O., S. 789
93) Marx, K.: Das Kapital. MEW, Bd. 23, A.a.O., S. 477
94) Marx, K.: Schutzzoll und Freihandel. MEW, Bd. 21, Berlin: Dietz Verlag 1979, S. 371
95) Marx, K.: Das Kapital. MEW, Bd. 23, A.a.O., S. 401

industriell-technischen Produktionsablauf sind also notwendige Bedingungen für den Gesamtproduktionsprozeß.[97] Das trifft auch für zukünftige abfallarme und in sich geschlossene Kreislaufprozesse der Produktion zu. Diese Prozesse gehen nur normal vonstatten, solange ihre verschiedenen Phasen ohne Stockungen ineinander übergehen.[98]

Die von Marx gesetzten Kriterien zur Regelung des Stoffwechsels zwischen Mensch und Natur haben auch für die Technologieentwicklung großen Wert, weil sie bedeuten, daß sich der ökonomische Reproduktionsprozeß stets mit dem natürlichen Reproduktionsprozeß verschlingt[99] (unabhängig davon, ob man das wahrnimmt oder nicht) und daß diese Verschlingung die Erhaltung der Natur und ihrer Eigenschaften (wie das Reproduktions- und Selbstreinigungsvermögen) zu einer lebens- und überlebenswichtigen Aufgabe macht. Die Einbeziehung der Natur in den gesellschaftlichen Produktionsprozeß ist jedoch ein durch und durch dialektischer Vorgang und kann nur richtig funktionieren, wenn sich die Produktionsprozesse ihrerseits zwangslos in die Naturkreisläufe einordnen, ohne in ihnen irreparable Störungen oder gar Verwüstungen hervorzurufen.

Die Schaffung und Anwendung abfallarmer, umwelt- und sozialverträglicher Technologien in Verbindung mit der Herstellung geschlossener Stoffkreisläufe werden somit zu einem Hauptweg der Umgestaltung der Produktionsprozesse und sind vorerst nur der Anfangstrend zu einer umfassenden Ökologisierung von Wirtschaft und Gesellschaft, die von den heutigen und künftigen Generationen verwirklicht werden muß. Wie der Bericht der Enquete-Kommission „Schutz des Menschen und der Umwelt – Bewertungskriterien und Perspektiven für umweltverträgliche Stoffkreisläufe in der Industriegesellschaft" des Deutschen Bundestages zeigt[100], liegen bereits heute ökonomische, ökologische und soziale Zwänge dazu vor. Erst die Ökologisierung von Wirtschaft und Gesellschaft wird die freie, ungehemmte, progressive und universelle Entwicklung der Produktivkräfte[101] erlauben, die die Voraussetzung für die Reproduktion von Natur und Gesellschaft bildet, und auch dafür, daß die Produktion mit Bewußtsein erfolgen kann.[102] Damit „werden wir mehr und mehr in den Stand gesetzt, auch die entfernteren

---

96) Marx, K.: Das Kapital. MEW, Bd. 24, A.a.O., S. 107
97) ebd., S. 108
98) ebd., S. 56
99) ebd., S. 359
100) Die Industriegesellschaft gestalten. Bonn: Economica Verlag 1994
101) Marx, K.: Grundrisse der Kritik der Politischen Ökonomie. A.a.O., S. 438
102) Engels, F.: Umrisse zu einer Kritik der Nationalökonomie. MEW, Bd. 1, A.a.O., S. 515

natürlichen Nachwirkungen wenigstens unsrer gewöhnlichsten Produktionshandlungen kennen und damit beherrschen zu lernen. Je mehr dies aber geschieht, desto mehr werden sich die Menschen wieder als Eins mit der Natur nicht nur fühlen, sondern auch wissen"[103].

3.4. Folgen der Naturnutzung und Schwierigkeiten ihrer Ermittlung

Über lange Zeit reichten die Naturpotentiale aus, die nachteiligen Folgen der Produktions- und Konsumtionsprozesse der Menschen zu kompensieren. Infolgedessen schien es nicht erforderlich, Kosten für die Beseitigung und Vermeidung von Umweltschäden zu verausgaben. Heute sind die Belastungen der natürlichen Umwelt durch die wirtschaftlichen Aktivitäten der Menschen so stark, daß sie allmählich beginnen, die Lebensgrundlagen der Menschen und die Naturgrundlagen der Produktion zu zerstören. Diese Entwicklung gefährdet Gesundheit und Wohlbefinden der Menschen und läßt Fragen nach dem Wert von Mensch und Natur aufkommen.

3.4.1. Wert und Bewertung

Die Fragen nach dem Wert von Natur und Mensch sind ebenso bedeutsam wie die Fragen nach dem Wert des Lebens überhaupt. Die Natur fragt allerdings nicht nach dem Wert, sondern verfährt nach ihren Gesetzen. Den Naturgesetzen ist aber auch das menschliche Dasein unterworfen. Ohne die anorganischen und organischen Entwicklungsformen der Natur wäre menschliches Leben ohnehin nicht möglich und denkbar. Sie bilden erst die fundamentalen Voraussetzungen und Bedingungen für seine Existenz, mit denen der Mensch bei Strafe seines Untergangs haushälterisch und pfleglich umgehen muß. Damit hält er sein eigenes Leben und Überleben, sein „Schicksal" selbst in der Hand.[104]

Nur der Mensch fragt nach dem Wert seiner natürlichen Umwelt, legt den Dingen einen Wert bei. Diese Bewertung der Dinge kann sich im Laufe seiner individuellen und historischen Entwicklung aber verändern. Dadurch können Dinge, die einmal wichtig waren, an Wert verlieren, und früher scheinbar unwichtige Dinge an Wert gewinnen. Der Mensch mit seiner notwendigerweise anthropozentrischen Sicht der Dinge (denn er weiß nur, wie er selbst denkt) muß daher im ganz egoistischen Interesse der Erhaltung seiner Art allen Organismen eine

---

103) Engels, F.: Dialektik der Natur. MEW, Bd. 20, A.a.O., S. 453

104) Norton, B.: Waren, Annehmlichkeiten und Moral. In: Ende der biologischen Vielfalt? Heidelberg/Berlin/New York: Spektrum Akademischer Verlag 1992, S. 222-227

Daseinsberechtigung einräumen und für ihre Erhaltung sorgen. Das ist ein kategorischer Imperativ seines Verhaltens gegenüber anderen, von ihm nicht geschaffenen Organismen, gerade weil und wenn er nicht weiß, wie wichtig sie für seine Existenz sind oder werden könnten. Ansonsten bringt er sich eines Tages selbst in Gefahr und setzt seine Existenz aufs Spiel. Dieses Denken in Gesamtzusammenhängen, das den Menschen in Beziehung zu seiner Umwelt, Mitwelt und Nachwelt bringt, wird oftmals als „ökozentrisch" bezeichnet und der „anthropozentrischen" Sichtweise entgegengesetzt, ohne die inneren Zusammenhänge, die zwischen ihnen bestehen, zu beachten. Selbst wenn diese dialektischen Beziehungen begriffen werden, ist es für den Menschen ohnehin ein schier unüberwindliches Problem, die Gesamtzusammenhänge überhaupt erkennen. erfassen und bewerten zu können.

Das Selbsterhaltungsinteresse des Menschen erfordert generell, im Gattungsinteresse zu denken und zu handeln, und setzt voraus, Langzeitinteressen zu verfolgen. Geschieht das nicht, stehen vor allem Kurzzeitinteressen im Vordergrund, um aus der Natur größtmöglichen Nutzen zu ziehen, ohne die Folgen (Neben-, Früh- und Spätwirkungen) zu bedenken und zu berücksichtigen, werden Umweltverbrauch und Umweltbelastung bald an kritische Grenzen stoßen. Das ist gegenwärtig bereits der Fall. Wie es sich zeigt, können sich dann Umweltprobleme zu Umweltkrisen und Umweltkatastrophen auswachsen, wobei die einzelnen Phasen gleitend ineinander übergehen können, worauf 1977 bereits hingewiesen wurde.[105]

Kurzzeitdenken und Kurzzeithandeln konnten nur solange erfolgreich sein, wie die Naturressourcen ausreichten und die Naturpotentiale nicht erschöpften. Nunmehr beschwört ein solches Denken und Handeln bereits die Gefahr herauf, die Naturressourcen irreversibel zu schädigen und zu vernichten. Das kurzzeitige, nutzensorientierte Denken und Handeln hat sich in der Ökonomie jedoch derart durchgesetzt und verfestigt, daß Langzeitinteressen einfach verdrängt werden und kaum noch eine Rolle spielen. Im Prinzip verstößt die gegenwärtig praktizierte, traditionelle Ökonomie damit gegen fundamentale Überlebensinteressen der Menschheit, handelt gegen sich selbst. Zumal dann, wenn man unter Ökonomie die Lehre vom Haushalt und von der Reproduktion der Gesellschaft versteht, die in den Naturhaushalt eingebettet ist. Die traditionelle Kurzzeitökonomie ist an einem Punkt angelangt, wo es im Überlebensinteresse der Menschheit notwendig erscheint, auch den Wert von Naturressorcen und Naturpotentialen ökonomisch zu begründen, um sie vor weiterer Vernichtung zu bewahren.

---

105) Paucke, H.: Feststellungen und Fragen zur ökologischen Krisenproblematik. Deutsche Zeitschrift für Philosophie, H. 4, Berlin 1977, S. 482-483

Das ist allein schon deshalb kurios, weil es sich hierbei um essentielle Lebensgrundlagen der Menschheit handelt, zu deren Erhaltung eigentlich keine Begründungen geliefert werden müßten. Die Ökonomie verfährt aber so, als ob natürliche Lebensgrundlagen nicht zum menschlichen Leben gehören und als ob nicht die Erhaltung, sondern die Ausbeutung und Zerstörung von Naturgrundlagen das alleinige Ziel menschlichen Handelns sei. Vor dieser Kurzzeitökonomie gilt nur, was sich auch ökonomisch ausweisen kann und läßt. Sie nimmt keine Rücksicht darauf, ob es überhaupt möglich ist, die ökologischen und sozialen Folgen menschlicher Aktivitäten sowie den Wert von Naturressorcen zu erfassen. Diese Art von Ökonomie entspricht daher nicht mehr den Erfordernissen der Menschheit (und hat ihnen wahrscheinlich noch nie entsprochen) und ist längst überholt. Sie muß durch eine Langzeitökonomie (oder auch ökologische Ökonomie) abgelöst werden, die auf eine umwelt- und sozialverträgliche Wirtschaftsweise orientiert und stimuliert und die die Erhaltung und humane Nutzung der Natur zu einer conditio sine qua non (zu einem kategorischen ökologischen Imperativ) menschlichen Handelns macht.

Davon sind wir aber noch weit entfernt. Aus diesem Dilemma entspringen auch die Schwierigkeiten der ökonomischen Bewertung von Naturressourcen. Denn wer ist schon in der Lage, den Wert von Gebirgsflüssen, Maiglöckchen oder Giraffen zu bestimmen oder die Nützlichkeit intakter Ökosysteme zu berechnen? Nach welchen Kriterien sollte das geschehen und welche Prioritäten müßten gesetzt werden? Welche Kosten für ausgerottete Pflanzen- und Tierarten sollten veranschlagt werden, die nicht mit Kosten aufgewogen werden können, weil sie sich nicht mehr ersetzen lassen? In diesem Zusammenhang ist auch der Versuch von Frederic Vester wenig tröstlich, den Wert eines Blaukehlchens mit genau 1357,13 DM zu errechnen[106], weil die Menschheit trotz finanziellem Reichtum immer mehr verarmt. Unter solchen Unsicherheiten und Unwägbarkeiten müssen alle Versuche, Naturressourcen ökonomisch zu bewerten, als eine moralische Rechtfertigung erscheinen, ihre Zerstörung nicht verhindern zu können.

Um diese Unfähigkeit zu verdecken, werden den Naturressourcen, vor allem den lebenden, im allgemeinen Handelswerte, Annehmlichkeitswerte und moralisch-ethische Werte beigemessen, werden Umfragen durchgeführt, wieviel Geld die Menschen beispielsweise für die Erhaltung einer Pflanzen- oder Tierart zu zahlen bereit wären. Selbst solche Erklärungen enthalten Widersprüche zwischen theoretischer Absicht und tatsächlichem Handeln, die man letztlich auf sich beruhen läßt und damit den wirklichen Ernst oder die Hilflosigkeit im Umgang mit Arten

---

106) Vester, F.: Der Wert eines Vogels. München 1983

dokumentiert. Zudem erfolgen Bewertungen von Naturressourcen nach dem unmittelbaren konsumtiven, produktiven und nicht-konsumtiven Nutzen, wobei letztere auch die Freude darüber, daß bestimmte Naturressourcen noch existieren, in sich einschließen sollen.[107] Das ist natürlich eine Bankrotterklärung, die deutlich erkennen läßt, daß den Menschen die Herrschaft über das eigene Handeln immer mehr verloren geht. Ursache dafür sind gegensätzliche Interessenkonflikte unterschiedlicher Menschengruppen, wobei die egoistischen Kurzzeitinteressen das Handeln bestimmen und es objektiv in eine für die weitere Entwicklung der Menschheit verhängnisvolle Richtung drängen.

Völlig unbrauchbar ist in dieser Hinsicht auch die Arbeitswert-Theorie von Marx, weil man den Wert von Naturressourcen nicht allein bzw. überhaupt nicht danach bemessen kann, wieviel menschliche Arbeitskraft nötig ist, um sie zu erhalten oder sie zu zerstören bzw. um ihre potentiellen Gebrauchswerte in aktuelle zu überführen. Damit bewertet man nicht die Naturressourcen, sondern nur die Fähigkeiten der Menschen, sich die Naturressourcen mit einem bestimmten Aufwand in einer bestimmten Zeit anzueignen. Diese Arbeitsleistung, die je nach dem Ziel der Arbeit von Naturressource zu Naturressource sehr unterschiedlich sein kann, erhält dann noch einen Preis, der aber nicht der Preis für einzelne Naturressourcen ist und sein kann, zumal der Preis um den Wert einer „Ware" ständig schwankt.

Andererseits wäre es ebenso einseitig zu behaupten, nur die Natur produziert Wert.[108] Eine solche Behauptung läßt sich nur aufstellen und halten, wenn man die Menschen ausschließlich als reine Naturwesen und nicht als biopsychosoziale Wesen begreift. Menschen sind aber Wesen, die in der Natur und in der Gesellschaft leben. Die menschliche Gesellschaft ist zwar aus der Natur hervorgegangen, stellt aber eine andere, eben die gesellschaftliche Entwicklungsform der Materie dar, die mit der organischen und anorganischen Entwicklungsform der Materie auf Gedeih und Verderb verbunden ist. Daraus ergibt sich wiederum die Dialektik zwischen Natur und Gesellschaft, die es richtig erscheinen läßt, Natur und Arbeit als Quellen gesellschaftlichen Reichtums zu fassen. Natur und Arbeit sind damit die einzigen Urbildner von gesellschaftlichen Werten, bilden nach Hans Immler „das Ensemble materieller Produktivkräfte"[109].

In diesem Sinne müssen zugleich solche, sicherlich gut gemeinte Thesen verworfen werden, daß alle ökonomische Wertbildung der Industriegesellschaften zwar

---

107) McNeely, J.A.: Strategien zum Schutz der Artenvielfalt. In: Jahrbuch Ökologie 1994, A.a.O., S. 39

108) Immler, H.: Vom Wert der Natur. A.a.O., S. 226-260

109) ebd., S. 232

durch die Produktivität der Natur hervorgebracht werde, was falsch ist, aber nicht alle Naturproduktivität von der tauschwirtschaftlichen Rationalität erfaßt wird, was richtig ist.[110] So verständlich es ist, von einer einseitigen ökonomischen Orientierung der Wert- und Preistheorien abzukommen, so wenig aussichtsreich erscheint es, die ökologische Orientierung zum alleinigen und ausschlaggebenden Faktor in Wirtschaftstheorien zu machen. Vielmehr liegt in einem vernünftigen Ausgleich zwischen Ökonomie und Ökologie eine reale Chance für Natur und Gesellschaft, die sich auch in einer ökologischen Ökonomie widerspiegeln könnte.

Wie es aussieht, gehen alle Wert- und Preistheorien davon aus, daß die Natur bei der Erzeugung ökonomischer Werte keinen oder nur einen geringen Beitrag liefert. Dadurch hat sich die Wirtschaftspraxis historisch bisher so verhalten, als ob die Naturressourcen ein freies Gut wären und dem Menschen kostenlos zur Verfügung stünden. Eine solche Wirtschaftstheorie und Wirtschaftspraxis hat sich historisch als Irrtum und Irrweg erwiesen, die von Jürgen Hopfmann in seinem Buch „Umweltstrategien" eingehender analysiert worden sind.[111] Daß die Naturressourcen und Naturpotentiale, ob in ursprünglicher oder in einer vom Menschen modifizierten Form Gebrauchswert haben und Träger von Tauschwert sind, liegt eigentlich klar auf der Hand. Gebrauchs- und Tauschwerte existieren demzufolge niemals an sich, sondern sind immer an materielle Grundlagen gebunden, zu denen auch die menschliche Arbeitskraft gehört. Sie sind aber nicht nur von augenblicklichen Bedürfnissen und Interessen der Menschen abhängig, sondern unterliegen auch historischen Veränderungen. Gebrauchs- und Tauschwerte sind also veränderliche Größen. Bewertungen werden daher immer problematisch sein, weil man erstens nicht weiß, wie man sie bewerten soll, und es zweitens immer schwierig war, ist und bleibt, die Anteile von Natur und Arbeit richtig herauszufiltern. Beides wird zudem noch überlagert durch den Markt, der schließlich über die Größe und Größenverhältnisse der erzeugten Werte entscheidet.

Der Biologe David Ehrenfeld hält es logischerweise daher auch für unmöglich, Einzelbestandteilen von Naturressourcen wie der biologischen Vielfalt bzw. ihrer Gesamtheit einen Wert zuzuschreiben[112], während der Philosoph Bryan Norton diese Problematik konsequent zu Ende denkt und zum Schluß kommt: „Die Bewertung der biologischen Vielfalt als Schätzspiel oder als Komplex interessanter theoretischer Probleme der Wohlfahrtsökonomie zu betrachten, ist eine Sache. Ganz etwas anderes ist es jedoch, wenn unsere Schätzwerte und Vermutungen zur

---

110) ebd., S. 227
111) Hopfmann, J.: Umweltstrategie. München: C.H. Beck Verlag 1993, S. 115-160
112) Ehrenfeld, D.: Warum soll man der biologischen Vielfalt einen Wert beimessen? In: Ende der biologischen Vielfalt, A.a.O., S. 237-239

Grundlage für Entscheidungen werden sollen, die das Funktionieren der für uns und unsere Kinder lebensnotwendigen Ökosysteme beeinträchtigen [...] Der Wert der biologischen Vielfalt ist der Wert alles Seienden. Er ist die Summe der Bruttosozialprodukte aller Länder von heute bis zum Ende der Welt. Wir wissen das, weil unser Leben und unsere Wirtschaft von der biologischen Vielfalt abhängen. Wenn wir sie immer weiter verringern, ohne den Punkt zu kennen, an dem die Katastrophe einsetzt, wird es irgendwann keine denkenden Lebewesen mehr geben, und mit ihnen verschwindet auch jeglicher Wert, sei er nun wirtschaftlich oder anderweitig begründet"[113].

3.4.2. Problematik des Bruttosozialprodukt-Konzeptes

Im Kern geht es bei ökonomischen Bewertungen immer darum, die Vor- und Nachteilswirkungen der Wirtschaftstätigkeit auf den Haushalt von Natur und Gesellschaft zu ermitteln und zu quantifizieren, soweit dies überhaupt machbar ist. Werden positive und negative Effekte der Wirtschaftstätigkeit miteinander nicht ausbilanziert, ist die volkswirtschaftliche Gesamtrechnung (VGR) einseitig, irrational und falsch.[114] Das erkannte auch der Wirtschaftsausschuß des Deutschen Bundestages anläßlich der Anhörung zu den ökologischen Folgekosten des Wirtschaftens im Mai 1989. Dort wurde dem Bruttosozialprodukt (BSP) als Maßstab für eine erfolgreiche Wirtschaftspolitik und für wachsenden Volkswohlstand nur eine begrenzte Aussagefähigkeit beigemessen. Um Wachstum und Stabilität der Wirtschaft zu fördern, wurde von der Wissenschaft erwartet, zur Relativierung und/oder Modifizierung des Kriteriums Bruttosozialprodukt beizutragen. Denn bisher charakterisierte die Kennziffer Bruttosozialprodukt lediglich die alljährliche Gesamtproduktion von Gütern und Dienstleistungen, die am Markt gegen Geld gehandelt wird, und suggeriert den Eindruck, als ob sich wirtschaftlicher Erfolg allein an den Zuwachsraten der wirtschaftlichen Gesamtrechnung ablesen läßt. Das ist aber nicht der Fall. weil das BSP mit zwei grundsätzlichen Mängeln einhergeht:
- Erstens erfaßt es nicht alle wirtschaftlichen Leistungen. Viele von ihnen werden nicht über den Markt getauscht (wie Schatten-, Eigen-, Haus-, Informations- und ehrenamtliche Arbeit).
- Zweitens mißt es undifferenziert alle Güter und Dienstleistungen, summiert sie, ohne die dabei entstehenden positiven und negativen Effekte (Belastungen,

---

113) Norton, B.: Waren, Annehmlichkeiten und Moral. A.a.O., S. 227

114) Paucke, H./Streibel, G.: Ökonomie contra Ökologie? Berlin: Verlag Die Wirtschaft 1990, S. 29-38

Schädigungen, Zerstörungen) zu kompensieren. Dadurch gehen die Reparaturen und Ersatzmaßnahmen als zusätzliches Wirtschaftswachstum in die volkswirtschaftliche Gesamtrechnung ein.

Das Bruttosozialprodukt honoriert daher eher eine Wirtschaftspolitik, die Umweltschäden verursacht, und eine Umweltpolitik, die auf eine nachträgliche Beseitigung von Umweltschäden orientiert, als eine Wirtschafts- und Umweltpolitik. die Umweltbeeinträchtigungen von vornherein vermeidet.

Wachstum an sich wird damit zum Fetisch und kann so nicht als Maß für Wohlstand, Wohlfahrt und Lebensqualität dienen. Denn zunehmende Umweltbelastungen müßten zwangsläufig zu einer allmählichen Aufzehrung des Bruttosozialprodukts führen, wenn es nur dafür verwendet werden müßte, die Umweltschäden zu beseitigen und die Lebensqualität wiederherzustellen. Eine unausbleibliche Folge davon wäre, daß sich der Anteil des Bruttosozialprodukts, der für steigenden Wohlstand bzw. für dessen Sicherung übrigbliebe, immer mehr verringern würde. Ginge diese Entwicklung so weiter, würde der Produktionszuwachs eines Tages gerade noch oder nicht mehr dafür ausreichen, die Umweltschäden zu kompensieren bzw. ihre weitere Zunahme zu verhindern. Aufwendungen, die Umwelt- und Lebensqualitäten wiederherstellen sollen, wirken demzufolge wie Ersatzinvestitionen, weil sie Wohlfahrtsverluste unter Umständen zwar ausgleichen, die Lebensqualität aber nicht erhöhen. Hier handelt es sich also um Kosten, die einer umwelt- und ressourcenaufwendigen Wirtschafts- und Lebensweise entspringen. Im Ergebnis einer solchen Logik und Verfahrensweise erscheint eine Gesellschaft umso reicher, je mehr sie die Natur zerstört und die Zerstörungen wieder zu beseitigen versucht. In der jetzigen Form ist das BSP daher kein Indikator, um die tatsächlichen Leistungen von Gesellschaft und Natur zu charakterisieren.

Um diese Unzulänglichkeiten und auch Widersinnigkeiten bei der Berechnung des Bruttosozialprodukts zu beheben, sind seit einiger Zeit im Statistischen Bundesamt in Zusammenarbeit mit dem Umweltbundesamt und anderen Institutionen Untersuchungen im Gange, wie das Bruttosozialprodukt unter ökologischen Aspekten modifiziert werden könnte (Ökosozialprodukt) und wie sich die ökologischen und sozialen Kosten in die volkswirtschaftliche Gesamtrechnung einfügen ließen. Deshalb wurde zunächst einmal ein sogenanntes Umwelt-Satellitensystem erarbeitet, das die volkswirtschaftliche Gesamtrechnung durch eine umfassende Umweltberichterstattung ergänzt. Solche Ergänzungen waren aber insofern unbefriedigend, weil das Kernsystem der volkswirtschaftlichen Gesamtrechnung mit seinen zentralen Aussagen über den Wirtschaftsprozeß unverändert blieb. Das wiederum führte zu Überlegungen, eine eigenständige „umweltökonomische" oder „ökologische Gesamtrechnung" aufzubauen, die den Zustand der Umwelt und seine Veränderungen durch wirtschaftliche Einflüsse darstellt. Die ökologische

Gesamtrechnung sollte gleichberechtigt neben die volkswirtschaftliche Gesamtrechnung treten. Dem Umwelt-Satellitensystem käme dann die Aufgabe zu, zwischen den ökologischen und wirtschaftlichen Rechnungssystemen zu vermitteln und die Wechselbeziehungen zwischen Ökologie und Ökonomie zu verdeutlichen.[115]

Auch in der ehemaligen DDR beschäftigte man sich schon seit Beginn der 70er Jahre mit der Berücksichtigung von Umweltschutzmaßnahmen im Nationaleinkommen.[116] Der Wirtschaftswissenschaftler Hans Mottek wehrte sich zunächst einmal dagegen, von den Kosten des Umweltschutzes zu sprechen, und hielt es für sinnvoller und richtiger, sie als Kosten der Umweltschädigung zu bezeichnen.[117] Denn die umweltschädigenden Einwirkungen des Menschen, die in der Vergangenheit nicht beseitigt worden sind, verursachen heute Kosten. Im Grunde genommen handelt es sich hier um eine Bezahlung von Schulden, die nur den Anschein von Kosten erwecken, weil sie zu dem von der Volkswirtschaft im laufenden Jahr zu deckenden Aufwand gehören. Diesen Sachverhalt galt es daher in der ökonomischen Theorie zu berücksichtigen. Mottek schlug vor, den Kostenbegriff neu zu fassen, und den Wert, also die für ein bestimmtes Produkt gesellschaftlich notwendige Arbeitszeit, so zu präzisieren, daß in ihr auch die Arbeitszeit erfaßt wird, die erforderlich ist, um bestimmte Umweltschäden der Produktion zu beseitigen bzw. zu vermeiden.

Letzten Endes ging es dabei darum, die natürlichen Ausgangsbedingungen der Produktion wiederherzustellen und dadurch die Reproduktionsfähigkeit von Natur und Gesellschaft zu sichern. Seiner Meinung nach würde mit den Beseitigungs- und Vermeidungskosten ein objektiver Maßstab geschaffen werden, die Betriebe und Kombinate ökonomisch zu stimulieren, die Nebenwirkungen der Produktion auf die natürliche Umwelt von vornherein zu berücksichtigen und zu minimieren. Das sollte durch die Auswahl geeigneter technologischer Varianten geschehen. Mottek sah voraus, daß dies für die umweltgerechte Orientierung der Produktion wachsende Bedeutung erlangt.

Damit lenkte Mottek schon beizeiten die Aufmerksamkeit auf die Notwendigkeit hin, die Umweltbelastung ökonomisch zu bewerten und die Kostenrechnung durch die umweltökonomischen Kategorien Beseitigungs- und Vermeidungsko-

---

115) Schöne, I. (Hg.): Möglichkeiten einer realitätsgerechteren Wohlstandsberechnung. Kiel: SPD-Dokumentation 1990

116) Paucke, H.: Hans Mottek – ein Initiator der Umweltforschung der DDR. In: Wirtschaftsgeschichte und Umwelt. Hans Mottek zum Gedenken. Marburg: BdWi-Verlag 1995, S. 89-107

117) Mottek, H.: Zu einigen Grundfragen der Mensch-Umwelt-Problematik. Wirtschaftswissenschaft, H. 1, Berlin 1972, S. 42

sten zu ergänzen. Eine solche Bewertung hielt er schon deshalb für erforderlich, weil die Umweltschäden die gegenwärtigen und zukünftigen Lebensbedürfnisse der Menschen wesentlich beeinflussen. Dabei sollte jede Maßnahme und jeder Aufwand ökonomisch tragbar sein, wenn sie dazu beitragen, die derzeitigen und späteren Lebensbedingungen (direkt und indirekt) mehr positiv als negativ zu beeinflussen. Die dafür benötigten Mittel stünden demzufolge nicht mehr für die Befriedigung traditioneller Bedürfnisse (individuelle und produktiv konsumtive) zur Verfügung. Mottek suchte nach einem geeigneten Weg, um die miteinander konkurrierenden Bedürfnisse ökonomisch auf einen Nenner zu bringen, was nichts anderes bedeutete, als die Umweltschutzaspekte in ihrer Gesamtheit im ökonomischen Kategoriensystem abzubilden und einzubauen.

Ausgangspunkt dafür war seine Hypothese, daß die unbeabsichtigten Nebenwirkungen der Produktion (wie Lärmimmission, Schadstoffbelastung von Luft und Gewässern, Landschaftszerstörung) die Lebensbedingungen der Menschen direkt und indirekt verschlechtern, die gesellschaftliche Konsumtion beeinträchtigen bzw. einschränken und deshalb gewissermaßen als „negative Konsumgüterproduktion" gelten könnten. Im Unterschied zu der eigentlichen Konsumgüterproduktion ließen sich die Umweltschäden jedoch nicht mit gleicher Sicherheit auf die unmittelbaren Verursacher zurückführen.

Aber nicht nur die Konsumtion, sondern auch die Produktion (aktuelle und potentielle) wird durch Umweltbeeinträchtigungen direkt und indirekt geschädigt, was auf eine Schädigung der Produktivkräfte, insbesondere der Produktivkraft Mensch, hinausläuft. Zudem büßen die materiell-technischen Produktivkräfte, die vorhandenen Arbeitsmittel und Technologien in einer verschmutzten Umwelt einen Teil ihrer Produktionsfähigkeit und Produktivität ein (schnellere Korrosion), was auch auf die natürlichen Produktivkräfte zutrifft, deren Reproduktions- und Selbstreinigungsvermögen durch Umweltbelastungen Einbußen erleiden. Um die Leistungsfähigkeit der gesellschaftlichen und natürlichen Produktivkräfte zu erhalten, wiederherzustellen oder zu steigern, ist Arbeit, gesellschaftlicher Aufwand nötig, der umso größer wird, je weiter die Umweltzerstörungen fortschreiten und je mehr Zeit für deren Behebung verstreicht. Die „natürlichen Produktivkräfte" werden so zu immer beachtlicheren ökonomischen Größen, deren Schädigung „dem Vergrößern oder Vermindern der Produktionskapazität materiell-technischer Produktionssysteme" gleichzusetzen sei.[118] Natürlich war sich Mottek darüber im klaren, daß irreversibel geschädigte Naturerscheinungen und Naturprozesse nicht

---

118) Mottek, H.: Umweltschutz – ökonomisch betrachtet. wissenschaft und fortschritt, H. 5, Berlin 1974, S. 196

mehr wiederhergestellt werden können, während sich geschädigte materiell-technische Produktivkräfte jederzeit reparieren und ersetzen lassen.

Leider ließen sich die „Quanta der Bedürfnisbefriedigung" zwar vergleichen, aber nicht messen. Selbst das Nationaleinkommen (ähnlich dem Bruttosozialprodukt) war nicht geeignet, solche Faktoren wie das Produktionssortiment, die Qualität der erzeugten Produkte oder den Umweltzustand richtig widerzuspiegeln und exakt zu bewerten. Demzufolge schlug Mottek vor, Umweltschädigungen ebenso wie Umweltverbesserungen im Nationaleinkommen negativ oder positiv abzurechnen.[119] Dadurch würde die tatsächliche Leistung der Volkswirtschaft besser zum Ausdruck kommen. Dieses Abrechnungsverfahren sollte auch auf Betriebsebene Anwendung finden, um die Betriebe anzuhalten, entweder mehr Umweltschutzanlagen zu errichten (Entsorgungsstrategie) oder die Produktion umzugestalten und von vornherein von unerwünschten Nebenwirkungen zu entlasten (Vorsorgestrategie). Für Mottek hieß Umweltschutz durchsetzen letzten Endes, die Bedürfnisse der Menschen umzubewerten.

Es gelang allerdings nicht, die Kosten-Nutzen-Analysen in der gesamten Volkswirtschaft einzuführen, weil die Staatliche Plankommission die damit verbundenen kurzfristigen Kosten scheute und dem in Aussicht gestellten langfristigen Nutzen mißtraute. Außerdem gab es politisch-ideologische Vorbehalte, die sich vor allem auf folgende Tatsachen stützten:

- Erstens machten solche Maßnahmen schonungslos sichtbar, daß es in der DDR Umweltschäden unterschiedlichen Ausmaßes und unterschiedlicher Intensität in allen Volkswirtschaftsbereichen gibt, die nicht nur eine Erblast des Kapitalismus sind, sondern vor allem auf die Wirtschaftsweise des Sozialismus zurückgehen.
- Zweitens gaben die Maßnahmen deutliche Hinweise darauf, von welchen Volkswirtschaftsbereichen die schwersten Umweltschädigungen ausgingen und welche materiell-technischen und finanziellen Mittel notwendig gewesen wären, um diese Schädigungen wenigstens in Grenzen zu halten.
- Drittens wären die Ergebnisse umweltökonomischer Analysen ein Beweis für die mangelnde Wirksamkeit der ökonomischen Strategie gewesen, die darauf abzielte, durch Intensivierungsmaßnahmen die Produktionsabfälle weitestgehend zu verringern und damit die Umweltprobleme automatisch zu lösen.
- Viertens hätte die Einbeziehung der Umweltschäden in die Berechnung des Nationaleinkommens veranschaulicht, daß das Wirtschaftswachstum im Null-

---

119) Mottek, H.: Zu einigen Grundfragen der Mensch-Umwelt-Problematik. A.a.O., S. 36-43

bzw. Negativbereich gelegen hätte und die errechneten Wachstumsraten (meist 4%) nicht den Tatsachen entsprechen. Das war natürlich ein Politikum in Zeiten, wo der Sozialismus seine Vorzüge und seine Überlegenheit gegenüber dem Kapitalismus gerade durch die Erzielung kontinuierlich hoher oder sogar steigender Wachstumsraten beweisen sollte. So wurde wieder einmal nach dem Prinzip von ~~Wilhelm Busch~~ Ringelnatz verfahren, daß nicht sein kann, was nicht sein darf.

Damals wie heute war und ist jedoch klar, daß es große Schwierigkeiten gibt, eine ökologische Gesamtrechnung zu erstellen. Sie treten bereits bei der Erfassung von Umweltbelastungen und Umweltschäden in Natur und Gesellschaft durch wirtschaftliche Aktivitäten in Erscheinung und setzen sich über deren Bewertung fort. Im folgenden wird deshalb versucht, auf einige dieser Probleme bei der Ermittlung der ökologischen und sozialen Folgekosten aufmerksam zu machen.

3.4.3. Folgekosten der Luftbelastung

Die durch Luftbelastung hervorgerufenen Schäden sind vielgestaltig und noch längst nicht alle erfaßt. Eine derartige Erfassung stellt aber eine grundlegende Voraussetzung dar, um die bereits eingetretenen oder zu erwartenden Schäden monetär bewerten zu können. Durch Luftschadstoffe können grundsätzlich alle Lebewesen (Pflanzen, Tiere, Menschen) geschädigt (reversibel und irreversibel) und alle Medien der natürlichen Umwelt (Boden, Luft, Wasser) in ihrer Qualität beeinträchtigt werden. Darüber hinaus verursachen Luftschadstoffe auch Materialschäden. Alle diese Kosten müßten einzeln erfaßt und summiert werden, um Aussagen über die Folgekosten durch Luftbelastung erfassen zu können.

Das ist allerdings eine Aufgabe, die noch gelöst werden muß. Bisher liegen dazu nur punktuell Ergebnisse vor, die auf Schätzungen beruhen. Die methodischen Grundlagen dieser Schätzungen sind zudem umstritten. Schätzungen können ohnehin nur eine Vorstellung über die wahrscheinliche Größenordnung von Schäden vermitteln, wenn man die unterstellten Bedingungen berücksichtigt und akzeptiert. Dabei hängen die Annahmen stark vom Objekt der Schätzungen ab. Ausgangspunkt bildet jeweils der „Normalzustand", die „normale Qualität" des Objektes vor Eintritt seiner Schädigung bzw. Zerstörung. Die Ermittlung des normalen Zustandes oder der normalen Funktionsweise von Ökosystemen und deren Elemente wäre daher zunächst einmal notwendig, um Veränderungen feststellen und Vergleiche anstellen zu können. Erst die Ergebnisse von Vergleichen bilden eine verläßliche Basis für ökonomische Bewertungen.

Generell kann bei Qualitätsminderungen von Boden, Wasser und Luft der Aufwand geschätzt werden, um den normalen Zustand dieser Medien wiederherzustellen (Reparaturkosten), oder der Aufwand veranschlagt werden, der eine Qualitätseinbuße verhindert hätte (Vermeidungskosten). Art, Umfang und Schwere der Schäden hängen wiederum von Art, Menge und Gefährlichkeit der Schadstoffe sowie ihrer Einwirkungsdauer auf das Naturobjekt ab, wobei die Vitalität der einzelnen Naturbestandteile gegenüber Schadeinflüssen recht unterschiedlich sein kann.

Um Schäden an landwirtschaftlichen Nutzpflanzen durch Luftverunreinigungen zu erfassen und zu bewerten, sind im wesentlichen folgende Wirkungen zu berücksichtigen:
- Mindererträge im Pflanzenbau,
- Wertminderung durch Nekrosen,
- Anreicherung von Schadstoffen auf und in Pflanzenteilen,
- Veränderung von Pflanzeninhaltsstoffen,
- Schadstoffgehalt des geernteten Pflanzenmaterials.

Soll festgestellt werden, ob auftretende Schäden im Pflanzenbau tatsächlich auf Luftverunreinigungen zurückzuführen sind, müßten zunächst alle anderen möglichen Schadensquellen identifiziert und berücksichtigt werden. Zu ihnen gehören:
- Nährstoffmangel,
- Nährstoffüberschuß durch Überdüngung,
- ungünstige Bodenstruktur,
- Wassermangel,
- Nässewirkungen,
- Frost-, Dürre- und Windeinflüsse,
- Einhaltung optimaler agrotechnischer Termine,
- falsche Pflanzensorten- und Pflanzenartenwahl,
- ungünstige Fruchtfolgewirkungen,
- Wirkungen von pflanzlichen und tierischen Schädlingen,
- Wirkungen von Agrochemikalien.

Im Vergleich zu den langlebigen forstlichen Baumarten bereitet die Schadenserfassung in der Landwirtschaft größere Schwierigkeiten, weil durch die Fruchtfolge ein ständiger Wechsel der Pflanzenarten stattfindet. Da es sich überwiegend um einjährige landwirtschaftliche Kulturen handelt, ist die Zeitspanne für die Erfassung und Bewertung von Schäden relativ kurz. Dadurch ist es auch nicht möglich, den Schadverlauf langfristig zu verfolgen und zu registrieren. Eine quantitative und qualitative Einschätzung der Ertrags- und Leistungsminderungen und damit des Schadens kann deshalb nur erfolgen, wenn die natürlichen und ökonomischen Produktionsbedingungen des jeweiligen Schadgebietes Berücksichtigung finden. Methodisch wäre es am einfachsten, die Erträge und den Gehalt an Pflanzeninhaltsstoffen von landwirtschaftlichen Nutzpflanzen auf immissionsfreien und immissionsbeeinflußten Flächen zu vergleichen. Ein solches Vorgehen setzt allerdings vergleichbare natürliche Standortsbedingungen, Technologien und Sorten voraus. Ist das nicht der Fall, so können sich die standortsbedingten und immissionsbedingten Ertragsunterschiede überlagern. Um alle „Störeinflüsse" zu eliminieren, müßten experimentelle Untersuchungen zum Vergleich herangezogen werden. Das ist jedoch zu kosten- und zeitaufwendig.

Die Ertragsverluste und damit die landwirtschaftlichen Einkommenseinbußen weisen je nach Stärke der Luftbelastungen große Unterschiede auf. Sie liegen im allgemeinen höher als gewöhnlich angenommen. Die Ursachen dafür bestehen vor allem darin, daß die Vegetationsschäden
- nicht auf die Belastungsgebiete beschränkt bleiben, sondern auch in größeren Entfernungen auftreten,
- nur quantitativ erfaßt werden, während die Qualitätseinbußen unberücksichtigt bleiben,
- wiederum den Wasser- und Klimahaushalt beeinträchtigen, die Funktionsfähigkeit von Stoffkreisläufen stören und Bodenerosionen hervorrufen können, was sich negativ auf die Flächenleistung von Freilandpflanzen auswirkt.

Im Vergleich zu Schadensanalysen bei Pflanzen sind Analysen über immissionsbedingte Wachstums- und Ertragsminderungen bei Tieren kaum vorhanden. Das liegt zweifellos an methodischen Schwierigkeiten, Tierschäden exakt zu ermitteln. Luftverschmutzungen äußern sich bei Tieren zunächst einmal in abnehmender Freßlust, Verdauungsstörungen, Durchfall, Abmagerung, Störung des Sexualzyklus, verminderter Widerstandsfähigkeit, größerer Krankheitsanfälligkeit und anderen Symptomen. Sie vermindern die Fleisch- und Milchleistung der Tiere.

Luftverschmutzungen rufen auch erhebliche Schäden an Bauten und Baudenkmälern hervor. Die Korrosionsschäden haben in den Industrieländern inzwischen eine Größenordnung von etwa einem Prozent des jeweiligen Bruttosozialprodukts erreicht. Korrosionen werden vor allem durch Schwefeldioxid verursacht, während in reiner Luft – selbst bei hoher Luftfeuchtigkeit – die Schäden nur sehr gering sind. Die Materialschäden können durch die notwendigen Aufwendungen für Instandhaltung und/oder Erneuerung bewertet werden. Sie lassen sich nach Schäden an Gebäuden und an Stahlbauten getrennt erfassen. Die Aggressivität der Luftschadstoffe vermindert nachweislich die Nutzungsdauer der Materialien. Hinzu kommen Kosten für Fenster- und Textilreinigung, die in Luftbelastungsgebieten höher sind als in Reinluftgebieten.

Übersichten über Instandhaltungs- und Erneuerungskosten sowie über Reinigungskosten müßten für Belastungs- und Reinluftgebiete in den einzelnen Ländern erstellt werden, um nationale und internationale Vergleiche ziehen zu können. Obwohl die Boden-, Wald-, Wasser- und Gesundheitsschäden teilweise auch auf Luftbelastungen zurückzuführen sind, werden sie im folgenden jedoch getrennt behandelt.

3.4.4. Folgekosten der Waldschäden

Voraussetzungen für Waldschadensbewertungen sind vergleichende Zustandserfassungen von Waldbeständen. Dabei gibt es grundsätzlich zwei Wege:
- Erfassung der Wälder vor und nach der Schädigung auf der gleichen Fläche oder
- die gleichzeitige Erfassung des Waldzustands in verschiedenen Schadzonen. Hier werden Waldbestände gleicher Alters- und Ertragsklassen in unterschiedlichen Luftbelastungsgebieten untersucht.

Die Bewertung von Immissionsschäden erfolgt im allgemeinen nach folgenden Kriterien:
- Zuwachsverluste,
- Hiebsunreife,
- Wertminderung des eingeschlagenen Holzes,
- Maßnahmen zur Erhaltung der vorhandenen Waldbestände,
- Mehraufwendungen beim Holzeinschlag,
- Mehraufwendungen zur Begründung immissionstoleranter Kulturen,
- Minderertrag immissionstoleranter Waldbestände,
- erhöhter Verwaltungsaufwand.

Durch den Einfluß von Luftbelastungen kommt es zu Zuwachsverlusten, deren Größe von verschiedenen Faktoren abhängt:
- Art des Schadstoffes,
- Kombination verschiedener Schadstoffe,
- Schadstoffkonzentration,
- Einwirkungsdauer der Schadstoffe,
- relative Schadstofftoleranz der Pflanzenart bzw. Einzelpflanzen,
- entwicklungsphysiologische Stufe der Baumart zum Zeitpunkt der Schadstoffeinwirkung,
- Prädisposition der Baumart gegenüber Schadeinflüssen.

Den Zuwachsverlusten gehen Zellschädigungen und Wachstumsstörungen voraus, die akut oder chronisch auftreten. Die akuten Schädigungen werden durch rasches Einwirken hoher Schadstoffkonzentrationen verursacht, während chronische Schädigungen durch Einwirken niedriger und langanhaltender Schadstoffkonzentrationen zustande kommen. Beide Arten der Schädigungen kündigen sich durch Nekrosen, vorzeitige Verfärbung und frühen Abfall von Blättern bzw. Nadeln und Wachstumsdepressionen an.

In diesem Zusammenhang sei darauf hingewiesen, daß es keine absolute Schadstoffresistenz gibt, wohl aber relativ große Unterschiede in der Resistenz von Baumgattungen, -arten, -sorten und -provenienzen. Bei einigen Baumarten fallen in den Immissionsgebieten selbst deutliche innerartliche, individuelle Resistenzunterschiede auf. Da die Bäume letztlich alle absterben, wenn Schadstoffe in hoher Konzentration über eine längere Zeit auf sie einwirken, sollte man den Begriff Schadstoffresistenz vermeiden bzw. relativieren und dafür lieber die Begriffe Schadstofftoleranz oder Schadstoffempfindlichkeit verwenden.

Die Zuwachsverluste am Einzelbaum ergeben in ihrer Summe die Holzvorratsverluste der Waldbestände, getrennt nach Baumart, Bonität (Güteklasse des Standorts) und Schadzone (Waldgebiet mit gleicher Schadstoffbelastung) je Hektar und Jahr. Es wäre natürlich unwirtschaftlich, die Schadenserhebungen an jedem Einzelbaum mit Hilfe von Bohrspananalysen durchzuführen, weshalb die Taxation von Waldbeständen anhand von statistischen Stichprobenverfahren erfolgt.

Sind die Schadstoffbelastungen sehr stark, können selbst jüngere Waldbestände schwer geschädigt und lange vor Erreichen ihrer Hiebsreife kahlgeschlagen werden. Diese Waldbestände erreichen damit nicht ihre natürliche „Umtriebszeit" (Zeit von der Begründung bis zum Abtrieb), wodurch der Forstwirtschaft Ertrags- und Einkommensverluste entstehen. Die Höhe der Verluste ergibt sich aus der Differenz zwischen Erwartungswert laut Ertragstafel und dem kostenfreien Erlös des eingeschlagenen Holzes. Je jünger die Waldbestände sind, die vorzeitig abgetrieben werden müssen, desto höher ist demzufolge der Schaden. Die Forstwirtschaft spricht in solchen Fällen auch von entgangenem Holzertrag infolge Hiebsunreife, der finanziell mitunter ganz ordentlich zu Buche schlägt.

Nicht jeder Baum oder Bestand, der geschädigt ist, kann sofort abgeholzt werden, sondern verbleibt mehr oder minder lange Zeit in geschädigtem Zustand. Solche Bäume/Bestände sind nicht mehr vital genug, äußere Schadeinflüsse abzuwehren. Dadurch werden sie anfälliger gegenüber Insekten- und Pilzbefall, wodurch das Holz in seiner Qualität entwertet. Holzqualitätsverluste wiederum bringen geringere Erlöse, weil geschädigtes Holz in niedriger bewertete Holzsortimente umgestuft werden muß. Die Preisdifferenz ergibt sich dann aus den Preisen des wertgeminderten und des gesunden Holzes. Im Extremfall müssen Umstufungen von Furnierholz in Brennholz vorgenommen werden, was sich außerordentlich ungünstig auf das Betriebsergebnis auswirkt.

Um die Schäden in Grenzen zu halten, leitet die Forstwirtschaft bis zum Abtrieb geschädigter Waldbestände waldbauliche und forstsanitäre Maßnahmen ein, die über den üblichen Rahmen hinausgehen und mit zusätzlichen Aufwendungen einhergehen. Wie die Praxis in Waldschadensgebieten beweist, reichen mehrmalige Düngungen (Stickstoff, Phosphor, Kalium) aus, um einer gravierenden Verschlechterung des Gesundheitszustandes der Wälder entgegenzuwirken. Dadurch ergeben sich einerseits zwar Mehrausgaben für Düngungsmaßnahmen, andererseits aber zugleich Vorteilswirkungen, die in einer Abschwächung der Ertragsverluste bestehen. Die Vor- und Nachteilswirkungen sind miteinander aufzurechnen, um zu einer realistischen Bewertung der Schäden zu gelangen.

Bei einer Verkürzung der Umtriebszeit infolge Schadeinflüsse fallen grundsätzlich Mehraufwendungen beim Holzeinschlag, bei der Begründung neuer Waldbestände sowie bei der Forstverwaltung an. Sie können in Zusammenhang mit den Mindererlösen durch Ertragsausfälle und Holzqualitätseinbußen zu schweren Belastungen der forstlichen Betriebswirtschaft führen.

Die Schäden, die der Forstwirtschaft und damit der Volkswirtschaft durch Luftbelastung entstehen, reduzieren sich aber nicht nur auf den Holzwert der Wälder. Die landeskulturellen Funktionen und Leistungen der Wälder, die durch Luftverunreinigungen beeinträchtigt werden, sind für die Gesellschaft zumindest ebenso bedeutsam. Im einzelnen handelt es sich um die unmittelbaren und mittelbaren Einflüsse des Waldes auf das Klima, den Wasserkreislauf und das Wasserregime, die Bodenfruchtbarkeit sowie auf die Pflanzen- und Tierwelt. Sie stellen die *ökologischen Wirkungen* des Waldes dar. Zu ihnen zählen:

- klimatische Wirkungen (Einfluß auf Strahlung, Licht, Wärmehaushalt, Luftbewegung und -zusammensetzung, Niederschlag und Verdunstung);
- hydrologische Wirkungen (Niederschlag, Assimilation, Transpiration, Infiltration, Oberflächen- und Grundwasserabfluß, jahreszeitliche Verteilung der Niederschläge);
- Wirkungen auf die Pflanzen- und Tierwelt (Lebensraum, Lebensmilieu).

Diese Wirkungen reichen über die eigentlichen Waldgebiete weit hinaus und beeinflussen den gesamten Landschaftshaushalt und Lebensraum.

Hinzu kommen die *sozialen Wirkungen* des Waldes, die sich auf die Lebensbedingungen (Erholung, Entspannung, Gesundheit, Wohlbefinden, Leistungsvermögen, Leistungsbereitschaft) der Menschen erstrecken und auch ihre psychischen, ethischen und ästhetischen Befindlichkeiten und Komponenten der Bewußtseinsbildung und Verhaltensprägung einbeziehen.

Die ökologischen und sozialen Folgekosten der Waldschäden sind nicht für jedermann gleich sichtbar und fallen meistenteils erst viel später an. Das ist ein wesentlicher Grund, weshalb die tatsächlichen Kosten von Waldschäden wahrscheinlich immer unterschätzt werden.

3.4.5. Folgekosten der Bodenbelastung

Die in der Luft befindlichen Schadstoffe gelangen durch die Niederschläge teilweise auf und in den Boden. Sie können sich dort anreichern, umsetzen oder durch Wassereinfluß verdünnen. Je nach Zusammensetzung der Schadstoffe können sie im Boden saure, neutrale oder basische Reaktionen hervorrufen, verstärken oder abschwächen. Bei sauren Reaktionen werden wichtige Pflanzennährstoffe wie Kalium, Natrium, Kalzium, Magnesium gebunden und stehen der Pflanzenernährung dann nicht mehr zur Verfügung. Saures Bodenmilieu fördert zugleich die Freisetzung von Schwermetallionen (wie Eisen-, Cadmium- und Manganionen), die bei höheren Konzentrationen auf Lebewesen giftig wirken. Sinken die Säurewerte im Boden auf pH 3 ab, stirbt der Wald. Bodenversauerung bildet eine wesentliche Ursache des Waldsterbens. Die Kosten sind bisher noch nicht veranschlagt worden, die der Bodenwirtschaft durch Versauerung entstehen. Dies wäre aber nötig, um zu ungefähren Vorstellungen über die Größenordnung der Schäden zu gelangen.

Die Bodenschadstoffe, insbesondere die Schwermetalle (wie Blei, Cadmium, Kupfer, Nickel, Quecksilber), schädigen nicht nur die Bodenlebewesen und vermindern damit die Bodenfruchtbarkeit, sondern werden von den Pflanzen größtenteils aufgenommen und über die Nahrungskette in die pflanzliche und tierische Nahrung des Menschen geschleust. Damit sammeln sich Schadstoffe im menschlichen Körper an und verursachen bei Erreichen bestimmter Schwellenwerte Krankheiten. Der Mensch ist den größten Gefahren ausgesetzt, weil er am Ende der Nahrungskette steht. Obst, Gemüse, Kartoffeln, Fleisch- und Milchprodukte sind jedoch recht unterschiedlich mit Schadstoffen belastet, weshalb es äußerst schwierig ist, ihren Anteil an Erkrankungen und Todesfällen beim Menschen genau zu bestimmen. Unter diesen Umständen ist auch eine monetäre Bewertung unsicher.

Zu den gravierenden Bodenschäden zählen die durch sogenannte *Altlasten* verursachten Belastungen. In der Bodenschutzkonzeption der deutschen Bundesregierung werden zur Charakterisierung der Altlasten folgende Hinweise gegeben:
- verlassene und stillgelegte Ablagerungsplätze mit kommunalen und gewerblichen Abfällen,
- wilde Ablagerungen, Aufhaldungen und Verfüllungen mit umweltgefährdenden Produktionsrückständen,
- Bergematerial und Bauschutt,
- ehemalige Industriestandorte,
- Korrosion von Leitungssystemen,
- defekte Abwasserkanäle,

- abgelagerte Kampfstoffe,
- unsachgemäße Lagerung von Giftstoffen aller Art.

Bisher liegen in keinem Land umfassende Schätzungen der Kosten vor, die einer Volkswirtschaft durch Altlasten entstehen. Auch auf diesem Gebiet bestehen große Unsicherheiten bei der monetären Bewertung von Umweltschäden. Lediglich für ganz spezielle Fälle sind Schadenskostenüberlegungen angestellt worden.

Dieser Zustand ist umso unbefriedigender, weil der Objektwert eines Grundstückes durch Altlasten beeinflußt wird. Die Altlast ist somit eine Kostenlast. Die Wertminderung kann beispielsweise mit eingeschränkter Bebaubarkeit bzw. Bewohnbarkeit sowie Nutzungs- und Anbaubeschränkungen zusammenhängen und kann demzufolge dazu führen, daß die Immobilie gänzlich unverkäuflich wird. Auf jeden Fall erfolgt ein Wertabschlag beim belasteten Grundstück, der dem vorhandenen Risiko entspricht. Voraussetzung ist die gutachterliche Einschätzung der Sanierungskosten, die notwendig sind, um die Belastung der Böden und des Untergrundes des jeweiligen Grundstückes durch Altlasten zu eliminieren. Die Höhe der Sanierungskosten sollte sich nach den Kosten-Nutzen-Relationen richten. Sie variieren je nach Art des Verfahrens zur Sanierung und Umlagerung der verseuchten Böden. Der Kostenrahmen weist selbst für ein und dasselbe Verfahren große Spannweiten auf, was sich an nachstehenden Beispielen ablesen läßt:

- thermische Verfahren der Dekontamination 100 – 800 DM/t
- Extraktions- und Waschverfahren 100 – 350 DM/t
- biologische Verfahren 10 – 300 DM/t
- Umlagerung auf Sonderabfalldeponien 100 – 450 DM/t
- Immobilisierungsverfahren zur Sicherung 50 – 200 DM/t
- Einkapselungsverfahren
  - Oberflächenabdichtung 100 – 150 DM/m^2
  - Dichtwände 90 – 300 DM/m^2
  - Untergrundabdichtung 700 – 2500 DM/m^2

Der Kostenbedarf für die Sanierung von Altlasten hängt ab von
- der Zahl der Altlasten und der altlastverdächtigen Flächen,
- den zu schützenden Umweltmedien und Schutzgütern,
- dem geforderten Sicherungs- bzw. Dekontaminationsgrad und den notwendigen Überwachungsmaßnahmen.

Nach derzeitigen Kenntnissen gibt es in Deutschland etwa 70.000 Altlaststandorte mit unterschiedlichen Belastungsgraden. Die Kosten für die Sanierung der Altlasten können daher noch nicht genau angegeben werden. Nach vorsichtigen Schätzungen sollen sie allein für Berlin zwischen zwei bis vier Milliarden DM betragen.

3.4.6. Folgekosten der Wasserbelastung

Trink- und Brauchwasser müssen eine bestimmte Qualität aufweisen, um direkte oder indirekte Schadwirkungen bei Lebewesen, niederen Wasserorganismen oder in der Produktion zu vermeiden. Mitunter erfordern Produktionsprozesse, wie die Herstellung von Edelstahlerzeugnissen, höhere Wasserreinheitsgrade als die Trinkwasseraufbereitung für den Menschen. Die Qualität des Oberflächen- und Grundwassers erfüllt heute kaum noch diese Anforderungen. Ursache dafür sind die Wasserbelastungen durch Industrie, Landwirtschaft und Haushalte. Allein die Wasserverunreinigungen durch chemische Stoffe sind sehr hoch. Mehrere zehntausend chemische Stoffe verunreinigen die Gewässer. Fast alle luft- und bodenbelastenden Stoffe finden sich in den Gewässern wieder.

Menge, Vielfalt und Giftigkeit der Stoffe wirken sich auf die Selbstreinigungskraft der Gewässer nachteilig aus. Diese beruht auf den Leistungen der Mikroorganismen, die in der Lage sind, Wasserinhaltsstoffe zu verarbeiten. Werden die Mikroorganismen überfordert oder durch Giftstoffe geschädigt bzw. zerstört, so nehmen die natürlichen Abbauleistungen ab. Besonders bedenklich ist daher der starke Anstieg von Schwermetallen im Abwasser.

Wenn die natürlichen Selbstreinigungskräfte nicht mehr ausreichen, die „normale" Wasserqualität wiederherzustellen, müssen sie durch den Bau und Betrieb von Kläranlagen unterstützt werden. Das erfordert erhebliche finanzielle Aufwendungen. Hinzu kommen die Kosten für die Zustandserfassung der Gewässer, weil von Art und Konzentration der Schadstoffe die Sanierungsmaßnahmen der Gewässer abhängen. Die Sanierungskosten steigen mit dem Verunreinigungsgrad der Gewässer steil an. Es ist damit lohnender, die Gewässer mit beginnender Verschmutzung zu reinigen.

Gewässerbelastungen senken auch den Fischertrag und den Fischreichtum, wodurch der *Binnenfischerei* beträchtliche Verluste entstehen. Ertrags- und Qualitätsverluste beeinflussen wiederum die Sicherheit der Erwerbsquellen und des Arbeitsplatzes. Der Rückgang der Binnenfischerei hat in einigen Ländern und Gebieten teilweise katastrophale Ausmaße erreicht, die im einzelnen noch nicht finanziell bewertet worden sind. In solche Berechnungen müßten auch die zusätzlichen Kosten eingehen, die aus der Anlage von Fischteichen herrühren.

Die Verschmutzungen der Oberflächengewässer wirken sich zudem auf die Freizeit- und Erholungsbedingungen der Menschen aus. Daher können auch die monetären Verluste in diesem Bereich höher ausfallen als in der Produktion, weil sich ungenügende Erholungsmöglichkeiten ungünstig auf die Leistungsfähigkeit und Leistungsbereitschaft der Menschen auswirken. Es erscheint daher fragwürdig, die Freizeit- und Erholungsmöglichkeiten von Gewässern allein daran messen zu wollen, welche materiellen Voraussetzungen geschaffen worden sind, um die Erholungsbedürfnisse und Freizeitaktivitäten der Menschen zu befriedigen. Denn die Erholungsbedürfnisse der Menschen sind so vielfältig und verschiedenartig wie die Menschen selbst.

3.4.7. Gesundheitliche Folgekosten der Umweltbelastung

Umweltbelastungen schädigen die Gesundheit, begrenzen die Lebenserwartung und beeinträchtigen das Wohlbefinden der Menschen. Ihre nachteiligen Wirkungen hängen von Art und Konzentration der Schadstoffe sowie Dauer ihrer Einwirkung ab. Da alle gesundheitsrelevanten Faktoren die Lebensdauer, Lebensqualität, Erkrankungshäufigkeit und Sterblichkeit beeinflussen, bleibt es immer schwierig und umstritten, den direkten Anteil einzelner Faktoren zu bestimmen.

Das gilt auch für die vielfältigen Umweltbelastungen, die gleichzeitig und nacheinander sowie in unterschiedlichen Konzentrationen auf den menschlichen Organismus einwirken und den Gesundheitszustand beeinträchtigen. Die Möglichkeiten verstärkender oder gegenläufiger Wechselwirkungen von Umweltfaktoren sind zahlreich und von sehr unterschiedlicher Art. Ein Schadstoff kann die Wirkung eines oder mehrerer anderer Schadfaktoren steigern, abschwächen oder aufheben. Problematisch ist, die kombiniert, unterschwellig und langfristig auftretenden und wirkenden physikalischen, chemischen, biotischen und psychosozialen Risikofaktoren zu erfassen und zu bewerten, die in Zusammenhang mit Luft-, Wasser-, Boden- und Lebensmittelverunreinigungen sowie Lärmbelastungen stehen. Diese Risikofaktoren müssen komplex vermindert werden, um den Gesundheitszustand durchgreifend zu verbessern.

In den vergangenen Jahrzehnten haben sich in den entwickelten Industrieländern Art und Häufigkeit der Erkrankungen beträchtlich verändert: akute Infektionskrankheiten nehmen ab, chronische und genetisch bedingte Erkrankungen nehmen zu. Dieser Trend ist ein Resultat der „modernen" Lebensweise, die viele negative Begleiterscheinungen hat (Über- und Fehlernährung, Mißbrauch von Alkohol, Nicotin und Medikamenten, Bewegungsarmut und Reizüberflutung). Bisher ist es nicht gelungen, die Häufigkeit von Herz-Kreislauf-Krankheiten, Herzinfarkt, Schlaganfall, Stoffwechselerkrankungen, psychischen Störungen, Krebs und Atemwegserkrankungen zu verringern. Dies belastet die Lebensqualität der Menschen und erhöht den Krankenstand.

Chronisch-degenerative Krankheiten (Kreislauf, Krebs, Diabetes) resultieren zu einem großen Teil aus verhaltensbedingten individuellen Ursachen und gehen mit einem Anstieg der Mittelwerte von Körpergewicht, Cholesterolspiegel und Blutdruck einher. Diese Krankheitsrisiken können daher vor allem durch Beeinflussung der Bedürfnisse der Menschen hinsichtlich ihrer Ernährungs- und Lebensweise verringert werden.

Welchen Einfluß ungünstige Umweltbedingungen auf die Gesundheit ausüben können, verdeutlichen die nachgewiesenen Zusammenhänge zwischen Luftverunreinigungen und chronischer Bronchitis sowie bösartigen Geschwülsten der Luftwege, zwischen Radioaktivität des Trinkwassers und Karzinomen (besonders des Magen-Darm-Traktes), zwischen Schwermetallen in Nahrungsmitteln und multipler Sklerose sowie zwischen Lärmbelastung und vegetativen sowie psychischen Störungen. Nach Schätzungen der Weltgesundheitsorganisation (WHO) ließen sich allein durch die Verminderung der Luftbelastung um 50% die Sterberate um 4,5%, das Auftreten von Bronchialkarzinomen um 25% sowie die Herz-Kreislauf-Erkrankungen um 15% verringern, während sich die Lebenserwartung um 3,5% erhöhen würde.

Analysen von Totenscheinen in unterschiedlich belasteten Gebieten zeigen im allgemeinen einen deutlichen Anstieg von Erkrankungen der oberen Luftwege und des Herzkreislaufs, wenn der Tagesmittelwert von SO_2 0,8 mg/m^3 Luft überstieg. Derzeitig ist es aber noch nicht eindeutig möglich, Korrelationen zwischen territorialen Umweltbelastungen sowie Art und Umfang von Erkrankungshäufigkeit (Morbidität) und Sterblichkeit (Mortalität) abzuleiten. Das wird wahrscheinlich immer ein Problem sein, weil nach Ermittlungen der WHO im Durchschnitt 70% der vom Menschen aufgenommenen Fremdstoffe mit der Nahrung in den menschlichen Körper gelangen, während 20% mit der Atemluft und 10% mit dem Wasser aufgenommen werden. Dabei handelt es sich allein im Bereich der Nahrungsmittel um 150 Fremdstoffe, die kontrolliert, und um mehr als 1000 Fremdstoffe, die unkontrolliert mehr oder minder regelmäßig im Laufe des gesamten Lebens in den Körper des Menschen wandern.

Ähnlich wie bei den Fremdstoffen in der Nahrung wirken Luft- und Wasserverunreinigungen auf den Menschen durch die Giftigkeit der einzelnen Schadstoffe, durch die neugebildeten Schadstoffe, die infolge sekundärer Umsetzungen entstehen, und schließlich durch die kombinierte Wirkung verschiedener Schadstoffe, die in der Luft und im Wasser vorhanden sind. Geruchsbelästigungen, Reizungen der Sinnesorgane (Auge, Nase) oder des Rachens, akute oder chronisch fortschreitende Erkrankungen, Verschlimmerung bestehender Krankheiten, allgemeine Erkrankungszunahme und Häufung spezifischer Todesursachen sind hierbei von besonderem Interesse. Die Vorgänge, die von der Schadstoffeinwirkung bis zur Gesundheitsgefährdung reichen (Exposition-Wirkungs-Beziehungen), lassen sich nur schwer oder überhaupt nicht erfassen. Die Grenzen zwischen schwindender Gesundheit und beginnender Krankheit sind fließend und werden es auch immer bleiben. Das bereitet Schwierigkeiten bei der monetären Bewertung von Erkrankungen durch Umweltbelastungen.

Dennoch wird immer wieder versucht, die Gesundheitsschäden ökonomisch zu bewerten. Dabei geht man von quantifizierbaren und nichtquantifizierbaren Faktoren aus. Zu den *meßbaren Faktoren* zählen:
- Kosten, die aus vorzeitigem Tod resultieren,
- Kosten, die auf erhöhten Krankenstand zurückgehen, wie
  - Ausfall von Arbeitszeit,
  - vorzeitige Berufs- und Erwerbsunfähigkeit,
  - erhöhte Sozialleistungen,
  - ärztliche Behandlungskosten (ambulant, stationär),
- Kosten, die durch Vorbeugungs- und Vermeidungsmaßnahmen entstehen, wie
  - Arbeitsschutzmaßnahmen,
  - Kuren,
  - Verbesserung der Wohnqualität,
  - Verbesserung der Naherholungsbedingungen.

Zu den nur *qualitativ erfaßbaren Faktoren* zählen:
- Kosten, die auf Beeinträchtigung der Gesundheit zurückzuführen sind, wie
  - verzögerte Entwicklung von Kindern und Jugendlichen,
  - mögliche chronische Langzeitwirkungen,
  - verminderte Leistungsfähigkeit,
  - ungenügende Erholungs- und damit Reproduktionsfähigkeit,
- Kosten, die durch Senkung der Arbeitsproduktivität infolge Gesundheitsbeeinträchtigungen entstehen.

Bei derartigen Berechnungen beschränkt man sich nur auf wenige Krankheitstypen, die in enger Beziehung zu Umweltbelastungen stehen könnten. Sie werden aber allein schon erschwert durch die sehr weite, wenn auch einleuchtende Fassung des Begriffs Gesundheit, der nach Definition der WHO das physische, psychische und soziale Wohlbefinden der Menschen umfaßt.

3.4.8. Ökologische Schadensbilanz

Wie die bisherigen Ausführungen zeigen, sind die Schwierigkeiten der Erfassung und Bewertung von Umweltschäden außerordentlich groß. Dennoch wurde vor Jahren versucht, vorhandene Kenntnisse über die „rechenbaren" Umweltschäden in Westdeutschland zusammenzufassen, um wenigstens eine grobe Vorstellung über die Größenordnung ihrer Kosten zu erhalten.[120] Danach bewegen sich die Kosten der Umweltschäden nach vorsichtigen Schätzungen bei den einzelnen Schadenspositionen in folgender Höhe:

- Luftverschmutzung rund 48,0 Mrd. DM/Jahr, darunter
  - Gesundheitsschäden 2,3 – 5,8 Mrd. DM/Jahr
  - Materialschäden 2,3 Mrd. DM/Jahr
  - Vegetationsschäden 1,0 Mrd. DM/Jahr
  - Waldschäden 5,5 – 8,8 Mrd. DM/Jahr
- Gewässerverschmutzung rund 18,0 Mrd. DM/Jahr
- Bodenzerstörung rund 5,0 Mrd. DM/Jahr
- Lärm rund 33,0 Mrd. DM/Jahr

Summe der Schäden rund 104,0 Mrd. DM/Jahr

Aufgrund dessen, daß die „nicht rechenbaren" Umweltschäden in dieser ökologischen Schadensbilanz keine Aufnahme gefunden haben, stellen die ausgewiesenen Umweltschäden nur die unterste Grenze der tatsächlichen Gesamtschäden dar. Würde man diese Kosten in die Schadensbilanz einbeziehen, käme man ohne viel Mühe auf eine Größenordnung von etwa 200 Mrd. DM/Jahr. Nimmt man die Umweltschäden in Ostdeutschland hinzu, so liegen die jährlichen Kosten für Umweltschutzaufwendungen sicherlich bei 300 Mrd. DM/Jahr.[121]
Vergleicht man diese Schätzwerte mit den tatsächlichen Umweltschutzaufwendungen von etwa 50 Mrd. DM/Jahr, so stellt sich ein ungünstiges Verhältnis heraus. Es zeigt, daß die heutigen Kosten und damit die heutigen Preise erst etwa ein Sechstel der von Ernst Ulrich von Weizsäcker immer wieder beschworenen „ökologischen Wahrheit" wiedergeben.[122] Davon bringen der Staat (Bund, Länder, Gemeinden) und das produzierende Gewerbe rund jeweils zur Hälfte die Kosten auf. Sie liegen etwa bei 2% des Bruttosozialprodukts. Dagegen meint Hans Immler, daß „etwa ein Drittel der Bruttosozialprodukte gezielt für die Wiederherstellung der außermenschlichen Naturkräfte aufgebracht werden muß"[123]. Stimmt diese Annahme, so würde das sich daraus ergebende Mißverhältnis belegen, daß die heutigen Menschen auf Kosten und zu Lasten der Umwelt, Mitwelt und Nachwelt leben. Dieses Dilemma läßt sich, wenn überhaupt, langfristig nur durch eine Ökologisierung von Wirtschaft und Gesellschaft beheben.

---

120) Wicke, L.: Die ökologischen Milliarden. München: Kösel-Verlag 1986 und Wicke, L.: Umweltökonomie. München: Verlag Franz Vahlen 1993

121) Paucke, H.: Folgen von Umweltbelastungen und Probleme ihrer Ermittlung. In: Umweltgeschichte: Wissenschaft und Praxis, BdWi-Verlag 1994, S. 132-147

122) Weizsäcker, E.U.v.: Erdpolitik. Darmstadt: Wissenschaftliche Buchgesellschaft 1992

123) Immler, H.: Vom Wert der Natur. A.a.O., S. 299

3.5. Naturorientierung durch Ökologisierung

Umwelt- und sozialverträgliches Wirtschaften ist langfristige Strukturpolitik. Sie zielt darauf ab, zwischen Erfordernissen der Umwelt einerseits sowie Wirtschafts- und Arbeitsmarktinteressen andererseits zu vermitteln und optimale Kompromisse zu finden. Dabei ist es wichtig, Schäden von vornherein zu verhüten als sie zu beseitigen. Ökologische Wirtschafts- und Gesellschaftspolitik muß Einfluß nehmen auf das Verhalten von Unternehmern, Verbrauchern und Entscheidungsträgern des Staates. Nur in Ausnahmefällen verfügen diese drei Zielgruppen jedoch über ausreichende Informationen, um alle Wirkungen ihres Handelns auf die natürliche und soziale Umwelt rechtzeitig zu erkennen.

Nicht umwelt- und sozialgerechtes Verhalten beruht aber nur zum Teil auf Unkenntnis. Häufig ist es unbequem, das Verhalten zu ändern oder zeitweilig mit höheren Kosten verbunden. Al Gore hebt in seinem Buch „Wege zum Gleichgewicht" einige wesentliche Denk- und Verhaltensweisen der Menschen hervor, die insbesondere auch für die Zuspitzung der ökologischen Probleme der Gegenwart von Bedeutung sind, nämlich

- die Gewohnheit, in alten Denk- und Verhaltensmustern zu verharren und nach Entschuldigungen für Nichtstun zu suchen, statt die Trägheit zu überwinden und Auswege aus dem Dilemma anzustreben[124],
- die Abneigung, langfristige Investitionen zu tätigen und an die Zukunft zu denken verbunden mit der Neigung, sich nur für kurzfristige Gewinne zu interessieren[125],
- die Bereitschaft, die Konsequenzen des Handelns zu ignorieren[126] und den Ernst der Lage zu verdrängen[127],
- die Sorglosigkeit, mit unerwünschten Folgen langfristiger Handlungen umzugehen,
- die Gedankenlosigkeit, über mögliche Umweltprobleme. Umweltkrisen und Umweltkatastrophen hinwegzugehen, solange sie nicht praktisch erfahrbar und bewertbar sind[128],
- die Neigung, das Regenerations- und Absorptionspotential der Natur zu überschätzen und die Anfälligkeit natürlicher Ökosysteme zu unterschätzen[129],

---

124) Gore, A.: Wege zum Gleichgewicht. Frankfurt a.M.: S. Fischer Verlag 1992, S. 98-100
125) ebd., S. 13
126) ebd.
127) ebd., S. 52
128) ebd., S. 18

- die Selbstgefälligkeit, auf Umweltprobleme politisch zu reagieren[130] und mit ihnen ein politisches Spielchen zu treiben[131], um in der Wählergunst zu bestehen[132],
- die Versuche, wichtigen Problemen auszuweichen, schwierige Entscheidungen zu vertagen, die Ursachen von den Wirkungen abzukoppeln, sich der Verantwortung zu entziehen und auf andere abzuwälzen[133].

Es ist zweifellos schwierig, aus den Gedanken- und Verhaltensmustern auszubrechen, welche die westliche Kultur ausmachen. Deshalb versucht auch die Wirtschaftspolitik, den Mehraufwand für Maßnahmen des Umweltschutzes durch spezielle Förderprogramme aufzufangen und deren Weiterentwicklung zu betreiben; denn eine intakte Umwelt ist zu einer Überlebensfrage geworden – auch für die Wirtschaft.

3.5.1. Von den Nebenwirkungen der Produktion zum Ökologisierungskonzept

Im Unterschied zu vielen seiner Fachkollegen vertrat der Wirtschaftswissenschaftler Hans Mottek schon 1972 in der DDR die Ansicht, daß sich die gesellschaftlichen und natürlichen Wirkungen der Produktion nicht nur im hergestellten Produkt und seines Konsums erschöpfen, sondern Auswirkungen auf den gesamten gesellschaftlichen Reproduktionsprozeß haben. Diese, von der Produktion ausgehenden Nebenwirkungen auf die natürliche Umwelt bezeichnete er als indirekte (im Gegensatz zu den direkten) Wirkungen der Produktion.[134] Damit sollte zugleich auf ihre schwere Erkennbarkeit aufmerksam gemacht werden, weil sie meistenteils auf eine Kette von Ursachen zurückgehen. Dabei stützte sich Mottek vor allem auf Gedankengut von Friedrich Engels, das dieser in seinen Werken „Dialektik der Natur" und „Anti-Dühring" der Nachwelt hinterlassen hatte. Das war insofern wichtig, weil sich ausgerechnet Wirtschaftswissenschaftler mit diesen Erkenntnissen so schwer taten und glaubten, sie ignorieren zu können.

In der Folgezeit entbrannte dann auch unter den Ökonomen der DDR und der anderen sozialistischen Länder zudem ein Streit über die Frage, ob die Produktion mit der Herstellung des Produkts endet oder erst mit der Beseitigung der Umwelt-

---

129) ebd., S. 17 und 45
130) ebd., S. 20
131) ebd., S. 28
132) ebd., S. 169-170
133) ebd., S. 53
134) Mottek, H.: Zu einigen Grundfragen der Mensch-Umwelt-Problematik. A.a.O., S. 36-43

verschmutzungen, die durch die Produktion verursacht werden.[135] Dieser Streit war nicht rein akademischer Natur, sondern hatte recht praktische Konsequenzen für den Produktionsprozeß und seine ökonomische Bewertung. Denn im ersten Fall brauchten sich die Betriebe nur um die Herstellung der Hauptprodukte zu kümmern, ohne Verantwortung für die Nebenwirkungen der Produktion zu übernehmen. Im zweiten Fall hätten die umweltbelastenden Nebenwirkungen der Produktion von den Verursachern beseitigt werden müssen. Das wäre zwangsläufig damit verbunden gewesen, erwirtschaftete Mittel für Umweltschutzmaßnahmen einzusetzen, was wiederum die Betriebsergebnisse beeinflußt hätte. Und zwar kurzfristig mit Sicherheit negativ und langfristig aller Wahrscheinlichkeit nach positiv.

Unverständlicherweise zog sich dieser Streit lange hin, wobei sich die konservativen Ökonomen offensichtlich darauf einigten, den Produktionsprozeß mit dem Produkt enden zu lassen. Sie bezogen sich dabei auf Aussagen von Karl Marx im „Kapital". Und was Marx gesagt hatte, mußte natürlich richtig sein. Die Umweltökonomen hatten es unter diesen Bedingungen daher schwer, dagegen anzukommen. Marx war demnach nur mit Marx zu widerlegen. Die „Widerlegung" gelang, als sich herausstellte, daß derselbe Marx in demselben „Kapital" den Produktionsprozeß erst dann wirklich für beendet hielt, wenn die natürlichen Ausgangsbedingungen der Produktion wiederhergestellt worden sind. Damit erhielten umweltökonomische Aussagen mehr Gewicht.

Die Praxis selbst häufte tagtäglich immer mehr Beweise dafür an, daß die Nebenwirkungen der Produktion den Produktionsprozeß empfindlich stören und seine Effektivität verringern. Deshalb wurde immer deutlicher, daß die Vernachlässigung der Nebenwirkungen der Produktion zu katastrophalen Folgen führt und die Befriedigung wichtiger aktueller und potentieller Bedürfnisse erschwert. Es wurde daher für notwendig gehalten, das Industriesystem zu korrigieren, das heißt, die Produktionstechnologien zu verändern und die Produktionsprozesse umzugestalten.

Damit forderte Mottek schon 1972 generell die Schaffung und Anwendung umweltgerechter Produktionstechnologien und kennzeichnete diese Prozesse als eine lebensnotwendige Entwicklung des Produktivkräftesystems und als eine sich anbahnende „Revolution der Produktivkräfte"[136]. Die revolutionäre Umwälzung der Produktivkräfte wurde damit zwar weltweit vorausgesehen, aber irrtümlicherweise angenommen, daß sie im Sozialismus schneller als im Kapitalismus vorsich-

---

135) Gesellschaftlicher Reproduktionsprozeß und natürliche Umweltbedingungen. Literaturbericht, Akademie der Wissenschaften, Berlin 1975, S. 1-624

136) Mottek, H.: Zu einigen Grundfragen der Mensch-Umwelt-Problematik. A.a.O., S. 39

geht. Für das vermeintliche Unvermögen des Kapitalismus wurde das Streben nach Maximalprofit verantwortlich gemacht, das ihn daran hindert, die ökologischen und sozialen Nebenwirkungen der Produktion zu eliminieren. Im Vergleich dazu wurde dem Sozialismus schematisch ein besseres Vermögen unterstellt, mit diesen Problemen fertig zu werden. Dabei wurden die Hoffnungen allein auf den Zweck sozialistischer Produktion gesetzt, die Bedürfnisse der Menschen (auch die ökologischen) zu befriedigen.

Seitdem rissen die Forderungen nicht mehr ab, die Produktion nach ökologischen Aspekten zu gestalten. Theoretische Ausgangspunkte dafür waren nicht nur die Ideen von Marx und Engels, sondern auch naturwissenschaftliche Erkenntnisse, die zu jener Zeit vor allem der amerikanische Biologe Barry Commoner in seinem Buch „Wachstumswahn und Umweltkrise" (1973) eindrucksvoll verarbeitet hatte.[137] Während in der UdSSR die sowjetischen Wissenschaftler Nagorny, Sisjakin und Skufjin 1975 die Diskussion um die „Ökologisierung der Produktion" eröffneten[138], geschah das durch Paucke und Streibel in der DDR 1977[139] sowie Paucke und Bauer 1979[140]. Dabei wurde von den Defekten der Produktion ausgegangen, die im Stoffaustausch zwischen Gesellschaft und Natur auftreten, und Anforderung an die Gestaltung der materiell-technischen Basis der Gesellschaft gestellt mit dem Ziel, die technologischen Stategien der Natur, die im Laufe von Jahrmilliarden entstanden sind, im Produktionsprozeß zu modellieren und nachzuahmen.

3.5.2. Orientierung an der Natur

Das Studium der Naturprozesse kann dem Menschen dazu verhelfen, ökologisch denken und wirtschaften zu lernen. Geht es doch im Kern darum, Naturstoffe zu nutzen, ohne sie zu erschöpfen, und Naturpotentiale zu gebrauchen, ohne ihr Absorptionsvermögen zu gefährden. Ökologische Prozesse sind durch folgende Wesensmerkmale gekennzeichnet:
- Die meisten Naturstoffe der Biosphäre befinden sich in einem fortwährendem Kreislauf von unterschiedlicher Zeitdauer.

---

137) Commoner, B.: Wachstumswahn und Umweltkrise. München/Wien: Bertelsmann Verlag 1973

138) Nagorny, A./Sisjakin, O./Skufjin, K.: Einige Fragen der Ökologisierung der Produktion. Kommunist, H. 17, Moskau 1975, S. 56-64 (russ.)

139) Paucke, H./Streibel, G.: Zur Wechselbeziehung von Materialökonomie, Technologie und Umweltschutz. Wirtschaftswissenschaft, H. 10, Berlin 1977, S. 1467-1481

140) Paucke, H./Bauer, A.: Umweltprobleme – Herausforderung der Menschheit. Berlin: Dietz Verlag 1979, S. 203-213

- Die Stoffkreisläufe sind charakterisiert durch Vielfalt und Verschiedenartigkeit, Komplexität und Kompatibilität, Spezifität und Flexibilität sowie Kontinuität und Dynamik.
- Naturstoffe unterliegen im Stoffkreislauf ständigen Auf-, Um- und Abbauprozessen.
- Die biologische Stoffwandlung erfolgt durch Produzenten (Pflanzen), Konsumenten (Tiere) und Destruenten/Reduzenten (Mikroorganismen).

Diese drei Organismengruppen sind stofflich und energetisch durch verschiedene Ernährungsstufen miteinander verbunden. Ihre Funktionsteilung führt zum Schließen der Stoffkreisläufe. Der „Abfall" des einen Naturprozesses wird zum Rohstoff des anderen. Die Produzenten bauen organische Substanz auf, indem sie Energie und Nährstoffe selektiv aus Naturquellen entnehmen. Die Konsumenten nutzen die organische Substanz als Nährstoffe und zur Energiegewinnung. Die Destruenten/Reduzenten zerlegen organische Substanz in ihre Ausgangsbestandteile, indem sie verschiedenste Substrate als Nährstoff- und Energiequellen für ihre Lebenstätigkeit verwenden. Aufgrund ihrer raschen Generationenfolge passen sie sich relativ schnell an wechselnde Umweltbedingungen an.

Der sich selbst regulierende Stoffkreislauf ist damit ein grundlegendes Naturprinzip. Die Vielfalt der Stoffkreisläufe ermöglicht die komplexe und wiederholte Nutzung vieler Naturstoffe.[141] Aus diesem Grundprinzip der Natur, das während ihrer Evolution entstand, bildeten sich sowohl für die Gesamtheit des Naturhaushalts (Biosphäre) als auch für seine einzelnen Teile (Ökosysteme) generelle Überlebensstrategien heraus, die primär auf die Nachhaltigkeit und Stetigkeit der Reproduktion des Lebens (Struktur, Organisation, Prozeß) gerichtet sind. Aus dieser Strategie ergeben sich:
- Sicherheit und Stabilität der Produktion,
- Optimalität des Stoffertrags und des Ertragszuwachses,
- Priorität der Stoffausnutzung gegenüber dem Stoffumsatz.

Diese natürlichen Überlebensstrategien sind auch für die Gesellschaft im allgemeinen und für die Wirtschaft im besonderen bedeutsam. Denn die Naturprozesse werden im Prinzip durch drei Arten von „natürlichen Technologien" geschlossen, die gleichzeitig und störungsfrei funktionieren, nämlich durch
- Entsorgungstechnologien, die Abfälle verwerten und die Stoffe den Produzenten wieder zur Verfügung stellen;
- Vorsorgetechnologien, die durch komplexe Nutzung von Naturstoffen das Entstehen von Abfall von vornherein weitgehend vermeiden; die Komplexnutzung

---

141) Paucke, H.: Was ist ökologisches Wirtschaften? Wissenschaft und Fortschritt, H. 9, Berlin 1991, S. 377-380

von Stoffen wird vor allem durch die Vielfalt von Organismen mit unterschiedlichen Ansprüchen und Verfahren realisiert.
- Deponierungstechnologien, die nicht nutzbare Abfälle aus Produktion und Konsumtion ökologisch verträglich deponieren.

Das Schließen der Stoffkreisläufe durch Mineralisieren organischer Abfälle übernehmen im wesentlichen die Mikroorganismen, die aufgrund ihrer Artenvielfalt und Anpassungsfähigkeit über ein hochleistungsfähiges Stoffausnutzungs- und Stoffumsatzvermögen verfügen.

3.5.3. Ökologisierung der Produktion

Die traditionellen Produktionstechnologien, die das materielle Rückgrad der modernen Wirtschaft bilden, sind ganz offensichtlich noch weit vom Naturstandard entfernt und entsprechen damit keinesfalls ökologischen und humanen Grundanforderungen. Die meisten Wirtschaftsunternehmen haben offenbar noch nicht erkannt, daß Zukunfts- und Gewinnsicherung der Betriebe heute vor allem heißt, Wege zur rohstoffsparenden und umweltverträglichen Produktion zu finden und Marktchancen bei der Herstellung, beim Vertrieb und beim Einsatz von Technik und Technologien für den Umweltschutz zu nutzen.

Mit der Entwicklung von Entsorgungstechnologien wurde in führenden Industrieländern zwar versucht, die offensichtlichen Mängel der vorhandenen Produktionstechnologien (Rohstoffverschwendung, Umweltbelastung) zu korrigieren, jedoch bestanden die Korrekturen hauptsächlich in technologisch ergänzenden Ein- und Anbaumaßnahmen, mit deren Hilfe die Umweltbelastungen lediglich bis zu einem gewissen Grad nachträglich beseitigt werden konnten. Meistenteils fand aber nur eine Verlagerung der Umweltprobleme (in andere Medien, Gebiete und auch in die Zukunft) statt.

Entsprechend dem technologischen Naturstandard gehört das Entstehen und Beseitigen von Abfällen, wie bereits dargelegt, zu den bewährten Naturprinzipien zum Schließen der Stoffkreisläufe. Um diesen „wissenschaftlich-technischen Höchststand" der Natur zu erreichen, müssen demzufolge zwischen Produktions- und Entsorgungstechnologien engere Kopplungen hergestellt werden, die den zeitlichen Abstand zwischen Emissionsausstoß und Abfallbeseitigung immer mehr verkürzen und damit die Gesamtbelastung minimieren. Eine unmittelbare Ankopplung der Entsorgungs- an die Produktionstechnologien setzt genaue Kenntnisse über Menge, Zusammensetzung, Trennung, Verwertbarkeit und Schädlichkeit der Abfälle voraus.

Da häufig aber nicht bekannt ist, wo welche Abfälle in welchen Mengen und mit welchem Gefährdungspotential anfallen, spielen die seit Jahren durchgeführten Abfallbörsen der Industrie- und Handelskammern als Informationsquellen eine unschätzbare Rolle. Hier wird über Abfälle informiert und mit Abfällen ein schwunghafter Handel betrieben. Der Deutsche Industrie- und Handelstag erarbeitet und verbreitet jährlich eine Bundesliste der Abfallbörse, die mittlerweile mehr als 30.000 Abfallarten erfaßt. Es wäre erforderlich, dieses Informationssystem weiter auszubauen und zu vervollkommnen, damit es alle Unternehmen erreicht. Das würde auch dazu beitragen, schneller zu wirkungsvollen Entsorgungstechnologien zu gelangen, um die Abfälle in den gesellschaftlichen Reproduktionsprozeß wieder zurückzuschleudern und damit einer Verwertung zuzuführen.

Eine ähnliche Funktion hatten auch die Abproduktenmessen in der DDR, die seit 1978 in Ost-Berlin durchgeführt worden sind. Sie boten Gelegenheit, über anfallende Abprodukte zu informieren, den Stand der Abfallverwertung zu vermitteln und über weitere Möglichkeiten der Nutzung von Abfällen nachzudenken.[142] Dem Institut für Sekundärrohstoffwirtschaft fiel die Aufgabe zu, Informationen über den Abfall und die Nutzung von Abfällen zentral zu sammeln und zu verbreiten. Derartige Informationen waren allerdings „Nur für den Dienstgebrauch" bestimmt.

Vorsorgetechnologien sind dagegen durch die Fähigkeit gekennzeichnet, sämtliche Rohstoffbestandteile in allen Produktionsphasen (Abbau, Aufbereitung, Verarbeitung) und auf allen Produktionsstufen (Rohstoff, Zwischenprodukt, Endprodukt) polymineralisch und damit komplex zu nutzen. Erst dann ließen sich Abfälle und Umweltbelastungen von vornherein vermeiden. Gelängen auf diesem Gebiet neue Prinziplösungen, könnte man berechtigt von Vorsorge- bzw. Präventivtechnologien sprechen. Derartige Entwicklungen kämen faktisch einer Nachahmung von Naturprinzipien gleich. In der Wirtschaftspraxis dürfte die gleichzeitige Nutzung aller Bestandteile von Rohstoffgemengen wahrscheinlich in absehbarer Zeit noch auf technische, technologische, energetische und ökonomische Schwierigkeiten und Grenzen stoßen, die es wissenschaftlich jedoch auszuloten gilt.[143]

Das Entstehen von Abfall generell zu vermeiden, ist in der Gesellschaft ähnlich problematisch wie in der Natur. Der Einsatz verbesserter Produktionstechnologien sowie neuer Wirkprinzipien und die Stimulation von Innovationen wären aber geeignet, sukzessive den Übergang vom nachträglichen Entsorgen zum vorsorglichen Vermeiden von Abfällen zu ermöglichen. In Zukunft könnten die Grenzen zwischen beiden Technologiearten demzufolge fließend ineinander übergehen.

---

142) Abproduktenmesse 1978. Magistrat von Berlin; Sekundärrohstoffe und ihre Nutzung im Territorium. Institut für Sekundärrohstoffwirtschaft, Berlin 1983

143) Paucke, H.: Der ökologische Umbau als gesamtdeutsche Aufgabe. In: Deutsche Ansichten. Bonn: Verlag J.H.W. Dietz Nachfolger 1992, S. 151-165

Von einem solchen Übergang wird auch eine Lösung der Probleme erwartet, die insbesondere mit der Verschiebung der Umweltprobleme zusammenhängen.[144] Vorläufig bietet aber die Systematik von Martin Jänicke die Möglichkeit, vorhandene Technologien entsprechend ihrer Merkmale in die Bereiche von Nach- oder Vorsorgemaßnahmen zuzuordnen.[145] Zugleich muß jedoch betont werden, daß Strukturveränderungen oder ökologische Modernisierungen schlechthin noch kein Indiz dafür sind, ob wirklich Vorsorgetechnologien vorliegen. Entscheidend ist und bleibt, ob die Abfallentstehung von vornherein vermieden werden konnte. Nur solche Technologien wären „sauber" bzw. präventiv gegenüber additiven und reaktiven Technologien. Wie bei den Naturtechnologien wird es sich bei den adäquaten Vorsorgetechnologien der Produktion ganz offensichtlich nicht so sehr um Einzeltechnologien handeln, als vielmehr um Komplextechnologien, die in der Lage sind, alle Rohstoffbestandteile zugleich zu verarbeiten.

Da aber die Technologen bis jetzt noch nicht in der Lage zu sein scheinen, diesen Idealtyp von Vorsorgetechnologien zu entwickeln, werden häufig schon solche Technologien als Vorsorgetechnologien bezeichnet, bei denen die Rohemissionen mit denen identisch sind, die aufgrund von Umweltschutzvorschriften zulässigerweise in die Umwelt eingeleitet werden dürfen.[146] In Wahrheit handelt es sich bei solchen Produktionstechnologien, wenn überhaupt, um Entsorgungstechnologien. Sie haben nichts mit den eigentlichen Vorsorgetechnologien gemein und tragen lediglich dazu bei, den Begriff Vorsorge zu verwässern.

Wenn schon nach Klaus Zimmermann das Vorsorgeprinzip im Spannungsfeld von Banalität und Utopie liegt[147], so deutet das daraufhin, daß es eine Selbstverständlichkeit wäre, nur solche Vorsorgetechnologien zu schaffen, die Schaffung derartiger Technologien jedoch äußerst schwierig ist, weil sie zumindest mit technologischen Verfahrensänderungen verbunden sind. Aufgrund dieser Schwierigkeiten haben sich die meisten Betriebe in den entwickelten Industrieländern für Entsorgungstechnologien entschieden.[148] Die Entscheidungen gehen nach Untersuchungen von Volkmar Hartje vor allem darauf zurück, daß

---

144) Jänicke, M.: Ökologische Modernisierung. Optionen und Restriktionen präventiver Umweltpolitik. In: Präventive Umweltpolitik. Frankfurt a.M./New York: Campus Verlag 1988, S. 13-26

145) Jänicke, M./Mönch, H./Binder, M.: Umweltentlastung durch industriellen Strukturwandel? Berlin: edition sigma 1993, S. 16-21

146) Zimmermann, K./Hartje, V.J./Ryll, A.: Ökologische Modernisierung der Produktion. Berlin: edition sigma 1990, S. 140

147) ebd., S. 22

148) ebd., S. 143

- sich die Betriebe für die Technologie mit den für sie günstigeren Kosten entscheiden und die Vorsorgetechnologien häufig zu kapitalintensiv sind. Die Vorsorgetechnologie kann diesen Kostenvorteil nur aufholen, wenn ihre Gesamtkosten erheblich niedriger sind als die Gesamtkosten von Standardtechnologie und Nachsorgeverfahren;
- die Kosten für Informationsbeschaffung, Lizenzgebühren und Aufwendungen für eigenständige Forschung und Entwicklung viel zu hoch sind;
- der Bau von neuen Technologie-Anlagen gescheut wird, wenn die vorhandenen Standardtechnologien nur ergänzt werden brauchen;
- die Umstellungskosten für ein neues Produktionsverfahren in einer bestehenden Anlage höher sind als die Anpassungskosten für die Errichtung von Nachsorgesystemen;
- die technischen und ökonomischen Risiken beim Ausfall von Vorsorgetechnologien höher sind als bei Nachsorgetechnologien, weil bei ihnen Emissionsminderung und Produktion nicht mehr voneinander getrennt werden können, wodurch auch Produktionsausfall entsteht. Dagegen kann bei Nachsorgetechnologien weiter produziert werden, auch wenn es zu Verstößen gegen Umweltschutzauflagen kommt, die entweder durch Reparaturen beseitigt oder durch Ausnahmegenehmigungen geduldet werden;
- bei Vorsorgetechnologien aller Wahrscheinlichkeit nach weniger Betriebserfahrungen vorliegen als bei Nachsorgetechnologien, die wiederum Kostenrisiken hervorrufen.[149]

Wie diese Untersuchungen zeigen, folgt die Technologieentwicklung vorrangig noch den Entsorgungsstrategien, womit auch zukünftig weiterhin Produktionstechnologien zur Reparatur und Sanierung von Umweltschäden dominieren, während Vorsorgetechnologien kaum in Sicht sind. Für diese Entwicklung gibt es mindestens drei Gründe:

Erstens die oben angeführten Kostengründe. Neue Technologien werden dabei immer im Nachteil sein, bis sie ihre rohstoff-, umwelt- und kostenfreundlichen Vorzüge unter Beweis gestellt haben, was so manchen Unternehmer noch kurzfristige Nachteile, aber auch langfristige Vorteile bescheren kann. Damit eine solche Vorreiterrolle nicht im Konkurs endet, schlägt Al Gore im Rahmen seiner „Strategischen Umweltinitiative" vor, einige wirtschaftliche Spielregeln zu verändern, nämlich

- in die Berechnung des Bruttosozialprodukts auch die umweltrelevanten Kosten und Ergebnisse einzubeziehen,

---

149) ebd., S. 144-152

- ungerechtfertigte Abschreibungsmethoden abzuschaffen,
- die staatliche Subventionierung und Förderung umweltgefährdender Tätigkeiten einzustellen,
- für genauere Informationen über die Umweltverträglichkeit von Produkten und ihre Weiterleitung an die Verbraucher zu sorgen,
- Maßnahmen zur umfassenden Aufklärung über die Verantwortlichkeit der Firmen für Umweltschäden zu ergreifen,
- die Kartellgesetze zu novellieren, um umweltgefährdende Auswirkungen zu erfassen,
- neue Technologien steuerlich zu begünstigen und alte Technologien zu belasten,
- die Erforschung und Entwicklung neuer Technologien zu finanzieren und alte Technologien zukünftig zu verbieten,
- staatliche Programme zum Ankauf marktfähiger Produkte und neuer Technologien zu schaffen,
- eine strenge und hochentwickelte Technologiefolgenabschätzung einzurichten,
- ein weltweites System von Ausbildungszentren für Umweltplaner und Umwelttechniker zu installieren,
- Exportkontrollen durchzuführen, um die weltweite Anwendung neuer Technologien zu sichern,
- die Gesetze zu verbessern sowie Patente und Urheberrechte zu schützen,
- die Aufnahme von Standards des Umweltschutzes in Verträge und internationale Vereinbarungen einschließlich der Handelsabkommen zur Pflicht zu machen,
- Umweltaspekte als Kriterien für die Vergabe von Entwicklungshilfe aufzunehmen,
- sich stärker des Prinzips „Schulden gegen Natur" zu bedienen, um die Umwelterhaltung als Gegenleistung für Schuldenerlaß zu fördern[150].

Zweitens gibt es Unklarheiten darüber, was man unter „Vorsorgetechnologien" eigentlich verstehen soll. Hierzu existieren kaum ausgereifte Vorstellungen. Es ist daher erklärlich, daß bei Umfragen, die das Institut für gewerbliche Wasserwirtschaft und Luftreinhaltung Köln 1989 bei mehr als 600 Unternehmen durchgeführt hat, 54% der Befragten angegeben haben, „integrierte" Verfahren überhaupt nicht zu kennen und deshalb Entsorgungstechnologien anwenden, während die übrigen Unternehmen zwar Vorteile im Einsatz integrierter Technologien (vor allem Material- und Energieeinsparungen) sehen, aber nur vage Vorstellungen von ihnen haben.

---

150) Gore, A.: Wege zum Gleichgewicht. A.a.O., S. 320-324 und 343-355

Drittens treten bei den Orientierungen der Förderprogramme von Bund und Ländern feine Unterschiede auf. Während das frühere Bundesministerium für Forschung und Technologie (BMFT) seit 1975 bevorzugt Vorsorgetechnologien fördert, bevorzugen die Länder fast durchweg die Entwicklung und den Einsatz von Entsorgungstechnologien. Diese Doppelstrategie erklärt einerseits den noch vorhandenen großen Bedarf an Entsorgungstechnologien, verzögert andererseits jedoch den notwendigen Übergang zu ökologisch wirksameren Vorsorgetechnologien in der gesamten Wirtschaft. Da auch die Entsorgungstechnologien in der Natur existieren und damit in der Gesellschaft vom Prinzip her nicht naturwidrig sein können, muß man sie bei Bedarf solange vervollkommnen, bis sie den Naturstandard annähernd erreichen.

Das ist jedoch ein unendlicher und qualvoller Prozeß, den die technologische Entwicklung da noch vor sich hat. Denn was in der Natur heute so einfach und „zweckmäßig" aussieht und funktioniert, wurde während der Jahrmilliarden dauernden Evolution durch Mutation, Selektion und Rekombination erreicht. In diesem evolutionären Prozeß sind die natürlichen Technologien dahingehend optimiert worden, das Reproduktionsvermögen der Natursysteme und ihrer Teile nachhaltig zu sichern.

Offenbar vollzieht sich in der Wirtschaft ein analoger Prozeß, nur zeitlich verkürzt. Denn die Anpassung der Technologie- und Wirtschaftsstruktur an ökologische Erfordernisse erfolgt auch hier durch Evolution. Das heißt, es findet eine stetige Anhäufung technisch, technologisch und wirtschaftlich brauchbaren „Erbgutes" durch unerbittliche Selektion statt. Den entsprechenden „Selektionsdruck" übt vor allem die Konkurrenz aus, die immer mehr darauf ausgerichtet sein wird, die notwendigen Veränderungen der Produktionsmittel und Produktionsverfahren, der Produkte und Produktionsorganisation, der Materialwirtschaft und der Wirtschaftsstruktur, ja der gesamten Wirtschaft und Gesellschaft herbeizuführen.

Diese Technologieentwicklung, die sich zwangsläufig an den natürlichen Technologien orientieren muß, um das Überleben der Menschen und ihrer Naturgrundlagen zu sichern, stellt aber nicht eine Fortsetzung der biologischen Evolution dar, wie S. Moscovici und S. Lem annehmen, sondern trägt lediglich dazu bei, daß die Evolutionsprozesse auch weiterhin störungsfrei verlaufen können. Friedrich Rapp wies schon darauf hin, daß die Bio- und Technoevolution trotz gemeinsamer Züge wesentliche Unterschiede aufweisen, die vor allem darin bestehen, daß der technische Fortschritt nicht naturgegeben ist, sondern auf kulturbedingten Wertentscheidungen beruht.[151] Gegen die Natur ist heute aber keine nachhaltige

---

151) Rapp, F.: Die Technik als Fortsetzung der Evolution? In: Naturverständnis und Naturbeherrschung. A.a.O., S. 145

gesellschaftliche Entwicklung mehr möglich, was natürlich auch in kulturbedingten Wertentscheidungen über die Entwicklung von Technik und Technologie zum Ausdruck kommen muß.

Wenn der französiche Philosoph S. Moscovici daher keinen grundsätzlichen Unterschied zwischen dem Naturprozeß der Evolution und dem Geschichtsprozeß der Menschheit sieht, weil der Mensch ein Produkt der Evolution und damit eine spezielle Gestalt der Natur ist[152], der mit seiner Technik einen dynamischen Prozeß in Gang setzt, so geht er sicherlich davon aus, daß die Technikentwicklung immer mehr unter ökologischem Vorzeichen erfolgen sollte, um die biologische Evolution nicht in eine für den Menschen ungünstige Richtung zu drängen. Denn der Mensch kann die Evolution zwar beeinflussen, aber nicht prinzipiell in Frage stellen; sie würde auch ohne den Menschen weitergehen. Mittels der traditionellen Technik wäre der Mensch allerdings in der Lage, den Verlauf der Evolution allmählich so zu verändern, daß er sich selbst aus dem weiteren Evolutionsgeschehen ausschließt und damit hinauskatapultiert.

Überhaupt scheint es nicht korrekt, zwischen Bio- und Technoevolution Analogien herzustellen. Erstere umfaßt den gesamten Lebensprozeß der Natur (samt Mensch) unter Einschluß ihrer technologischen Strukturen, die sie selbst bestimmt, letztere lediglich die Entwicklung industrieller Strukturen der Menschheit, die sie nur bedingt mitbestimmt. Es handelt sich dann gewissermaßen um eine Verselbständigung der technischen Entwicklung, die sich vom eigentlichen Urheber löst und nach eigenen inneren Gesetzmäßigkeiten verläuft. Das muß aber nicht so sein, weil die Technik/Technologie nur ein Hilfsmittel des Menschen ist bzw. sein sollte. Vergleichbar sind in diesem Zusammenhang also nur die Technologien, die Natur und Mensch hervorbringen und deren Entwicklung sie auch bestimmen. Daß diese Technologien Ähnlichkeiten und Unterschiede aufweisen, liegt auf der Hand, wobei sich die Tendenz zu größeren Gemeinsamkeiten historisch durchzusetzen scheint. Ansonsten haben die Begriffe Bio- und Technoevolution eben nur die „Evolution", also die Entwicklung gemeinsam. Insofern hat der polnische Arzt S. Lem sicherlich nicht so unrecht, daß die Entwicklung in beiden Fällen durch Selektion und Mutation vorangetrieben wird[153], wobei immer wieder neue Formen entstehen, die sich im Kampf ums Dasein einer Selektion unterziehen müssen mit dem Ergebnis, daß nur die leistungsfähigsten Typen (von Natur- und Produktionstechnologien) überleben. Lem irrt jedoch, wenn er in der Technoevolution einen völlig naturhaften Prozeß zu erkennen glaubt, der – wie die Bioevolution –

---

152) Moscovici, S.: Geschichte der Menschheit und der Natur. Paris 1968, S. 45-47 (frz.)
153) Lem, S.: Summa technologiae. Frankfurt a.M. 1976, S. 28

durch ein sich selbst organisierendes, von innen programmiertes System gesteuert wird.[154]

Die Dialektik der gegenwärtigen Entwicklung hat Hubert Markl in seinen Schriften im Prinzip so erfaßt, daß sich einerseits gewaltige „Umwälzungen des Lebens auf unserer Erde" vor unseren Augen vollziehen und „eine erdgeschichtliche Epoche zu Ende" geht, die „viele Jahrmillionen Bestand hatte"[155], und daß andererseits erst dann ein langfristig lebensfähiger und auch des Daseins werter Ordnungszustand der Biosphäre eintreten wird, wenn „es uns gelungen sein wird, unser ganzes globales Wirtschaften in einen gleichwertigen Kreislauf produktiven Auf- und Abbauens zu bringen, der nicht wie jetzt in atemberaubendem Tempo schädliche Folgen in Form irreversibler Umweltbelastungen und -zerstörungen anhäuft"[156].

Um die Symptome zu heilen, muß man die Ursachen beseitigen. Das ist eine vorrangige Aufgabe von Wirtschaft und Gesellschaft, weil die Naturressourcen und die Kompensationsmechanismen natürlicher Systeme ihre Erschöpfung bereits deutlich anzeigen. Selbst bei führenden Wirtschaftsmanagern setzt sich daher zunehmend die Einsicht durch, daß in einer zerstörten Umwelt auch die Wirtschaft ihre Existenzgrundlage verliert (Rolf Rodenstock) und daß irreparable Schäden an unseren Lebens- und Produktionsgrundlagen vermieden werden müssen, um den Bestand der Industriegesellschaft langfristig zu sichern (Tyll Necker). Erste Einsichten in bessere Erkenntnisse gibt es insbesondere seit 1985, als sich einige Unternehmen zusammengeschlossen haben und damit die Keimzelle des heutigen Bundesdeutschen Arbeitskreises für umweltbewußtes Management (B.A.U.M.) mit seiner ökologisch umfassenden Zielstellung legten.

Eine Forcierung dieser Entwicklung könnte man in der gemeinsamen Initiative sehen, mit der der Bundesverband Junger Unternehmer (BJU) und der Bund für Umwelt und Naturschutz Deutschland (BUND) 1993 gemeinsam an die Öffentlichkeit traten, um ihre Umweltstrategie vorzustellen. Ihr Streben läuft darauf hinaus, das Wirtschaftssystem auf geschlossene Stoffkreisläufe umzustellen sowie das Preis- und Steuersystem zu korrigieren.[157] Denn Arbeit ist zu teuer und Rohstoffe sind zu billig, weshalb eine Verbilligung der Arbeit (durch sinkende Sozialabgaben) und eine Verteuerung der Rohstoffe angestrebt werden soll, um mit Mensch und Natur haushälterisch umzugehen. Generell bedeutet das: man muß

---

154) ebd., S. 24-29
155) Markl, H.: Natur als Kulturaufgabe. Stuttgart 1986, S. 353
156) Markl, H.: Evolution, Genetik und menschliches Verhalten. München 1985, S. 28
157) Plädoyer für eine öko-soziale Marktwirtschaft. In: Jahrbuch Ökologie 1995, München: Verlag C.H. Beck 1994, S. 295-302

immer das verteuern, was man senken will (Umweltverbrauch, Umweltbelastung), und das verbilligen, was man erhöhen will (Arbeitsplätze, Mehrwert).[158] Erst dann werden die Investitionen dazu führen, Arbeitsplätze zu erhalten bzw. neu zu schaffen, sowie die Maßnahmen zur Rationalisierung und zur Steigerung der Arbeitsproduktivität auf Innovationen zu lenken, um die Naturressourcen nachhaltig zu nutzen.

Aus ökologischer Sicht erscheint es daher als eine ganz sinnlose gesellschaftliche Verschwendung, menschliche Ressourcen durch Arbeitslosigkeit freizusetzen und brachzulegen. Denn bei der Größe der zu bewältigenden Probleme bietet die Ökologisierung von Wirtschaft und Gesellschaft ein unendliches Betätigungsfeld für schöpferische und produktive Arbeit. Wenn bereits die Entsorgung von Umweltschäden viele neue Arbeitsplätze erfordert, so sind es bei der Entwicklung und Anwendung von Kreislauftechnologien in der Wirtschaft noch weitaus mehr. Politisches Leitmotiv kann daher nur sein, die Umwelt zu sanieren, statt Arbeitslosigkeit zu finanzieren. In dieser Hinsicht sind daher „Gedanken über die Zukunft der Arbeit"[159] recht aktuell. Es wird nicht zu Unrecht befürchtet, daß sich die Gesellschaft mit der Zeit in eine beschäftigte Minderheit und eine arbeitslose Mehrheit spalten könnte[160], die auf Sozialhilfe angewiesen ist. Da aber auch in einer solchen Gesellschaft eigentlich nur einkommensberechtigt ist, wer Arbeit hat, wäre demzufolge unverschuldet mit dem Makel behaftet, auf Kosten und zu Lasten anderer zu leben. Zwar gibt es ein soziales Netz, doch klappt die soziale Sicherung am besten, wenn die Wirtschaft floriert und das Prosperitätsnetz daher am wenigsten gebraucht wird, während es zwangsläufig zusammenbrechen muß, wenn immer weniger „Beschäftigte" immer mehr „Erwerbslose" absichern sollen. Deshalb wird für das „Konzept der negativen Einkommenssteuer" geworben.[161] Kernpunkt ist eine Kombination von Sozialleistungen und Arbeitseinkommen nach dem Prinzip: Wer kein Einkommen hat, hat wenigstens Anspruch auf ein Basiseinkommen in Form einer negativen Einkommenssteuer, die sich bei Arbeit vermindert und ganz aufhört, wenn das aus Arbeit erzielte Einkommen gleich dem gesellschaftlich vereinbarten Basiseinkommen ist. Das klingt nicht schlecht, wenn unter „Basiseinkommen" nicht bloß ein Vegetieren am Rande des „Existenzminimums" verstanden wird, was ja auch auslegungsbedürftig wäre, sondern ein Einkommen, das die Selbstverwirklichung des Menschen ermöglicht. Das erfordert in

---

158) Nutzinger, H.G./Zahrnt, A.(Hg.): Öko-Steuern. Karlsruhe: Verlag C.F. Müller 1989
159) Bierter, W./Winterfeld, U.v.: Gedanken über die Zukunft der Arbeit. In: Jahrbuch Ökologie 1995, A.a.O., S. 11-19
160) Kvaloy Saetereng, S.: Die Schule als sinnvolle Arbeit. In: Jahrbuch Ökologie 1995, A.a.O., S. 112
161) Bierter, W./Winterfeld, U.v.: Gedanken über die Zukunft der Arbeit. A.a.O., S. 16

jedem Fall, die Einheit von ökologischen, ökonomischen und sozialen Kriterien anzustreben, vor allem dann, wenn man dem Leitbild einer nachhaltigen zukunftsverträglichen Entwicklung folgen möchte, um der Industriegesellschaft eine Zukunftschance zu geben.[162]

3.5.4. Nachhaltigkeit durch Ökologisierung

Das Streben nach dauerhafter Entwicklung von Wirtschaft und Gesellschaft ist gerade in Zeiten stark ausgeprägt, in denen es um die Nachhaltigkeit nicht besonders gut steht. Deshalb beschäftigte sich auch die Enquete-Kommission „Schutz des Menschen und der Umwelt" des Deutschen Bundestages mit den Perspektiven für einen nachhaltigen Umgang mit Stoff- und Materialströmen. Die bisher erreichten Ergebnisse lassen erkennen, daß nachhaltiges Wirtschaften nur erreicht werden kann, wenn sich Wirtschaft und Gesellschaft in ihrem Handeln an ökologischen Kriterien und Prinzipien orientieren.

3.5.4.1. Nachhaltigkeit in der Forstwirtschaft
Diese Erkenntnisse sind allerdings nicht neu, gehen doch erste Vorstellungen für eine ökologieorientierte Wirtschaftsweise dem Sinne nach auf die Forstwirtschaft zurück, die vor allem darauf abzielten, den Bedarf der Wirtschaft an Holzerzeugnissen dauerhaft zu befriedigen. Bereits in der Hauptrodungsperiode im 12. und 13. Jahrhundert kam es zu örtlichen Waldverwüstungen mit dem Ergebnis, daß die Freude am Sieg über den Wald bald der Furcht vor der Erschöpfung des Waldes wich. Die Suche nach einer Regelung der Waldbewirtschaftung führte in der Folgezeit deshalb zu Vorschriften, die darauf hinausliefen, den Holzverbrauch zu drosseln und die Holzerzeugung zu steigern. In gleicher Richtung sollten auch Bestimmungen wirken, die vorsahen, der Waldverwüstung Einhalt zu gebieten und die Waldpflege anzumahnen. Denn damals war es üblich, dem Wald das zu entnehmen, was man gerade brauchte. Es war die Blütezeit der regellosen Femelwirtschaft.
Die Regelungen und Bestimmungen wurden jedoch nur selten eingehalten, weshalb immer wieder Forderungen aufkamen, wie in der kursächsischen Forstordnung aus dem Jahre 1560, die Wälder stetig, dauerhaft und kontinuierlich zu nutzen und damit die Holzerträge langfristig zu sichern.[163] Auch Johann Gottlieb Beckmann (um 1700 bis um 1770), einer der markantesten holzgerechten Jäger,

---

162) Schwanhold, E.: Vorwort. In: Die Industriegesellschaft gestalten. A.a.O., S, V-VII
163) Richter, A.: Einführung in die Forsteinrichtung. Radebeul: Neumann Verlag 1963, S. 39

stellte in seiner „Anweisung zu einer pfleglichen Forstwirtschaft" dem Forstmann erneut die Aufgabe, die Wälder pfleglich zu nutzen und wiederanzubauen, um eine stetige und dauernde Holzbelieferung zu garantieren.[164] Im Vordergrund der Anweisung stand die Holzbelieferung und nicht der Holzertrag. Wahrscheinlich galt es als selbstverständlich, daß Holz nur bei stetigen Erträgen kontinuierlich geliefert werden kann. Im Kern ging es um die Durchsetzung von Stetigkeit, Dauerhaftigkeit und Kontinuität in der Waldbewirtschaftung, ohne daß man den Begriff Nachhaltigkeit kannte. (Analog dazu dachte und handelte man auch bereits im Altertum ökologisch, obwohl der Begriff Ökologie erst 1866 von Haeckel geprägt worden ist).

Erstmals wird das Wort „nachhaltig" bei Oettelt 1768 erwähnt, der sich damit beschäftigte, wieviel Holz man jährlich „auf eine nachhaltige Art schlagen kann"[165]. In einem ähnlichen Zusammenhang findet sich das Wort Nachhaltigkeit auch im ersten deutschen Forstlexikon von 1773, wo es heißt: „Sodann muß man von allen Waldungen im Lande [...] Verzeichnisse und Nachrichten einreichen lassen, in welchen hauptsächlich bestimmt sein muß, wieviel darinnen nachhaltig wirtschaftlich und ohne Ruin der Waldungen an Holz jährlich gefällt werden kann"[166]. Die Nachhaltigkeitsforderungen wenden sich damit sowohl an die Produktionsregelung als auch an die Ertragsregelung und bringen letztlich forstliche Grundsatzverpflichtungen zum Ausdruck.

Die erste inhaltliche Bestimmung der Nachhaltigkeit geht jedoch auf Georg Ludwig Hartig zurück, der 1804 formulierte: „Jede weise Forstdirektion muß daher die Waldungen des Staates ohne Zeitverzug taxieren lassen, und sie zwar so hoch als möglich, doch so zu benutzen suchen, daß die Nachkommenschaft wenigstens ebensoviel Vorteil daraus ziehen kann, als sich die jetzt lebende Generation zueignet"[167]. Diese Formulierung nimmt inhaltlich vorweg, was der Bericht der Weltkommission für Umwelt und Entwicklung „Unsere gemeinsame Zukunft", der unter Leitung von Gro Harlem Brundtland im Jahre 1987 zustande kam, unter stabiler Entwicklung verstand, nämlich „eine Entwicklung, in der die Bedürfnisse der Gegenwart befriedigt werden, ohne dabei künftigen Generationen die Möglichkeit zur Befriedigung ihrer eigenen Bedürfnisse zu nehmen"[168].

---

164) Beckmann, J.G.: Anweisung zu einer pfleglichen Forstwirtschaft. Chemnitz 1759, S. 2-3
165) Oettelt, C.Ch.: Abschilderung eines redlichen und geschickten Försters. Eisenach 1768, S. 42
166) Stahl, J.F.: Onomatologia forestalis-piscatorio-venatoria oder vollständiges Forst-, Fisch- und Jagdlexikon. 2. Teil, Frankfurt und Leipzig 1773, S. 6
167) Hartig, G.L.: Anweisung zur Taxation und Beschreibung der Forste. Gießen und Darmstadt 1804, S. 1
168) Unsere gemeinsame Zukunft. Berlin: Staatsverlag 1988, S. 26

Zu Beginn des vorigen Jahrhunderts erfuhr der Begriff Nachhaltigkeit eine gewisse Erweiterung, indem man den dynamischen Begriffselementen „Stetigkeit", „Dauerhaftigkeit" und „Kontinuität" das statische Element „Gleichmaß" hinzufügte. Zu dieser Auffassung hat sicherlich die Normalwaldtheorie beigetragen, die sich damals gerade erst herauszubilden begann. Johann Christoph Hundeshagen, der Begründer der Normalwaldlehre, schrieb 1828: „Der Nachhaltsbetrieb im strengsten Sinn bedingt nun wieder für die Herstellung eines jährlich gleichen Ertrages, eine – vom jüngsten bis zum Umtriebsalter hin regelmäßig sich abstufende – Reihe von Beständen, die entweder von gleicher Größe oder doch von gleicher Ertragsfähigkeit zur Zeit ihrer künftigen Haubarkeit"[169] ist. Die Normalwaldlehre kam auf, weil man um 1800 infolge des allgemein schlechten Waldzustandes keine konkreten Vorbilder und Maßstäbe für den Neuaufbau des Forstwesens hatte und deshalb gezwungen war, sich mit Vorstellungen über einen abstrakten „Normalwald" zu begnügen, dem sich die Forstwirtschaft im Idealfall annähern sollte. Im Sprachgebrauch des beginnenden 19. Jahrhunderts waren die Worte „normal" und „ideal" gleichbedeutend. Das verwundert nicht, lagen doch den Menschen in der „Hoch-Zeit" des deutschen Idealismus Idealvorstellungen besonders nahe.

Bedingt durch die allgemeine wirtschaftspolitische Entwicklung sind im Laufe des vorigen Jahrhunderts die Vorstellungen von der *Nachhaltigkeit der Holzerträge* vorübergehend in den Hintergrund getreten, um aber in der Mitte des 20. Jahrhunderts wieder aufzutauchen. So definierte Baader 1942 Nachhaltigkeit als „Streben nach der Dauer, der Stetigkeit und dem Gleichmaß höchster Holzerträge"[170].

Die Nachhaltigkeitsvorstellungen wurden jedoch 1841 durch Heyer abgewandelt, indem er verschiedene Arten von Nachhaltigkeit unterschied.[171] Die Unterschiede bestanden vor allem in den Zeitabständen, in denen die Erträge anfallen sollten (Jahr, Jahrzehnt). Im Grunde genommen trugen diese Vorstellungen der sich immer stärker abzeichnenden Tendenz Rechnung, den Wald als eine ergiebige Rohstoffquelle zu benutzen. Denn mit der Industrialisierung stieg der Holzbedarf nach Menge und Güte rapide an. Um den Widerspruch zwischen zunehmendem Holzbedarf und abnehmenden Holzvorräten zu lösen, stand die Forstwirtschaft vor der Aufgabe, ihre bis dahin üblichen Wirtschaftsmethoden grundlegend zu verändern. Dies geschah durch die großflächige Umwandlung der meist herabgewirtschafteten Wälder in gleichartige Reinbestände, die sich in relativ kurzer Zeit

---

169) Hundeshagen, J.Ch.: Encyclopädie der Forstwissenschaft. Tübingen 1828, S. 104-105
170) Baader, G.: Forsteinrichtung als nachhaltige Betriebsführung und Betriebsplanung. Frankfurt 1945, S. 13
171) Heyer, C.: Die Waldertrags-Regelung. Gießen 1841, S. 4

vollzog. Im Zuge dieser Rationalisierungsmaßnahmen mußten die langsamwachsenden Laubbaumarten (vor allem Eiche und Buche) den schnellwachsenden Nadelbaumarten (vor allem Kiefer und Fichte) weichen. Danach dominierten im Gebirge die Fichten-Monokulturen und in der Ebene die Kiefern-Monokulturen. Mit ihnen hielt die Kahlschlagswirtschaft Einzug. Die Rationalisierung der Forstwirtschaft stellte eine tiefgreifende Veränderung der Waldbewirtschaftung dar.

Das kam auch in den Vorstellungen Judeichs am konsequentesten zum Ausdruck, der 1871 schließlich formulierte: „Ein Wald wird nachhaltig bewirtschaftet, wenn man für die Wiederverjüngung aller abgetriebenen Bestände sorgt, so daß dadurch der Boden der Holzzucht gewidmet bleibt"[172]. Damit stand die *Nachhaltigkeit der Holzerzeugung* im Mittelpunkt der Waldbewirtschaftung. Zugleich vollzog sich eine Wende im Nachhaltigkeitsdenken, die den Wald aus seiner Ganzheit in lauter Einzelbestände auflöste. Die Nachhaltigkeit verlor auf diese Weise ihre vielgestaltige Zielsetzung und wurde auf rein betriebstechnische Wiederaufforstungsmaßnahmen reduziert. Darüber hinaus forderten Judeich und Pressler den Abtrieb der Bestände zum rentabelsten Zeitpunkt, was praktisch bedeutete, die Bewirtschaftung der Einzelbestände auf der Grundlage höchster Rente zu betreiben. Das heißt, die ursprüngliche Nachhaltigkeitsidee wurde durch die Idee der Verzinsung des in den Boden und Bestand investierten Kapitals ersetzt[173], womit die ökonomische über die ökologische Nachhaltigkeit die Oberhand gewann. Wie es sich später herausstellte, lassen sich die ökonomische und die ökologische Nachhaltigkeit aber nicht gegeneinander ausspielen.

Nach kurzzeitökonomischer Auffassung stellte der Wald in erster Linie aber Kapital dar, das höchste Rente nachhaltig abwerfen sollte. Die *Nachhaltigkeit der Gelderträge* fand in der Waldrententheorie von E. Ostwald ihren Niederschlag.[174] Diese Theorie ist in sich jedoch widersprüchlich, weil sie die klassischen Nachhaltigkeitsvorstellungen mit einseitig auf Kapitalertrag ausgerichtetem Denken verbindet. Das geschah wahrscheinlich in der richtigen Erkenntnis, daß es regelmäßige Gelderträge nicht ohne die Erhaltung des Bodens, der Bestände und des Holzvorrates geben kann. Es ist aber irrig, Eingriffe in die Waldsubstanz jederzeit zuzulassen, falls sie nicht das aus Holzerlösen herrührende Grundkapital der Waldwirtschaft schmälern, das auf der Bank liegt. Denn die hier unterstellte Austauschbarkeit von Holzvorräten und Geldkapital ist nicht bzw. nur dann gegeben, wenn Holz laufend zuwächst und die Holzvorräte sich nicht verringern.

---

172) Judeich, F.: Die Forsteinrichtung. Dresden 1871, S. 3
173) Pressler, M.R.: Der rationelle Waldwirt. Tharandt und Leipzig 1880
174) Ostwald, E.: Grundlinien einer Waldrententheorie. Riga 1931, S. 131

Diesen Widerspruch mag wohl auch G. Baader gespürt haben. Daher spricht er nicht nur dann von nachhaltigen Gelderträgen, wenn Dauer, Stetigkeit und Gleichmaß höchster Rentenbezüge gegeben sind, sondern auch das vorhandene Grundkapital nach Wert und Produktionskraft erhalten bleibt.

Insgesamt stand im Mittelpunkt der Reinertragslehre (Bodenreinertrag, Waldreinertrag) also ein Nachhaltigkeitsgedanke, der die nachhaltige Holzlieferung, Holzerzeugung und Geldeinnahme beinhaltete. Danach galt das Holz der lebenden Bäume als Kapital und der jährliche Holzzuwachs als dessen Zinsen. Das auf solchen theoretischen Konzepten basierende Ertragsregelungsverfahren repräsentierte eine ökonomische Einstellung, die als Ziel der Forstwirtschaft die Erreichung eines maximalen Reinertrages bzw. einer maximalen Verzinsung der im Walde investierten Kapitalien anstrebte, bemängelte Albert Richter.[175] Auf diese Weise wurde zwar ein Ausweg aus der seinerzeit drohenden Holznot gefunden, und es gelang auch, im Verlaufe nur eines Jahrhunderts die Holzvorräte auf mehr als das Doppelte und den Holzzuwachs sogar auf auf das Dreifache zu erhöhen, jedoch waren und sind die enormen Ertragssteigerungen mit einem weitaus größeren Risiko gegenüber Schadfaktoren aller Art erkauft worden. Die Anfälligkeit des Waldes des 20. Jahrhunderts ist somit in erheblichem Maße das Ergebnis der Waldbewirtschaftung des 19. Jahrhunderts und der darin verkörperten Waldgeschichte.[176]

Der Nachhaltigkeitsbegriff der Vergangenheit konnte damit den Widerspruch nicht lösen, daß einerseits zwar recht produktive, andererseits aber gegen Schadeinflüsse äußerst anfällige Wälder entstanden. Dadurch können Holzerzeugung und Holzerträge empfindlich gestört und in ihrer Nachhaltigkeit beeinträchtigt werden. Infolgedessen konnten nicht mehr die Holzerträge und die Holzerzeugung an sich für die Charakterisierung der Nachhaltigkeit ausschlaggebend sein, weil sie sich durch vielfältige Ereignisse schnell verändern können, sondern die Fähigkeit und das Vermögen des Waldes, Holzerträge auf Dauer hervorzubringen. Aufbauend auf diesen Überlegungen definierte Albert Richter deshalb die Nachhaltigkeit 1952 als *Streben nach Dauer, Stetigkeit und Höchstmaß des Holzertragsvermögens*.[177] Die Grenzen des Holzertragsvermögens lassen sich jedoch nur dann im vollen Umfang erreichen, wenn eine standortsgerechte Baumartenwahl erfolgt. Das heißt, die im Standort und in den Baumarten vorhandenen Potenzen müssen

---

175) Richter, A.: Einführung in die Forsteinrichtung. A.a.O., S. 146

176) Paucke, H.: Waldentwicklung – Ergebnis ökonomischer und ökologischer Wechselwirkungen. In: Geographie, Ökonomie, Ökologie, Gotha: Verlag Hermann Haack 1989, S. 133-141

177) Richter, A.: Aufgaben und Methodik gegenwartsnaher Forsteinrichtung. Archiv für Forstwesen. H. 1, Berlin 1952, S. 31-46

aufeinander abgestimmt werden, um sie optimal ausschöpfen zu können. Handelt es sich hier doch um „eherne Gesetze der Waldbewirtschaftung", die es zu beachten gilt, um Schaden für den Wald und den Mensch abzuwenden. Damit wurden den ökologischen Faktoren in der Forstwissenschaft der DDR bereits frühzeitig wieder die ihnen zustehende Priorität eingeräumt.

Dieser grundlegenden und vernünftigen Einsicht folgte dann auch der nächste Schritt bei der Vervollkommnung der forstlichen Nachhaltigkeitsdefinition. Denn da der Wald nicht nur Produktionsfunktionen, sondern auch landeskulturelle Funktionen zu erfüllen hat, wurde die Definition erweitert und die Nachhaltigkeit als *Streben nach Dauer, Stetigkeit und Höchstmaß allseitiger Aufgabenerfüllung des Waldes für die menschliche Gesellschaft* [178] aufgefaßt. Dabei gingen Albert Richter und später auch Frithjof Paul davon aus, daß zur Holzproduktion ein angemessener Holzvorrat erforderlich ist und daß das Nachhaltigkeitsstreben letztlich nichts anderes sein kann, „als das *Streben nach Übereinstimmung des ökonomischen mit dem natürlichen Reproduktionsprozeß*"[179].

Diesen beiden Forstwissenschaftlern der ehemaligen DDR kommt damit das Verdienst zu, den Wald wieder in seiner Ganzheit mit seinen ökologischen und ökonomischen Komponenten und Zusammenhängen zu sehen. Das ist bei den langen Produktionszeiträumen der Forstwirtschaft besonders wichtig, weil Entscheidungen über Waldaufbau und Waldbewirtschaftung wohlüberlegt sein müssen und sich Fehler beispielsweise bei der Baumartenwahl dann kaum noch korrigieren lassen.

3.5.4.2. Nachhaltigkeit in der Wirtschaft

Eine dauerhafte, nachhaltige Nutzung von Naturressourcen ist eine unerläßliche Bedingung der modernen Wirtschaftstätigkeit. Das Prinzip der Nachhaltigkeit geht davon aus, die Reproduktions- und Absorptionsfähigkeit der natürlichen Umwelt zu erhalten, um auf dieser Basis eine stabile, dauerhafte, eben nachhaltige und damit zukunftsfähige ökonomische und soziale Entwicklung anzustreben. Geschieht das nicht, können die ökologischen Bedingungen die ökonomische und soziale Entwicklung stören, hemmen und schließlich infrage stellen, wie es der Zusammenbruch der realsozialistischen Gesellschaftssysteme anschaulich vor Augen geführt hat. Ökologische, ökonomische und soziale Faktoren müssen also immer eine Einheit bilden, wenn eine nachhaltige Entwicklung von Wirtschaft und Gesellschaft erreicht werden soll.

---

178) ebd.
179) Paul, F.: Beiträge zu den Grundlagen der Forstökonomik. Schriftenreihe Forstökonomie, H. 1, Berlin 1958, S. 54

International tauchte der Begriff nachhaltige Entwicklung (sustainable development) erstmals 1980 auf in der von der International Union for the Conservation of Nature (IUCN) in Zusammenarbeit mit verschiedenen UN-Organisationen veröffentlichten World Conservation Strategy (WCS). Aber erst 1987 wurden im bereits erwähnten Bericht der „Weltkommission für Umwelt und Entwicklung" (Brundtland-Kommission), die von der UNO 1984 eingesetzt worden war, Handlungsempfehlungen für eine dauerhafte Entwicklung erarbeitet[180], die Anstöße für eine umfassende Interpretation der Nachhaltigkeitsvorstellungen gaben. Aufgrund dessen, daß die ökologische, ökonomische und soziale Entwicklung national und international einen unterschiedlichen Stand erreicht hat und nicht gleichmäßig verläuft, gibt es natürlich auch recht verschiedene Vorstellungen darüber, was wo wie lange und für wen dauerhaft sein soll.[181] Hierzulande haben sich insbesondere Udo Ernst Simonis[182], Martin Jänicke[183], Michael Müller[184] und Ernst Schwanhold[185] um eine inhaltliche Klarstellung und Ausfüllung des Begriffs Nachhaltigkeit bemüht.

In *ökologischer Hinsicht* handelt es sich bei einer nachhaltigen Entwicklung vor allem um die Einhaltung von Grundbedingungen, die der US-amerikanische Ökonom Herman Daly wie folgt formuliert hat:
- die Nutzungsrate sich erneuernder Ressourcen darf deren Regenerationsrate nicht übersteigen (Übereinstimmung von Nutzungs- und Regenerationsrate),
- die Nutzungsrate sich erschöpfender Rohstoffe darf die Rate des Aufbaus neuer Rohstoffquellen nicht übersteigen (Übereinstimmung von Nutzungsrate und Ersatzrate),
- die Rate der Schadstoffemissionen darf die Kapazität der Umwelt zur Absorption von Schadstoffen nicht übersteigen (Übereinstimmung von Emissionsrate und Abbau- bzw. Absorptionsrate).[186]

---

180) Unsere gemeinsame Zukunft. A.a.O., S. 301-336
181) Kopfmüller, J.: Die Idee einer zukunftsfähigen Entwicklung – „Sustainable Development". Wechselwirkung. Nr. 61, Aachen 1993, S. 4-8
182) Simonis, U.E.(Hg.): Basiswissen Umweltpolitik. Berlin: edition sigma 1990
183) Jänicke, M.: Ökologisch tragfähige Entwicklung. Von der Leerformel zu Indikatoren und Maßnahmen. Sozialwissenschaftliche Informationen, H. 3, Siegen 1993, S. 149-159; Jänicke, M.: Zukunftsfähige Entwicklung in Europa? Wechselwirkung, A.a.O., S. 24-27
184) Müller, M.: Grundzüge einer ökologischen Stoffwirtschaft. In: Jahrbuch Ökologie 1994, München: Verlag C.H. Beck 1993, S. 83-93
185) Schwanhold, E.(Hg.): Die Industriegesellschaft gestalten. A.a.O.
186) Daly, H.E.: Ökologische Ökonomie: Konzepte, Fragen, Folgerungen. In: Jahrbuch Ökologie 1995, A.a.O., S. 161

Bereits das sind „einfache Grundsätze", die aber nur schwer eingehalten werden können. Denn nach Jänicke entstehen in den entwickelten Industrieländern trotz relativer Abnahme des Ressourcenverbrauchs neue Umweltbelastungen durch steigendes Abfallaufkommen, zunehmenden Güter- und Personentransport, wachsenden Flächenverbrauch, unbewältigte Altlasten und neue Schadstoffe sowie durch Wohlstandskonsum und Massentourismus.[187] Um diesen Problemen zu begegnen, wird vorgeschlagen,
- die Lebensdauer der Produkte zu erhöhen,
- die Nutzung, Wieder- und Weiterverwendung der Produkte zu intensivieren,
- die Produkte zu verkleinern,
- die Materialnutzung auf allen Produktionsstufen zu verbessern,
- die Abfälle zu recyclen,
- den Rekurs auf erneuerbare Rohstoffe zu verstärken[188],
- eine ökologisch motivierte Strukturpolitik zu betreiben[189],
- die ökologische, ökonomische und politische Modernisierung zu forcieren[190],
- den spezifischen Ressourcenverbrauch zu verringern und die Produktion damit tendenziell zu entmaterialisieren[191],
- eine ökologische Steuerreform durchzuführen[192].

Damit in Zusammenhang stehen auch Fragen einer ökologischen Stoffwirtschaft, die Michael Müller in den Grundzügen skizziert hat und in deren Zentrum eine ökologische Effizienzrevolution steht mit den Elementen
- Reduktion bzw. Verlangsamung des Stoff- und Energieumsatzes,
- Erhöhung der Material- und Ressourcenproduktivität,
- Schließung der Stoffkreisläufe[193].

In *ökonomischer Hinsicht* geht es bei einer nachhaltigen Entwicklung vor allem um die Frage, wie groß die Wirtschaft im Vergleich zur Biosphäre ist, werden kann und

---

187) Jänicke, M.: Zukunftsfähige Entwicklung in Europa? A.a.O., S. 24-25

188) Jänicke, M.: Ökologisch tragfähige Entwicklung. Von der Leerformel zu Indikatoren und Maßnahmen. A.a.O., S. 153

189) Jänicke, M.: Umweltpolitik als Industriestrukturpolitik. Zentrum für europäische Studien, H. 12, Trier 1993

190) Jänicke, M.: Ökologische und politische Modernisierung. Österreichische Zeitschrift für Politikwissenschaft, H. 4, Wien 1992, S. 433-444

191) Schmidt-Bleek, F.: Ohne De-Materialisierung kein ökologischer Strukturwandel. In: Jahrbuch Ökologie 1994, A.a.O., S. 94-108; Jänicke, M.: Vom Nutzen nationaler Stoffbilanzen. In: Jahrbuch Ökologie 1995, A.a.O., S. 20-28

192) Mez, L.: Erfahrungen mit der ökologischen Steuerreform in Dänemark. In: Ökologische Steuerreform, Mannheim: Nomos 1995

193) Müller, M.: Grundzüge einer ökologischen Stoffwirtschaft. A.a.O., S. 87

sein sollte, um die generellen Spielräume für die Bedürfnisbefriedigung der Menschen ermessen zu können. Denn das Wirtschaftswachstum kann nicht ins Unermeßliche steigen, sondern wird durch die Nettoprimärproduktion (NPP) der Biosphäre begrenzt. Darunter versteht man die verfügbare Energiemenge, die im Prozeß der Photosynthese entsteht. Weltweit liegt die Nettoprimärproduktion ungefähr bei 225 Milliarden Tonnen organischer Substanz pro Jahr, wovon die Landökosysteme ungefähr 60% und die Meeres-Ökosysteme etwa 40% produzieren. Die Menschheit nimmt bereits heute nach Angaben des US-amerikanischen Wissenschaftlers Paul R. Ehrlich rund 40% der Nettoprimärproduktion terrestrischer Ökosysteme in Anspruch (Nutzung und Reduktion von Naturressourcen).[194] Diese Zahl vermittelt einen Eindruck von der ungefähren Größenordnung, in der die Biosphäre vom Menschen bereits heute ausgebeutet und verwüstet wird.

Alles in allem hat die Inanspruchnahme der Natur durch den Menschen schon gewaltige Dimensionen erreicht. Dabei stellt der Mensch nur eine von (mindestens) 5 Millionen Arten auf der Erde dar. Je mehr diese eine Art von der terrestrischen Nettoprimärproduktion verbraucht, die eigentlich für alle Arten ausreichen sollte, desto weniger bleibt für die anderen Arten übrig, die wiederum essentielle Lebensgrundlagen für den Menschen darstellen. Daraus folgt: mit der Zunahme des anthropogenen Verbrauchs an Nettoprimärproduktion nehmen in jedem Fall die pflanzlichen und tierischen Arten rapide ab.

Aus dieser Sicht erscheint es recht fragwürdig, als äußerste Grenze für das weitere Wachstum der Weltwirtschaft den Faktor 4 anzugeben, wie es bei Herman Daly der Fall ist[195], auch wenn er vorsichtigerweise nur von 25% Nettoprimärproduktionsverbrauch ausgeht. Schon gar nicht akzeptabel sind aber die Annahmen im Brundtland-Bericht, wonach eine nachhaltige Entwicklung der Weltwirtschaft einen Wachstumsfaktor von 5 bis 10 erfordere.[196] Ein solches Wirtschaftswachstum wäre nicht „nachhaltig", sondern zerstörerisch. Außerdem ist es unmöglich, weil nicht mehr an Primärproduktion verbraucht werden kann, als erzeugt wird. Schon bei Annäherung an die 100%-Grenze würden die Arten schneller als sonst verschwinden und die Ökosysteme plötzlich zusammenbrechen, weil die sich anhäufenden intra- und interökosystemaren Wirkungsbeziehungen die Regenerations- und Absorptionspotentiale rasch überfordern und erschöpfen. Evolutionäre Prozesse können dadurch nicht nur gestört und unterbrochen werden, sondern

---

194) Ehrlich, P.R.: Der Verlust der Vielfalt. In: Ende der biologischen Vielfalt? A.a.O., S. 41
195) Daly, H.E.: Ökologische Ökonomie: Konzepte, Fragen, Folgerungen. A.a.O., S. 155
196) Unsere gemeinsame Zukunft. A.a.O., S. 22

zeitweilig zum Erliegen kommen. Der Tod von Arten und das Ende von „Geburten" neuer Arten würden sich dann auf makabre Weise ergänzen.[197]
Da das Wachstum der Weltwirtschaft in der Tat unvermindert anhält, die Entwicklungsländer auf mehr Wirtschaftswachstum bestehen und die Industrieländer auf weiteres Wirtschaftswachstum nicht verzichten, scheint sich eine Katastrophe objektiv anzubahnen, die sich kaum noch abwenden läßt. Gegenwärtig beträgt die Verdopplungszeit des Wirtschaftswachstums etwa 40 Jahre, und nach dem „Gesetz der großen Zahl" wird sie sich weiter verkürzen. Dies wäre ein Trend zur gesellschaftlichen Selbstvernichtung, den bereits Bertolt Brecht in folgendem Gedicht anschaulich und treffend charakterisierte:

Und sie sägten an den Ästen
auf denen sie saßen und schrien sich zu ihre Erfahrung,
wie man besser sägen könne,
und fuhren mit Krachen in die Tiefe,
und die ihnen zusahen beim Sägen
schüttelten die Köpfe und sägten kräftig weiter.

Die Menschheit lebt gegenwärtig ganz offensichtlich vom Naturkapital statt von seinen Zinsen. Gelänge es allerdings in der Praxis, „den Rohstoffeinsatz pro Produkteinheit zu halbieren, die Wiederverwendungs- und Wiederverwertungsmenge sowie die Lebensdauer zu verdoppeln, könnte die Stoffmenge auf fast 10% des heutigen Ressourceneinsatzes und der heutigen Umweltbelastung gesenkt werden"[198]. Das ist eine sehr optimistische Annahme von Rolf Kreibich, die aber noch zu beweisen wäre. Zwar wird es von vielen für prinzipiell möglich gehalten, eine nachhaltige Wirtschaftsweise auf der Grundlage von geschlossenen Stoffkreisläufen zu schaffen, jedoch daran gezweifelt, ob die praktischen Probleme in der noch zur Verfügung stehenden Zeit bewältigt werden können.[199] Hoffnung bestünde nur, wenn internationale Organisationen in eine supranationale Ordnung hineinwüchsen, wozu jedoch der Glaube fehlt.[200]

---

197) Paucke, H.: Zur biologischen Vielfalt – Entwicklungstendenzen, Wert und Erhaltungsmaßnahmen. In: IWVWW-Berichte, Nr. 41. Berlin 1995, S. 50-67

198) Kreibisch, R.: Ökologische Produkte – Eine Notwendigkeit. In: Jahrbuch Ökologie 1995, A.a.O., S. 212

199) ebd., S. 208; Altner, G.: Ökologische Produktion ist möglich, aber unendlich schwierig. In: Jahrbuch Ökologie 1995, A.a.O., S. 222-225

200) Mohr, H.: Gibt es überhaupt eine ökologische Produktion? In: Jahrbuch Ökologie 1995, A.a.O., S. 199-204

Diese Skepsis ist nicht völlig unberechtigt, wenn man die recht unterschiedlichen Interessen der Menschen berücksichtigt, die wiederum einem unterschiedlichen sozialökonomischen Entwicklungsniveau entspringen, das die einzelnen Länder und Ländergruppen bis jetzt erreicht haben. So liegt das Bruttosozialprodukt pro Kopf in den Ländern mit hohem Einkommen heute etwa 23mal so hoch wie in den Ländern mit niedrigem Einkommen.[201] Allein 1985 flossen aus den Entwicklungsländern mehr harte Devisen in die Industrieländer als von dort in die Entwicklungsländer, und zwar einschließlich der Kreditzahlungen, Exportvergütungen und Entwicklungshilfeleistungen. Die Kluft zwischen diesen Ländern erweitert sich immer mehr[202] und tendiert zu einer globalen Polarisierung von Reichtum und Armut, statt dieses Wohlstandsgefälle abzubauen. Die Herstellung einer gerechten Weltwirtschaftsordnung steht also nach wie vor auf der Tagesordnung. Vorläufig ist sie noch durch einen unheilvollen Kreislauf gekennzeichnet. Denn die meisten Entwicklungsländer, obwohl sich auch bei ihnen starke Differenzierungen vollziehen, müssen Kredite aufnehmen, um ihre Schulden zu bezahlen. Mitunter reichen die Kredite gerade einmal dafür aus, die Zinsen und Zinseszinsen zu tilgen. Und so geht der Kreislauf immer weiter, währenddessen sich die Chancen der Entwicklungsländer ständig verschlechtern.

In *sozialer Hinsicht* kommt es bei einer nachhaltigen Entwicklung daher insbesondere darauf an, die anhaltende Massenarbeitslosigkeit zu entschärfen, die Staatsverschuldung zu begrenzen und das Enkommensgefälle (vor allem zwischen den Industrie- und Entwicklungsländern) zu mildern.[203] Denn es gibt auch hier wiederum ein „unheilvolles Wechselspiel von wohlstandsbedingter und armutsbedingter Umweltzerstörung. Wegwerfkonsum, wohlstandbedingter Doppel- und Dreifachkonsum auf der einen Seite und das Verheizen der letzten Vegetation auf der anderen Seite sind Spiegelbilder einer Medaille"[204].

Das erfordert, die sozialen Voraussetzungen für einen nahtlosen ökologischen Strukturwandel zu gewährleisten. Obwohl einerseits die ökologische Modernisierung ohne Sozialverträglichkeit nicht durchsetzbar ist, ist andererseits aber die Fähigkeit einer Gesellschaft, die nötigen sozialen Anpassungsmaßnahmen zu bewältigen, nicht gesichert.[205] Denn wie der Verlauf der Geschichte zeigt, werden die „schwächsten Glieder in unser Gesellschaft [...] am stärksten zu leiden haben,

---

201) Daly, H.E.: Ökologische Ökonomie: Konzepte, Fragen, Folgerungen. In: Jahrbuch Ökologie 1995, A.a.O., S. 158

202) Gore, A.: Wege zum Gleichgewicht. A.a.O., S. 70-71

203) Jänicke, M.: Zukunftsfähige Entwicklung in Europa? A.a.O., S. 25

204) ebd., S. 26

205) Die Industriegesellschaft gestalten. A.a.O., S. 61

sollten die Zukunftsprobleme uns zu beherrschen beginnen; denn sie waren schon immer die ersten, die historische Fehlleistungen am leidvollsten zu tragen hatten – und dies dann am längsten und am schwersten"[206], konstatiert der Enquete-Bericht „Schutz des Menschen und der Umwelt".

Die Lösung sozialer Probleme wird in einem Paradigmenwechsel gesehen, der insbesondere auf einem Wandel der Wertvorstellungen und Lebensstile beruht und durch einen Umschwung der Einstellungs- und Verhaltensweisen bewirkt werden soll.[207] Derartige Annahmen stützen sich augenscheinlich auf Hoffnungen von Denis Meadows, die er 1992 in seinem Buch „Die neuen Grenzen des Wachstums"[208] wiederum zum Ausdruck brachte. Danach sollten neue Denkstrukturen geschaffen werden, um vor allem auf drei Gebieten voranzukommen, nämlich die Armut zu beseitigen, die Arbeitslosigkeit zu bekämpfen und die ungedeckten materiellen Bedürfnisse zu befriedigen.[209] Die Umwelt-Revolution, die eine notwendige Bedingung für den Übergang zu einer nachhaltigen Gesellschaft darstellt, sollte neben einer ausreichenden materiellen Ausstattung vor allem zu Effizienz, Gerechtigkeit, Gleichheit und Gemeinschaftssinn führen. Materielle Versorgung und soziale Sicherheit sollten für alle gelten, Arbeit den Menschen belohnen und nicht demütigen, und ein Lohnsystem müßte installiert werden, das Initiativen freisetzt, stets das Beste für die Gesellschaft zu leisten.[210] Das neue Wertesystem sollte sich auf Liebe, Freundschaft, Großzügigkeit, Verständnis und Solidarität gründen und die innere Leere unseres Lebens ausfüllen.[211] Diese Visionen von einer harmonischen Welt werden durch optimistische Szenarios ergänzt, in denen es keine Streitkräfte, Kriege, Aufstände, Streiks, Korruption und Katastrophen mehr gibt[212], in denen solche Gesellschaftsspiele wie Wettrüsten oder die Anhäufung unermeßlicher materieller Reichtümer vom Spielplan der Weltbühne verschwinden.[213]

Kein Zweifel, diese hohen moralisch-ethischen Wertmaßstäbe, die als Ziele für die Weltentwicklung angelegt werden, ehren die Verfasser. Sie sind Ausdruck eines zutiefst empfundenen Mangels in der Welt, einer Welt, die einerseits an Reichtum

---

206) ebd., S. 493
207) ebd., S. 66-89
208) Meadows, D.H./Meadows, D.L./Randers, J.: Die neuen Grenzen des Wachstums. Stuttgart: Deutsche Verlags-Anstalt 1992
209) ebd., S. 257-258
210) ebd., S. 269
211) ebd., S. 276-277
212) ebd., S. 216
213) ebd., S. 255

zu ersticken und andererseits an Armut zu verzweifeln droht. Sicherlich steckt eine große Sehnsucht hinter diesen Visionen, die vor allem dann entsteht, wenn die Wirklichkeit ganz anders aussieht und nur wenig Hoffnung besteht, daran etwas zu ändern. Zweifel sind daher angebracht, ob sich diese Leitbilder auch verwirklichen lassen, selbst wenn sie nur als Ansporn und Triebkraft für eine Verbesserung der Welt gedacht sind.

Al Gore spricht dagegen die unbequeme Wahrheit aus, daß das politische System selbst in einer tiefen Krise steckt[214] und daß das neue Denken vor allem das Gesellschaftssystem in ein neues Gleichgewicht bringen soll, bevor das globale Ökosystem aus dem Gleichgewicht gerät.[215] Nach dem Sieg des Westens über den Kommunismus sollten nunmehr die Mängel der kapitalistischen Wirtschaft behoben werden[216], die er unter anderem auch in der Profitmaximierung ausmacht, weil sie die Gefahr der übermäßigen Ausbeutung der Natur hervorbringt.[217] Es käme deshalb darauf an, den Mißbrauch der Grundsätze von Privateigentum, Kapitalismus und Demokratie zu beseitigen. Und zwar durch neues Denken, um dann den Kampf um die Rettung der Umwelt zum zentralen Organisationsprinzip unserer Zivilisation zu machen.[218]

Ob diese mit dem neuen Denken verbundene Idee eine solche materielle Gewalt hervorbringen wird, bleibt allerdings abzuwarten. Sie ist anscheinend aber die einzige Alternative, um mit der Umwelt zugleich die Menschheit zu retten.

---

214) Gore, A.: Wege zum Gleichgewicht. A.a.O., S. 170
215) ebd., S. 63
216) ebd., S. 181-182
217) ebd., S. 274
218) ebd., S. 267-277

4. Umgang mit dem ökologischen Erbe

> Die Geschichte soll nicht das Gedächtnis beschweren,
> sondern den Verstand erleuchten.
> *Gotthold Ephraim Lessing*

4.1. Rolle der Umwelt auf den Plenartagungen des Zentralkomitees der SED

Die Umweltignoranz der SED-Parteitage wurde in den dazwischenliegenden Plenartagungen nicht nur fortgesetzt, sondern noch verstärkt. Während auf den Parteitagen, insbesondere dem VIII. und XI. Parteitag der SED, das Wort „Umwelt" wenigstens einmal vorkam[1], tauchte es in den Plenartagungen kaum bzw. überhaupt nicht mehr auf. Dabei handelt es sich immerhin um insgesamt 49 Plenartagungen des Zentralkomitees (ZK) der SED, die seit dem VIII. Parteitag der SED (1971) durchgeführt wurden. Im einzelnen fanden nach dem VIII. SED-Parteitag 16 Plenartagungen, nach dem IX. Parteitag 13, nach dem X. Parteitag 11 und nach dem XI. Parteitag 9 Plenartagungen statt. Berichterstatter waren die Mitglieder bzw. Kandidaten des Politbüros Hermann Axen, Horst Dohlus, Friedrich Ebert, Werner Felfe, Gerhard Grüneberg, Kurt Hager, Joachim Herrmann, Erich Honecker, Werner Jarowinsky, Egon Krenz, Werner Lamberz, Günter Mittag, Albert Norden, Gerhard Schürer und Paul Verner. Berichtet wurde über den erreichten Stand bei der Erfüllung der jeweiligen Parteitagsbeschlüsse und über die noch bestehenden Aufgaben.

Die Berichterstattung erstreckte sich über alle Volkswirtschafts- und Gesellschaftsbereiche. Über die natürliche Umwelt, dem wichtigsten Bereich der Lebens- und Produktionssphäre der Gesellschaft, gab es anscheinend nicht viel bzw. nichts zu berichten. Daraus hätte man entnehmen können, daß es auf diesem Gebiet weder Aufgaben noch Probleme gäbe. In den Direktiven der Parteitage zu den Fünfjahrplänen für die Entwicklung der Volkswirtschaft wurden aber gewisse Orientierungen gegeben, die auf solchen Parteiveranstaltungen wenigstens hätten erwähnt werden können. Das war aber nicht der Fall. Nur indirekt in Zusammenhang mit der Intensivierung der Volkswirtschaft, die der ökonomischen Strategie der „Einheit von Wirtschafts- und Sozialpolitik" zugrunde lag, spielte die Umwelt eine Rolle. Dabei handelte es sich durchweg um Energie- und Rofstoffprobleme

---

1) Paucke, H.: Chancen für Umweltpolitik und Umweltforschung. Marburg: BdWi-Verlag 1994, S. 17-44

sowie um Fragen der Materialökonomie, die dazu dienten, die ökonomische Leistungsfähigkeit der Wirtschaft zu stärken. Mit einer gewissen Regelmäßigkeit spielten auch die Witterungsunbilden eine Rolle, um damit insbesondere vorhandene Schwierigkeiten bei der Planerfüllung im Berbau (Braunkohlen-Tagebau) und in der Landwirtschaft zu begründen.

Bereits auf der 3. Plenartagung des ZK der SED (19.11.1971) teilte Friedrich Ebert mit, daß sich das Politbüro und das Sekretariat des ZK der SED sowie der Ministerrat mehrfach mit der Energiewirtschaft beschäftigt haben, um die Energieversorgung von Wirtschaft und Bevölkerung zu sichern. Dazu wurde eine entsprechende Direktive am 20.10.1971 beschlossen, in der es auch darum ging, die Bevorratung mit Rohstoffen und Materialien zu verbessern, die Energiedefizite abzufangen und überall strenge Maßstäbe zur rationellsten und sparsamsten Verwendung von Energie anzulegen.[2] Auf der 6. ZK-Tagung (6./7.7.1972) sprach sich Kurt Hager im Rahmen seines Referates „Zu Fragen der Kulturpolitik der SED" unter anderem auch „Für eine schöne Umwelt" aus. Damit wurde offensichtlich zum Ausdruck gebracht, daß Umweltfragen einzig und allein unter die Rubrik Kulturfragen fallen. Da es so ziemlich die einzige ausführlichere und direkte Äußerung zu Umweltfragen ist, die auf Plenartagungen gemacht wurde, und weil daraus auch die Diktion erkennbar ist, in welchem Sinne Umweltfragen behandelt wurden, soll dieser Abschnitt seiner Rede hier im wesentlichen einmal wiedergegeben werden.

Hager führte aus: „Viele Vorschläge und Initiativen lassen erkennen, daß die Werktätigen nicht nur unter guten Bedingungen arbeiten, sondern auch in einer schönen Umwelt leben möchten. Die natürliche Umwelt gehört zu den unmittelbaren Arbeits- und Lebensbedingungen der Menschen. Vieles haben wir schon für ihre Verbesserung getan. Der chemischen Industrie stehen allein in diesem Jahr 270 Millionen Mark für diese Zwecke zur Verfügung.

Probleme des Umweltschutzes und der Landeskultur finden gegenwärtig weltweites Interesse. In den imperialistischen Ländern ruft die skandalöse Umweltverseuchung durch die Monopole, die ausschließlich die Sicherung immer höherer Profite im Auge haben, den wachsenden Widerstand der Werktätigen hervor. Für uns dagegen dienen Umweltschutz und Landeskultur der sinnvollen Gestaltung der Beziehungen der Menschen zur Umwelt, der Vertiefung ihrer Liebe zur sozialistischen Heimat. Das bezieht sich auf den Arbeitsplatz wie auf die Wohnung, auf die Ordnung und Sauberkeit in den Städten, die Pflege und Gestaltung der Parks und Grünflächen.

---

[2] Ebert, F.: Aus dem Bericht des Politbüros an die 3. Tagung des ZK der SED. Berlin: Dietz Verlag 1971, S. 23-24

Der Aufbau neuer Stadtzentren, die Schaffung neuer Wohnkomplexe und anerkannte Leistungen der Denkmalspflege sind beachtliche Fortschritte. Vieles aber bleibt noch zu tun in Architektur und Bauwesen, Formgestaltung, Mode und Werbung, Handel und Touristik, Umweltschutz und Landeskultur. Allen jenen Bürgern, die in oft mühevoller Tätigkeit während ihrer Freizeit unsere natürliche Umwelt pflegen, erhalten und verbessern, gebührt Dank und gesellschaftliche Anerkennung.

Die Gestaltung einer Umwelt, die die sozialistische Lebensweise und das Schönheitsempfinden der Menschen fördert, ist natürlich ein langfristiger Prozeß, besonders angesichts des Erbes, das wir vom Kapitalismus übernommen haben. Manche Aufgaben der Werterhaltung und der Umweltgestaltung werden wir gegenwärtig noch nicht lösen können. Was wir aber ohne zusätzliche Mittel und Kräfte können, ist, unsere Städte und Gemeinden ordentlich und sauber zu halten. Das liegt doch in der Macht und im Interesse jedes Bürgers. Vor allem mit Hilfe des Wettbewerbs „Schöner unsere Städte und Gemeinden – Mach mit!" wollen wir günstigere Möglichkeiten für ein kulturelles Gemeinschaftsleben schaffen und das öffentliche Bild in den Städten und Gemeinden wesentlich verbessern"[3].

Hager sprach zwar verschiedene Facetten des Umweltschutzes und der Umweltgestaltung an, schob aber die Verursachung der eigentlichen Umweltprobleme der übernommenen Erblast aus kapitalistischen Zeiten zu und delegierte ihre Lösung im Prinzip in die Zukunft. Zum anderen kann auch die ehrenamtliche Freizeitarbeit, in der für die natürliche Umwelt in der DDR zweifellos viel getan worden ist, nicht das Hauptfeld sein, sich mit den anstehenden Umweltproblemen zu beschäftigen und sie auch tatsächlich in den Griff zu bekommen. Ging es doch letzten Endes darum, den Typ der materiell-technischen Produktivkräfte und damit der Produktionsweise zu verändern sowie die Konsumtions- und Lebensweise umzugestalten.

Auf der 8. ZK-Tagung (6./7. 12.1972) spielten die Schäden eine Rolle, die durch Windwurf und Windbruch von etwa 5,3 Millionen Festmeter Holz entstanden sind. Mittag hielt außerordentliche Maßnahmen für notwendig, um diese Schadhölzer aufzuarbeiten und sie einer höchstmöglichen volkswirtschaftlichen Nutzung zuzuführen.[4] Drei Tagungen später (14./15.12.1973) wurde von Verner darauf gedrungen, die „sozialistische Intensivierung der landwirtschaftlichen Produktion, vor allem durch Chemisierung, Mechanisierung und Melioration" noch konse-

---

3) Hager, K.: Zu Fragen der Kulturpolitik der SED. Berlin: Dietz Verlag 1972, S. 21-22
4) Mittag, G.: Aus dem Bericht des Politbüros an die 8. Tagung des ZK der SED. Berlin: Dietz Verlag 1972, S. 9

quenter zu verwirklichen.[6] Im Rahmen der Verbesserung der Materialökonomie konnte auf der 13. ZK-Tagung (12./14.12.1974) schließlich festgestellt werden, daß es gelang, von den 350 anfallenden Sekundärrohstoffen etwa 21% zu nutzen.[7] Das reichte offenbar noch nicht aus, weshalb Grüneberg gleich auf der nachfolgenden 14. ZK-Tagung (5.6.1975) höhere Ergebnisse in der Materialökonomie anmahnte.[8]

Nach dem IX. SED-Parteitag (1976) verkündete Dohlus auf der 4. Tagung (8./9. 12. 1976), daß sich die DDR mit 8 Milliarden Mark an der Erschließung von Rohstoffvorkommen in der UdSSR beteiligt und daß die Braunkohlenindustrie „in diesem Planjahrfünft 1 Milliarde 270 Millionen Tonnen Rohbraunkohle" produzieren wird. „Damit werden 63,5 Prozent des Verbrauchs an Primärenergie aus eigenen Rohstoffressourcen gedeckt und 78 Prozent der Elektroenergie der DDR auf der Basis eigener Rohbraunkohle erzeugt"[9]. Auf die Folgen für die natürliche Umwelt wurde aber nicht eingegangen. Immerhin handelte es sich um nicht unerhebliche Eingriffe in den Landschaftshaushalt, die der Braunkohlentagebau mit sich brachte.

In dieser Periode erklärte Gerhard Schürer im Rahmen der Diskussion zum Volkswirtschaftsplan 1978 lapidar, daß „für die Wasserwirtschaft und den Umweltschutz anspruchsvolle Aufgaben enthalten" seien.[10] Ähnliches verkündete er auch für den Volkswirtschaftsplan 1981 auf der 13. ZK-Tagung (11./12.12.1980).[11] Jarowinsky wiederum blieb es vorbehalten, sich mit den Witterungsunbilden zu befassen und die notwendigen Konsequenzen daraus zu ziehen[12], während Honecker die Erhöhung der Rohstoffpreise auf dem Weltmarkt zum Anlaß nahm, um zu verkünden, daß für die DDR damit eine neue Lage entstanden sei.[13] Im Vergleich zu 1970, wo eine Tonne Erdöl noch 13 Dollar kostete, mußten 1980

---

6) Verner, P.: Aus dem Bericht des Politbüros an die 11. Tagung des ZK der SED. Berlin: Dietz Verlag 1973, S. 17

7) Honecker, E.: Aus dem Bericht des Politbüros an die 13. Tagung des ZK der SED. Berlin: Dietz Verlag 1974, S. 35

8) Grüneberg, G.: Aus dem Bericht des Politbüros an die 14. Tagung des ZK der SED. Berlin: Dietz Verlag 1975, S. 34-36

9) Dohlus, H.: Aus dem Bericht des Politbüros an die 4. Tagung des ZK der SED. Berlin: Dietz Verlag 1976, S. 52-53

10) Schürer, G.: Zum Volkswirtschaftsplan 1978. Berlin: Dietz Verlag 1977, S. 77

11) Schürer, G.: Zum Volkswirtschaftsplan 1981. Berlin: Dietz Verlag 1980, S. 84

12) Jarowinsky, W.: Aus dem Bericht des Politbüros an die 10. Tagung des ZK der SED. Berlin: Dietz Verlag 1979, S. 12-13

13) Honecker, E.: Aus dem Bericht des Politbüros an die 11. Tagung des ZK der SED. Berlin: Dietz Verlag 1979, S. 38-39

dafür 133 Dollar, und auf dem sogenannten freien Markt sogar 250 Dollar verausgabt werden. Diese 11. ZK-Tagung (13./14. 12. 1979) stellt insofern eine Wende dar, als fortan der Erhöhung der Effektivität und der Verbesserung der Qualität der Arbeit eine noch größere Aufmerksamkeit geschenkt wurde als bisher.

Nach dem X. Parteitag der SED (1981) wurde daher gleich auf der 3. ZK-Tagung (19./20.12. 1981) der rationelle Einsatz von Energie- und anderen Rohstoffen zu einer Schlüsselfrage für die weitere Entwicklung der Wirtschafts- und Sozialpolitik erklärt.[14] Und eine Steigerung des Nationaleinkommens sollte vorrangig durch eine verstärkte Senkung des Produktionsverbrauchs erreicht werden.[15] Diese Forderung der 5. ZK-Tagung (25./26. 11. 1982) wurde auf der 6. ZK-Tagung (15./16. 6. 1983) präzisiert, indem Maßnahmen auf dem Gebiet der Energie- und Materialökonomie beschlossen wurden, die „auf weitere Fortschritte bei der Erschließung und rationellsten Nutzung der eigenen Ressourcen an Energie, Rohstoffen und Material gerichtet" waren. Dohlus monierte zudem, daß im Vergleich zum internationalen Niveau in der DDR die Elektroenergie „mit einem zu hohen Einsatz an Primärenergieträgern erzeugt" wird. An Rohstoffeinsparungen wurde zugleich verdeutlicht, welcher volkswirtschaftliche Gewinn möglich sei, weil „für eine Million Tonnen Rohbraunkohle ein Aufwand zur Erschließung und Förderung von mehr als 100 Millionen Mark erforderlich ist"[16]. Kurz danach wurden auf der 7. ZK-Tagung (24./25. 11. 1983) die innerhalb eines Jahres erzielten Ergebnisse des Produktionsverbrauchs zur Diskussion gestellt.[17]

Eine zentrale Forderung bestand auf der 9. ZK-Tagung (22./23. 11. 1984) nunmehr darin, einen „qualitativ neuen Schritt zur höheren Veredlung der Produktion zu tun". Neueste Technologien und modernste Verfahren sollten angewandt werden, um einheimische Rohstoffe zu veredeln, den spezifischen Energieverbrauch zu senken und zu Erzeugnissen von hoher Qualität zu gelangen. Der Mikroelektronik fiel in diesem Prozeß die Aufgabe zu, „ein entscheidendes Kettenglied" zu bilden.[18] Wie sehr trotz der Orientierung auf höhere Qualität die

---

14) Honecker, E.: Aus dem Bericht des Politbüros an die 3. Tagung des ZK der SED. Berlin: Dietz Verlag 1981, S. 33-35
15) Axen, H.: Aus dem Bericht des Politbüros an die 5. Tagung des ZK der SED. Berlin: Dietz Verlag 1982, S. 40-41
16) Dohlus, H.: Aus dem Bericht des Politbüros an die 6. Tagung des ZK der SED. Berlin: Dietz Verlag 1983, S. 34
17) Felfe, W.: Aus dem Bericht des Politbüros an die 7. Tagung des ZK der SED. Berlin: Dietz Verlag 1983, S. 29-30
18) Honecker, E.: Aus dem Bericht des Politbüros an die 9. Tagung des ZK der SED. Berlin: Dietz Verlag 1984, S. 36-39

„Tonnen-Ideologie" noch verbreitet war, kam im Bericht von Jarowinsky auf der 11. ZK-Tagung (22. 11. 1985) zum Ausdruck, als er in Zusammenhang mit der Aufzählung von Planvorsprüngen unter anderem formulierte, daß bis Oktober 1985 der Planvorsprung „beim Abraum auf 37,2 Millionen Kubikmeter" erhöht worden sei.[19] Eine solche Ideologie rechtfertigt in der Tat die Festellung von Karl-Hermann Hübler, daß in der DDR ein „Raubbau nach Plan" erfolgte.[20]

Nach dem XI. SED-Parteitag (1986) standen auf der 3. ZK-Tagung (20./21. 11. 1986) „die qualitativ neuen Anforderungen der ökonomischen Strategie mit Blick auf das Jahr 2000" im Vordergrund, wobei die damit verbundenen Maßnahmen neue Möglichkeiten in Aussicht stellten, die „qualitativen Faktoren der intensiv erweiterten Reproduktion für ein hohes Wirtschaftswachstum, für steigende Arbeitsproduktivität und Qualität zu erschließen und zum Nutzen unserer Volkswirtschaft" voll wirksam zu machen.[21] Dabei ging es auch darum, die Leistungsfähigkeit des Transportwesens zu erhöhen und überflüssige Gütertransporte zu vermeiden. Da diese Maßnahmen insbesondere auf die Eisenbahn begrenzt waren, blieb natürlich die Frage offen, ob auch eine Verlagerung des Transports von der Schiene auf die Straße erfolgen sollte, was die Umwelt ungünstig beeinflußt hätte.

Auf der 4. ZK-Tagung (18./19. 6. 1987) mußten wieder einmal „Festlegungen zur stabilen Energie- und Brennstoffversorgung in Auswertung der extremen Winterbedingungen" getroffen werden. Dieses Mal hatte das Politbüro, wie Dohlus versicherte, „prinzipielle Schlußfolgerungen und Lehren aus dem Winter gezogen"[22]. Nunmehr stand in der Kohle- und Energiewirtschaft an erster Stelle, schrittweise Voraussetzungen zu schaffen, die eine störungsfreie Versorgung von Bevölkerung, Industrie und Landwirtschaft auch bei extremen Temperaturen und längeren Kälteperioden gewährleisten. In den Braunkohlebetrieben sollten alle erkannten Störquellen abgebaut werden, wozu auch gehörte, das beschlossene Reparatur- und Rekonstruktionsprogramm mit hoher technologischer Disziplin und Qualität zu erfüllen. Darüber hinaus kam es darauf an, die rationelle Anwendung der Energie als eine entscheidende Quelle für die Deckung des wachsenden Energiebedarfs zu machen sowie „in allen Bereichen der Volkswirtschaft Energieeinsparungen zu organisieren" und diese Maßnahmen mit „einem kompromißlo-

---

19) Jarowinsky, W.: Aus dem Bericht des Politbüros an die 11. Tagung des ZK der SED. Berlin: Dietz Verlag 1985, S. 36-39
20) Hübler, K.-H.: Raubbau nach Plan. Politische Ökologie, H. 18, München 1990, S. 32-42
21) Axen, H.: Aus dem Bericht des Politbüros an die 3. Tagung des ZK der SED. Berlin: Dietz Verlag 1986, S. 48-49
22) Dohlus, H.: Aus dem Bericht des Politbüros an die 4. Tagung des ZK der SED. Berlin: Dietz Verlag 1987, S. 42

sen Kampf gegen jegliche Energieverschwendung zu verbinden"[23]. Motto war: volle Produktion mit weniger Energie.

Und bereits auf der 5. ZK-Tagung (16. 12. 1987) konnte Werner Felfe die Versicherung abgeben, daß das Politbüro alle erforderlichen Maßnahmen für eine jederzeit zuverlässige Energie- und Brennstoffversorgung im kommenden Winter beschlossen hat.[24] Das Politbüro hatte aber vorsorglich unterstrichen, niemand habe das Recht, mehr Energie in Anspruch zu nehmen, als in den Bilanzen festgelegt worden ist. In den verbleibenden Wochen des Jahres seien aber noch große Anforderungen erforderlich, „um die Planaufgaben in der Abraumbewegung zu erfüllen"[25]. Während 1984 die Abraumbewegung übererfüllt worden ist, gab es 1987 selbst hier Probleme.

Erst die 10. Tagung des ZK der SED (8.11.1989), die während der politischen Wende stattfand, übte nicht nur Kritik an der bisherigen Wirtschafts- und Umweltpolitik, sondern verfolgte auch die Absicht, dem Umweltschutz und der Umweltgestaltung zukünftig ein größeres Gewicht zukommen zu lassen.[26] Diese Einsichten kamen aber zu spät und konnten so nicht mehr unter Beweis gestellt werden. Welche Thesen hierzu aufgestellt, Aussagen gemacht und Prinzipien zugrunde gelegt wurden, ist bereits schon im Buch „Chancen für Umweltpolitik und Umweltforschung" dargelegt worden.[27] Denn diese Tagung war die letzte ihrer Art. Die Zerfallsprozesse in Partei und Gesellschaft waren nicht mehr aufzuhalten. Sie erstreckten sich auch auf den RGW.

4.2. Rolle der Umwelt im Rat für gegenseitige Wirtschaftshilfe

Die im ehemaligen Rat für gegenseitige Wirtschaftshilfe (RGW) vereinigten Länder arbeiteten zu Umweltfragen seit mehr als 30 Jahren, in verschiedenen Formen und auf unterschiedlichen Ebenen zusammen. Die Hauptaufgabe bestand vor allem darin, zu einem stabilen Gleichgewicht zwischen den natürlichen Bedingungen und den gesellschaftlichen Erfordernissen beizutragen. Historisch entwickelte sich die arbeitsteilige Zusammenarbeit zunächst auf bilateraler Basis und

---

23) ebd., S. 43
24) Felfe, W.: Aus dem Bericht des Politbüros an die 5. Tagung des ZK der SED. Berlin: Dietz Verlag 1987, S. 52
25) ebd., S. 53
26) Krenz, E.: In der DDR – gesellschaftlicher Aufbruch zu einem erneuerten Sozialismus. Neues Deutschland vom 9.11.1989, S. 3
27) Paucke, H.: Chancen für Umweltpolitik und Umweltforschung. A.a.O., S. 28-30

im Rahmen spezialisierter Arbeitsgruppen. Später dominierten multilaterale Programme und Abkommen. Der Wendepunkt in der Zusammenarbeit trat 1971 ein.

Bereits 1962 wurde ein Spezialorgan für Wasserschutz geschaffen, das die Aufgabe hatte, die Prinzipien und Methoden der Verhütung von Wasserverschmutzungen zu erforschen, um die wachsenden Bedürfnisse der Bevölkerung und der Volkswirtschaft an Wasser in hoher Qualität zu befriedigen. Im Ergebnis wurde 1964 erstmals das Thema „Schutz der Gewässer und des Luftraums vor Verschmutzung durch Schadstoffe" vorgeschlagen und in den Koordinierungsplan der wichtigsten wissenschaftlich-technischen Forschungsprojekte aufgenommen. Als Leitungsorgane fungierten die Konferenz der Leiter der Organe der Wasserwirtschaft der Mitgliedsländer des RGW und die Ständige Kommission für Koordinierung der wissenschaftlichen Forschung.

Einen Impuls für die stärkere Forcierung der Zusammenarbeit im Bereich des Umweltschutzes und der rationellen Nutzung der Naturressourcen gab das „Komplexprogramm zur weiteren Vertiefung und Vervollkommnung der Zusammenarbeit und Entwicklung der sozialistischen ökonomischen Integration der Mitgliedsländer des RGW", das von der XXV. RGW-Tagung 1971 angenommen wurde. Das Programm enthielt auch einen Programm-Teil „Ausarbeitung von Maßnahmen zum Schutz der Natur", das aus 6 Forschungsschwerpunkten bestand, die sich insgesamt in 39 Forschungsthemen aufgliederten und von 1971 bis 1976 bearbeitet werden sollten. Die Arbeit lief jedoch nur schleppend an, war thematisch noch ziemlich lückenhaft und wurde deshalb auf der XXVII. Ratstagung des RGW kritisiert. Dies führte einmal dazu, das Umweltprogramm 1974 um das Thema „Meteorologische Aspekte der Verschmutzung der Atmosphäre" zu erweitern und zum anderen auch dazu, sich intensiv mit der Ausarbeitung des Forschungsprogramms für den nächsten Fünfjahrplan zu befassen.

Dieses neue Programm für den Zeitraum 1976-1980 umfaßte nunmehr 12 Hauptrichtungen und 156 Themen.[28] Inhaltlich erstreckte sich dieser Programm-Teil auf alle wesentlichen Aspekte der Umweltproblematik und steckte somit die langfristig zu bearbeitenden Forschungsrichtungen ab. Das Programm beinhaltete folgende Schwerpunkte:
1. Sozialökonomische, organisatorisch-rechtliche und pädagogische Aspekte des Umweltschutzes,
2. Hygienische Aspekte des Umweltschutzes,
3. Schutz der Ökosysteme (Biogeozönosen) und Landschaften,
4. Schutz der Wasserressourcen,

---

28) Dokumente RGW. Berlin: Staatsverlag 1971; Grunddokumente des RGW. Berlin: Staatsverlag 1978

5. Beseitigung und Verwertung der kommunalen und industriellen Abfälle,
6. Schutz der Luftqualität,
7. Meterologische Aspekte der Luftverschmutzung,
8. Bekämpfung von Lärm und Vibrationen,
9. Gewährleistung der Strahlenschutzsicherheit,
10. Ausarbeitung der Grundrichtungen für die Planung von Städten, der stadtnahen Bereiche und der Siedlungssysteme unter Berücksichtigung des Schutzes und der Verbesserung der Umwelt,
11. Schutz der Bodenschätze und rationelle Nutzung der Naturreichtümer,
12. globales Umweltüberwachungssystem.

Für den Zeitraum 1981-1986 wurden noch folgende Schwerpunkte aufgenommen:

13. Umweltfreundliche Technologien,
14. Informationsversorgung im Bereich des Schutzes und der Gestaltung der Umwelt.

Damit vollzog sich die Arbeit in 14 Problemkreisen mit insgesamt 133 Themen. Die Aufgabenpalette wurde demzufolge wiederum erweitert und zu etwa 30% auf die Entwicklung und Anwendung neuer oder auf die Vervollkommnung vorhandener abfallarmer Technologien konzentriert. Diese Konzentration des wissenschaftlich-technischen Potentials verdeutlicht, daß es hier um die Lösung volkswirtschaftlicher Schwerpunktaufgaben der RGW-Länder ging. Mit der Entwicklung und Anwendung dieser Technologien wurde angestrebt, Voraussetzungen für geschlossene technologische Zyklen zu schaffen, die Naturressourcen rationell zu nutzen und die Abfälle insbesondere aus Produktionsprozessen zu vermindern.

Bis 1981 wurden 1200 Teilaufgaben abgeschlossen und 400 davon in allen RGW-Ländern in den praktischen Umweltschutz überführt. Ein entscheidender Durchbruch konnte damit aber im Umweltschutz nicht erzielt werden. Nach wie vor gab es noch große Probleme bei der Lösung von Umweltaufgaben. So reichten die Anstrengungen auf dem Gebiet der Entwicklung, Produktion und Anwendung ökologisch orientierter, abfallarmer Techniken und Technologien bei weitem nicht aus, um mit den anstehenden Problemen fertig zu werden. Rückstände gab es ferner auf solchen Gebieten wie

- der Schaffung eines globalen Umweltüberwachungssystems (Monitoring),
- der Ausarbeitung von Methodiken zur Bewertung des Umweltzustandes und seiner Entwicklung,
- der Ausarbeitung verbindlicher ökologischer Normen und Standards,
- der Entwicklung standardisierter und unifizierter Meßmethoden,
- der Entwicklung von Strategien zum Umgang mit Altlastproblemen.

In engem Zusammenhang damit standen Fragen der umweltgerechten Wirtschaftsentwicklung sowie einer auf die haushälterische Nutzung der Umwelt ausgerichteten Gestaltung der Lebensweise der Menschen.
Auf ihrer 38. Tagung im Juni 1984 nahmen die RGW-Länder im Rahmen des Komplexprogramms der wissenschaftlich-technischen Zusammenarbeit bis zum Jahre 2000 eine weitere Umprofilierung der Umweltschutzaufgaben vor. Sie wurden als integrierender Bestandteil der 5 Hauptrichtungen dieses Programms begriffen, zu denen im einzelnen gehörten:
1. Elektronisierung mit umfangreichen Rechensystemen und Einrichtung moderner Informatik,
2. Komplexe Automatisierung mit flexiblen Produktionssystemen,
3. Beschleunigte Entwicklung der Kernenergetik,
4. Neue Werkstoffe und Technologien ihrer Herstellung und Verarbeitung,
5. Beschleunigte Entwicklung der Biotechnologie.

Von besonderer Relevanz für den Umweltschutz waren dennoch die Punkte 3 und 5, was die Zielsetzung des Programms verdeutlicht.

Hauptziele der Zusammenarbeit zum Punkt 3 waren
- die tiefgreifende qualitative Umgestaltung der Energiewirtschaft,
- die Erhöhung der Effektivität und Zuverlässigkeit der Elektroenergieversorgung,
- die Senkung des Verbrauchs organischer Brennstoffe,
- die Verbesserung der Wärmeversorgung der Städte,
- der Umweltschutz sowie die rationelle Energieanwendung.

Hauptziele zum Punkt 5 waren hingegen
- die Vorbeugung und effektive Heilung schwerer Erkrankungen der Bevölkerung,
- eine bedeutende Vergrößerung der Lebensmittelressourcen,
- die Verbesserung der Versorgung der Volkswirtschaft mit Rohstoffen,
- die Erschließung neuer regenerierbarer Energiequellen sowie
- die weitere Entwicklung der abproduktfreien Produktion und
- die Senkung schädlicher Auswirkungen auf die Umwelt.

Die Realisierung dieses Programms sollte es ermöglichen, die regenerierbaren biologischen Ressourcen in der Volkswirtschaft rationeller zu nutzen, den Wohlstand und die Gesundheit der Bevölkerung zu verbessern sowie durch die Anwendung energiesparender und abproduktarmer Technologien die Umweltbelastung zu reduzieren. Das Programm wurde auf der 41. RGW-Tagung im Dezember 1985 beschlossen und angenommen.[29] Mit diesem Programm versuchte der RGW, die Rückstände auf industriellem und umweltschutztechnischem Gebiet gegenüber den westlichen Industrieländern etwas aufzuholen.

Insgesamt waren die Rückstände zwar gewaltig, aber ohne die RGW-Arbeit wären sie noch größer gewesen. Allein die kontinuierliche Beschäftigung mit diesen programmatischen Aufgaben zur Verbesserung der Umweltsituation bildete einen eklatanten Widerspruch zur parteipolitischen Verdrängung und Negierung von Umweltproblemen im Sozialismus. Sie strafte die offizielle Partei- und Staatspolitik Lügen, daß es im Sozialismus „prinzipiell" keine Umweltprobleme geben könne und diese nur Überbleibsel eines übernommenen kapitalistischen Erbes sei, mit dem der Sozialismus zu kämpfen habe.

Sicherlich hätte auch die RGW-Arbeit selbst effektiver sein können, wenn die Mechanismen der Zusammenarbeit effizienter gewesen wären und es auch einen flexiblen Ware-Geld-Mechanismus gegeben hätte.[30] Die Verhältnisse waren aber nicht so, und deshalb konnte auch kein effektives multilaterales Verrechnungssystem zwischen den Mitgliedsländern aufgebaut werden, was Maria J. Welfens bemängelt. Diese Mängel hemmten die wirtschaftliche Entwicklung und trugen nur sehr langsam zu der erhofften ökonomischen Stärkung der einzelnen Volkswirtschaften bei, obwohl das der ursprüngliche Sinn der RGW-Arbeit war, durch gegenseitige Hilfe und uneigennützigen Erfahrungsaustausch schneller voranzukommen. Statt dessen versuchte jedes Land auf seine Weise, die ökonomischen Aufgaben selbst zu bewältigen, ohne in allzu große Abhängigkeit insbesondere zum großen Bruderland UdSSR zu geraten.

Die Zusammenarbeit auf wissenschaftlich-technischem Gebiet entwickelte sich dagegen unbefangener. Durch internationale Zusammenarbeit konnten in der Tat schneller neue Forschungsergebnisse erzielt werden als im Alleingang. So wurden bereits 1979 zum RGW-Thema I.3 „Ausarbeitung einer Methodik der ökonomischen und außerökonomischen Bewertung des Einflusses des Menschen auf die Umwelt" erste Ergebnisse vorgestellt, die die Möglichkeiten und Grenzen solcher Bewertungen aufzeigten.[31] Von seiten der DDR arbeiteten an dieser Thematik die Wissenschaftler Bruno Benthin (Greifswald), Konrad Billwitz, Hans Richter und Walter Roubitschek (alle Halle), Günther Haase, Joachim Heinzmann, Helmut

---

29) Komplexprogramm des wissenschaftlich-technischen Fortschritts der RGW-Länder bis zum Jahre 2000. Berlin: Staatsverlag 1985

30) Welfens, M.J.: Umweltprobleme und Umweltpolitik in Mittel- und Osteuropa. Heidelberg: Physica-Verlag 1993, S. 126

31) Ziele, Aufgaben und erste Ergebnisse der internationalen Zusammenarbeit zum RGW-Thema I.3 „Ausarbeitung einer Methodik der ökonomischen und außerökonomischen Bewertung des Einflusses des Menschen auf die Umwelt". Informationen der Forschungsstelle für Territorialplanung der SPK, H. 3, Berlin 1979, S. 1-72

Herrmann, Fritz Hönsch und Hans Neumeister (alle Leipzig), Dieter Graf, Manfred Haaken, Horst Paucke und Günter Streibel (alle Berlin) mit.

Die zur damaligen Zeit erzielten Ergebnisse sind insofern interessant, weil sich hier Wissenschaftler der sozialistischen „Mangelländer" mit einer Problematik befaßten, die erst viel später von Wissenschaftlern aus kapitalistischen „Überflußländern" aufgegriffen wurde. Dasselbe läßt sich auch auf verschiedenen anderen Gebieten feststellen, wie etwa der Aufstellung von Stoffflüssen und Stoffbilanzen.[32]

Die Realität hat inzwischen alle eingeholt und sicherlich auch zur Erkenntnis beigetragen, daß die Notwendigkeit, Umweltverbrauch und Umweltbelastung zu senken, nicht allein aus der Not geboren ist, sondern mehr ein Gebot wirtschaftlicher Vernunft zu sein scheint. Daß diese Forschungsergebnisse nicht genügend in der Praxis zum Tragen kamen, hatte vor allem politische und ökonomische Gründe. Es wäre nunmehr ein Gebot wissenschaftlicher Vernunft, diesen schlummernden Erkenntnis- und Erfahrungsschatz zu heben und zu nutzen.

4.3. Rolle der Umwelt in der Gesellschaft für Natur und Umwelt

4.3.1. Vorgeschichte der GNU

Die Wurzeln der Gesellschaft für Natur und Umwelt (GNU) reichen bis zum Jahre 1945. Damals begannen die Naturschützer, ihre Arbeit in bürgerlichen Naturschutz- und Heimatvereinen zu organisieren. 1949 wurden die „Natur- und Heimatfreunde" jedoch in den „Kulturbund zur demokratischen Erneuerung Deutschlands" eingegliedert. Die Eingliederung erfolgte auf der Grundlage einer Verordnung, die von der Deutschen Wirtschaftskommission (DWK) am 12.1.1949 erlassen worden war. Im § 6 der Verordnung wurde unter anderem auch die Übernahme der Heimat- und Naturschutzgruppen durch den Kulturbund geregelt.[33]

Diese Regelung zielte darauf ab, zentralistische Organisationsformen und Organisationsstrukturen in allen Bereichen der Gesellschaft aufzubauen. Zugleich sollte dem bürgerlichen Vereinswesen, das als reaktionär galt, die Existenzgrundlage entzogen werden. Die Eingliederung verlief jedoch nicht ohne Schwierigkeiten, weil sowohl bei den Natur- und Heimatfreunden als auch beim Kulturbund von vornherein Identifikationsprobleme auftraten, die bis zuletzt anhielten und nie

---

32) Gofman, K./Lemeschew, M./Reimers, N.: Die Ökonomie der Naturnutzung. Wissenschaft und Leben, H. 6, Moskau 1974, S.

33) Zentralverordnungsblatt Nr. 7 vom 10.2.1949, Berlin, S. 67-68

völlig überwunden werden konnten. Die Reaktionen der Natur- und Heimatfreunde auf die von oben betriebene Zuordnung reichten von verhaltener Zustimmung bis zur strikten Ablehnung. Die meisten Mitglieder gaben jedoch dem äußeren Druck nach und verhielten sich abwartend in der Hoffnung, so wie bisher weiterarbeiten zu können.

Ende 1950 war der organisatorische Aufbau der Natur- und Heimatfreunde im Kulturbund weitgehend abgeschlossen. Die Arbeit vollzog sich im wesentlichen in folgenden Gebieten:
- Naturschutz und Landschaftspflege
- Denkmalpflege
- Botanik
- Geologie
- Wegemarkierung
- Naturkundemuseen
- Heimatgeschichte und Ortschroniken
- Ur- und Frühgeschichte.

Bis 1965 kamen noch folgende Aufgabenbereiche hinzu:
- Dendrologie, einschließlich Garten- und Zierpflanzen
- Aquarien- und Terrarienkunde
- Ornithologie und Vogelschutz
- Entomologie
- Astronomie
- Volkskunde
- Fotografie
- Schmalfilm
- Touristik und Wandern.

Für jedes einzelne Fachgebiet wurde ein Fachausschuß gebildet, der die Aufgabe hatte, die Arbeit der Facharbeitsgemeinschaften zu koordinieren. Die Arbeit wurde mit großem Engagement durchgeführt, so daß der Kulturbund auf dem IV. Bundeskongreß 1954 in Dresden beschloß, die Natur- und Heimatfreunde zu autorisieren, selbständige Leitungen zu wählen. Damit erhielten sie neben umfangreichen Pflichten nunmehr auch größere Rechte. Zu dieser Zeit hatten die Natur- und Heimatfreunde mehr als 35.000 Mitglieder, die in 421 Arbeitsgemeinschaften und 1686 Fachgruppen tätig waren. Darunter befanden sich mehr als 7000 Wissenschaftler und 2000 Laienforscher.

Im Jahre 1954 fand auch die erste zentrale Delegiertenkonferenz der Natur- und Heimatfreunde in Weimar statt, auf der 14 Leitsätze verabschiedet wurden, die den Rahmen für die Umwelt- und Naturschutzarbeit absteckten. Dazu gehörten vor allem:

- Mitarbeit an der Gesetzgebung zum Naturschutzrecht,
- Förderung der wissenschaftlichen Forschung auf dem Gebiet des Naturschutzes, der Denkmalpflege und der Heimatgeschichte,
- Förderung des allgemeinen Verständnisses für den Naturschutz,
- Mitarbeit bei der Stadt- und Dorfgestaltung,
- Pflege der Verbindungen zu gleichartigen Vereinigungen auf nationaler und internationaler Ebene,
- Koordinierung der Naturschutzarbeit der übrigen Massenorganisationen.

Die praktische Umsetzung der Leitsätze erfolgte insbesondere durch solche Aktivitäten, wie

- Mitarbeit am Naturschutzgesetz 1954 und am Landeskulturgesetz 1970 sowie an den Durchführungsverordnungen zu diesen Gesetzen,
- Erarbeitung fachlich-sachlicher Grundlagen für die Ausweisung von Landschafts- und Naturschutzgebieten,
- Bestandsaufnahme heimatkundlicher Werte in den Kreisen sowie ihre kartenmäßige Erfassung (1952-1954),
- Erstellung von Landschaftsanalysen auf der Grundlage floristischer Rasterkartierungen bzw. flächendeckender Quadrantenkartierungen (seit 1955),
- Durchführung zentraler Lehrgänge zur Vermittlung ökologischer Grundkenntnisse und praktischer Handlungsmöglichkeiten (1951-1954 in Oybin, seit 1954 in Müritzhof),
- Durchführung von fachspezifischen Konferenzen, Tagungen und Seminaren in Verbindung mit heimatkundlichen, botanischen, zoologischen, mineralogischen u. a. Fachexkursionen,
- Beteiligung an den jährlichen „Naturschutzwochen" (1956-1966), „Wochen des Waldes" (1964-1966), „Wochen des Naturschutzes und des Waldes" (1966-1971), „Wochen der sozialistischen Landeskultur" (1971-1973) sowie den „Landschaftstagen" (seit 1964),
- Mitarbeit an Lehrmaterialien für den Heimatkundeunterricht in den Schulen, an der Gestaltung von Heimatmuseen, an der Betreuung von Ferienlagern von Jugendorganisationen, an der kulturellen Weiterbildung von Erwachsenen,
- Anlage von Natur- und Kulturlehrpfaden sowie von Wanderwegen.

Bis 1961 gab es auch rege fachliche Kontakte zwischen den Experten in beiden deutschen Staaten, die danach nur noch sporadisch aufrechterhalten werden konnten. Bemerkenswert ist, daß einige Fachzeitschriften des ehrenamtlichen Naturschutzes auch nach der Verwaltungsreform der DDR 1953 (Auflösung der Länder, Einführung der Bezirke) ihre Länderbezeichnung bis zum Ende der DDR beibehielten (Die Vogelwelt Mecklenburgs, Die Vogelwelt Brandenburgs).

Wie Behrens, Benkert, Hopfmann und Maechler in ihrem fundierten Buch „Wurzeln der Umweltbewegung" feststellten, gab es zwischen den ehrenamtlichen Naturschützern sowie den staatlichen und kommunalen Behörden vielerorts Reibereien, weil ihre Interessen mitunter weit auseinanderlagen.[34] Während die Naturschutzbeauftragten über mangelnde Resonanz bei den Verwaltungen klagten, warfen diese wiederum den Naturschützern vor, einseitige und von der Praxis losgelöste Vorschläge zu unterbreiten, die nicht zur Lösung der anstehenden Probleme beitragen. Um die Durchsetzungsfähigkeit des Naturschutzes zu erhöhen, wurde bei den Naturschützern im Kulturbund deshalb schon früh der Ruf nach einer zentralen politischen Einrichtung direkt beim Ministerrat laut.[35] Aber erst 1976 wurde der Beirat für Umweltschutz gegründet, der jedoch nur die Funktion hatte, den Ministerrat in Grundfragen des Umweltschutzes zu beraten.

Zu Kontroversen kam es aber auch mit dem Ministerium für Land- und Forstwirtschaft, insbesondere über die „Grundsätze des Naturschutzes in der DDR". Sie wurden vom Ministerium 1958 zunächst zwar veröffentlicht, nach heftiger Kritik aber kurzfristig zurückgezogen, unter Mitwirkung des Kulturbundes überarbeitet, 1960 in veränderter Fassung als „Grundsätze der sozialistischen Landeskultur" herausgebracht und dann zu einer verbindlichen Ergänzung des Naturschutzgesetzes von 1954 erklärt. Seit 1966 arbeiteten insbesondere Landschaftsarchitekten an konzeptionellen Überlegungen für ein Landeskulturgesetz, aus denen in Zusammenarbeit mit der Zentralen Kommission Natur und Heimat des Kulturbundes 1968 schließlich Vorschläge für ein Landeskulturgesetz hervorgingen. Diese Vorschläge wurden dem Präsidium des Kulturbundes übergeben, das sie an den Ministerrat und an das Präsidium der Volkskammer weiterletete. Sie bildeten die Grundlage für das Landeskulturgesetz, das die Volkskammer im Jahre 1970 verabschiedete.

Durch ähnliche Initiativen und auf ähnlichem Wege gelangte auch der Umweltschutz 1968 in die Verfassung der DDR in der Absicht, den Umweltschutz in der gesellschaftlichen und wirtschaftlichen Entwicklung stärker zu berücksichtigen, die Arbeit an der Umweltschutzgesetzgebung zu beschleunigen, den Umweltschutz zu einer Leitlinie praktischen Handelns zu machen sowie die Beziehungen mit staatlichen und kommunalen Einrichtungen auf eine solide, partnerschaftliche Grundlage zu stellen. Bereits die Begründung des Naturschutzgesetzes von 1954 vor der Volkskammer der DDR durch den Abgeordneten des Kulturbundes Karl

---

34) Behrens, H./Benkert, U./Hopfmann, J./Maechler, U.: Wurzeln der Umweltbewegung. Marburg: BdWi-Verlag 1993

35) Würth, G.: Umweltschutz und Umweltzerstörung in der DDR. Frankfurt a.M./Bern/New York 1985, S. 88

Kneschke hatte eindeutig demonstriert, welche Bedeutung dieser Organisation für den Naturschutz zukam und welches Gewicht ihr bei der Einbringung von Gesetzesinitiativen im Natur- und Umweltschutz offiziell zugestanden wurde. Eine solche Akzeptanz war Ausdruck geballter Fach- und Sachkompetenz, die in der DDR ihresgleichen suchte. Dieses intellektuelle Potential nötigte auch der SED-Führung entsprechenden Respekt ab.

Mit der Verabschiedung des Landeskulturgesetzes (LKG) erhielt die Arbeit der Natur- und Heimatfreunde im Kulturbund gesellschaftliche Anerkennung und starken Auftrieb. Das spiegelte sich nicht nur in zunehmenden Umweltschutzaktivitäten wider, sondern auch in der unermüdlichen Propagierung und Popularisierung des Landeskulturgesetzes, auf das man große Hoffnungen setzte. Dem Kulturbund wurden vom neugebildeten Ministerium für Umweltschutz und Wasserwirtschaft (MUW) sogar Aufgaben auf allen Ebenen der Umweltpolitik übertragen, die in einem gemeinsamen Kommunique vom 22.9.1972 festgelegt worden waren. Die Vorschläge zur Mitarbeit wiesen ein breites Spektrum auf, das von der Betätigung im Beirat für Umweltschutz beim MUW bis zur Beratung und Unterstützung der örtlichen Umweltschutzverantwortlichen und betrieblichen Umweltschutzbeauftragten reichte. Damit wurde offiziell jedoch nur bestätigt, was in der Natur- und Umweltschutzpraxis bereits seit Jahren existierte und praktiziert wurde.

4.3.2. Gründung der GNU

Die Natur- und Heimatfreunde hatten im Kulturbund zwar eine anerkannte und geachtete Stellung inne, waren organisatorisch jedoch weitgehend an den Kulturbund gebunden. Das Streben wurde daher immer stärker, sich zu verselbständigen und eine eigene Organisation zu schaffen. Zwei Umstände kamen diesen Bestrebungen entgegen. Einmal der zunehmende Arbeitsumfang, der bewältigt werden mußte, zum anderen die Schwerfälligkeit der zentralen Verwaltung, die den Leitungs- und Entscheidungsprozeß behinderte.

Die meisten Natur- und Heimatfreunden hatten die Gründung der Gesellschaft für Natur und Umwelt im Kulturbund der DDR daher bereits erwartet. Ein kleiner Schönheitsfehler war dabei nur die Gründung „von oben", die aber in der DDR nichts Außergewöhnliches war. Solchen Akten gingen in der Regel Beschlüsse des Politbüros und des Ministerrates voraus. In diesem Sinne teilte die verbandsinterne „Natur und Umwelt" dann auch erwartungsgemäß mit: „Die Gründung dieser Gesellschaft war und ist von Anfang an das gemeinsame Werk des Kulturbundes und des Ministeriums für Umweltschutz und Wasserwirtschaft sowie des Ministeriums für Land-, Forst- und Nahrungsgüterwirtschaft [...] Das Sekretariat des ZK der SED hat der Gründung [...] zugestimmt"[36]. Ende der 70er, Anfang der

80er Jahre spürte die politische und staatliche Führung sicherlich den Bedarf, auf ökologischem Gebiet etwas zu veranlassen, weil diese Problematik international, national und auch innerstaatlich immer mehr in Erscheinung trat. Das trug wesentlich dazu bei, eine Gesellschaft einzurichten, die sich mit Fragen von Natur und Umwelt befaßte.

Es besteht daher wohl kein Zweifel daran, daß sich bei der Gründung der GNU am 28.3.1980 in Berlin fachliche und politische Interessen kreuzten. Es würde zu weit führen, diese hier im einzelnen darzulegen. Die einen wollten jedenfalls ihre Arbeit vor Ort wie gewohnt fortführen, wobei sie sich kooperativ verhielten und auf verständnisvolle Zusammenarbeit mit den staatlichen Behörden setzten. Diese Erwartungshaltung schloß aber ganz offensichtlich eine öffentliche Kritik und fundamentale Opposition vom Prinzip her aus. Die anderen versuchten, die in der GNU versammelte Sachkompetenz für politische Ziele zu gewinnen. Sie sollte helfen, nach außen das umweltpolitische Image der DDR nicht zu beschädigen und nach innen bei der Intensivierung der Produktion mitzuwirken sowie das gestiegene Umweltinteresse der Bürger zu kanalisieren. Mit diesem Widerspruch war die GNU seit ihrer Gründung behaftet. Die Masse der Mitglieder hielt sich zwar an den vorgegebenen Rahmen, ließ sich politisch jedoch nicht wie erhofft vereinnahmen. Das drückte sich auch in der Arbeitsweise aus, die sich mehr im Stillen vollzog. Ihre Öffentlichkeitswirksamkeit blieb daher vor und nach der „Wende" in der DDR nur begrenzt.

4.3.3. Ziele und Aufgaben der GNU

Den Natur- und Heimatfreunden ging es bei der Gründung der GNU im Kern darum, die Arbeit in den naturwissenschaftlichen Fachgruppen zu stärken, zu koordinieren und entsprechend den zu untersuchenden Naturobjekten komplexer zu gestalten. Gleichzeitig sollte eine Heimstatt für alle geschaffen werden, die sich aktiv für den Schutz und die Verbesserung der Umwelt, die rationelle Nutzung der Naturressourcen, den sparsamen Umgang mit Energie und Rohstoffen, die Pflege der Landschaft und die Erhaltung ihrer Schönheit einsetzen wollten.

Diese Hauptanliegen waren auch in den 7 Leitsätzen der GNU enthalten, die schon vorlagen, als sich der Zentralvorstand konstituierte. Sie verpflichteten die GNU, mit den Staatsorganen auf allen Ebenen zusammenzuarbeiten, um zu sichern, daß „die Bürger in die Vorbereitung, Entscheidung, Durchführung und Kontrolle staatlicher Maßnahmen für den Schutz und die Verbesserung der Um-

---

36) Kulturbund der DDR (Hg.): Natur und Umwelt. Berlin 1981, S. 5

welt und die rationelle Nutzung der Naturressourcen einbezogen werden"[37]. Damit griff man auf Formulierungen zurück, die bereits im „Kommentar zum Landeskulturgesetz" enthalten waren.[38] Darüberhinaus war im Punkt 6 der Leitsätze ausdrücklich eine breite Gemeinschaftsarbeit mit anderen gesellschaftlichen Organisationen und Kräften vorgesehen, um weitere „Partner und Verbündete" für die praktische Umsetzung der Leitsätze zu gewinnen.

Mit diesem historischen Rückgriff auf das LKG wurde bewußt an mehr als 30jährige Traditionen und auch Erfolge in der Naturschutzarbeit angeknüpft sowie an juristische Aussagen und Versprechen erinnert, die bis dahin noch nicht eingelöst waren. Denn trotz vorbildlicher Gesetzgebung und aller Bemühungen der inzwischen auf 50.000 Mitglieder angewachsenen Umweltschützer im Kulturbund, die gesetzlichen Bestimmungen vollinhaltlich durchzusetzen, nahmen die Umweltprobleme zu und örtlich sogar verheerende Ausmaße an. Die unübersehbaren Widersprüche zwischen Theorie und Praxis, Gesetz und Realität, Ökologie und Ökonomie riefen Unmut und Unzufriedenheit hervor und bildeten den Nährboden für zunehmende, öffentlich aber nicht vorgetragene Kritik. Denn die GNU verstand sich nach wie vor als Vermittler zwischen Staatsmacht, Wirtschaft und Bürgern und mahnte daher ständig deren Pflichten im Umweltschutz an. Dieses auf Gesetz und Recht pochende Verhalten machte dem Kulturbund sicherlich alle Ehre, schützte aber nicht vor politischem Mißbrauch.

Die Aufgaben der GNU wurden 1982 auf der Grundlage der 1980 angenommenen Leitsätze wie folgt konkretisiert:
- Inventarisierung, Zustandserfassung und Pflege von Naturschutzgebieten (NSG), Flächennaturdenkmalen (FND) und Naturdenkmalen (ND) in den Kreisen,
- Erarbeitung und Konkretisierung von Pflegevorschlägen in Auswertung der Ergebnisse der naturkundlichen Heimatforschung,
- Mitwirkung bei der Auswahl von NSG, FND und ND im Kreisgebiet und Begründung entsprechender Unterschutzstellungsvorschläge,
- Bestandsaufnahme und Pflegekonzeption für geschützte Parks,
- Zuarbeit zu Landschaftspflegeplänen,
- Mitwirkung bei der biografischen Kartierung ausgewählter Arten,
- Öffentlichkeitsarbeit (Vorträge, Exkursionsführungen, Ausstellungen, Naturlehrpfade, Wanderwege, naturkundliche Sammlungen, Vorbereitung und

---

37) Leitsätze der Gesellschaft für Natur und Umwelt im Kulturbund der DDR. In: Wurzeln der Umweltbewegung. A.a.O., S. 162-167

38) Landeskulturgesetz. Kommentar. Berlin: Staatsverlag 1973, S. 78

Durchführung von Landeskulturtagen, Einrichtung von Landeskulturkabinetten).

Vor allem im praktischen Naturschutz vor Ort leisteten die Mitglieder der Fachgruppen eine „bahnbrechende Naturschutzarbeit", wie der bekannte Berliner Naturschützer Heinrich Weiss es 1992 nannte.[39] So kartierten die 150 Mitglieder der Berliner Fachgruppe der Feldherpetologen 280 Gewässer und reichten 75 dokumentierte und fachlich begründete Schutzanträge ein, von denen 70 verwirklicht wurden.

Bereits vor 1985 wurde sichtbar, mit welchen Problemen es die GNU in den einzelnen Regionen zu tun hatte und auf welche Weise sie sich bemühte, zu ihrer Lösung beizutragen:
- So ging man im Bezirk Schwerin seit 1980 schwerpunktmäßig an die Pflege und landschaftsarchitektonische Neugestaltung der 228 Parks heran,
- im Bezirk Rostock bildeten Untersuchungen zur Darß-Zingster-Boddenkette den absoluten Schwerpunkt,
- in Leipzig gab das 1983 wiedereröffnete Landeskulturkabinett als ständige Ausstellung Anregungen für die Reinhaltung der Luft und der Gewässer, für die rationelle Nutzung und den Schutz des Bodens, für den Landschafts- und Naturschutz, für den Ausbau von Erholungsgebieten sowie für die Gestaltung der Stadtlandschaft,
- die Arbeiten im Kreis Lübben konzentrierten sich darauf, die Veränderungen der noch naturnahen Landschaft im Spreewald zu erfassen und die vom Aussterben bedrohten Tiere zu schützen,
- auf den Tagen der Wissenschaft in der Lausitz wurde 1983 über das Waldsterben informiert und diskutiert,
- im Bezirk Dresden konzentrierten sich die Aktivitäten auf die Markierung von 2400 km Wanderwegen, die vom Dresdener Fachausschuß Ornithologie durchgeführte Meßtischblattkartierung der Brutvögel der DDR, auf Beiträge zu den Landschaftspflegeplänen „Sächsische Schweiz", „Zittauer Gebirge" und „Moritzburger Teichgebiet".

Diese und andere Aktivitäten sind aufmerksamen Beobachtern außerhalb der DDR nicht entgangen und von ihnen sorgfältig registriert worden.[40] Insgesamt steht die Aufarbeitung der Leistungen des ehrenamtlichen Natur- und Umweltschutzes in der ehemaligen DDR aber noch aus bzw. befindet sich in den ersten

---

39) Weiss, H.: Viktor-Wendland-Ehrenring für Heinz Nabrowsky. Grünstift, Nr. 1, Berlin 1992, S. 48

40) Umweltbewußtsein und Umweltprobleme in der DDR. Köln: Verlag Wissenschaft und Politik 1985, S. 158-165

Anfängen. Bereits die wenigen, vom Institut für Umweltgeschichte und Regionalentwicklung Berlin untersuchten Fallbeispiele lassen erkennen, wieviel alltägliche Kleinarbeit in den Kreisen und Gemeinden geleistet worden ist und welche spezifischen Probleme in den einzelnen Kreisen anstanden. Es wäre daher schon aus ökonomischen Gründen sinnvoll, die vielfältigen Ergebnisse zu sichten, zu bergen und zu nutzen, um auf den bereits vorliegenden Kenntnissen die noch bestehenden Umweltprobleme in den neuen Bundesländern schneller zu bewältigen.

Wie Analysen der Aktivitäten im Landkreis Templin, die von Behrens, Benkert, Hopfmann und Maechler vom Institut für Umweltgeschichte und Regionalentwicklung Berlin durchgeführt worden sind, darüberhinaus belegen, haben engagierte Umweltschützer in jahrelanger, hartnäckiger, diplomatisch geschickter Kleinarbeit Ergebnisse im Umweltschutz erreicht, die zwar nicht an die Öffentlichkeit drangen, deshalb aber nicht weniger von Streitbarkeit, Mut und Verantwortungsbewußtsein zeugen. Protokolle über mündliche Verhandlungen und Auseinandersetzungen, Briefe und Eingaben an Kreis- und Bezirksbehörden, an Ministerien (insbesondere an den Umwelt- und Gesundheitsminister), an das ZK der SED und an den Staatsrat der DDR sind lebendige Beweise dafür.[41] Genauere Kenntnisse darüber würden verhindern, die Leistungen vieler Umweltschützer der GNU vor allem deshalb zu unterschätzen, weil sie keine große Aufmerksamkeit erregten und damit formal als staatskonform galten.

4.3.4. Entwicklung der GNU

Die Interessengegensätze bei der Gründung der GNU beeinflußten auch ihre Entwicklung. Sie spiegelten sich bereits in den Leitsätzen und im Referat des Vorsitzenden der GNU, Prof. Dr. Harald Thomasius, wider. Ohne Zugeständnisse an die bisherige Art der Arbeit der Natur- und Umweltschützer wäre die Gründung der GNU nur ein halber Erfolg gewesen oder vielleicht nie zustande gekommen. Die Arbeit des Zentralvorstandes der GNU einschließlich seiner Zentralen Fachausschüsse lief daher wie bisher ab. In der Regel fanden im Jahr 10 Veranstaltungen statt, auf denen fachliche Fragen beraten wurden. Darüberhinaus befaßte man sich auch mit konzeptionellen Fragen und mit Fragen der Zusammenarbeit zwischen GNU und Staatsorganen.

Natürlich blieben Versuche zur Politisierung und Ideologisierung der Arbeit nicht aus. In diesem Sinne ist auch das Wirken des Bundessekretärs der GNU, Dr.

---

41) Wurzeln der Umweltbewegung. A.a.O., S. 52-68 und 93-101

Manfred Fiedler, zu verstehen, der die politische Funktion der GNU bei jeder Gelegenheit hervorhob. Aus seinen Feststellungen und Forderungen ließ sich unschwer ablesen, was die Partei- und Staatsführung der DDR von den Mitgliedern der GNU in Wirklichkeit hielt, wie wenig sie der politischen Funktion dieser Gesellschaft vertraute und welche Schulungs- und Erziehungsmaßnahmen sie noch vorhatte, um sich ihrer zu versichern. Im wesentlichen handelte es sich um solche Aussagen und Forderungen, daß

- allein die sozialistische Gesellschaftsordnung in der Lage sei, einen umfassenden Schutz und eine durchgreifende Verbesserung der Umwelt für das Wohl der Menschen zu sichern,
- die Umweltproblematik immer mehr zu einem zentralen Problem des Klassenkampfes geworden sei,
- das Wirken in der GNU nicht unpolitisch und indifferent sein könne, sondern politische Reife und Klassenbewußtsein erfordere,
- es darum ginge, die sozialistische Lebensweise und das sozialistische Heimatbewußtsein weiter auszuprägen,
- eine breite Bildungsarbeit auf der Grundlage des Marxismus-Leninismus und der Politik der Partei der Arbeiterklasse zu entwickeln sei.[42]

Fiedler tat, was man ihm anscheinend aufgetragen hatte und von ihm erwartete, entlastete dadurch den Vorsitzenden von politischen Pflichtübungen und schwärmte in persönlichen Gesprächen ansonsten von den Umweltschutzmaßnahmen im anderen deutschen Staat, den er als Reisekader gelegentlich besuchen durfte. Die politisch-ideologischen Pflichtveranstaltungen übten auf die inhaltliche Arbeit der GNU keinen nachhaltigen Einfluß aus. Das Feld beherrschten eindeutig die Parkaktive, Rosenzüchter, Orchideenschützer, Rhododendronfreunde, Dendrologen, Mykologen, Entomologen, Ornithologen, Feldherpetologen, Botaniker, Zoologen, Geologen, Forstleute, Gartenarchitekten, Wasserwirtschaftler, Stadtökologen, Paläontologen, Höhlen- und Karstforscher, Wegemarkierer und Touristen mit ihren Problemen und Sorgen.

Einsatzwille und Potenzen der GNU als Glied einer kulturpolitischen gesellschaftlichen Organisation reichten keinesfalls aus, um zur Lösung der negativen Folgen der Intensivierung der Wirtschaft wirksam beitragen zu können.[43] Die Intensivierungsstrategie sollte nach offizieller Darstellung zwar auch dazu dienen, die Umweltprobleme zu lösen, führte in Wirklichkeit aber dazu, sie zu verschärfen.

---

42) Fiedler, M.: Zu einigen Aufgaben der Gesellschaft für Natur und Umwelt. Schriftenreihe Soziologie und Sozialpolitik der AdW, Bd. VI, Berlin 1987, S. 133-139

43) Grosser, K.-H.: Naturschutz in Brandenburg 1945 bis 1990. Ein Rückblick im Zeitgeschehen. Naturschutzarbeit in Berlin und Brandenburg, Nr. 26, Potsdam 1990/1991, S. 17-26

Ging es doch in erster Linie darum, den Volkswirtschaftsplan um jeden Preis zu erfüllen.⁴⁴

Die Möglichkeiten, sich der Intensivierung der Wirtschaft entschieden zu widersetzen, waren daher zweifellos begrenzt. Schon aufgrund der politischen Machtkonstellation in der sozialistischen Gesellschaft war auch die GNU in ihren Handlungen und Entscheidungen nicht frei, sondern verfügte politisch lediglich über eine eingeschränkte Souveränität und Kompetenz. Sie war abhängig vom ZK der SED, vom Ministerium für Umweltschutz und Wasserwirtschaft, vom Ministerium für Land-, Forst- und Nahrungsgüterwirtschaft und vom Sekretariat des Kulturbundes. Alle Grundsatzdokumente mußten dem ZK der SED vorgelegt und von diesem bestätigt werden.

Diese Reglementierung traf für die GNU ebenso zu wie für andere zentrale Einrichtungen in der DDR, etwa der Kirche. Daraus erklären sich auch gewisse Ähnlichkeiten in der Verhaltensweise beim Umgang mit der Macht, um sich bestimmte Handlungsspielräume zu verschaffen. Im Unterschied zur Kirche besaß die GNU jedoch weder das gesellschaftliche Gewicht noch die jahrhundertelange Erfahrung, um durch geschicktes Taktieren und Lavieren einer inneren Opposition genügend Schutz bieten zu können. Fundamentalopposition hätte sicherlich das sofortige Verbot der GNU zur Folge gehabt. Denn die Souveränität der GNU wies wesentlich engere Schranken auf als die der Kirche. Strategie und Taktik der Umweltschützer in der GNU liefen in der Tendenz deshalb darauf hinaus, gemeinsame Interessen zu Umweltfragen auszumachen und herzustellen, um im Einvernehmen mit den Staatsorganen Übereinkünfte bzw. Kompromisse zu erreichen. Das schloß Meinungsverschiedenheiten, Reibereien, Streitigkeiten und andere Formen der Auseinandersetzung, wie oben bereits erwähnt, nicht aus. Die Erfahrung hatte gelehrt, daß sich auf diesem Gebiet nichts erzwingen ließ, schon gar nicht in einer Zeit, in der die DDR mit dem ökonomischen Überleben rang.

Bemerkenswert ist, daß die erste Zentrale Delegiertenkonferenz der GNU erst 1987 in Dresden stattfand. Sicherlich hatte die Politik von „Glasnost" und „Perestroika" der sowjetischen Reformer um Michail Gorbatschow und Eduard Schewardnadse einen gewissen Einfluß darauf, daß solche Veranstaltungen überhaupt zustande kamen. In einer 7 Punkte umfassenden Entschließung wurden die Schwerpunkte der Arbeit festgelegt. Inhaltlich enthielt die Entschließung aber keine zeitgemäßen Orientierungen für große Initiativen im Umweltschutz. Im Grunde genommen war sie eine Kurzfassung der Leitsätze von 1980. Neu war allerdings die Forderung, die „Öffentlichkeitsarbeit zur Propagierung der Ziele und

---

44) Mittag, G.: Um jeden Preis. Berlin und Weimar: Aufbau-Verlag 1991

Erfolge der Umweltpolitik der Partei der Arbeiterklasse und des sozialistischen Staates zu verstärken"[45]. Bekanntlich besaß die SED aber keinerlei Strategie für den Umweltschutz und lehnte auch einen Vorschlag vom damaligen Umweltminister, Dr. Hans Reichelt, ab, ein Umweltprogramm auszuarbeiten und auf dem XI. Parteitag der SED zur Diskussion zu stellen.[46] Zudem war es damals zur Mode und Gewohnheit geworden, Ziele als Erfolge auszugeben, was hinsichtlich der Ergebnisse im Umweltschutz nicht selten Verirrungen und Verwirrungen stiftete.

Während die Entschließung im großen und ganzen nur Allgemeinplätze enthielt, wurden in einem „vertraulichen" Diskussionspapier mit der Bezeichnung „Grundsätze und Orientierungen für die weitere Gestaltung der Öffentlichkeitsarbeit der Gesellschaft für Natur und Umwelt" die wirklichen Probleme genannt. Trotz seiner „Vertraulichkeit" wurde das 13 Seiten lange Papier ziemlich breit gestreut. Es begründete und forderte mit Nachdruck eine Verbesserung der Öffentlichkeitsarbeit und machte davon Glaubwürdigkeit, Ansehen, Vertrauen und Wirksamkeit der GNU bei den Bürgern abhängig. Dieses Diskussionspapier erschien jedoch erst „in Auswertung" der Delegiertenkonferenz.

Anlaß war, daß die GNU 1987 erstmals einen Rückgang ihrer Mitglieder zu verzeichnen hatte. Der Mitgliederschwund trat DDR-weit in Erscheinung und machte sich vor allem bei jüngeren Altersgruppen bemerkbar, von denen 12% die GNU verließen.[47] Als Ursache wurden die Widersprüche zwischen individuellen Alltagserfahrungen und offizieller Umweltpolitik genannt. Gefordert wurde deshalb im Diskussionspapier, die gesellschaftlichen Wirkungsmechanismen besser zu beherrschen, wobei es namentlich um den Ausbau der sozialistischen Demokratie, die Einhaltung der Gesetzlichkeit und eine effektive Stimulierung der Volkswirtschaft ging mit dem Ziel, die natürlichen Lebensbedingungen heutiger und künftiger Generationen zu erhalten und zu verbessern.

Ausgehend von dem gewachsenen Selbstbewußtsein der Bürger wurde weiterhin darauf hingewiesen, daß die politische Stabilität immer mehr davon abhängt, wie ernst es die Gesellschaft mit ihrer natürlichen Umwelt meint, welche Rolle die Umweltpolitik spielt, ob die Umweltprobleme offen diskutiert werden und welche Gestaltungsmöglichkeiten dabei jeder einzelne hat. Der Zentralvorstand wollte auch ernst machen mit der zwar deklarierten, bisher aber nur einseitig praktizierten „Zusammenarbeit mit den Staatsorganen", um seinen Einfluß bei umweltrelevan-

---

45) Entschließung der Gesellschaft für Natur und Umwelt im Kulturbund der DDR. Berlin 1987
46) Klemm, V.: Korruption und Amtsmißbrauch in der DDR. Stuttgart: Deutsche Verlags-Anstalt 1991, S. 166
47) Grundsätze und Orientierungen für die weitere Gestaltung der Öffentlichkeitsarbeit der Gesellschaft für Natur und Umwelt. Vertrauliches Diskussionspapier, Berlin 1988

ten Beratungen, Entscheidungen, Beschlüssen, Konzeptionen, Planungsdokumenten, Gesetzesverletzungen und Umweltbeeinträchtigungen stärker zum Tragen zu bringen. Darüberhinaus sollten die subjektiven und objektiven Voraussetzungen geschaffen werden, damit jeder Bürger von seinem demokratischen Mitgestaltungsrecht in der Vorbereitung, Durchsetzung und Kontrolle von Entscheidungen und Maßnahmen im Umweltschutz auf der Grundlage der Verfassung und des Landeskulturgesetzes Gebrauch machen kann. Die Verwirklichung der Umweltziele sollte nicht Angelegenheit weniger Experten, sondern aller Bürger sein. Das Ausklammern, Verschweigen, Verdrängen, Tabuisieren, Beschönigen und Verniedlichen von Umweltproblemen wurde gleich an mehreren Stellen kritisiert, ein öffentlicher Erfahrungs- und Meinungsaustausch über Umweltprobleme ebenso verlangt wie die Herausgabe einer Umweltzeitschrift.

Diese resoluten und konsequenten Forderungen wurden schließlich ergänzt durch den Ruf nach einer „komplexen gesellschaftlichen Umweltstrategie", ähnlich der ökonomischen Strategie des Sozialismus. Günter Mittag, der allmächtige Wirtschaftslenker der DDR, dem dieses Papier sicherlich nicht verborgen geblieben ist, mögen bei so einer Forderung die Ohren geklungen haben, nahm er doch für seine ökonomische Strategie der Einheit von Wirtschafts- und Sozialpolitik gerade in Anspruch, damit auch alle Umweltprobleme zugleich automatisch lösen zu können.

Die GNU ging noch weiter und lehnte die offiziell vertretene These: erst ökonomisches Wachstum, dann Umweltschutz schon deshalb ab, weil viele ökologische Prozesse irreversibel sind. Auch die Forderung nach Bekanntgabe und Verbreitung von Umweltdaten richtete sich direkt an die Adresse von Mittag, während die Forderung nach „Erziehung der Erzieher" im allgemeinen auf die Partei und im besonderen auf das Politbüro abzielte. Denn die SED und ihre Führung fühlte sich stets dazu berufen, die „Volksmassen" zu belehren und zu erziehen – auch auf dem Gebiet der Umwelt. Wie wenig Berechtigung es dafür gab, ging allein aus den Aussagen von Hans Reichelt vor dem Untersuchungsausschuß der Volkskammer am 18.1.1990 hervor, daß im „Politbüro [...] keinerlei Sachkompetenz zu umweltpolitischen Fragen vorhanden" war.[48]

Abgerundet wurde die massive Kritik der GNU durch die Aufzählung von 14 Fragenkomplexen, in denen sich die Defizite der DDR-Umweltpolitik schonungslos reflektierten und an deren Diskussion und Lösung ein brennendes öffentliches Interesse bestand. Sie erstreckten sich auf alle Umweltmedien und erfaßten alle wesentlichen Umweltprozesse.

---

48) Klemm, V.: Korruption und Amtsmißbrauch in der DDR. A.a.O., S. 167

Obwohl dieses Papier erst auf einer Zentralvorstandssitzung der GNU am 16./17.3.1988 in Weimar diskutiert und bestätigt worden war, wurde es „schamhaft zurückgehalten und nicht gegenüber Kulturbundleitungen der Bezirke, dem Umweltminister und dem ZK verteidigt"[49]. Damit kritisierte Harald Thomasius berechtigt die Leitung des Kulturbundes. Es ist allerdings kaum anzunehmen, daß die genannten Institutionen von der Existenz eines solchen Grundsatz-Papiers nichts wußten, saßen doch ihre gewählten oder nachträglich kooptierten Vertreter selbst im Zentralvorstand. Vom GNU-Vorstand wurde das bestätigte Dokument jedenfalls dem Sekretariat des Kulturbundes, wie es die Ordnung über den Schriftverkehr vorsah, offiziell übergeben, eine Weiterleitung an Partei- und Regierungsstellen erfolgte jedoch nicht. Offenbar wollte der Vorsitzende des Kulturbundes, Prof. Dr. Karl-Heinz Schulmeister, sich und der GNU-Leitung großen Ärger ersparen. Was offiziell aber nicht eingereicht wurde, ist offiziell auch nicht zur Kenntnis genommen worden, es existierte einfach nicht, selbst wenn man davon wußte, obwohl man es keinesfalls vergaß. Andererseits hatte auch der GNU-Vorstand nicht energisch darauf gedrungen, diese Vorstellungen weiterzuleiten, schreckte er doch zweifellos selbst vor der eigenen Courage zurück, wenn auch nach Aussagen des damaligen Sekretärs der GNU, Joachim Berger, nicht beabsichtigt war, die SED-Führung massiv zu kritisieren.[50]

Ob es so gemeint war oder nicht, entscheidend waren die Inhalte, Aussagen und Formulierungen in diesem Diskussionspapier, in dem die GNU die Umweltpolitik direkt und indirekt heftig kritisierte, für die legitimen Rechte der Umweltschützer und aller Bürger eintrat, Zivilcourage zeigte und – bewußt oder unbewußt – politisch über sich hinauswuchs. Dieses Grundsatz-Papier enthielt viel politischen Sprengstoff und hätte zur Auflösung der GNU, zumindest aber zur Absetzung ihres Vorstandes führen können. Risiko und Chancen hielten sich hier die Waage. Eines ist jedoch sicher: ein solches Papier wäre ohne die Reformpolitik Gorbatschows nie zustande gekommen.

4.3.5. Auflösung der GNU

Obwohl die Natur- und Umweltschützer der GNU vor Ort eine sachkundige, fleißige und engagierte Arbeit leisteten und der Umweltschutzarbeit einen großen Teil ihrer Freizeit opferten, nahmen die offiziellen Anfeindungen und Diskriminierungen immer mehr zu. Die Schwierigkeiten bekam der GNU-Vorstand ebenfalls

---

49) Thomasius, H.: Ansprache zur Beratung des Zentralvorstandes der Gesellschaft für Natur und Umwelt am 15.11.1989, S. 7

50) Telefon-Interview mit Joachim Berger vom 10.4.1994 in Berlin

zu spüren. Es gelang ihm nicht, gegenüber den beiden maßgeblichen Ministerien MUW und MLFN
- eine neue Naturschutzverordnung durchzubringen, die in einem sachkundigen Arbeitskreis am 22.11.1988 und im Zentralvorstand am 2.12.1988 diskutiert worden war,
- die Freigabe von Umweltdaten zu erreichen,
- die Genehmigung für eine Umweltzeitschrift zu erhalten,
- die Aufhebung des Verbots von Umweltbüchern zu erwirken,
- die völlige Unabhängigkeit gegenüber den beiden Ministerien und dem Kulturbund durchzusetzen.

Letzteres nahm groteske Züge an, weil der Präsidialrat des Kulturbundes eine „Konzeption zur weiteren Entwicklung der umweltpolitischen Arbeit des Kulturbundes und seiner Gesellschaft für Natur und Umwelt" ohne Wissen und Mitwirkung der GNU ausarbeiten ließ. Sie wurde dem Zentralvorstand der GNU lediglich „zur Kenntnisnahme und mit der Bitte um Zustimmung" übergeben, bevor die Konzeption dem ZK der SED zur Bestätigung vorgelegt und vom Präsidialrat als verbindliche Arbeitsgrundlage beschlossen werden sollte. In einem Einspruch vom 21.5.1989 an Schulmeister kritisierte Thomasius vor allem, daß dieses Material der umweltpolitischen Situation im Lande nicht genügend Rechnung trägt, die echten Probleme überhaupt nicht angesprochen werden und die Konzeption weit hinter den GNU-Beschlüssen von Weimar zurückgeblieben war. Er verlangte, den GNU-Zentralvorstand bei einer solchen Konzeption mit anzuhören, zweifelte daran, im Zentralvorstand mit dieser Fassung durchzukommen, und lehnte es ab, lediglich an einer redaktionellen Überarbeitung der vorliegenden Fassung mitzuwirken.

Daraufhin fand am 28.6.1989 eine Aussprache mit Thomasius statt, an der Minister Dr. Hans Reichelt, Generalforstmeister Rudolf Rüthnick, Prof. Dr. Schulmeister, Dr. Maas und Dr. Fiedler teilnahmen und auf der sich Harald Thomasius „wieder zum Wohlverhalten und zur Mitwirkung an einer redaktionellen Überarbeitung dieser Konzeption bewegen" ließ.[51] Die Reaktion der Partei- und Staatsführung auf die Herausforderung von Weimar ließ also nicht lange auf sich warten. Sie stellte eine Mißachtung und Brüskierung der GNU-Leitung dar und auch den Versuch, diese nunmehr doch zu entmündigen.

Die Präsidialratssitzung des Kulturbundes am 28.9.1989 nahm Thomasius jedoch zum Anlaß, um gegen Schriftstücke zu opponieren, in denen die Ministerien der GNU Anweisungen erteilten und sie wie ein staatliches Vollzugsorgan

---

51) Thomasius, H.: Ansprache ... vom 15.11.1989, S. 4

behandelten. Seine Ausführungen und die durch sie ausgelösten Diskussionen wurden allerdings weder publiziert noch amplifiziert. Stattdessen fand am 10.11.1989 wiederum eine generelle Aussprache zwischen Schulmeister, Frank Herrmann, stellvertretender Minister des MUW, und Rudolf Rüthnick, stellvertretender Minister des MLFN, mit dem GNU-Vorsitzenden Harald Thomasius statt, auf der die Minister nicht mehr umhin kamen, der Souveränität der GNU prinzipiell zuzustimmen, und zugleich darum baten, sie von ihren Funktionen im Zentralvorstand der GNU zu entlasten. Da jedoch die Querelen außerhalb und innerhalb der GNU weitergingen und kein Ende nahmen, trat Thomasius am 15.11.1989 auf einer Beratung des ZV der GNU von seiner Funktion zurück.

Den Rücktritt verband Thomasius zugleich mit einer Bilanz über seine fast 10jährige Tätigkeit in der GNU. Kritik und Selbstkritik gingen fließend ineinander über. Sie bezogen sich neben der Abhängigkeits- und Souveränitätsproblematik der GNU vor allem auf die undemokratische Art der Wahl der Leitungen, die auf Vorschlag der Partei- und Staatsorgane „bei Wahrung des üblichen Schlüssels eingesetzt bzw. berufen" wurden. Durch dieses Hineinregieren seien mancherorts „fähige, aber unbequeme Mitglieder zur Seite oder ins Abseits gedrängt" worden, während „weniger sachkundige, aber im Wohlverhalten geübte in die Vorstände gelangten"[52].

Die Verflechtung von Staat und Umweltorganisation hielt Thomasius auch für kritikwürdig, weil sie die „Gefahr des Zudeckens der Probleme, der Subalternation, des unzureichenden Meinungsstreits und der Ausklammerung der Öffentlichkeit" in sich berge, wobei die Mitglieder durch staatliche oder parteiliche Bindungen und Disziplinierungen zum Einlenken gezwungen werden.[53]

Enttäuscht zeigte sich Thomasius vom Kulturbund, der „zwar eine freundliche, liebenswerte und vielfältige Anregungen vermittelnde Institution des intellektuellen Disputs" war, aber „in den letzten Jahren fast alles [...] zu erklären und zu verstehen gewußt und selten einen eigenen Standpunkt entwickelt" habe. Der Kulturbund sei glücklich gewesen, „wenn er sich in guten Beziehungen zu den Mächtigen dieses Landes sonnen konnte"[54] und daher kritische Hinweise und Forderungen der GNU zurückhielt oder nur halbherzig unterstützte. Selbstkritisch fügte er jedoch hinzu, daß die GNU-Leitungen zeitweilig im gleichen Fahrwasser geschwommen seien wie der Kulturbund.

---

52) ebd., S. 2
53) ebd., S. 5
54) ebd., S. 6

Thomasius übernahm die Verantwortung für alle Fehler und Versäumnisse, gestand zugleich aber ein, die politische Brisanz und Tragweite dieser Funktion unterschätzt zu haben. Er ließ es sich aber nicht nehmen zu bemerken, daß „mancher, der den Zeichen der Zeit folgend, heute auf dem hohen Roß der Ökologie sitzt, noch nicht unter Beweis gestellt hat, daß er dieses sensible Pferd auch auf unebenen Pfaden zu reiten vermag"[55].

Der Bitte des Zentralvorstandes der GNU, die Geschäfte weiterzuführen, entsprach Thomasius nicht, weil ihm eine weitere Zusammenarbeit mit Dr. Caspar, von dem er sich mehrfach hintergangen fühlte, nicht mehr möglich war. Dr. Rolf Caspar, der heute beim Ministerium für Umwelt, Naturschutz und Raumordnung des Landes Brandenburg beschäftigt ist, war inzwischen zum Bundessekretär der GNU aufgerückt, nachdem Dr. Manfred Fiedler den Antrag auf Entlastung gestellt hatte und ohne Anhörung des ZV der GNU von dieser Funktion entbunden worden war.

Nach den Rücktrittserklärungen von Harald Thomasius und Manfred Fiedler kam es auf der Tagung des Zentralvorstandes der GNU am 15.11.1989 nicht nur zu einer lebhaften Diskussion über die Zukunft der GNU, sondern auch zu einem offenen Bruch mit Vertretern und Sympathisanten der Interessengemeinschaft (IG) Stadtökologie. Im Gegensatz zu den Fachgruppen verstanden sich viele IG der Stadtökologie als umweltpolitische Gruppen, die einen Politisierungsprozeß in der GNU „von unten" in Gang setzen wollten, sich für eine Demokratisierung der politischen Entscheidungsprozesse einsetzten und auf eine ökologisch orientierte Arbeits- und Lebensweise in der DDR hinwirkten. Der Bruch beschleunigte sowohl den Verselbständigungsprozeß der IG Stadtökologie als auch den Zerfallsprozeß der GNU. Die Stadtökologiegruppen bildeten die Basis für die Gründung der „Grünen Liga", die sich am 3./4.2.1990 in Buna vollzog.[56]

Auf derselben Beratung wurde auch der Rücktritt des Zentralvorstandes beschlossen, der aber bis zur Neuwahl die Geschäfte weiterführen sollte. Amtierender Vorsitzender wurde Dr. Klaus-Dietrich Gandert. Ein bereits vorliegender programmatischer Aufruf „Für die Abwendung der ökologischen Krise in der DDR" wurde nach Überarbeitung jedoch erst Mitte Dezember 1989 an den Zentralen Runden Tisch, die Volkskammer, den Ministerrat, die Bezirksorganisationen des Kulturbundes, die GNU-Vorstände und an die Medien der DDR weitergeleitet. Dieser Aufruf stellte einen Versuch dar, die GNU-Arbeit auf das gesamte Spektrum der

---

55) ebd., S. 2
56) Wurzeln der Umweltbewegung. A.a.O., S. 69-73

Umweltpolitik auszudehnen und die GNU zu einem gesellschaftskritischen, staatlich unabhängigen Verband zu machen.

Aber auch dieses Mal ließen sich die praktischen Natur- und Umweltschützer der GNU politisch nicht vereinnahmen und setzten ihre fachlich streng ausgerichtete Arbeit in den Arbeitskreisen oder Fachausschüssen fort, selbst bei Strafe ihres Unterganges. An dieser Einstellung hätte sicherlich auch eine um einen Monat frühere Verabschiedung des Aufrufs nichts ändern können, wie so manch einer meint. Daher ist es nur ganz natürlich, daß Teile des programmatischen Aufrufs später von den Stadtökologie-Gruppen und der Grünen Liga wörtlich übernommen worden sind, spielten doch bei ihnen die politischen Akzente eine größere Rolle.

Am 18.1.1990 unternahm die GNU einen letzten Versuch, sich inhaltlich und organisatorisch neu zu formieren und zu profilieren. Zur Diskussion stand ein kurzes Grundsatzpapier, das in Bad Saarow von den Vorsitzenden der Zentralen Fachausschüsse, der Bezirksvorstände, den zuständigen Bezirkssekretären und dem amtierenden Zentralvorstand diskutiert und mehrheitlich beschlossen worden war. Die darin vorgeschlagene Umbenennung in „Bund für Natur und Umwelt" (BNU) wurde akzeptiert, der zusätzlich ins Spiel gebrachte Name „Grüne Union" abgelehnt. Entscheidungen über die umweltpolitische und gesellschaftskritische Öffnung der GNU sowie über den Grad ihrer juristischen Selbständigkeit gegenüber dem Kulturbund wurden auf den außerordentlichen Bundeskongreß am 23./24.3.1990 in Potsdam vertagt. Dort fand zwar die Umbenennung statt, jedoch keine vollständige Loslösung vom Kulturbund, vielmehr sollten die Beziehungen zwischen BNU und Kulturbund vertraglich geregelt werden. Zum Präsidenten des BNU wurde auf einer konstituierenden Sitzung des Koordinierenden Rates am 21.4.1990 in Berlin Dr. Peter Hentschel gewählt, der bis September 1991 sein Amt versah und seitdem in der Aufbauleitung des Biosphärenreservates Mittlere Elbe tätig ist.

Der politische Umwälzungsprozeß in der DDR hatte inzwischen aber zu vielfältigen Orientierungstendenzen geführt, die den Erosionsprozeß im BNU verstärkten. Während die einen vorwiegend dem Kulturbund nahestanden, richteten sich andere überwiegend am BUND der BRD aus, den sie als Pendant verstanden. Wieder andere Gruppen gründeten schließlich im März 1990 den Naturschutzbund der DDR, der in dem Maße an Attraktivität gewann, wie der Kulturbund materiell und finanziell verfiel. Der Naturschutzbund erhielt seit seiner Gründung vom Umweltministerium der DDR und vom Deutschen Bund für Vogelschutz der BRD starke Unterstützung. Zudem ließ der damalige Umweltminister der DDR, Prof. Dr. Karl-Hermann Steinberg, dem gerade erst 1000 Mitglieder zählenden Naturschutzbund im September 1990 eine Fördersumme von mehr als einer

Million DM zukommen. Vorsitzender des Naturschutzbundes wurde Prof. Dr. Michael Succow, Sekretär Dr. Rolf Caspar, der Ende Januar 1990 die GNU verließ und zunächst im DDR-Umweltministerium Beschäftigung fand. Andere Fachgruppen wurden selbständig (Höhlen- und Karstforscher), die Dendrologen gingen zur Dendrologischen Gesellschaft, die Geologen zur Geologischen Gesellschaft, einige engagierten sich für Greenpeace (wie Reimar Gilsenbach), manche sympathisierten mit den GRÜNEN (wie Marianne und Ernst Dörfler).[57] Im September 1990 wurde der BNU zu einem eingetragenen Verein.

4.3.6. Ursachen des Zerfalls der GNU

4.3.6.1. Historische Ursachen

Die GNU zerfiel innerhalb kurzer Zeit, was nicht gerade für eine übermäßige Stabilität sprach. Die Zeit der GNU war historisch gewissermaßen abgelaufen. Im Grunde genommen bildete die GNU nur die Dachorganisation für eine Fülle von Spezialverbänden, die ihre Arbeit ebenso gut in getrennten Vereinen oder speziellen Interessenverbänden durchgeführt hätten, wie es bis 1949 der Fall war. Die erste Vereinnahmung der Natur- und Heimatfreunde erfolgte durch ihre Integration in den Kulturbund im Jahre 1949, die zweite durch die Gründung der GNU 1980. Beide Male gingen die Initiativen dazu von außen bzw. von oben aus, nicht oder nur bedingt von den Natur- und Heimatfreunden selbst.

Es ist deshalb nicht verwunderlich, wenn die Fachgruppen den übergeordneten Leitungs- und Entscheidungsgremien bis zu einem gewissen Grade reserviert, skeptisch oder gleichgültig gegenüberstanden und sich nicht unbedingt mit ihnen identifizieren wollten. Ein latentes Spannungsverhältnis bestand nachweislich immer zwischen den Basisgruppen und ihren Leitungen, das sich mitunter in mehr oder minder scharfen Kontroversen entlud. Es wäre sicherlich aber übertrieben, diese Streitigkeiten heute als Opposition hinzustellen, um sich nachträglich ein oppositionelles Image zu verschaffen. Dieses Prädikat kommt eigentlich nur den umweltpolitischen Gruppen der IG Stadtökologie zu, die sich in Nischen unter dem Dach der GNU einrichteten ähnlich wie die Umweltgruppen unter dem Dach der Kirche.

4.3.6.2. Politische Ursachen

Die politischen Ursachen für den schnellen Zerfall der GNU sind multifaktorieller Art. Sie gingen vor allem auf kaderpolitische, wahltechnische, organisati-

---

57) ebd., S. 30

onspolitische, ideologische und damit systembedingte Faktoren zurück, denen jeweils spezifische Interessen zugrunde lagen. Die GNU stand zwar jedem offen, die Leitungen wurden aber auf Vorschlag „kompetenzbewußter Institutionen" (Partei- und Staatsorgane) eingesetzt bzw. berufen. Die entsprechenden Kandidaten wurden nach einem abgestimmten Schlüssel festgelegt und nach dem üblichen Vorschlagsmodus gewählt. Die Wahl verlief damit auch in der GNU wie überall in der DDR – undemokratisch.

Ob mit einigen Mandaten der GNU ein ebensolcher Mißbrauch getrieben wurde wie mit denen des Kulturbundes, ist keineswegs auszuschließen. Harald Thomasius erregte sich allerdings nur über zahlreiche Fälle, „wo Personen für den Kulturbund kandidierten, auf Mandaten des Kulturbundes gesessen haben [...] die keine Beziehung zum Kulturbund hatten [...] und nicht selten erst bei der Kandidatur eingetreten worden sind. Es ist mir kein Fall bekannt, wo Kandidaten des Kulturbundes vorher im Kulturbund selbst gewählt worden sind, bevor sie auf die Listen der Volksvertretungen kamen. Man staunt dann, wer da alles den Kulturbund repräsentiert [...] Dadurch sind der Kulturbund und die, die solche Manipulationen von ihm forderten, in argen Mißkredit geraten"[58]. Den Mut zu offenen Worten fand Thomasius allerdings erst, als es relativ ungefährlich war, sie zu äußern.

Thomasius war seit 1951 Kulturbund-Mitglied, den solche Praktiken zweifellos störten, sich aber auch nicht traute, dagegen offen aufzutreten. 1980 gab er dem Drängen des Kulturbundes nach und ließ sich sogar zur Übernahme der Funktion des GNU-Vorsitzenden bewegen. Es schmeichelte sicherlich seiner Eitelkeit, dafür ausersehen worden zu sein, und wohldosierte Appelle an sein Bewußtsein trugen mit Sicherheit das übrige dazu bei, seine Entscheidung in die offiziell erwartete Richtung zu beeinflussen, zumal ihm Natur- und Umweltfragen schon von Berufs wegen recht nahe standen. Damals war es ein durchgängiges Prinzip, derartige Repräsentationsfunktionen mit profilierten Fachwissenschaftlern ehrenamtlich zu besetzen und ihnen hauptamtliche Sekretäre zur Seite zu stellen, die sich um die politisch-organisatorischen Belange kümmerten. Wenn sich Thomasius nie als Politiker gefühlt hat und auch keine größeren Fähigkeiten und Neigungen dazu verspürte, wie er selbst beteuerte[59], so hat er sich doch gründlich mißbrauchen lassen, was bis 1987 in mancher Hinsicht zwar verständlich, aber nach 1987 nicht mehr akzeptabel war.

---

58) Thomasius, H.: Ansprache ... vom 15.11.1989, S. 6
59) ebd., S. 15

Seit dieser Zeit traten bereits deutliche Symptome des offenen Widerspruchs gegen die SED-Herrschaft immer mehr in Erscheinung. Das betraf nicht nur die Umweltgruppen in der Kirche, sondern auch Schriftsteller, Künstler, Dokumentarfilmschaffende und Wissenschaftler, denen Kunstwerke, Filme oder Bücher verboten wurden, die sich mit Umweltproblemen befaßten. Und Horst Dohlus, das für die Parteiarbeit zuständige Politbüromitglied, ließ es sich nicht nehmen, interne ZK-Einschätzungen hinter vorgehaltener Hand ausstreuen zu lassen, daß nur ein Drittel der Mitglieder noch in die Partei gehöre, auf ein weiteres Drittel kein Verlaß mehr sei und das übrige Drittel aus der SED ausgeschlossen werden müßte, weil es sich um „konterrevolutionäre" Elemente handle. Die Säuberungsaktionen gingen in der Tat 1989 los und erfaßten zuallererst diejenigen, die nicht nur durch die Politik Michail Gorbatschows, sondern auch durch den Dialogversuch über die Wertesysteme zwischen SPD und SED ermutigt worden waren[60], in der Partei über alle Fragen offen zu diskutieren, wie es das Parteistatut eigentlich auch vorsah. Man spürte allerorts, daß zum Prinzip des Überlebens einerseits bis zu einem gewissen Grade zwar Anpassung, andererseits aber ebenso Veränderung gehört. Geheimdiplomatie geriet unter diesen Umständen in Mißkredit, Zaghaftigkeit und Unentschlossenheit kostete Sympathie, was auch an der GNU nicht spurlos vorüberging.

Das Wohlverhalten der GNU-Leitung reflektierte sich nicht zuletzt in organisationspolitischer Hinsicht, weil die Souveränität der GNU gegenüber dem Kulturbund und den beiden Ministerien erst 1989 ernsthaft betrieben worden war und unter dem Druck der politischen Ereignisse dann auch tatsächlich zustande kam. Besonders die Stadtökologiegruppen fühlten sich als Aushängeschild mißbraucht und forderten in einer Willenserklärung vom Kulturbund, sich auf seine Traditionen zu besinnen und an einer demokratischen Erneuerung der DDR entscheidend mitzuwirken.[61] Mit dem Auszug der beiden stellvertretenden Minister Frank Herrmann (MUW) und Rudolf Rüthnick (MLFN) aus dem ZV der GNU am 10.11.1989 wurde dann auch die Instrumentalisierung der GNU zugunsten der Staatspartei und der Staatsorgane äußerlich sichtbar aufgehoben. Der „vormundschaftliche Staat", wie Rolf Henrich das nannte[62], entließ damit die GNU in die Selbständigkeit, nachdem er die Bevormundeten zeitlebens daran gehindert hatte, mündig zu werden. Das Mündigwerden von Mensch und Gesellschaft ist jedoch ein historischer Prozeß, der Zeit benötigt, die die GNU aber nicht mehr hatte.

---

60) Uschner, M.: Die zweite Etage. Berlin: Dietz Verlag 1993, S. 136-137, 141 und 144
61) Wurzeln der Umweltbewegung. A.a.O., S. 74
62) Henrich, R.: Der vormundschaftliche Staat. Leipzig und Weimar: Gustav Kiepenheuer Verlag 1990, S. 13-22

Inwieweit die Interessengegensätze innerhalb der GNU auch von außen gelenkt und gesteuert waren, um der Reformpolitik der UdSSR zum Durchbruch zu verhelfen, ist noch eine offene, wenn auch interessante Frage. Spannungen zwischen „Erneuerern" und „Bewahrern" hat es in der SED besonders seit dem Erscheinen von Gorbatschow auf der politischen Bühne gegeben, die möglicherweise auch in den GNU-Leitungen in Erscheinung traten. Beide Richtungen versuchten in letzter Minute zu retten, was zu retten ist. Mit den Appellen „Für unser Land" und „Für eine offene Zweistaatlichkeit" sollte die Vereinigung der noch verbliebenen Teile Deutschlands verhindert und die DDR als „sozialistische Alternative zur Bundesrepublik" erhalten werden. Das waren untaugliche Versuche einer Minderheit, die Geschichte noch einmal zu vergewaltigen. Auch die letzten programmatischen Aufrufe der GNU lassen die Tendenz zu einer „souveränen DDR" erkennen. Inzwischen ist bekannt, welche Aufträge die Gruppe „Luch" innerhalb der KGB-Struktur hatte[63] und welche Funktion den „Runden Tischen" eigentlich zukam.[64] Die wenigen „echten" oppositionellen Politamateure hätten gegen die eingeschleusten Politprofis und MfS-Kollaboranten auf Dauer ohnehin keine Chance gehabt. Aus dieser Sicht müßten wahrscheinlich auch einmal die Umwelt-Aktivitäten und ihre Akteure unter der Übergangsregierung von Hans Modrow betrachtet, analysiert und bewertet werden.[65]

In diesem Zusammenhang erhält sicherlich auch eine ADN-Mitteilung vom 16.11.1989 eine andere Bedeutung, die sich auf ein von Dr. Caspar entworfenes, vom ZV der GNU aber nicht bestätigtes „Kommunique" stützt, wo es unter anderem heißt: „Trotz zahlloser Bemühungen und aufreibender Aktionen von Einzelkämpfern ist die Gesellschaft für Natur und Umwelt (GNU) in den vergangenen Jahren im wesentliche den Weg über Resignation zur Dokumentation des Verfalls gegangen [...]. Diese Einschätzung trafen die Teilnehmer der 6. Tagung des Zentralvorstandes der GNU gestern in Berlin". Harald Thomasius stellte hierzu fest, daß dies in eindeutigem Widerspruch zum Ergebnis der Beratung stand, und äußerte den Verdacht, ob mit dieser Mitteilung nicht ganz bewußt auf Destruktion hingearbeitet worden war.[66]

Nicht zuletzt haben zweifellos auch die Versuche zur stärkeren Ideologisierung der Arbeit eine Rolle gespielt, weshalb die GNU so schnell zerfiel. Das spiegelt sich in gewisser Weise im Inhalt der verbandsinternen Zeitschrift „Natur und Umwelt"

---

63) Reuth, R.G./Bönte, A.: Das Komplott. München: Piper Verlag 1993, S. 210-212
64) ebd., S. 188-189 und 200-201
65) Schurig, V.: Naturschutz hat Geschichte – auch in der ehemaligen DDR. Nationalpark, H. 3, Grafenau 1991, S. 28
66) Thomasius, H.: Ansprache ... vom 15.11.1989, S. 16

wider, die seit 1984 in einem neuen Gewand halbjährlich erschien. In den herausgegebenen 11 Heften bis 1989 wurden insgesamt 171 Beiträge publiziert, von denen 54 (31,5%) streng fachlich orientiert waren, 96 (56,1%) mehr fachlich-organisatorischen Charakter trugen, während 21 (12,4%) politisch bzw. politisch-organisatorisch ausgerichtet waren. Bei den Autoren sah es so aus, daß während dieser Zeit 8mal (4,7%) Politiker, 53mal (30,9%) Funktionäre der GNU, 63mal (36,9%) Naturwissenschaftler, 8mal (4,7%) Gesellschaftswissenschaftler, 21mal (12,3%) Praktiker, 5mal (2,9%) Schriftsteller, einmal (0,6%) Künstler zu Wort kamen, während 12mal (7%) Empfehlungen, Erklärungen, Deklarationen, Vereinbarungen, Resolutionen und Appelle abgedruckt wurden.

Weshalb diese Zeitschrift nicht öffentlich vertrieben wurde, bleibt ein Geheimnis der Herausgeber, wurden doch keine Mitteilungen publiziert, die vertraulichen Charakter gehabt und damit gegen den Geheimnisschutz beim Umgang mit Umwelt-Daten verstoßen hätten. Störend wirkte sich auf jeden Fall der Abdruck von Kurzreferaten aus, die auf der ersten zentralen Delegiertenkonferenz 1987 gehalten worden waren, weil es sich hier meistenteils nur um Rechenschaftsberichte über geleistete Arbeit handelte.

4.3.6.3. Sozialökonomische Ursachen

Die Zukunft des Kulturbundes wurde 1990 immer unsicherer und damit auch die staatliche Absicherung der Bezahlung hauptamtlicher Mitarbeiter der GNU. Deshalb übte der Naturschutzbund eine starke Anziehungskraft auf diese und viele andere GNU-Mitglieder aus. Zumindest orientierten sich damals nicht wenige Mitglieder bereits zweifach, obwohl es keine allgemeine Fluchtbewegung zum Naturschutzbund gab. Vom damaligen Umweltministerium der Noch-DDR unter Karl-Hermann Steinberg erhielt der Naturschutzbund, wie bereits erwähnt, eine Fördersumme von einer Million Mark. Die Fördermittel wurden nur an Umweltverbände vergeben, die nach § 29 des Bundesnaturschutzgesetzes als Verband anerkannt waren. Das betraf damals nur den Naturschutzbund der DDR, der damit die zur Verfügung gestellten finanziellen Mittel allein abschöpfte, während die übrigen Umweltschutzverbände leer ausgingen. Von verschiedenen Seiten kam daher der Verdacht auf, daß es sich um einen „Coup" des Naturschutzbundes handeln könnte, der ihm einen Entwicklungsvorsprung verschaffen und der GNU den „Todesstoß" versetzen sollte[67], was jedoch noch zu beweisen wäre. Auffällig sind allerdings die personellen Spuren ehemals leitender Funktionäre, die von der

---

67) Wurzeln der Umweltbewegung. A.a.O., S. 83

GNU ins Umweltschutzministerium der DDR und von dort zum Naturschutzbund führten.

Mit den ökonomischen Unsicherheiten traten in der Übergangszeit zwangsläufig viele soziale Schwierigkeiten auf, die sich auf den Zerfallsprozeß der GNU unmittelbar auswirkten. Bis auf die Funktionäre leisteten die GNU-Mitglieder ihre Arbeit ehrenamtlich. Die Sicherheit des Arbeitsplatzes war in der DDR gegeben, so daß man der Hobby-Beschäftigung in der GNU ungestört nachgehen konnte. Das veränderte sich mit der Vereinigung der beiden deutschen Staaten schlagartig, weil gravierende Umbrüche im Leben der Menschen eintraten, die für ehrenamtliches Engagement in der Natur- und Umweltschutzarbeit kaum noch Zeit ließen. Die Veränderungen führten vor allem zu

- einem Wandel in der Schicht-, Beschäftigungs-, Berufs- und Bevölkerungsstruktur,
- einer Neuordnung von Werten, Wertorientierungen und Zukunftsvorstellungen sowie einer teilweisen Umbewertung bisheriger Lebensverläufe,
- einer Neugestaltung des offiziellen sozialen Lebens, der Gesetzlichkeit, des Systems der politischen und sozialen Interessenvertretung, der Möglichkeiten und Chancen aktiver Selbstgestaltung.

Der soziale Veränderungsdruck bezog sich damit nicht nur auf eine Komponente, sondern auf eine ganze Palette sozialer, ökonomischer und rechtlicher Verhältnisse, die völlig neu waren und in denen sich die Menschen innerhalb kurzer Zeit zurechtfinden mußten. Es ist daher verständlich, daß sich die gesellschaftlichen Aktivitäten zuallererst auf die Sicherung grundlegender sozialer Existenzbedingungen richteten. Hinzu kam das nicht ganz unberechtigte Gefühl, daß die „alten" DDR-Umweltorganisationen im vereinigten Deutschland ohnehin keine Bedeutung mehr haben und überflüssig werden.

Insgesamt konnte die Arbeit der GNU zwar die verheerenden Schädigungen nicht verhindern, die in der DDR von der Intensivierung der Wirtschaft ausgingen, jedoch trugen die vielfältigen Aktivitäten und Bemühungen ihrer Mitglieder dazu bei, sie zu begrenzen und einzudämmen. Das geschah zumeist unter schwierigsten politischen und ökonomischen Bedingungen. Wertvolle Arbeit wurde nicht zuletzt in den Naturschutzgebieten geleistet, die im Sinne des ehemaligen Umweltministers, Prof. Dr. Klaus Töpfer, gewissermaßen das „Familiensilber" im DDR-Erbe bilden.[68]

Viele Mitglieder der GNU setzen gegenwärtig ihre Tätigkeit in den großen Umweltverbänden (BUND, Naturschutzbund Deutschlands, GRÜNE LIGA,

---

68) Töpfer, K.: Die Naturschutzgebiete sind das Familiensilber im DDR-Erbe. Berliner Zeitung vom 16.10.1990, S. 3

Greenpease) fort und lassen damit vorhandenes Wissen und vorhandene Erfahrung in die gemeinsame deutsche Umweltschutzarbeit einfließen, um auch mit der Zeit einheitliche ökologische Lebensverhältnisse in Deutschland zu schaffen. Das erfordert nicht nur, die alten Umweltbelastungen zu eliminieren, sondern auch die neuen zu minimieren, um wenigstens mittelfristig die ökologischen Gewinne und Verluste miteinander im Gleichgewicht zu halten.[69]

4.4. Rolle der Umwelt in der Kammer der Technik

Die Kammer der Technik (KDT) bildete in der DDR im gewissen Sinne das Gegenstück zum Verein Deutscher Ingenieure (VDI) in der BRD. Der VDI wurde 1856 in Alexisbad (Harz) gegründet. Den historischen Hintergrund bildete die Industrielle Revolution, die eine stürmische Entwicklung der Produktivkräfte in Deutschland einleitete. Mit dem Gesetz Nr. 2 des Alliierten Kontrollrates vom 10.10.1945 wurde der VDI jedoch verboten. Der Freie Deutsche Gewerkschaftsbund (FDGB) reichte der Sowjetischen Militäradministration (SMAD) am 7.3.1946 den Entwurf für ein Statut der „Kammer der Technik" zur Genehmigung ein.[70] Daraufhin erlaubte die SMAD am 8.5.1946, die KDT in der Sowjetischen Besatzungszone (SBZ) zu gründen und eine Monatszeitschrift „Die Technik" herauszugeben.[71] Die Gründung der KDT fand am 2.7.1946 statt. Laut Statut waren die wichtigsten Aufgaben der KDT

- die Ergebnisse aus Wissenschaft, Forschung und Praxis zu verbreiten,
- die technische Forschungstätigkeit zu aktivieren und ihre Ergebnisse für die Praxis auszuwerten,
- auf die Lehrpläne und Lehraufträge der technischen Bildungsanstalten Einfluß zu nehmen,
- an der Gesetzgebung auf technischem Gebiet durch Vorschläge mitzuwirken und das technische Sachverständigenwesen zu organisieren,
- durch Förderung der Normung, Typisierung und Rationalisierung für höchste Wirtschaftlichkeit zu sorgen.

Nach dem organisatorischen Aufbau der KDT erfolgte die Arbeit in den Ländern der SBZ auf der Basis von Fachabteilungen und Landeskammern. Mit der Auflösung der 5 Länder und der Einführung der 14 Bezirke (Volkskammer-Beschluß

---

69) Hübler, K.-H.: Umwelt und Entwicklung in Ost-Europa. In: Umweltgeschichte und Umweltzukunft. Marburg: BdWi-Verlag 1993, Bd. 19, S. 14-24

70) Antrag des FDGB an die SMAD vom 7.3.1946. Archiv des Präsidiums der KDT, Nr. 1, Berlin

71) Rekus, J./Jonas, W.: Die Kraft der Gemeinschaft. Berlin: Eigenverlag der Kammer der Technik 1961, S. 75

vom 23.7.1952) wurde die KDT-Arbeit entsprechend umprofiliert. So wurden unter anderem die Fachabteilungen in Fachverbände umgebildet. Die Anerkennung der KDT als selbständige Fachorganisation für die technische Intelligenz erfolgte schließlich am 18.8.1955 durch Beschluß des Ministerrates der DDR.[72] Die Beschlüsse des 2. Kongresses der KDT (1959) orientierten vor allem darauf, an der Einführung moderner, material- und energiesparender Konstruktionen und Technologien mitzuarbeiten, um die Arbeitsproduktivität schnell zu steigern.[73]

Auf Initiative des damaligen Direktors des Zentralinstituts für Arbeitsmedizin Berlin, Prof. Dr. Holstein, wurde 1957 die zentrale Arbeitsgemeinschaft Lärmschutz beim Präsidium der KDT gebildet. Damit wurde schon früh die Notwendigkeit und Wichtigkeit erkannt, störenden und schädlichen Lärm zu bekämpfen.[74] Die Arbeit hatte eine große Breite und setzte sich zum Ziel, die Arbeits- und Lebensbedingungen der Menschen zu verbessern. Zu diesem Zweck wurden in der Folge eine Reihe von Richtlinien erlassen, die Empfehlungen zur Feststellung, Messung und Bekämpfung von Lärm auf verschiedenen Gebieten der Volkswirtschaft enthielten. Zu ihnen gehörten unter anderem folgende Richtlinien:
- Zur Geräuschmessung an Maschinen (027/66),
- Berechnung der Lärmimmission in Räumen (068/79),
- Lärmminderung in der Umformtechnik (081/80),
- Akustische Dimensionierung von Schallschutzkapseln (132/88),
- Lärmschutzmaßnahmen bei Jugendklubs und Tanzgaststätten (134/88),
- Lärmschutz im kommunalen Bereich – Methodik der Gebietseinteilung nach TGL 39617 (152/90).

Die Umweltschutzarbeit wurde demnach zuerst auf dem Gebiet des Lärmschutzes durchgeführt. Im Mittelpunkt der Arbeit stand die Erforschung und Anwendung lärmarmer Konstruktionen, Bauweisen und Technologien im Maschinenbau, Bauwesen und in anderen Bereichen der Wirtschaft. Von dort aus breitete sich die Bearbeitung von Umweltschutzproblemen sukzessive weiter aus.

1969 erfolgte die Bildung der Arbeitsgemeinschaft „Reinhaltung der Luft" in der „Brennstofftechnischen Gesellschaft". 1971 erhielt die Arbeitsgemeinschaft aufgrund der zunehmenden Bedeutung der Luftbelastung und ihrer wissenschaftlichen Inangriffnahme jedoch den Status einer Zentralen Arbeitsgemeinschaft

---

72) ebd., S. 40
73) 2. Kongress der Kammer der Technik. Berlin: Eigenverlag der Kammer der Technik 1959, S. 335-337
74) Junghans, R.: 20 Jahre AG (Z) Lärmschutz beim Präsidium der KDT. Berlin: Eigenverlag der Kammer der Technik 1977, S. 3

beim Präsidium der KDT. Die von Dr. Herbert Mohry geleitete Arbeitsgemeinschaft befaßte sich seit 1969 im wesentlichen mit folgenden Schwerpunkten:

1969
- Thermisch-katalytische Abgasreinigung,
- SO_2-Immissionsmeßgeräte nach dem Ionisationskammerprinzip,
- Ökonomische Aspekte der Entfernung von Schwefel aus Rauchgasen,

1970
- Immissionsprobleme im Raum Bitterfeld,
- Analyse von Forschung, Bedarf und Bau von Emissions- und Immissionsmeßgeräten,

1971
- Modelle zur Ausbreitungsrechnung von Abgasen,

1972
- Lufthygienische Belastung im Bezirk Cottbus,
- Emissionen aus Braunkohlenbrikettfabriken,
- Probleme der Staubemissionsmessungen,
- Luftverunreinigungen durch die Metallurgie und ihre Schadwirkungen,

1973
- Emissionen aus der Braunkohlenverkokung,
- Analyse der Verfügbarkeit von Elektroabscheidern in Kraftwerken,

1974
- Möglichkeiten der Trocken- und Naßentstaubung im Stahl- und Walzwerk Henningsdorf,
- Errichtung und Konstruktion von Entstaubungsanlagen,
- Analyse von Verfahren zur Rauchgasentschwefelung,
- Bewertung des Erdgaseinsatzes auf die Umwelt,

1975
- Kfz-Emissionen und Abgasprüfung,
- raucharme Brennstoffe im Wohnbereich,
- Reinhaltung der Luft am Arbeitsplatz,
- Lufthygienische Situation im Bezirk Frankfurt/O,
- Datenspeicher für Immissionsmeßwerte,

1976
- Aufgaben der VVB Braunkohle auf dem Gebiet „Reinhaltung der Luft",
- Emissionsmeßtechnik,
- Einsatzmöglichkeiten raucharmer Brennstoffe,
- Situation in der Arbeitsumwelt,
- Emissionsprobleme im VEB Elektrokohle Lichtenberg,
- Emissionen aus Betrieben der Chemischen Industrie,
- Festlegungen von Emissionsgrenzwerten,
- Stellungnahme des Ministeriums für Gesundheitswesen (MfG) zur Reinhaltung der Luft,

1977
- Abproduktarme und -freie Technologien,
- Auswirkungen von Pumpspeicherwerken auf die Umwelt,
- Analyse der raum- und zeitlichen Struktur des Staubkonzentrationsfeldes,
- Energie und Umwelt,

1978
- Immissionsschäden in der Land- und Forstwirtschaft,
- Emissionsprobleme in der Kaliindustrie,
- Aufgaben der Staatlichen Hygieneinspektion,
- Abproduktarme und -freie Technologien,

1979
- Unterstützung des Energiekombinates Leipzig bei der Anwendung des Kalkstein-Additiv-Verfahrens,
- Atmosphärischer Schadstofftransport,
- Internationale Probleme auf dem Gebiet des Umweltschutzes,
- Mikroelektronik und Luftreinhaltung,
- Luftreinhaltung im Verkehrswesen,
- Medizinisch-epidemiologische Untersuchungen als Entscheidungshilfe für Luftreinhaltemaßnahmen,
- Problemkette Schwefeldioxid,
- Bioindikation,

1980
- Abproduktarme und -freie Technologien,
- Reinhaltung der Luft in der Glasindustrie,
- Umweltprobleme des VEB Braunkohlenkombinats Espenhain,

- Umweltschutz in der Metallurgie,

1981
- Aktivitäten zur Verbesserung der lufthygienischen Situation in der DDR,
- Emissionsgrenzwerte für Kraft- und Heizwerke,

1982
- Stand und Strategie zur Rauchgasentschwefelung,
- Umweltprobleme in der Land-, Forst- und Nahrungsgüterwirtschaft,
- Erhaltung des Waldes im Zittauer Gebirge,
- KDT-Standpunkte zur lufthygienischen Situation,

1983
- Strategie der Karbochemie,
- Kosten-Nutzen-Analyse von Korrosionsschutzmaßnahmen,
- Stand der Rauchgasentschwefelung,
- Emissionen durch Elektrostahlgießereien,
- Probleme der Arbeitsumwelt,
- Energieträgerumstellungen und deren Auswirkungen,

1984
- Luftverschmutzung als epidemiologischer Faktor des Bronchialkarzinoms,
- Stickstoffoxid-Emissionen braunkohlebefeuerter Dampferzeuger,
- Entwicklung des Kraftwerkes Zschornewitz,
- Probleme der Kohlebevorratung,
- Lufthygienische Probleme des Bezirkes Schwerin,
- Strategie zur Umweltgestaltung,

1985
- Immissionen und Korrosionsschutz im Bauwesen,
- Technologie der Glasherstellung und ihre Wirkung auf die Umwelt,

1986
- Wirbelschichtfeuerung,
- Probleme der Rauchgasentschwefelung,
- Auswertung der KKW-Havarie in Tschernobyl,
- Schadstoffbelastung in der Atemluft,

1987
- Stand der Entstaubungstechnik,
- Erkenntnisse zu neuartigen Waldschäden,
- Aufgaben des Umweltschutzes in Energiekombinaten,
- Arbeit mit den MIK-Werten,

1988
- Entwicklungsstand zur Rauchgasentschwefelung,
- Akute Wirkungen von Luftverunreinigungen,

1989
- Schlußfolgerungen aus der Tagung des Beirates für Umweltschutz beim Ministerrat der DDR,
- Analyse der KDT-Empfehlungen.

Aus diesen Arbeitsschwerpunkten läßt sich ablesen, daß die Zentrale Arbeitsgemeinschaft die wirklichen Umweltprobleme auf dem Gebiet der Luftreinhaltung analysierte, bewertete und ihre Lösung initiierte. Aus der Arbeit gingen eine Reihe von Empfehlungen für Wissenschaft und Praxis hervor. Zugleich wurden Vorschläge für eine optimale Energie-, Ressourcen- und Investitionspolitik erarbeitet und an das KDT-Präsidium weitergeleitet. Inwieweit diese Vorschläge den politischen Entscheidungsträgern übergeben wurden, müßte durch weiterführende Untersuchungen in Erfahrung gebracht werden.

1972 wurde die Kommission Umweltschutz beim Präsidium der KDT gebildet, die gewissermaßen das „Dach" für die anderen Umweltschutzgremien darstellte. Zu ihnen gehörten im Laufe der Zeit die Zentralen Arbeitsgemeinschaften
- Reinhaltung der Luft,
- abproduktarme und -freie Technologie,
- Schutz und Nutzung des Bodens,
- Lärmschutz sowie der Fachverband Wasser.

Die Kommission Umweltschutz der KDT stand zunächst unter der Leitung von Prof. Dr. Manfred Schubert und danach von Prof. Dr. Peter Lötzsch. Sie orientierte ihre Arbeitsgremien und alle Betriebssektionen immer stärker darauf, den Schutz der Umwelt mit der rationellen Nutzung der natürlichen Ressourcen und daher mit einer Verbesserung der Material- und Energieökonomie zu verbinden.[75] Erklärtes Ziel war, von der nachträglichen Beseitigung von Umweltschädigungen

---

75) Lötzsch, P.: Umweltschutz in der chemischen Industrie. In: 7. KDT Kongress, Berlin: KDT-Eigenverlag 1978, Bd. 2, S. 158-160

abzukommen und zu ihrer Vermeidung vor allem mit Hilfe von abproduktarmen bzw. -freien Technologien überzugehen. Inwieweit dies der KDT gelungen ist, geht aus einem Papier hervor, das unter der Überschrift „Standpunkt und Vorschläge zur künftigen Umwelt- und Ressourcenpolitik in der DDR" dem damaligen Ministerpräsidenten der DDR, Dr. Hans Modrow, am 10.1.1990 übermittelt worden ist. Darin wird hervorgehoben, daß
- den Fachleuten der kritische Zustand der Umwelt in der DDR seit langem bekannt ist,
- die DDR eine solide Umweltgesetzgebung hat, die jedoch nicht konsequent umgesetzt wurde,
- ein hoher Nachholbedarf insbesondere bei der Reinhaltung der Luft und der Gewässer besteht,
- die vorhandene Technik zum Teil hochgradig verschlissen ist und den ökologischen Anforderungen nicht gerecht wird,
- es nur geringe Fortschritte bei der Realisierung abproduktarmer Verfahren gibt,
- keine Fortschritte bei der Produktion recyclingfähiger Erzeugnisse zu erkennen sind,
- der Aufbau von Abproduktverwertungsbetrieben zu langsam verläuft,
- Technologien zur Müllkompostierung nur schleppend oder unbefriedigend umgesetzt werden.

Um diesen Zustand zu überwinden wurde vorgeschlagen, daß
- alle Emittenten die Limitierung der Schadstoffemissionen unbedingt einhalten müssen oder mit ihrer Schließung zu rechnen haben,
- die Vereinigung der Staatlichen Umweltinspektion mit der Staatlichen Gewässeraufsicht erst dann den Anforderungen entspricht, wenn diese Behörde auch
  - die notwendige Kontrolle zum Lärmschutz, zur Hygiene und zum Strahlenschutz einbezieht, um die Zersplitterung in Umweltschutz zu überwinden,
  - mit den Kontrollbefugnissen in allen Bereichen, Betrieben und Einrichtungen und den dafür nötigen Mitteln (Meßtechnik, Analytik) ausgestattet ist,
  - über die nötigen Weisungsbefugnisse verfügt, um Auflagen zur Einhaltung und Durchsetzung der Umweltgesetzgebung zu erteilen bis hin zur Schließung der Betriebe und Einrichtungen,
- es notwendig sei, die Abproduktenwirtschaft als Einheit von Vermeidung, Verwertung und Beseitigung von Abprodukten zu verwirklichen, wobei die staatliche Verantwortung in einer Hand liegen sollte,
- alle finanziellen Regelungen zur Inanspruchnahme bzw. Belastung von Naturressourcen schnell und durchgreifend überarbeitet werden müssen mit dem Ziel, einen sparsamen Umgang mit Rohstoffen und Energie zu gewährleisten,

- Betriebe erweitert oder geschaffen werden müssen, die Umweltschutztechnik produzieren, Meßtechnik herstellen und technische Lösungen für den Umweltschutz erarbeiten.

Daraus läßt sich ablesen, daß die KDT mit dem erreichten Stand im Umweltschutz nicht zufrieden war und größere Aktivitäten auf diesem Gebiet einforderte. Das geht auch aus einem Schreiben vom 11.10.1990 hervor, den die damalige Präsidentin der KDT, Prof. Dr. Dagmar Hülsenberg, an den damaligen Bundesminister für Umwelt, Naturschutz und Reaktorsicherheit, Prof. Dr. Klaus Töpfer, richtete. Darin wird eingeschätzt, daß zwar auf wichtigen Gebieten des Umweltschutzes beachtliche Teilergebnisse erzielt wurden, die aber infolge der verfehlten Umweltpolitik der bisherigen Staatsführung nur in Einzelfällen zu dauerhaften Veränderungen geführt haben. Damit konnten selbst Teilergebnisse nur in Einzelfällen in der Praxis der DDR umgesetzt werden. Das heißt im Klartext, daß die KDT in ihrem langjährigen Wirken nur einen ungenügenden Einfluß auf die Verbesserung des Umweltschutzes in der DDR nehmen konnte.

Um diesen Zustand zu verändern, wurde bereits am 17.5.1990 im Präsidium der KDT erwogen, eine Gesellschaft für Umwelttechnik (UTG) in der KDT zu bilden, in der auch die Zentralen Arbeitsgemeinschaften „Reinhaltung der Luft", „Lärmschutz", „Abfallwirtschaft" sowie „Schutz und Nutzung des Bodens" integriert sein sollten. Sie sollte gewissermaßen die Kommission Umweltschutz ersetzen. Denn in der jahrelangen Arbeit hatte es sich herausgestellt, daß die Kommission Umweltschutz nicht genügend Einfluß auf die inhaltliche Tätigkeit der betreffenden Zentralen Arbeitsgemeinschaften genommen hatte. Die zu bildende Gesellschaft für Umwelttechnik sollte sich zudem stärker auf Fragen der Umwelttechnik einschließlich der Meßtechnik konzentrieren, um sich von anderen Umweltschutzgremien deutlich abzugrenzen.

Die Gründung dieser Gesellschaft kam zwar zustande, jedoch konnte sich die KDT, der auch die Gesellschaft für Umwelttechnik angeschlossen war, nicht über die schwierige Zeit nach 1990 retten. 1994 war die KDT gezwungen, Konkurs anzumelden, obwohl sie nach der Wende mit 25 Millionen DM gestartet war. Dem seit 1992 amtierenden und damit letzten KDT-Präsidenten, Prof. Dr. Peter-Klaus Budig, war es unbegreiflich, daß durch offensichtliches Mißmanagement der etwa 300.000 Mitglieder zählende Technikerverband nun doch seine Arbeit einstellen mußte.[76] Damit ist der Verein Deutscher Ingenieure (VDI), der nach 1945 im westlichen Teil Deutschlands trotz anfänglichen Verbots dann doch wieder zugelassen wurde, nun wiederum der einzige Technikerverband in Deutschland.

---

76) Stahl, A.: KDT scheiterte am Mißmanagement. Berliner Zeitung vom 11.7.1994, S. 31

Für Wissenschaft, Praxis und alle an Umweltschutzproblemen interessierten Bürgern war die Kommission Umweltschutz der KDT dennoch präsent, weil sie die Herausgabe der Schriftenreihe „Technik und Umweltschutz" zu einer Hauptaufgabe ihrer Tätigkeit machte und damit eine große Ausstrahlungskraft in der Öffentlichkeit erlangte. Mit dem Heft 1 „Grundfragen und technische Probleme der Reinhaltung der Biosphäre" wurde die Schriftenreihe 1971 eröffnet, und bis 1989 kamen insgesamt 40 Hefte unter Verantwortung von Dr. Herbert Mohry heraus. Diese Broschürenreihe war zur damaligen Zeit eine Fundgrube für faktisch alle Fragen von Umweltschutz und Umweltgestaltung. Probleme der Gestaltung und Pflege der Landschaft wurden dort ebenso behandelt wie Probleme der Nutzung und des Schutzes von Boden, Wasser und Wälder, der Reinhaltung der Luft, des Schutzes vor Lärm, der Nutzbarmachung und schadlosen Beseitigung von Abfällen aus Produktion und Konsumtion sowie der Schaffung abfallarmer Technologien und geschlossener Stoffkreisläufe. Es wurden praktisch anwendbare Ergebnisse mitgeteilt, vorhandene Mängel und Probleme offen dargelegt sowie vielfältige Denkanstöße und Anregungen für weitere Untersuchungen und Forschungsarbeiten gegeben. Das war äußerst verdienstvoll in einer Zeit, in der Informationen über Daten und Fakten zu Umweltproblemen in der DDR nur spärlich flossen, weil sie der Geheimhaltung unterlagen.

Die KDT trug aber auch dazu bei, wertvolle technische Erfindungen patentieren zu lassen. Besonders auf den Gebieten Umwelttechnik, Energiegewinnung, Kommunikation und Substitutionswirtschaft (Herstellung von Ersatzstoffen) wurden wertvolle Erfindungen hervorgebracht. Auch die Laser- und Solartechnik hatte einen hohen Stand. Es ist daher eine wirtschaftlich sinnvolle und nützliche Aufgabe, die rund 75.000 Patente von Erfindern aus der ehemaligen DDR zu sichten, weil nach Ermittlungen der brandenburgischen Technologie- und Innovationsagentur (TINA) jede zehnte Idee auch heute noch nutzbringend angewendet werden könnte.[77] Das ist ein großer Schatz, der noch in den Patentarchiven schlummert und der auch direkt und indirekt vom ökologischen Erbe zeugt, das die KDT in ihrem langjährigen Wirken hinterlassen hat.

---

77) DDR-Patente im Archivschlaf. Berliner Zeitung vom 31.3.1995, S. 1

5. Ökologische Hinterlassenschaft und Trends der Umweltsanierung

> Wer die Erkenntnis der Sache nicht hat,
> dem wird die Erkenntnis der Worte nicht helfen.
> *Martin Luther*

Die Vorrangstellung der Ökonomie gegenüber der Ökologie und die Erreichung kurzfristiger ökonomischer Ergebnisse zu Lasten ökologischer Erfordernisse haben in der ehemaligen DDR zu starken Umweltbelastungen geführt, die nur schrittweise abgebaut werden können. Von der Partei- und Staatsführung wurde lange Zeit selbst die Existenz von Umweltproblemen im Sozialismus bestritten. Die vom Ministerrat am 16.11.1982 beschlossene „Anordnung zur Sicherung des Geheimnisschutzes auf dem Gebiet der Umweltdaten" verhinderte die öffentliche Einsichtnahme, Bekanntgabe und Weitergabe dieser Daten und stellte solche Handlungen sogar unter Strafe. Damit avancierten Umweltdaten zu Staatsgeheimnissen. Selbst staatliche Einrichtungen durften Umweltdaten gegenseitig nicht austauschen. Das führte zwangsläufig zu Informationsdefiziten und Aktivitätsverlusten im Umweltschutz.

Soweit von verschiedenen staatlichen Stellen (Umweltinspektionen, Hygieneinspektionen) Umweltdaten erhoben worden sind, vermitteln sie nur einen unvollständigen Überblick über die tatsächliche Umweltbelastung, weil ihre Erhebung mangels geeigneter und moderner Analysegeräte nicht systematisch und flächendeckend erfolgte. Aufgrund der zentralistischen Planwirtschaft und des Fehlens wirtschaftlichen Wettbewerbs war auch der ökonomische Anreizmechanismus nur schwach entwickelt, Umweltbelastungen zu beseitigen oder zu vermeiden. Zudem fielen Umweltschutzinvestitionen nur gering aus oder unterblieben völlig. Infolgedessen erhöhte die mit technisch veralteten Anlagen durchgeführte Produktion zunehmend die Umweltbelastungen und Sicherheitsrisiken. Sie wurden noch verstärkt durch überholte Wirtschaftsstrukturen und die einseitige Ausrichtung der Energiewirtschaft auf einheimische Braunkohle.

Die tatsächlichen Umweltbelastungen aus der Zeit des „real existierenden Sozialismus" sind auch gegenwärtig noch nicht im vollen Umfang zu übersehen. Es wird daher noch viel Arbeit bedürfen, um die Belastung der natürlichen Umwelt zu erfassen und zu bewerten. Dies erfordert, einheitliche Erhebungs-, Analyse- und Auswertungsverfahren in ganz Deutschland anzuwenden. Demzufolge kann es hier nur darum gehen, einen kurzen Überblick über den Stand der Umweltbelastung in den neuen Bundesländern zu geben, ohne Anspruch auf Vollständigkeit und Detailtreue zu erheben.

5.1. Luftbelastung

Der Zustand der Luft wird bekanntlich im hohen Maße von den eingesetzten Energieträgern, den Brenn- und Treibstoffen bestimmt. Da in den neuen Bundesländern nach wie vor die Braunkohle der wichtigste Rohstoff der Energiewirtschaft ist, wird die Luftqualität vor allem durch Schwefeldioxid und Staub stark beeinträchtigt. Sie bilden die Leitkomponenten der Luftverunreinigung. Die einzelnen Gebiete sind jedoch sehr unterschiedlich belastet. Die niedrigsten Luftbelastungen weisen die ländlichen Regionen im Norden auf, während die höchsten Schadstoffkonzentrationen in den Industrie- und Ballungsräumen im Süden auftreten. Dort werden seit vielen Jahren die Grenzwerte der TA Luft weiträumig erheblich überschritten. Für Schwefeldioxid beträgt der Jahresmittelwert 140 mg/m^3. Auch beim Schwebstaub zeigen die industriellen und urbanen Ballungsgebiete die höchsten Belastungsgrade. Im Gegensatz dazu sind die Stickstoffdioxid-Immissionen bedeutend geringer, jedoch dürfte die rasante Verkehrsentwicklung in den neuen Bundesländern einen Anstieg der Stickstoffdioxidbelastung zur Folge haben, so daß zukünftig mit höheren Werten gerechnet werden muß.

Damit stehen die neuen Bundesländer an der Spitze der SO_2- und Staubbelastung in Europa. Seit 1989 wurde eine Vielzahl von Maßnahmen durchgeführt und angeregt, die kurzfristig zu einer spürbaren Verbesserung der Luftbelastung geführt haben. So konnten durch Produktionsstillegung und -umstellung die SO_2- und Staub-Emissionen von 1989 bis 1996 beträchtlich gesenkt werden. Durch verminderte Verwendung der Braunkohle ist auch zukünftig mit einer weiteren Verbesserung der lufthygienischen Situation zu rechnen.

In Mecklenburg-Vorpommern ist mit der Umstellung der Primärenergieträger von der Rohbraunkohle auf Steinkohle und Erdöl einerseits eine Entlastung der Luft zumindest bei Schwefeldioxid und Staub zu erwarten. Andererseits wird eine verstärkte Industrieansiedlung im Gebiet Rostock insbesondere zu einer Zunahme von Stickoxiden führen, zumal auch die Verkehrsdichte seit 1990 sprunghaft zugenommen hat. Dringend erforderlich erscheint hier der Aufbau eines Immissionsnetzes, um die Wirkungen von Fern- und Nahimmissionen überwachen und eine vorsorgende Umweltpolitik bereits bei der Gewerbeansiedlung sichern zu können.

Im Land Brandenburg sind die höchsten Luftbelastungen in der Bergbau- und Industrieregion Cottbus, insbesondere in den Kreisen Cottbus/Land, Calau und Spremberg. Als wichtigste Emissionsquellen kommen die in diesem Raum liegenden Großkraftwerke Lübbenau, Vetschau und Jänschwalde sowie die Gaserzeugung der ESPAG in Betracht. Der Kreis Calau hatte 1989 die höchsten Schwefeldioxid-Emissionen (380 kt) in den neuen Bundesländern, der Kreis Belzig hat dagegen die geringsten Luftbelastungen in Brandenburg.

Durch die Kohleförderung und -verarbeitung sind die Landschaft und die Umwelt im Cottbuser Raum schwer beeinträchtigt worden. Trotz schrittweisen Ersatzes der Braunkohle durch alternative Energieträger wird die Braunkohle auch in naher Zukunft das Wirtschaftsprofil dieser Region mitbestimmen. Deshalb sind für die verbleibenden Tagebaue marktwirtschaftlich effiziente sowie ökologisch und sozial verträgliche Förderbedingungen zu schaffen. In ersten Konzeptionen für die weitere Arbeit der Großkraftwerke und damit für die Zukunft der Braunkohlenindustrie wird davon ausgegangen, daß

- das noch relativ junge Kraftwerk Jänschwalde (mit einer Kapazität von bisher 3000 MW) nach einer entsprechenden Nachrüstung mit einer neuen Rauchgasentschwefelungsanlage auch weiterhin produzieren wird,
- das in Sachsen befindliche Kraftwerk Boxberg bestehen bleibt,
- die Energieerzeugung in den Kraftwerken Lübbenau und Vetschau in 5 Jahren ausläuft,
- der Aufbau von neuen Kraftwerken mit 600 MW-Blöcken in den Jahren 1996/1997 erwogen wird,
- das ehemalige Gaskombinat Schwarze Pumpe sowie die veralteten Brikettfabriken Welzow, Lauchhammer und Hoyerswerda (Sachsen) wahrscheinlich auf ihre Sanierungsfähigkeit überprüft werden müssen.

In Berlin ist die Luft dagegen nur relativ gering mit Schadstoffen belastet, weil in den vergangenen 15 Jahren beträchtliche Investitionsmittel zur Sanierung der Luftsituation eingesetzt worden sind. Dennoch weisen die Bezirke je nach Standort der Emittenten große Unterschiede in der Luftbelastung auf. Hauptemittent ist das Energiekombinat Berlin mit seinen drei Heizkraftwerken und 12 Heizwerken. Außerdem belasten noch weitere Industrieheizwerke die Luft. Die Energieproduktion dieser Betriebe dient vorwiegend der Fernwärme- und Warmwasserversorgung der Bevölkerung.

Während die metallverarbeitende Industrie und die Leichtindustrie nur einen geringen Anteil an der Emission von Luftschadstoffen haben, verursacht der Hausbrand besonders in der Heizperiode starke Luftbelastungen. Allein in den östlichen Bezirken Berlins gibt es rund 235.000 Wohnungen mit Ofenheizung. Sie befinden sich vor allem in den Altbaugebieten der Innenstadt, die eine hohe Einwohnerdichte aufweisen. In den westlichen Bezirken Berlins ist die Hausbrandsituation wesentlich günstiger, weil der Hauptteil der Wohnungen über moderne umweltfreundliche Heizungsanlagen verfügt. Die Emissionsdichte, verursacht durch Industrie, Verkehr und Hausbrand, ist in der Innenstadt am größten, korreliert mit der Einwohnerdichte und nimmt zum Stadtrand ab.

Seit 1980 gelang es, die Emission von Staub, Schwefeldioxid und Kohlenmonoxid in Berlin zu senken, während die Stickoxidemission anstieg. Die Senkung der Luftschadstoffe konnte vorrangig erreicht werden durch Maßnahmen wie Energieträgerumstellung (von Braunkohle auf Erdgas), Ausbau der Fernwärmeversorgung, Einsatz von Abgasreinigungsanlagen, Erhöhung der Energieausbeute und Modernisierung der Heizungssysteme. Die Stickoxide erhöhten sich dagegen mit zunehmender Verkehrsdichte.

Sachsen-Anhalt gehört zu den am höchsten belasteten Territorien der neuen Bundesländer. Die Schwefeldioxid-Emissionen lagen 1990 noch bei 1212 kt und die Staubemissionen bei 572 kt. Der Nordteil des Landes ist wesentlich weniger von Emissionen betroffen, dafür weist der Südteil umso stärkere Emissionsbelastungen auf. Die Kreise Halle, Merseburg, Bitterfeld, Hohenmölsen, Weißenfels, Zeitz und Eisleben bilden die Schwerpunkte der Schwefeldioxidbelastung, während die Staubbelastung in den Kreisen Halle, Bitterfeld, Zeitz, Nebra, Bernburg und Weißenfels am größten ist. Die Stillegung einiger Produktionsanlagen mit besonders intensivem Schadstoffausstoß war daher aus ökonomischen und ökologischen Gründen unumgänglich (wie die Schwelereien Deuben und Espenhain, die Carbidöfen in Buna, des Kraftwerkes Harbke und der Kupferhütte Ilsenburg). Derartig hohe Umweltbelastungen sind das Ergebnis der industriellen Monostruktur (Energiewirtschaft, Chemische Industrie, Baustoffindustrie). Die Investitionspolitik entsprang einem falschen Autarkiestreben der Wirtschaftspolitik und führte zu einer Vernachlässigung anderer Industriezweige, zu Disproportionen im Wirtschaftskreislauf, zu wachstumshemmenden und gesundheitschädigenden Umweltbelastungen.

Aufgrund der hohen Emissions- und Immissionsbelastung treten vor allem in den Verdichtungsräumen häufig Smogsituationen auf, die durch Witterung (austauscharme Wetterlagen) und geographische Bedingungen begünstigt werden.

Im Land Sachsen sieht die Belastungssituation ähnlich aus, wo die Luftbelastung in den Ballungsräumen Leipzig, Chemnitz und Dresden die höchsten Werte aufweist. Im Interesse der Luftreinhaltung wird es vor allem um die Sanierung der Großfeuerungsanlagen gehen. Sie verursachen rund 55% des Schwebstaubs, mehr als 75% des Schwefeldioxids und etwa 65% der Stickoxide. Alle Anlagen sind sanierungsbedürftig, und ein erheblicher Teil von ihnen soll stillgelegt werden. Die dann noch vorhandenen Altanlagen sollen bis Mitte 1996 unter Vorsorgeaspekten nachgerüstet werden. Bereits 1992 wurden das Heizwerk Dresden-Leuben und die Kraftwerke Hagenwerder I und Hirschfelde außer Betrieb genommen. Trotz dieser Betriebsstillegungen, die eine gewisse Entlastung der Emissions- und Immissionssituation mit sich brachte, ist die ökologische Erblast dieses Gebietes aber so groß, daß es aufeinander abgestimmter strukturpolitischer, technischer, organisatorischer und finanzieller Maßnahmen bedarf, um den ökologisch negativen Ruf dieser Region zu kompensieren.

Thüringen nimmt hinsichtlich der Luftbelastung in den neuen Bundesländern eine Mittelstellung ein. In den einzelnen Landesteilen können jedoch zeitlich recht große Unterschiede in der Luftbelastung auftreten. Zu den größten Emittenten von Schwefeldioxid und Staub zählen auch hier die Braunkohlen- und Kalibetriebe, die Energiewirtschaft und die Baustoffbetriebe, insbesondere das Eichsfelder Zementwerk Deuna. Vor allem in der Heizperiode werden die zulässigen Grenzwerte für Schwefeldioxid in Weimar, Erfurt, Suhl, Zella-Mehlis, Meiningen, Schmalkalden und Gera erheblich überschritten.

Insgesamt müssen sich die Sofortmaßnahmen im Bereich der Luftsanierung in den neuen Bundesländern vorrangig auf folgende Maßnahmen richten:
- Substitution von stark schwefelhaltiger Braunkohle durch emissionsärmere Brennstoffe,
- Stillegung von Anlagen, die nicht sanierungsfähig sind und von denen hohe Gesundheitsgefährdungen ausgehen,
- Aufbau von Smog-Frühwarnsystemen zur Abwehr von Gesundheitsgefahren.

5.2. Wasserbelastung

Die Wasserversorgung der neuen Bundesländer ist aufgrund des geringen natürlichen Wasserdargebots häufig kritisch. Um den Wasserbedarf zu decken, müssen gegenwärtig annähernd 8 Mrd. m^3 Wasser zur Verfügung gestellt werden. Dabei entfielen 1990 auf die Bevölkerung 1,3 Mrd. m^3, die Industrie 4,6 Mrd. m^3, die Land- und Forstwirtschaft 2,1 Mrd. m^3 und sonstige Nutzer 0,2 Mrd. m^3 Wasser. Damit sind die Grenzen des potentiell nutzbaren Wasserdargebots, das bei etwa 9 Mrd. m^3 liegt, bereits erreicht. Das Rohwasser für Trinkwasserzwecke stammt zu 71% aus dem Grundwasser, zu 11% aus dem Uferfiltrat, zu 8% aus dem Oberflächenwasser und zu 10% aus einem Gemisch von Oberflächen- und Grundwasser. Dadurch erhielt ein Teil der Einwohner zeitweise oder ständig qualitativ beeinträchtigtes Trinkwasser, das unmittelbar Leben und Gesundheit der Menschen gefährdete. Davon sind die Menschen in den Gebieten Halle, Leipzig und Dresden besonders betroffen.

Für das Gesamtgebiet der ehemaligen DDR ist 1990 eine systematische Messung der Grundwasserbeschaffenheit an 230 Meßstellen durchgeführt worden, wovon nur 11 Meßstellen Wässer aufwiesen, die den Qualitätsanforderungen der Trinkwasserverordnung entsprachen.[1] Bedenklich sind vor allem die Grenzwertüberschreitungen von Chlorierten Kohlenwasserstoffen, Cadmium und Blei, die im Verdacht stehen, mutagene, teratogene und cancerogene Effekte auszulösen.

Gewässerverunreinigungen (Saprobierungen, Eutrophierungen, Kontaminationen, Infektionen) insgesamt vermindern die natürliche Selbstreinigungskraft der Gewässer, verschlechtern die Wasserqualität, begrenzen die Trinkwasserversorgung, verursachen Produktionsstörungen in Industrie, Landwirtschaft und Fischerei, erhöhen die Vergiftungs- und Seuchengefahr und beeinträchtigen die Erholungsmöglichkeiten. Meistens überlagern sich diese Prozesse. Die Gefährlichkeit solcher Fremdstoffe hängt von ihrer Toxizität, Konzentration, Löslichkeit, Einwirkungszeit und Abbaubarkeit ab. Problematisch ist, daß es international nur für verhältnismäßig wenige Stoffe, Stoffgruppen und Stoffkombinationen Verfahren gibt, um sie zu erkennen und zu eliminieren.

Mit dem Wasserverbrauch nahm auch die Abwasserlast zu, zumal in den vergangenen Jahren nicht genügend Klärkapazitäten geschaffen worden sind. Das Abwasser wird zu 36% nur mechanisch, zu 38% biologisch, zu 14% chemisch behandelt und fließt zu 12% unbehandelt in die Gewässer ab. Die Einleitung ungenügend gereinigten Abwassers in die Flüsse nahm vor allem deshalb zu, weil die Kläranlagen teilweise nicht voll funktionierten, die biologisch-chemische Klärkapazität nicht erweitert worden ist und die Leitungssysteme undicht waren. Auch hat die ungenehmigte Beseitigung von Fäkalien im Laufe der Jahre zugenommen.[2]

Die Abwasserfracht der 437 erfaßten industriellen Direkteinleiter konnte nur hinsichtlich der organischen Belastung analysiert und interpretiert werden. Danach stammt der weitaus größte Anteil aus der chemischen Industrie (41%). Die Wertung der Gewässerbelastung mit Schwermetallen steht derzeitig also noch aus.

Zu den wichtigsten Sofortmaßnahmen gehörten deshalb vor allem, die Trinkwasserversorgung sicherzustellen und zu verbessern. Unter diesem Gesichtspunkt wurden dann auch Brunnen geschlossen, die eine Nitratbelastung von 90 mg/l und

---

1) Die Zahlenangaben stützen sich auf folgende Literaturquellen: Daten zur Umwelt 1990/91. Umweltbundesamt. Berlin: Erich Schmidt Verlag 1992; Info-Dienst Deutsche Einheit. Presse- und Informationsdienst der Bundesregierung; Jahresberichte des Umweltbundesamtes 1990-1994; Umweltbericht der DDR. Berlin: Verlag visuell 1990; Landesreport Mecklenburg-Vorpommern. Berlin/München: Verlag Die Wirtschaft 1992, S. 208-234; Landesreport Brandenburg. Berlin/München: Verlag Die Wirtschaft 1992, S. 40-43; Landesreport Sachsen. Berlin/München: Verlag Die Wirtschaft 1992, S. 135-168; Landesreport Sachsen-Anhalt. Berlin/München: Verlag Die Wirtschaft 1991, S. 88-104; Landesreport Thüringen. Berlin/München: Verlag Die Wirtschaft 1992, S. 187-191; Paucke, H.: Umweltbelastung und -sanierung. In: Landesreport Berlin. Berlin/München: 1992, S. 150-166; Paucke, H./Streibel, G.: Ökonomie contra Ökologie? Berlin: Verlag Die Wirtschaft 1990, S. 61-96

2) Paucke, H./Schmidtke, H.: Umweltzustand und Umweltentwicklung. In: Sozialreport 1992, Berlin: Morgenbuch Verlag 1993, S. 195-222

mehr aufwiesen. Außerdem wurden bereits 1990 die Schadstoffeinleitungen im Einzugsgebiet der Elbe um 106.000 t organische Stoffe (d.h. 19% der Einleitungen von 1989) sowie um 50 t Stickstoffverbindungen vermindert. Gleichzeitig gelang es, die Salzbelastung der Werra um 750.000 t Chlorid (das waren 12% der Salzeinleitungen von 1989) zu reduzieren.

In Mecklenburg-Vorpommern stellt die Eutrophierung der Gewässer das Hauptproblem dar. Sie ist eine Folge der Intensivierung der Landwirtschaft und damit der verstärkten Ausbringung von Agrochemikalien und Gülle auf die Felder. 1990 wiesen fast 62% der untersuchten Fließgewässer nur die Güteklasse 3 und schlechter auf, d. h. die Nutzung war eingeschränkt, und von den untersuchten stehenden Gewässern konnten nur 17,3% den Trophie-Klassen 1 oder 2 (nicht oder wenig geschädigt) zugeordnet werden. Über 60% aller Seen entsprechen gegenwärtig nur noch der Güteklasse 3 oder 4. So hat sich der Zustand der Seen im Peene-Einzugsgebiet in den letzten 50 Jahren rapide verschlechtert. Eiszeitrelikte wie Fische und Kleinkrebse, die noch in den 20er und 30er Jahren in den Ueckerseen, dem Tollensesee und dem Kummerower See verbreitet waren, sind verschollen und ausgestorben. Analysen ergaben, daß im Einzugsgebiet dieser Seen bereits seit den 80er Jahren negative Auswirkungen auf das Trinkwasser nachweisbar sind.

Die fortschreitende Eutrophierung ganzer Seenketten, die miteinander verbunden sind, hält tendenziell an und schränkt die Regenerationsfähigkeit der Seen ein. Sanierungskonzepte für einzelne Seen (wie den Haussee bei Feldberg in Verbindung mit dem Breiten Luzin, Tollensesee bei Neubrandenburg, Kummerower See bei Malchin) liegen vor und werden teilweise umgesetzt. Um die Belastungen der Seen und der Flüsse zu vermeiden bzw. zu verringern, sollte unter anderem auf die Fischintensivhaltung, auf Grünland-, Mais- und Rapskulturen sowie auf Einsatz von Nähr- und Wirkstoffen in der Landwirtschaft im unmittelbaren Einzugsbereich der Seen und Flüsse verzichtet werden.

Über den Eintrag von Fremd- und Schadstoffen in die Küstengewässer Mecklenburg-Vorpommerns existieren nur wenige konkrete Angaben. Das drückendste Problem ist zur Zeit die organische Belastung der Küstengewässer durch kommunale, landwirtschaftliche und industrielle Abwässer sowie die damit verbundene Nährstoffzufuhr (insbesondere Stickstoff- und Phosphorverbindungen), die zur Eutrophierung der Bodden, Haffe und Ostsee beitragen.

Die Wasserbeschaffenheit der Berliner Oberflächengewässer ist gegenüber anderen Großstädten relativ gut. Das geht auch auf die hohen Investitionsaufwendungen zur Schaffung von Abwasserbehandlungsanlagen zurück, die heute zu den modernsten Europas zählen. Berlin gehört zu den wenigen Großstädten in Europa, die ihre Wasservorräte auf dem eigenen Stadtgebiet haben. Alle Wasserwerke gewinnen hier das Rohwasser aus dem Grundwasser bis zu Tiefen von 10 Metern. Dennoch werden 20% des Wasserbedarfs dem Oberflächenwasser entnommen.

Im Ostteil Berlins stieg der Trinkwasserverbrauch ständig an und erreicht derzeitig im Durchschnitt 180 Liter je Einwohner und Tag. Hinzu kommen die Anforderungen aus Industrie und Landwirtschaft, die dazu führen, daß insgesamt etwa 198 Mio m³ Trinkwasser bereitgestellt werden müssen. Im Westteil Berlins lag der Trinkwasserverbrauch bei 159 Liter je Einwohner und Tag und die Wassergewinnung beträgt rund 188 Mio m³. Der Abwasseranfall belief sich zur gleichen Zeit auf 165 Mio m³. Die Statistik der Wasserversorgung und Abwasserbeseitigung erstreckt sich im Verarbeitenden Gewerbe auf ca. 1000 Betriebsstätten von Unternehmen mit 20 und mehr Beschäftigten. Sie liefert für den Westteil der Stadt einen ebenso umfassenden wie detaillierten Überblick über die Anzahl der Wirtschaftsgruppen sowie über deren Wasseraufkommen, Wassernutzung, Abwasseranfall und Abwasserbehandlung. Die Erhebung der Daten findet alle vier Jahre statt.

Der Müggelsee hat für die Wasserversorgung des Ostteils der Stadt eine große Bedeutung. Er gehört der Nutzungs- bzw. Wasserbeschaffenheitsklasse III an und verfügt damit über eine mittlere Wassergüte. Für die Trinkwassergewinnung sind jedoch recht komplizierte Aufbereitungsmaßnahmen erforderlich. Die geringe Wasserqualität des Müggelsees wird vor allem durch den Schadstoffeintrag der Spree verursacht. Etwa die Hälfte des mit Schadstoffen (Phosphor, Stickstoff, Schwebstoffe) belasteten Spreewassers fließt durch den Müggelsee, die andere Hälfte über den Gosener Kanal, den Seddinsee, den Langen See und die Dahme ab. Durch den Bau einer Phosphat-Eliminierungsanlage im Müggelseezufluß und einer Absperrmauer zur Verhinderung des Durchflusses der Spree könnte eine drastische Reduzierung der Schadstoffzufuhr erreicht werden. Die in Berlin bereits vorhandenen Phosphat-Eliminierungsanlagen für die Zuflüsse des Schlachtensees und des Tegeler Sees zeigen, daß sich damit die Gesamtphosphatmenge unter die kritische Konzentration von 10 Milligramm je Kubikmeter Seewasser reduzieren läßt.

In den östlich gelegenen Fließgewässern gelang es bisher nur in geringem Maße, Fette, Öle und andere organische Bestandteile sowie Phosphatverbindungen aus den Gewässern zu eliminieren, während der Stickstoffgehalt kaum reduziert werden konnte. Insgesamt nehmen auch die unbehandelten Abwassermengen in ganz Berlin, die in Oberflächengewässer oder in den Untergrund abgeleitet werden, noch einen zu hohen Anteil an der Abwasserlast in beiden Stadtteilen ein. Die Sanierung der Gewässer im gesamten Einzugsgebiet von Berlin sollte daher zukünftig einen höheren Stellenwert erhalten.

In Sachsen-Anhalt ist die Trinkwasserqualität sehr unterschiedlich. Während in er Region Magdeburg die Bevölkerung fast durchweg mit Wasser ausreichender

Qualität versorgt werden kann, trifft das in der Region Halle nur für weniger als die Hälfte der Einwohner zu. Ursache dafür sind zu hohe Anteile von Eisen, Mangan, Aggressivkohlensäure, Salzen, Härten und Nitraten im Rohwasser, die in den meisten Wasserwerken auf Grund unzureichender Aufbereitungsanlagen nicht im erforderlichen Maße abgebaut werden können. Schwerpunkte einer nicht qualitätsgerechten Trinkwasserversorgung sind die Städte Halle und Dessau sowie die Kreise Merseburg, Zeitz, Köthen und Roßlau.

Hohe Nitratbelastungen durch die Landwirtschaft sind besonders in den Kreisen Bernburg, Haldensleben, Wanzleben, Wernigerode, Oschersleben, Halberstadt, Staßfurt, Köthen, Saalkreis und Sangerhausen, während im Raum Schönebeck-Staßfurt aus geologischen Gründen die Salzbelastung des Rohwassers sehr hoch ist.

Ein zentrales Problem stellt die Abwasserableitung und Abwasserbehandlung dar. Denn die Anschlußgrade an zentrale Wasserableitungsnetze und zentrale Kläranlagen sind noch relativ gering. Nur in Magdeburg liegt der Entsorgungsgrad bei 98%, in Stendal bei 90%, während in Wittenberg überhaupt keine Kläranlage vorhanden ist. Darüber hinaus ist der technische Stand der Abwasserbehandlung unzureichend. Von der vorhandenen Abwasserbehandlungskapazität entfallen 62% auf mechanische Klärung und 38% auf mechanisch-biologische Verfahren. Demzufolge weisen die Saale, Mulde und Elbe besorgniserregende Belastungen auf.

Da die zunehmende Verschmutzung die Nutzungsmöglichkeiten der Gewässer beträchtlich einschränkt bzw. die Aufbereitung des Wassers durch entsprechende Anlagen verteuert, ist neben der Einschränkung des Wasserbedarfs (Region Halle beanspruchte 33% des Wasserbedarfs der ehemaligen DDR) die umfassende Sanierung der Gewässer, vor allem der Fließgewässer, notwendig. Dem Schutz der Wasserressourcen dienen 950 Trinkwasserschutzgebiete; zu den bedeutendsten zählen die Colbitz-Letzlinger Heide und die Rappbode-Talsperre.

In Sachsen schränken die extrem hohe Verschmutzung der Oberflächengewässer und die bereits gefährlich starke Grundwasserkontamination die Wasserversorgung der Bevölkerung beträchtlich ein. Noch immer erhalten 25% der Bevölkerung kein qualitätsgerechtes Trinkwasser. Zulässige Grenzwerte insbesondere bei Nitrat, Eisen, Mangan und anderen Schwermetallen werden nachweislich überschritten. Hinzu kommt die Verletzung bakteriologischer Kriterien. Eine flächendeckende Sanierung der Trinkwasserversorgungssysteme entsprechend den EG-Richtlinien erfordert Investitionen in Höhe von 12 Milliarden DM. Zudem reichen die vorhandenen Abwasserbehandlungsanlagen bei weitem nicht aus, um die Gewässer zu reinigen. Überdimensionale Fernwasserversorgungssysteme aus dem Elbauebereich bei Torgau, aus dem Harz und dem Thüringer Wald sind notwendig, um den Wasserbedarf besonders des Ballungszentrums Leipzig-Halle abdecken zu können.

In Thüringen weist auch die Wasserbeschaffenheit beträchtliche Unterschiede auf. Während in den Mittelgebirgen eine gute Wasserqualität zu verzeichnen ist, die zum Bau von Trinkwassertalsperren geführt hat, gibt es Flüsse in den Gebieten Erfurt, Gera und Suhl, die durch Kaliabwässer oder nicht bzw. nicht ausreichend geklärte Industrie- und Kommunalabwässer stark verunreinigt sind. Des weiteren trägt auch die Landwirtschaft durch Gülle und Silosickersäfte zur Erhöhung der Abwasserlast und Beeinträchtigung des Grundwassers bei. Die Flußverunreinigung betrifft solche Flüsse wie die Unstrut, Helbe und Wipper sowie die Ulster, Werra, Weiße Elster und schließlich die Saale. Die Situation hat sich ständig verschlechtert, nur unterhalb neu errichteter Kläranlagen (zum Beispiel für Erfurt und Mühlhausen) sind entsprechende Verbesserungen eingetreten. Der Anschlußgrad an zentrale Kläranlagen ist auch noch äußerst gering.

Zu den wichtigsten wasserwirtschaftlichen Sofortmaßnahmen zählen für die neuen Bundesländer:
- Ausstattung der veralteten Wasserwerke mit modernen Aufbereitungstechnologien,
- Sanierung der stark überalterten Rohrnetze, die zu Netzverlusten bis zu 20% führen,
- Bau und Sanierung von kommunalen und industriellen Kläranlagen zur Beseitigung der größten Defizite,
- Modernisierung und Bau weiterer Kläranlagen, vor allem industrieller Kläranlagen, weil dort etwa 95% des Abwassers nicht bzw. nicht ausreichend behandelt in Kanalisationen eingeleitet werden,
- Sanierung der Abwasserkanalisationsnetze, die zu 60% bis 70% bauliche Schäden aufweisen.

5.3. Bodenbelastung

Seit den 70er Jahren ist die landwirtschaftliche Nutzfläche deutlich zurückgegangen. Ursachen dafür sind der Wohnungsbau, der Ausbau des Verkehrsnetzes, die Expansion der Industrie und vor allem der Braunkohleabbau. Zugleich brachte die wirtschaftliche Nutzung des Bodens schwere Belastungen der begrenzt vorhandenen Bodenfläche mit sich. Hierzu zählen:
- ständiger Eintrag von Schadstoffen in den Boden und deren Anreicherung, die von negativen Veränderungen der physikalischen, chemischen und biologischen Bodeneigenschaften begleitet sind,
- Grundwasserabsenkungen,

- Verminderung der Pflanzendecke und Reduzierung der biologisch aktiven Bodenfläche,
- zunehmende Bodenverdichtung,
- Zerstörung der natürlichen Bodenstruktur,
- Verringerung der Bodenfruchtbarkeit durch Humusverlust und durch Erosion,
- Versiegelung und Zerschneidung intakter Naturräume.

Die Intensivierung der Landwirtschaft und der Braunkohlentagebau haben letztlich zur Zerstörung von Kulturlandschaften und zur Vernichtung von Biotopen geführt. Bodenkontaminationen gehen vor allem von rund 11.000 Altablagerungen, ca. 15.000 Altstandorten, etwa 700 Rüstungsaltlasten sowie annähernd 1000 großflächigen Kontaminationen (Rieselfelder, belastete Flächen aus der Landwirtschaft, Überschwemmungsgebiete) aus. Nach Angaben des Umweltbundesamtes wurden von den 27.877 ausgeschiedenen Verdachtsflächen (Stand 1990) 2457 Flächen als Altlasten eingestuft. Insgesamt gab es in der Vergangenheit eine Reihe von Vollzugsdefiziten bei der umweltgerechten Entsorgung von Haus-, Gewerbe- und Industriemüll. Auch wurde fahrlässig mit umweltgefährdenden Stoffen umgegangen. So erfolgte die Ablagerung von Abfällen auf rund 11.000 Deponien. Von diesen gelten lediglich 120 als geordnete Deponien und rund 1000 als kontrollierte Ablagerungen. Und nur auf 54% der Deponieflächen fand eine Kontrolle des Grundwassers statt.

In Mecklenburg-Vorpommern stellte die intensive Bodennutzung durch die Landwirtschaft insbesondere durch hohen Gülleanfall, überproportionale Ausbringung mineralischen Düngers sowie durch Einsatz von Pflanzenbehandlungs- und Schädlingsbekämpfungsmitteln ein großes Problem dar. Der verstärkte Stickstoffeinsatz führte zu einem jährlichem Überangebot von rund 40 kg Stickstoff/ha. Dieser Überschuß wurde in der Regel in Oberflächengewässer abgeschwemmt und teilweise sogar ins Grundwasser ausgewaschen. Von der landwirtschaftlichen Nutzfläche sind ca. 30% phosphatüberlastet. Die Verminderung der Mineraldüngergaben um 30% würde Nährstoffverluste vermeiden, ohne Ertragseinbußen zu verursachen.

Im Land Brandenburg sind vor allem in den Kreisen Eberswalde und Jüterbog die militärischen Altlasten nicht zu unterschätzen, die sich aus dem hohen Anteil von Militärobjekten der GUS-Streitkräfte ergeben. In Jüterbog sind 17% der Kreisfläche davon betroffen. Die meisten Flächen dieser Objekte weisen einen schlechten und umweltbelastenden Zustand auf, der noch viele Unsicherheiten und Risiken hinsichtlich der zukünftigen Entsorgung in sich birgt. Umfangreiche Sanierungsmaßnahmen sind bereits heute abzusehen, was insbesondere für die Truppenübungsplätze Heidehof und Jüterbog einschließlich des Objekts Forst Zinna sowie die Flugplätze Altes Lager und Damm zutrifft.

Große Probleme bereiten auch die Siedlungsabfälle von Berlin, die auf Deponien der Brandenburger Gemeinden Schwanebeck, Schöneiche und Wernsdorf verbracht werden. Diese Müll-Endlagerstätten entsprechen aber nicht modernen Anforderungen und bringen viele Schwierigkeiten mit sich. So gehen von ihnen vielfältige Luft- und Geruchsbelästigungen aus; wenn Schadstoffe in den Boden gelangen und das Sickerwasser infiltrieren, entstehen in der Regel auch Boden- und Grundwasserbelastungen mit schwerwiegenden Folgen. Ursachen dafür sind vor allem fehlende Basisabdichtungen und Sickerwasserfassungen bei Deponien. Sie müssen geschaffen werden, um die Gefahren einzudämmen, die von Deponien ausgehen. Jede Deponie hat ein Gefährdungspotential, das durch die Art und Menge der Abfälle sowie durch das langfristige Verhalten der Abfälle in der Deponie bestimmt ist. Darauf beruht auch die Unsicherheit bei der Bewertung der Umweltverträglichkeit von Deponien. Auf jeden Fall ist durch Sicherheitsanalysen Vorsorge zu treffen, daß Deponien nicht zu „Altlasten von morgen" werden. Ein Teil des anfallenden Berliner Mülls wird auf der Kompostierungsanlage Waßmannsdorf behandelt mit dem Ziel, diesen in hygienisch unbedenklichen Kompost umzuwandeln. Die Haushaltsabfälle verrotten unter Einwirkung von Luftsauerstoff und Mikroorganismen in einem dreijährigem Zyklus. Der gewonnene Kompost soll sich speziell für die Neuanlage von Grünflächen eignen.

Mit § 14 des Abfallbeseitigungsgesetzes der Bundesrepublik Deutschland steht ein Instrumentarium zur Verfügung, das die Vermeidung und Verwertung von Abfällen unterstützt. Es kann jedoch keine, für alle Produktgruppen anwendbare Maßnahmen beschreiben, weil immer einzelfallbezogen vorgegangen werden muß nach dem Motto: die Eigenschaften der Abfälle determinieren die Methode.

Zu den wichtigsten Sofortmaßnahmen auf dem Gebiet der Bodenbelastung gehören:
- Einstellung der Ausbringung von Dünge- und Pflanzenschutzmitteln mit Flugzeugen,
- Einleitung von Sanierungsmaßnahmen bei Belastungen der Böden in Siedlungsgebieten mit Dioxin von mehr als 1000 ng/kg,
- Nutzungsbeschränkungen für Böden, die mit Schwermetallen und toxischen organischen Stoffen stark belastet sind,
- Sicherung bzw. Schließung von Abfallentsorgungsanlagen, je nach dem, ob von ihnen akute Gefahren ausgehen oder nicht,
- Einleitung von Sicherungsmaßnahmen bei Altlasten mit festgestellten akuten Gefährdungen.

5.4. Waldschäden

Der Wald bedeckt rund 27% des Territoriums der neuen Bundesländer. Damit spielt der Wald als ökologischer, ökonomischer und sozialer Faktor eine bedeutende Rolle. Während in der Vergangenheit Waldschäden auftraten, die regional begrenzt und auf bestimmte Baumarten beschränkt waren (Ulmensterben, Kiefernsterben, Tannensterben, Buchensterben, Pappelsterben), zeichnen sich die heutigen Schädigungen durch Großflächigkeit und Ausdehnung auf faktisch alle Baumarten und Standortsformen aus.

Im östlichen Teil Deutschlands sind nach neueren Waldschadenserhebungen, die 1990 erstmals nach der in den alten Bundesländern üblichen Methodik durchgeführt worden ist, nur 27% der Wälder ungeschädigt, während 35% schwache und 38% deutliche Schädigungen aufweisen. Von den Schädigungen sind die einzelnen Länder in unterschiedlichem Maße betroffen. Mecklenburg-Vorpommern und Thüringen haben merkwürdiger Weise die stärksten Waldschäden, und Sachsen hat die geringsten. Insgesamt sind damit rund 2,2 Mio Hektar Waldfläche geschädigt, wobei die einzelnen Baumarten unterschiedliche Schädigungsgrade aufweisen. Dabei sind die Laubwälder etwas stärker geschädigt als die Nadelwälder.[3]

Die Schadstufe 1 stellt gewissermaßen eine Warnstufe dar und umfaßt Vitalitätsverluste in einem frühen Stadium, bei dem gute Chancen für eine Revitalisie-

Tab. 1: Waldschäden in den ostdeutschen Ländern 1991

Land	Anteil der Schadstufen (in %)		
	0	1	2-4
Berlin	23	48	29
Brandenburg	29	38	33
Mecklenburg-Vorpommern	19	32	49
Sachsen	37	37	26
Sachsen-Anhalt	28	38	34
Thüringen	19	31	50
Ostdeutsche Länder	*27*	*35*	*38*

Quelle: Umweltbundesamt: Daten zur Umwelt 1990/91. Berlin 1992, S. 167

---

[3] Waldzustandsbericht 1992 der Bundesregierung. Bonn 1992; Agrarbericht 1993 der Bundesregierung. Bonn 1993; Paucke, H.: Der Wald in der Umweltpolitik. IWVWW-Berichte, Nr. 23, Berlin 1994, S. 51-67

Tab. 2: Entwicklung der Waldschäden an Nadelbaumarten
in Ostdeutschland nach Schadstufen 1990/91

Baumart	Anteil der Schadstufen (in %)					
	0		1		2-4	
	1990	*1991*	*1990*	*1991*	*1990*	*1991*
Fichte	40	32	29	30	31	38
Kiefer	35	24	35	37	30	39
Sonstige Nadelbäume	34	52	9	30	57	18
Gesamt Nadelbäume	*37*	*27*	*32*	*35*	*31*	*38*
Buche	28	20	18	39	54	41
Eiche	18	20	13	30	69	50
Sonstige Laubbäume	31	30	28	37	41	33
Gesamt Laubbäume	*28*	*25*	*23*	*36*	*49*	*39*

Quelle: Umweltbundesamt: Daten zur Umwelt 1990/91. Berlin 1992, S. 169-170

rung bestehen. Wie die Erfahrung lehrt, ist sogar für Wälder der Schadstufen 2 und 3 bei günstigen ökologischen Bedingungen eine Verbesserung möglich. Die Schadstufenklassifizierung erfolgt in Abhängigkeit von der Nadel- bzw. Blattvergilbung sowie von der Kronenverlichtung, wobei den Nadel- bzw. Blattverlusten eine besondere Bedeutung zukommt.

Über die Ursachen der massiven Waldschäden gibt es viele Vermutungen, aber keine exakten Beweise. Zur Aufklärung der Kausalitätsbeziehungen sollen bisher mehr als 160 Deutungsversuche existieren, die in entsprechenden Hypothesen formuliert worden sind. Zweifellos liegt die Unsicherheit der Erkenntnislage vor allem daran, weil es sich bei den neuartigen Waldschäden um komplexe und dynamische Prozesse handelt, die sich nur schwer diagnostizieren und behandeln lassen. Einmal ins Rollen gekommen, entwickeln die geophysikalischen und biogeochemischen Prozesse eine Eigendynamik und führen unaufhaltsam zum allmählichen Verfall und plötzlichen Zusammenbruch von Waldökosystemen, wie es sich heute in Mitteleuropa zeigt.

Das ist auch der Grund, weshalb es bisher nicht gelungen ist, die dynamischen Komplexprozesse und ihre Folgen weder durch Begasungsexperimente zu rekonstruieren, noch durch Computer-Simulationen zu verifizieren. Die eigentlichen Schadensursachen bleiben damit vorerst noch im Dunkeln. Die vorliegenden

Hypothesen unterstellen daher zunächst drei große Ursachenkomplexe, nämlich Schadstoffe, Epidemien und Streß.

Bei den Schadstoffen werden vor allem Schwefeldioxid, Stickoxide, Ozon, organische Peroxide, Schwermetalle, polychlorierte Kohlenwasserstoffe als Verursacher von Waldschäden diskutiert, die primär über die Luft und den Boden wirken. Ein direkter Schadstoff-Wirkungs-Zusammenhang ließ sich bisher aber nicht definitiv nachweisen.

Die Epidemiehypothese geht von biotischen Schaderregern als Verursacher von Waldschäden aus, die im Assimilationsgewebe parasitieren und es zersetzen. Den Schadstoffen wird hier nur ein modifizierender Einfluß auf Befallsbereitschaft, Entwicklung und Verbreitung der Erkrankung beigemessen.

Die Streßhypothese faßt die Waldschäden als eine Komplexerkrankung auf, die von ökologischen, ökonomischen und technologischen Faktoren verursacht wird. Die vielfältigen Ursache-Wirkungs-Beziehungen erschweren allerdings eindeutige Aussagen über die wirklichen Ursachen. Deshalb gilt nach wie vor das Prinzip der maximalen Vorsicht, um Schäden zu vermeiden. Das heißt: alle möglichen Gefahrenquellen müssen kontinuierlich eingedämmt und sukzessive ausgeschaltet werden. Das trifft vor allem auf die Schadstoffbelastung zu, die offenbar eine Initialwirkung beim Auslösen von Waldschäden haben kann. Deshalb ist es zwingend notwendig, die Emissionen auf die gesetzlich vorgegebenen Normen zu vermindern. Ansonsten wird es nicht möglich sein, den Zustand der Wälder auf lange Sicht zu verbessern.

Um das Verhalten von Waldökosystemen richtig zu verstehen, muß man die Wälder als Ergebnis der Evolution betrachten, der längere Zeitmaßstäbe zugrunde liegen als nur eine Umtriebszeit, die Zeit also von der Begründung bis zum Abtrieb der Waldbestände. Die Strategien der Waldbewirtschaftung müssen deshalb darauf hinauslaufen,
- die Baumartenanteile nach ökologischen und ökonomischen Gesichtspunkten zu optimieren,
- die autochthonen Baumrassen zu erhalten und genetisch zu verbessern,
- die Wachstumsbedingungen der Waldbestände durch waldbauliche Maßnahmen zu fördern,
- die forstsanitäre Überwachung gefährdeter Waldbestände zu verstärken,
- ein System der ökologischen Zustandskontrolle der Wälder zu schaffen, um rechtzeitig Maßnahmen zum Sanieren vorhandener und Vermeiden künftiger Waldschäden einzuleiten.

5.5. Lärmbelastung

Der Straßenverkehr ist hinsichtlich Verbreitung und Intensität für die Bevölkerung der neuen Bundesländer die dominierende Lärmquelle. Wie hoch der Anteil der Bevölkerung ist, der sich durch Lärm belästigt fühlt, kann derzeit nicht gesagt werden, weil entsprechende Bevölkerungsbefragungen fehlen. Es kann aber davon ausgegangen werden, daß der Wert von etwa 70% in den alten Bundesländern in Ostdeutschland mindestens erreicht, wenn nicht übertroffen wird. Diese Annahme gründet sich vor allem auf den schlechten Straßenzustand, Schäden am Gleisnetz von Straßenbahnen, die Zunahme des Personenverkehrs, den Durchgangsverkehr in den Städten und auf den zunehmenden Parkplatzsuchverkehr. Straßenbauliche und verkehrsorganisatorische Maßnahmen haben bisher noch nicht zu einer nennenswerten Verbesserung der Lärmsituation geführt. Nach wie vor liegt der Lärmpegel bei 80 dB(A).

Falsche ökonomische Vorstellungen und die Bagatellisierung der Lärmprobleme haben nicht zuletzt dazu geführt, daß es nur für wenige Städte verbindliche Lärmgebietseinstufungen gibt und nur wenige Investitionsvorhaben schallschutzgerecht geplant wurden. Die falsche Beurteilung des Lärms zog auch im Wohnungsbau Probleme nach sich, wie eine ungenügende Berücksichtigung der schallschutzgerechten Orientierung von Wohnungen sowie die unzureichende Schalldämmung von Wänden und Fenstern. Durch Industrie- und Gewerbelärm liegen ebenfalls hohe Belastungen vor. Hauptlärmquellen sind insbesondere Heizhäuser, Kühlanlagen und Belüftungsanlagen. Die Grenzwertüberschreitungen betragen teilweise mehr als 20 dB(A). Wie soziologische Untersuchungen belegen, nimmt die Bereitschaft der Menschen zum Wohnungstausch zu, wenn der Lärm ansteigt.

Die Lärmminderung an der Schallquelle ist die sinnvollste Art der Lärmbekämpfung. Der Lärmpegel bildet heute das wichtigste Kriterium für die Konstruktion und Beurteilung neuer Verfahren, Maschinen und Erzeugnisse. Erfolge bei der Verminderung der Lärmemission können oftmals nur durch Veränderung des technologischen Wirkprinzips von Einzelaggregaten erreicht werden, weil die Lärmabstrahlung immer von mehreren technischen Parametern abhängt. Konstruktive technische Verbesserungen müssen also an den Lärmquellen ansetzen. Solange das nicht in optimaler Weise möglich ist, sind die primären Lärmschutzmaßnahmen (konstruktive und technologische) durch sekundäre (akustische, individuelle und organisatorische) Maßnahmen zu ergänzen. Des weiteren geht es darum, zwischen Lärmquelle und Lärmempfänger verschiedenartige Hindernisse anzubringen, um die Schallausbreitung zu dämpfen. Dabei handelt es sich um technische (Mauern, Schutzwälle), biologische (Schutzstreifen mit Wald oder Gebüsch) und organisatorische Maßnahmen. Diese beinhalten eine sinnvolle

Standortverteilung von Produktionsbetrieben, Verkehrseinrichtungen und Verkehrsnetzen sowie Wohn- und Erholungsgebieten, um den Arbeits-, Verkehrs- und Baulärm wirksam einzuschränken.

5.6. Gesamtsituation

Maßnahmen zur Abwendung akuter Gesundheitsgefährdungen durch Umweltbelastungen haben in den neuen Bundesländern absoluten Vorrang. Hierzu zählen die Vorhaben zur Verbesserung der Luftreinhaltung, der Trinkwasserversorgung, der Abwasserentsorgung, der Deponiesicherung und der Lärmminderung. Die langfristige Sanierung von Umweltschäden ist ein entscheidendes Element für die Attraktivität einer Region und damit für die konkreten Investitionsentscheidungen von Unternehmen. Ziel muß es daher sein, spätestens bis zum Jahr 2000 möglichst gleichwertige Umweltbedingungen in ganz Deutschland zu schaffen.[4] Das ist ein ehrgeiziges Ziel, zumal anfängliche Vorstellungen nicht verwirklicht werden konnten, wirtschaftliche Umstrukturierung und ökologische Sanierung gleichzeitig zu vollziehen. „Es setzte eine konsumorientierte wirtschaftliche Entwicklung mit den bekannten ökologisch nachteiligen Begleiterscheinungen ein, der umweltpolitisch mit dem verfügbaren Instrumentarium kaum gegengesteuert werden konnte. Die Umweltpolitik konzentrierte sich im wesentlichen auf schwerpunktmäßige Sanierungsprojekte, die zusammen mit überwiegend wirtschaftlich bedingten Stillegungen von Anlagen allerdings zu einer deutlichen Verbesserung der Umweltsituation beigetragen haben"[5]. Und an anderer Stelle fährt der Sachverständigenrat für Umweltfragen in seinem „Umweltgutachten 1994" fort: „Trotz erheblicher Landnutzungs- und Umweltprobleme in den neuen Bundesländern sind die vielfältigen Chancen einer Neuorientierung der Landnutzung nicht zu verkennen. Zur Sicherung einer für die Erhaltung der Kulturlandschaft unverzichtbaren landwirtschaftlichen Nutzung werden die neuen Bundesländer eigenständige räumliche, umwelt- und naturschutzpolitische Leitbilder benötigen, um den überwiegend größer dimensionierten Agrarstrukturen und den genossenschaftlichen Bewirtschaftungsformen auch in der Zukunft gerecht zu werden. Die ausgewiesenen und im Aufbau befindlichen Biosphärenreservate und Naturparke spielen hierbei als Modelllandschaften einer umwelt- und sozialverträglichen Regionalentwicklung eine herausragende Rolle. Sie könnten sich als Beispiele für ökologisches Wirtschaften, also

---

4) Jahresbericht 1994. Umweltbundesamt, Berlin 1995
5) Der Rat von Sachverständigen für Umweltfragen: Umweltgutachten 1994. Stuttgart: Verlag Metzler-Poeschel 1994, S. 178

eine neue Form dauerhaft-umweltgerechter Entwicklung im ländlichen Raum, profilieren"[6].

---

6) ebd., S. 301

6. Abschließende Bemerkungen

> So eine Arbeit wird eigentlich nie fertig, man muß sie für fertig erklären, wenn man nach Zeit und Umständen das Mögliche getan hat.
> *Johann Wolfgang von Goethe*

Das geistige und natürliche Erbe der Menschheit war und ist in ständigem Wandel begriffen. Der Wandel in Natur, Gesellschaft und im Denken hat wiederum eine Geschichte in Raum und Zeit, die sich auf Schritt und Tritt verfolgen läßt. Sich damit zu befassen, ist demzufolge nicht nur eine historische, sondern auch eine philosophische und politische Aufgabe. Philosophie und Politik lassen sich auf ökologischem Gebiet nicht voneinander trennen, selbst wenn es mitunter zunächst so scheinen mag. Das stellt sich spätestens dann heraus, wenn man die Zeitumstände berücksichtigt, unter denen neue Ideen entstanden. Zudem hängen Zeit- und Lebensumstände der Schöpfer neuer Gedanken eng miteinander zusammen. Sie prägen die Denk- und Verhaltensweise der Menschen. Das ließe sich sicherlich auch ideengeschichtlich belegen. Eine solche Arbeit steht aber noch aus. In dieser Hinsicht ist es deshalb interessant festzustellen, wann welche Gedanken unter welchen Umständen geboren und wie sie geäußert wurden.

Die Geistesgeschichte zeigt jedenfalls, daß immer Mut dazu gehört, neue Erkenntnisse auch öffentlich zu vertreten, besonders dann, wenn sie in Gegensatz zum vorherrschenden Zeitgeist stehen. Denn nach dem Trägheitsgesetz ist alles unbequem, was die liebgewordene Gewohnheit stört oder zu stören droht. Rütteln Gedanken an den Fundamenten der Macht, werden sie bei den Mächtigen auf wenig Gegenliebe stoßen und mit allen zur Verfügung stehenden Mitteln bekämpft werden. Unter diesen Umständen die Wahrheit offen zu äußern, hatten nur wenige in der Geschichte die Courage. Es waren die Märtyrer. Nicht jeder ist aber zum Märtyrer geboren. Wäre das anders, dann wäre die Weltgeschichte zweifellos auch anders verlaufen.

Sokrates und Bruno landeten auf dem Scheiterhaufen, weil sie den Mut zur Wahrheit hatten. Kopernikus veröffentlichte sein Hauptwerk erst kurz vor dem Tod, um als angesehener Kirchenmann nicht zu Lebzeiten in Ungnade zu fallen. Andere gingen ganz offensichtlich dazu über, ihre Gedanken nur schwerverständlich und vieldeutig zu formulieren, um ihren Sinn zu verdunkeln und dennoch zu Ansehen zu gelangen. Voltaire kritisierte alles Bestehende und war daher gezwungen, kreuz und quer durch Europa zu ziehen, ohne zur Ruhe zu kommen. Ein ähnliches Schicksal ereilte auch Diderot, Rousseau und Marx. Ihre Schriften wurden nicht nur zensiert, sondern zum Teil auch verbrannt. Kant wurde dazu verurteilt, sich zeitweise in Schweigen zu hüllen. Das konnte er nur ertragen, indem er sich dazu durchrang, Schweigen für seine Untertanenpflicht zu halten, und sich mit der Einsicht zu trösten, daß zwar alles wahr sein muß, was man sagt, aber nicht alles gesagt werden muß, was wahr ist. Dennoch bedrückte ihn diese Einsicht. Deshalb verzichtete Kant zunächst in einer demütigen und ehrfurchtsvollen Eingabe an die preußische Regierung auf alle religionsphilosophische Äußerungen, fühlte sich aber nach dem Tode des Königs nicht mehr an sein Versprechen gebunden und forderte für Forschung und Lehre die Freiheit des Denkens. Fichte legte sich mit der Regierung an und verlor daufhin seine Lehrtätigkeit in Jena. Auch in Berlin geriet er in allerlei Konflikte, die zur Niederlegung seines Rektorats führten.

Die Wahrheit hatte es zu jeder Zeit schwer, ganz gleich, ob sie im idealistischen oder materialistischen Gewande auftrat. Sie ließ sich idealistisch anscheinend aber besser verhüllen, weshalb sicherlich viele große Denker der Menschheitsgeschichte ihre Vorstellungen ins Reich der Ideale verlegten in der weisen Erkenntnis und Voraussicht, daß sich die Wahrheit mit der Zeit doch durchsetzt.

Die Welt- und Geistesgeschichte zeigt ferner, daß alle gesellschaftlichen Verhältnisse zur Anpassung zwingen. Aber nicht nur Anpassungen, sondern auch Veränderungen bilden Gesetzmäßigkeiten in Natur und Gesellschaft. Sie sind Bestandteile der Entwicklung. Entwicklung läßt sich auf Dauer zwar nicht aufhalten, jedoch zeitweise unterdrücken. Diese Erkenntnis mag in der jüngsten deutschen Geschichte gleich mehrfach mit dazu beigetragen haben, den oftmals beschworenen Mut zur Wahrheit zu relativieren, um wissenschaftlich überleben zu können. Dennoch erscheint es im Interesse der wissenschaftlichen Wahrheit immer und unter allen Umständen notwendig, die Grenzen des Erlaubten auszuschöpfen, um sie zu erweitern und damit für die Wahrheit neue Bewegungs- und Freiheitsräume zu schaffen.

7. Literaturverzeichnis

Abel, W.: Geschichte der deutschen Landwirtschaft vom frühen Mittelalter bis zum 19. Jahrhundert. Stuttgart 1967

Abproduktenmesse 1978. Magistrat von Berlin; Sekundärrohstoffe und ihre Nutzung im Territorium. Institut für Sekundärrohstoffwirtschaft, Berlin 1983

Agrarbericht 1993 der Bundesregierung. Bonn 1993;

Altner, G.: Der offene Prozeß der Natur. Jahrbuch Ökologie, München: Verlag C.H. Beck 1992, S. 10

Altner, G.: Naturvergessenheit. Darmstadt: Wissenschaftliche Buchgesellschaft 1991, S. 77-80

Altner, G.: Ökologische Produktion ist möglich, aber unendlich schwierig. In: Jahrbuch Ökologie 1995. S. 222-225

Andropow, J.: Rede auf dem Treffen mit Parteiveteranen im ZK der KPdSU. Neues Deutschland vom 18. August 1983

Antrag des FDGB an die SMAD vom 7.3.1946. Archiv des Präsidiums der KDT, Nr. 1, Berlin

Aristoteles: Kategorien. 8b

Aristoteles: Metaphysik. A 9.991b

Aristoteles: Über die Seele. III,1

Axen, H.: Aus dem Bericht des Politbüros an die 3. Tagung des ZK der SED. Berlin: Dietz Verlag 1986, S. 48-49

Axen, H.: Aus dem Bericht des Politbüros an die 5. Tagung des ZK der SED. Berlin: Dietz Verlag 1982, S. 40-41

Baader, G.: Forsteinrichtung als nachhaltige Betriebsführung und Betriebsplanung. Frankfurt 1945, S. 13

Bacon, F.: Neues Organon. 1620, Buch I

Bebel, A.: Aus meinem Leben. Stuttgart: Verlag J.H.W. Dietz 1910 und 1914

Beckmann, J.G.: Anweisung zu einer pfleglichen Forstwirtschaft. Chemnitz 1759, S. 2-3

Behrens, H./Benkert, U./Hopfmann, J./Maechler, U.: Wurzeln der Umweltbewegung. Marburg: BdWi-Verlag 1993

Behrens, H.: Marktwirtschaft und Umwelt. Frankfurt a.M.: Verlag Peter Lang 1991

Bergner, T.: Voltaire. Berlin: Verlag Neues Leben 1976

Bieber, H.: Goethe im XX. Jahrhundert. Berlin: Volksverband der Bücherfreunde Wegweiser-Verlag 1932, S. 240-243

Biedermann, G.: Zum Begriff der Natur in der deutschen Klassik. In: Philosophie und Natur. A.a.O., S. 42

Bierter, W./Winterfeld, U.v.: Gedanken über die Zukunft der Arbeit. In: Jahrbuch Ökologie 1995, A.a.O., S. 11-19

Bruno, G.: Heroische Leidenschaften und individuelles Leben. 1585

Bruno, G.: Von der Ursache, dem Prinzip und dem Einen. 1584, S. V

Campe, J.H. (Hg.): Allgemeine Revision des gesamten Schul- und Erziehungswesens von einer Gesellschaft praktischer Erzieher. Wien und Braunschweig 1789, S. 8

Commoner, B.: Wachstumswahn und Umweltkrise. München/Wien: Bertelsmann Verlag 1973

Corvin, O.: Die Geißler. Berlin: Bock Verlag

Corvin, O.: Pfaffenspiegel. Berlin: Bock Verlag 1845

Cusanus, N.: Vom Wissen des Nichtwissens. 1488, S. 26 und 87

Daly, H.E.: Ökologische Ökonomie: Konzepte, Fragen, Folgerungen. In: Jahrbuch Ökologie 1995, A.a.O., S. 161

Daten zur Umwelt 1990/91. Umweltbundesamt. Berlin: Erich Schmidt Verlag 1992;

DDR-Patente im Archivschlaf. Berliner Zeitung vom 31.3.1995, S. 1

Der Rat von Sachverständigen für Umweltfragen: Umweltgutachten 1994. Stuttgart: Verlag Metzler-Poeschel 1994, S. 178

Die Industriegesellschaft gestalten. Bonn: Economica Verlag 1994

Diemann, R.: Die Konzeption Vernadskijs von der Biosphäre und der Noosphäre und das Verhältnis von Biosphäre/Noosphäre zum Naturbegriff von Marx und Engels. Zeitschrift für geologische Wissenschaften, H. 4, Berlin 1977, S. 424

Dietzsch, S. (Hg.): Natur-Kunst-Mythos. Berlin: Akademie-Verlag 1978

Dohlus, H.: Aus dem Bericht des Politbüros an die 4. Tagung des ZK der SED. Berlin: Dietz Verlag 1976, S. 52-53

Dohlus, H.: Aus dem Bericht des Politbüros an die 6. Tagung des ZK der SED. Berlin: Dietz Verlag 1983, S. 34

Dokumente RGW. Berlin: Staatsverlag 1971

Duby, G.: Die Landwirtschaft des Mittelalters. In: Europäische Wirtschaftsgeschichte, Bd. 1, Stuttgart/New York

Dürr, H.P.: Das Netz des Physikers. Naturwissenschaftliche Erkenntnis in der Verantwortung. München/Wien 1988, S. 36

Ebert, F.: Aus dem Bericht des Politbüros an die 3. Tagung des ZK der SED. Berlin: Dietz Verlag 1971, S. 23-24

Ehrenfeld, D.: Warum soll man der biologischen Vielfalt einen Wert beimessen? In: Ende der biologischen Vielfalt, A.a.O., S. 237-239

Ehrlich, P.R.: Der Verlust der Vielfalt. In: Ende der biologischen Vielfalt? A.a.O., S. 41

Engels, F./Marx, K.: Die heilige Familie. MEW, Bd. 2, Berlin: Dietz Verlag 1974, S. 135

Engels, F.: Das Begräbnis von Karl Marx. MEW, Bd. 19, Berlin: Dietz Verlag 1974, S. 336

Engels, F.: Der Ursprung der Familie, des Privateigentums und des Staats. MEW, Bd. 21, Berlin: Dietz Verlag 1979, S. 27

Engels, F.: Dialektik der Natur. MEW, Bd. 20, Berlin: Dietz Verlag 1973, S. 312

Engels, F.: Die Entwicklung des Sozialismus von der Utopie zur Wissenschaft. MEW, Bd. 19, A.a.O., S. 217

Engels, F.: Die Zehnstundenfrage. MEW, Bd. 7, Berlin: Dietz Verlag 1978, S. 228

Engels, F.: Engels an George William Lamplugh. MEW, Bd., Berlin: Dietz Verlag 1978, S. 63

Engels, F.: Engels an W. Borgius. MEW, Bd. 39, Berlin: Dietz Verlag 1978, S. 205

Engels, F.: Herrn Eugen Dührings Umwälzung der Wissenschaft (Anti-Dühring). MEW, Bd. 20, Berlin: Dietz Verlag

Engels, F.: Ludwig Feuerbach und der Ausgang der klassischen deutschen Philosophie. MEW, Bd. 21, Berlin: Dietz Verlag 1979, S. 293

Engels, F.: Rezension des „Kapitals" für das „Demokratische Wochenblatt". MEW, Bd. 16, Berlin: Dietz Verlag 1975, S. 242

Engels, F.: Umrisse zu einer Kritik der Nationalökonomie. MEW, Bd. 1, Berlin: Dietz Verlag 1974, S. 509

Engels, F.: Umrisse zu einer Kritik der Nationalökonomie. MEW, Bd. 1, A.a.O., S. 515

Ennen, E./Jannsen, W.: Deutsche Agrargeschichte. Wiesbaden, S. 111-114

Entschließung der Gesellschaft für Natur und Umwelt im Kulturbund der DDR. Berlin 1987

Felfe, W.: Aus dem Bericht des Politbüros an die 5. Tagung des ZK der SED. Berlin: Dietz Verlag 1987, S. 52

Felfe, W.: Aus dem Bericht des Politbüros an die 7. Tagung des ZK der SED. Berlin: Dietz Verlag 1983, S. 29-30

Feuerbach, L.: Das Wesen des Christentums. Berlin 1956, Bd. 2, S. 409

Feuerbach, L.: Dr. Christian Kapp und seine literarische Leistungen. A.a.O., Bd. 9, S. 72-73

Feuerbach, L.: Erklärung vom Verfasser des „Hippokrates in der Pfaffenkutte". A.a.O. Bd. 9, S. 154

Feuerbach, L.: Grundsätze der Philosophie der Zukunft. A.a.O., Bd. 9, S. 338-339

Feuerbach, L.: Vorläufige Thesen zur Reformation der Philosophie. A.a.O., Bd. 9, S. 258-259

Feuerbach, L.: Vorlesungen über das Wesen der Religion. A.a.O., Berlin 1967, Bd. 6, S. 136

Feuerbach, L.: Zur Kritik der Hegelschen Philosophie. Werke, Berlin 1970, Bd. 9, S. 61

Fichte, J.G.: Der geschlossene Handelsstaat. Stuttgart 1979, Bd. 1

Fichte, J.G.: Sätze zur Erläuterung des Wesens der Thiere. A.a.O., Bd. 2, S. 423

Fichte, J.G.: Wissenschaftslehre. A.a.O. Bd. 3, S. 359

Fichte, J.G.: Wissenschaftslehre. A.a.O., Bd. 1, S. 116

Fiedler, M.: Zu einigen Aufgaben der Gesellschaft für Natur und Umwelt. Schriftenreihe Soziologie und Sozialpolitik der AdW, Bd. VI, Berlin 1987, S. 133-139

Fietkau, H.-J.: Bedingungen ökologischen Handelns. Weinheim und Basel: Beltz Verlag 1984, S. 60-71

Friedrich II.: Kritik des „Systems der Natur". A.a.O., Bd., S. 258-269

Friedrich II.: Gedächtnisrede auf Voltaire. In: Werke, Berlin: Verlag Reimar Hobbing 1913, Bd. 8, S. 242 und 236

Gesellschaftlicher Reproduktionsprozeß und natürliche Umweltbedingungen. Literaturbericht, Akademie der Wissenschaften, Berlin 1975, S. 1-624

Gimpel, J.: Die industrielle Revolution des Mittelalters. München/Zürich 1981

Goethe, J.W.v.: An Charlotte von Stein. Bd. 7, S. 229

Goethe, J.W.v.: An Knebel. A.a.O. IV, Bd. 6, S. 389-390

Goethe, J.W.v.: Der Versuch als Vermittler von Objekt und Subjekt. Weimar 1947, I, Bd. 3, S. 286

Goethe, J.W.v.: Die Metamorphose der Pflanzen. A.a.O., Bd. 9, S. 5

Goethe, J.W.v.: Faust. Berlin: Volksverband der Bücherfreunde, Wegweiser-Verlag 1924, Bd. 21/22, S. 111

Goethe, J.W.v.: Maximen und Reflexionen. Berlin 1972, Bd. , S. 588

Goethe, J.W.v.: Vorträge über die ersten drei Kapitel des Entwurfs einer allgemeinen Einleitung in die vergleichende Anatomie, ausgehend von der Osteologie. In: Die Schriften der Naturwissenschaft. Weimar 1947, I, Bd. 9, S. 195 und 203

Goethe, J.W.v.: Zur Farbenlehre. A.a.O., I, Bd. 4, S. 18 und Bd. 3, S. 306

Goethe, J.W.v.: Zur Philosophie. Weimar und Berlin 1966, Bd. 12, S. 22

Gofman, K./Lemeschew, M./Reimers, N.: Die Ökonomie der Naturnutzung. Wissenschaft und Leben, H. 6, Moskau 1974, S. ff. (russ.)

Gore, A.: Wege zum Gleichgewicht. Frankfurt a.M.: S. Fischer Verlag 1992, S. 98-100

Grosser, K.-H.: Naturschutz in Brandenburg 1945 bis 1990. Ein Rückblick im Zeitgeschehen. Naturschutzarbeit in Berlin und Brandenburg, Nr. 26, Potsdam 1990/1991, S. 17-26

Grunddokumente des RGW. Berlin: Staatsverlag 1978

Grundsätze und Orientierungen für die weitere Gestaltung der Öffentlichkeitsarbeit der Gesellschaft für Natur und Umwelt. Vertrauliches Diskussionspapier, Berlin 1988

Grüneberg, G.: Aus dem Bericht des Politbüros an die 14. Tagung des ZK der SED. Berlin: Dietz Verlag 1975, S. 34-36

Grünert, H.: Landwirtschaft. In: Handbuch Wirtschaftsgeschichte, Bd. 1, Berlin 1981, S. 309 ff.

Haeckel, E.: Anthropogenie. Leipzig: Alfred Kröner Verlag

Haeckel, E.: Die Welträtsel. Leipzig: Alfred Kröner Verlag 1908, S. 9

Haeckel, E.: Generelle Morphologie der Organismen. Berlin: Henschel Verlag 1866

Haeckel, E.: Natürliche Schöpfungsgeschichte. Berlin: Henschel Verlag 1868

Hager, K.: Zu Fragen der Kulturpolitik der SED. Berlin: Dietz Verlag 1972, S. 21-22

Hartig, G.L.: Anweisung zur Taxation und Beschreibung der Forste. Gießen und Darmstadt 1804, S. 1

Hegel, G.W.F.: Enzyklopädie der philosophischen Wissenschaften im Grundrisse. Berlin 1969, § 244

Hegel, G.W.F.: Vorlesungen über die Geschichte der Philosophie. Leipzig 1971, S. 399

Hegel, G.W.F.: Werke. Stuttgart 1959, Bd. 19, S. 647

Hegel, G.W.F.: Wissenschaft der Logik. 1816, III, 3, S. 3

Hegel, G.W.F.: Wissenschaft der Logik. A.a.O., II, 1, S. 2

Heine, H.: Werke, Berlin 1961, Bd. 5, S. 302;

Helvetius, C.A.: Vom Geist. Berlin und Weimar 1973, S. 378

Helvetius, C.A.: Vom Menschen. Berlin und Weimar 1976, S.

Henrich, R.: Der vormundschaftliche Staat. Leipzig und Weimar: Gustav Kiepenheuer Verlag 1990, S. 13-22

Herder, J.G.: Briefe zur Beförderung der Humanität. A.a.O., Bd. 9

Herder, J.G.: Ideen zur Philosophie der Geschichte der Menschheit. Berlin-Leipzig-Wien-Stuttgart: Deutsches Verlagshaus Bong, Bd. 5, S. 54-56

Heyer, C.: Die Waldertrags-Regelung. Gießen 1841, S. 4

Hippokrates: Die Schrift von der Umwelt. Zürich 1956

Hofmeister, S.: Stoff- und Energiebilanzen. Schriftenreihe „Landschaftsentwicklung und Umweltforschung" der TU Berlin, Nr. 58, Berlin 1989

Holbach, P.H.D.: System der Natur oder über die Gesetze der physischen und geistigen Welt. Berlin 1960, I, S. 8

Holbach, P.H.D.: System der Natur. A.a.O., S. 66

Honecker, E.: Aus dem Bericht des Politbüros an die 11. Tagung des ZK der SED. Berlin: Dietz Verlag 1979, S. 38-39

Honecker, E.: Aus dem Bericht des Politbüros an die 13. Tagung des ZK der SED. Berlin: Dietz Verlag 1974, S. 35

Honecker, E.: Aus dem Bericht des Politbüros an die 3. Tagung des ZK der SED. Berlin: Dietz Verlag 1981, S. 33-35

Honecker, E.: Aus dem Bericht des Politbüros an die 9. Tagung des ZK der SED. Berlin: Dietz Verlag 1984, S. 36-39

Hopfmann, J.: Umweltstrategie. München: C.H.Beck Verlag 1993

Hörz, H./Wessel, K.-F.: Philosophische Entwicklungstheorie. Berlin: Deutscher Verlag der Wissenschaften 1983

Hörz, H.: Marxistische Philosophie und Naturwissenschaften. Berlin: Akademie-Verlag 1976, S. 17

Hübler, K.-H.: Raubbau nach Plan. Politische Ökologie, H. 18. München 1990, S. 32-42

Hübler, K.-H.: Umwelt und Entwicklung in Ost-Europa. In: Umweltgeschichte und Umweltzukunft. Marburg: BdWi-Verlag 1993, Bd. 19, S. 14-24

Hundeshagen, J.Ch.: Encyclopädie der Forstwissenschaft. Tübingen 1828, S. 104-105

Immler, H.: Vom Wert der Natur. Opladen: Westdeutscher Verlag 1990, S. 168, 182, 196 und 198

Info-Dienst Deutsche Einheit. Presse- und Informationsdienst der Bundesregierung

Inglehart, R.: Wertewandel in den westlichen Gesellschaften: Politische Konsequenzen von materialistischen und postmaterialistischen Prioritäten. In: Klages, H. & Kmieciak, P. (Hg.): Wertwandel und gesellschaftlicher Wandel. Frankfurt a.M.: Campus 1984

Jahresbericht 1994. Umweltbundesamt, Berlin 1995

Jahresberichte des Umweltbundesamtes 1990-1994; Umweltbericht der DDR. Berlin: Verlag visuell 1990;

Jänicke, M./Mönch, H./Binder, M.: Umweltentlastung durch industriellen Strukturwandel? Berlin: edition sigma 1993, S. 16-21

Jänicke, M.: Ökologisch tragfähige Entwicklung. Von der Leerformel zu Indikatoren und Maßnahmen. Sozialwissenschaftliche Informationen, H. 3, Siegen 1993, S. 149-159;

Jänicke, M.: Ökologisch tragfähige Entwicklung. Von der Leerformel zu Indikatoren und Maßnahmen. A.a.O., S. 153

Jänicke, M.: Ökologische Modernisierung. Optionen und Restriktionen präventiver Umweltpolitik. In: Präventive Umweltpolitik. Frankfurt a.m./New York: Campus Verlag 1988, S. 13-26

Jänicke, M.: Ökologische und politische Modernisierung. Österreichische Zeitschrift für Politikwissenschaft, H. 4, Wien 1992, S. 433-444

Jänicke, M.: Umweltpolitik als Industriestrukturpolitik. Zentrum für europäische Studien, H. 12, Trier 1993

Jänicke, M.: Vom Nutzen nationaler Stoffbilanzen. In: Jahrbuch Ökologie 1995, A.a.O., S. 20-28

Jänicke, M.: Zukunftsfähige Entwicklung in Europa? A.a.O., S. 24-25

Jänicke, M.: Zukunftsfähige Entwicklung in Europa? A.a.O., S. 25

Jänicke, M.: Zukunftsfähige Entwicklung in Europa? Wechselwirkung, A.a.O., S. 24-27

Jarowinsky, W.: Aus dem Bericht des Politbüros an die 10. Tagung des ZK der SED. Berlin: Dietz Verlag 1979, S. 12-13

Jarowinsky, W.: Aus dem Bericht des Politbüros an die 11. Tagung des ZK der SED. Berlin: Dietz Verlag 1985, S. 36-39

Judeich, F.: Die Forsteinrichtung. Dresden 1871, S. 3

Junghans, R.: 20 Jahre AG (Z) Lärmschutz beim Präsidium der KDT. Berlin: Eigenverlag der Kammer der Technik 1977

Kant, I.: Allgemeine Naturgeschichte und Theorie des Himmels. Berlin 1755

Kant, I.: Grundlegung zur Metaphysik der Sitten. Berlin 1785

Kant, I.: Kritik der praktischen Vernunft. 1788, § 7

Kant, I.: Kritik der Urteilskraft. 1790, § 68 und § 64

Kant, I.: Zum ewigen Frieden. Leipzig 1947, S. 10

Kessel, H./Tischler, W.: Umweltbewußtsein. Berlin: edition sigma 1984, S. 73-83

Klemm, V.: Korruption und Amtsmißbrauch in der DDR. Stuttgart: Deutsche Verlags-Anstalt 1991, S. 166

Kompendium abproduktarme/-freie Technologie der UNO-Wirtschaftskommission für Europa. Sonderinformation, Zentrum für Umweltgestaltung, H. 7, Berlin 1989, Teil 8

Komplexprogramm des wissenschaftlich-technischen Fortschritts der RGW-Länder bis zum Jahre 2000. Berlin: Staatsverlag 1985

Kongress der Kammer der Technik. Berlin: Eigenverlag der Kammer der Technik 1959, S. 335-337

König, B.E.: Hexenprozesse. Berlin: Bock Verlag

Kopernikus, N.: Über die Umdrehungen der Himmelskörper. Nürnberg 1543

Kopfmüller, J.: Die Idee einer zukunftsfähigen Entwicklung – „Sustainable Development". Wechselwirkung. Nr. 61, Aachen 1993, S. 4-8

Kreibisch, R.: Ökologische Produkte – Eine Notwendigkeit. In: Jahrbuch Ökologie 1995, A.a.O., S. 212

Krenz, E.: In der DDR – gesellschaftlicher Aufbruch zu einem erneuerten Sozialismus. Neues Deutschland vom 9.11.1989, S. 3

Krüger, P.: Wladimir Iwanowitsch Wernadskij. A.a.O., S. 102

Krüger, P.: Wladimir Iwanowitsch Wernadskij. Leipzig: Teubner Verlagsgesellschaft 1981, S. 95

Kulturbund der DDR (Hg.): Natur und Umwelt. Berlin 1981, S. 5

Kvaloy Saetereng, S.: Die Schule als sinnvolle Arbeit. In: Jahrbuch Ökologie 1995, A.a.O., S. 112

Landeskulturgesetz. Kommentar. Berlin: Staatsverlag 1973
Landesreport Brandenburg. Berlin/München: Verlag Die Wirtschaft 1992, S. 40-43
Landesreport Mecklenburg-Vorpommern. Berlin/München: Verlag Die Wirtschaft 1992, S. 208-234
Landesreport Sachsen-Anhalt. Berlin/München: Verlag Die Wirtschaft 1991, S. 88-104
Landesreport Sachsen. Berlin/München: Verlag Die Wirtschaft 1992, S. 135-168
Landesreport Thüringen. Berlin/München: Verlag Die Wirtschaft 1992, S. 187-191
Laplace, P.S.: Philosophischer Versuch über die Wahrscheinlichkeiten. Paris 1819, I, S. 3
Leitsätze der Gesellschaft für Natur und Umwelt im Kulturbund der DDR. In: Wurzeln der Umweltbewegung.
Lem, S.: Summa technologiae. Frankfurt a.M. 1976, S. 28
Lenin, W.I.: Bemerkungen zum zweiten Programmentwurf Plechanows. Werke, Bd. 6, Berlin: Dietz Verlag 1975, S. 40
Lessing, G.E.: Die Erziehung des Menschengeschlechts. Berlin-Leipzig-Wien-Stuttgart: Deutsches Verlagshaus Bong, Bd. 6, S. 80-81
Ley, H.: Hegels Naturbegriff in seiner „Enzyklopädie". In: Philosophie und Natur. A.a.O., S. 166
Löther, R.: Mit der Natur in die Zukunft. Berlin: Dietz Verlag 1985, S. 11-24
Lötzsch, P.: Umweltschutz in der chemischen Industrie. In: KDT-Kongress, Berlin: KDT-Eigenverlag 1978, Bd. 2

Mantel, K.: Die Anfänge der Waldpflege und Forstkultur im Mittelalter unter Einwirkung der lokalen Waldordnung in Deutschland. Forstwissenschaftliches Centralblatt, Nr. 2, München 1968, S. 75 ff.
Markl, H.: Evolution, Genetik und menschliches Verhalten. München 1985, S. 28
Markl, H.: Natur als Kulturaufgabe. Stuttgart 1986, S. 353
Markl, H.: Schreiben vom 1.Februar 1995
Marx, K./Engels, F.: Die deutsche Ideologie. MEW, Bd. 3, Berlin: Dietz Verlag 1969, S. 18
Marx, K./Engels, F.: Manifest der Kommunistischen Partei. MEW, Bd, 4, Berlin: Dietz Verlag 1974, S. 467
Marx, K.: Das Kapital. MEW, Bd. 23, Berlin: Dietz Verlag 1973, S. 92
Marx, K.: Das Kapital. MEW, Bd. 24, Berlin: Dietz Verlag 1975
Marx, K.: Das Kapital. MEW, Bd. 25, Berlin: Dietz Verlag 1973, S. 110 und 112
Marx, K.: Die künftigen Ergebnisse der britischen Herrschaft in Indien. MEW, Bd. 9, Berlin: Dietz Verlag 1975, S. 226
Marx, K.: Einleitung zur Kritik der Politischen Ökonomie. MEW, Bd. 13, Berlin: Dietz Verlag 1974, S. 628
Marx, K.: Grundrisse der Kritik der Politischen Ökonomie. Berlin: Dietz Verlag 1974, S. 312
Marx, K.: Kritik des Gothaer Programms. MEW, Bd. 19, Berlin: Dietz Verlag 1974, S. 15
Marx, K.: Marx an Engels. MEW, Bd. 30, Berlin: Dietz Verlag 1974, S. 320
Marx, K.: Marx an Ludwig Feuerbach. MEW, Bd. 27, Berlin: Dietz Verlag 1976, S. 420

Marx, K.: Ökonomisch-philosophische Manuskripte aus dem Jahre 1844. MEW, Ergänzungsband, Erster Teil, Berlin: Dietz Verlag 1973, S. 516

Marx, K.: Schutzzoll und Freihandel. MEW, Bd. 21, Berlin: Dietz Verlag 1979, S. 371

Marx, K.: Theorien über den Mehrwert. MEW, Bd. 26.1, Berlin: Dietz Verlag 1974, S. 157

Marx, K.: Zur Kritik der Politischen Ökonomie. MEW, Bd. 13, Berlin: Dietz Verlag 1974, S. 111

McNeely, J.A.: Strategien zum Schutz der Artenvielfalt. In: Jahrbuch Ökologie 1994, A.a.O., S. 39

Meadows, D.H./Meadows, D.L./Randers, J.: Die neuen Grenzen des Wachstums. Stuttgart: Deutsche Verlags-Anstalt 1992

Menge, H.: Die Heilige Schrift. Berlin: Evangelische Haupt-Bibelgesellschaft 1960

Metzler, H.: Wechselbeziehungen zwischen Naturverständnis und Unterschieden in der dialektischen Methode bei Goethe und Hegel. In: Philosophie und Natur, A.a.O. S. 174-178

Mez, L.: Erfahrungen mit der ökologischen Steuerreform in Dänemark. In: Ökologische Steuerreform, Mannheim: Nomos 1995

Mittag, G.: Aus dem Bericht des Politbüros an die 8. Tagung des ZK der SED. Berlin: Dietz Verlag 1972, S. 9

Mittag, G.: Um jeden Preis. Berlin und Weimar: Aufbau-Verlag 1991

Mitzenheim, P.: Zur Auffassung Rousseaus über den Begriff der Natur und ihre Bedeutung für die Weiterentwicklung des pädagogischen Denkens. In: Philosophie und Natur. Weimar: Hermann Böhlaus Nachfolger 1985, S. 119

Mohr, H.: Gibt es überhaupt eine ökologische Produktion? In: Jahrbuch Ökologie 1995, A.a.O., S. 199-204

Montesquieu, Ch.: Vom Geist der Gesetze. Tübingen 1951

Moscovici, S.: Geschichte der Menschheit und der Natur. Paris 1968, S. 45-47 (frz.)

Mottek, H.: Umweltschutz – ökonomisch betrachtet. wissenschaft und fortschritt, H. 5, Berlin 1974, S. 196

Mottek, H.: Zu einigen Grundfragen der Mensch-Umwelt-Problematik. Wirtschaftswissenschaft, H. 1, Berlin 1972

Müller, M.: Grundzüge einer ökologischen Stoffwirtschaft. In: Jahrbuch Ökologie 1994, München: Verlag C.H. Beck, S. 83-93

Musiolek, P./Epperlein, S./Fischer, H./Kagel, W./Schattkowsky, M.: Zu Problemen von Gesellschaft und Umwelt in den vorkapitalistischen Produktionsweisen. Jahrbuch für Wirtschaftsgeschichte, Teil 4, Berlin 1983, S. 105-118

Nagorny, A./Sisjakin, O./Skufjin, K.: Einige Fragen der Ökologisierung der Produktion. Kommunist, H. 17, Moskau 1975, S. 56-64 (russ.)

Norton, B.: Waren, Annehmlichkeiten und Moral. In: Ende der biologischen Vielfalt? Heidelberg/Berlin/New York: Spektrum Akademischer Verlag 1992, S. 222-227

Nutzinger, H.G./Zahrnt, A.(Hg.): Öko-Steuern. Karlsruhe: Verlag C.F. Müller 1989

Oettelt, C.Ch.: Abschilderung eines redlichen und geschickten Försters. Eisenach 1768, S. 42

Ostwald, E.: Grundlinien einer Waldrententheorie. Riga 1931

Ostwald, W.: Gedanken zur Biosphäre. Leipzig: Akademische Verlagsgesellschaft Geest & Portig 1978, S. 35

Paucke, H./Bauer, A.: Umweltprobleme – Herausforderung der Menschheit. Berlin: Dietz Verlag 1979, S. 203-213

Paucke, H./Schmidtke, H.: Umweltzustand und Umweltentwicklung. In: Sozialreport 1992, Berlin: Morgenbuch Verlag 1993, S. 195-222

Paucke, H./Streibel, G.: Ökonomie contra Ökologie? Berlin: Verlag Die Wirtschaft 1990, S. 29-38

Paucke, H./Streibel, G.: Ökonomie contra Ökologie? Berlin: Verlag Die Wirtschaft 1990, S. 61-96

Paucke, H./Streibel, G.: Rationelle Nutzung und Schutz der Natur unter besonderer Berücksichtigung sowjetischer Erfahrungen. Soziologie und Sozialpolitik. Beiträge aus der Forschung, H. 2, Berlin 1984, S. 71

Paucke, H./Streibel, G.: Zur Wechselbeziehung von Materialökonomie, Technologie und Umweltschutz. Wirtschaftswissenschaft, H. 10, Berlin 1977, S. 1467-1481

Paucke, H.: Chancen für Umweltpolitik und Umweltforschung. Marburg: BdWi-Verlag 1994

Paucke, H.: Der ökologische Umbau als gesamtdeutsche Aufgabe. In: Deutsche Ansichten. Bonn: Verlag J.H.W. Dietz Nachfolger 1992, S. 151-165

Paucke, H.: Der Wald in der Umweltpolitik. IWVWW-Berichte, Nr. 23, Berlin 1994, S. 51-67

Paucke, H.: Feststellungen und Fragen zur ökologischen Krisenproblematik. Deutsche Zeitschrift für Philosophie, H. 4, Berlin 1977, S. 482-483

Paucke, H.: Folgen von Umweltbelastungen und Probleme ihrer Ermittlung. In: Umweltgeschichte: Wissenschaft und Praxis, BdWi-Verlag 1994, S. 132-147

Paucke, H.: Hans Mottek – ein Initiator der Umweltforschung der DDR. In: Wirtschaftsgeschichte und Umwelt. Hans Mottek zum Gedenken. Marburg: BdWi-Verlag 1996, S. 89-107

Paucke, H.: Marx, Engels und die Ökologie. Deutsche Zeitschrift für Philosophie, H. 3, Berlin 1985, S. 207-215

Paucke, H.: Umweltbelastung und -sanierung. In: Landesreport Berlin. Berlin/München: 1992, S. 150-166

Paucke, H.: Waldentwicklung – Ergebnis ökonomischer und ökologischer Wechselwirkungen. In: Geographie, Ökonomie, Ökologie, Gotha: Verlag Hermann Haack 1989, S. 133-141

Paucke, H.: Was ist ökologisches Wirtschaften? Wissenschaft und Fortschritt, H. 9, Berlin 1991, S. 377-380

Paucke, H.: Zur biologischen Vielfalt – Entwicklungstendenzen, Wert und Erhaltungsmaßnahmen. IWVWW-Berichte, Nr. 41. Berlin 1995, S. 50-67

Paucke, H.: Zur marxistischen These „Herrschaft über die Natur". Zeitschrift für den Erdkundeunterricht, H. 7, Berlin 1986, S. 228-236

Paul, F.: Beiträge zu den Grundlagen der Forstökonomik. Schriftenreihe Forstökonomie, H. 1, Berlin 1958, S. 54

Peschel, M.: Wissenschaft in der Gesellschaft. wissenschaft und fortschritt, H. 6, Berlin 1989, S. 135

Plädoyer für eine öko-soziale Marktwirtschaft. In: Jahrbuch Ökologie 1995, München: Verlag C.H. Beck 1994, S. 295-302

Portmann, A.: An den Grenzen des Wissens. Wien/Düsseldorf 1974
Pressler, M.R.: Der rationelle Waldwirt. Tharandt und Leipzig 1880
Preuss, S.: Umweltkatastrophe Mensch. Heidelberg: Roland Asanger Verlag 1991, S. 144

Ranke, L.: Historische Charakterbilder. Berlin: Deutsche Buchgemeinschaft
Rapp, F.: Die Technik als Fortsetzung der Evolution? In: Naturverständnis und Naturbeherrschung. A.a.O., S. 145
Rapp, F.: Naturverständnis und Naturbeherrschung. München: Wilhelm Fink Verlag 1981
Rekus, J./Jonas, W.: Die Kraft der Gemeinschaft. Berlin: Eigenverlag der Kammer der Technik 1961, S. 75
Reuth, R.G./Bönte, A.: Das Komplott. München: Piper Verlag 1993, S. 210-212
Richter, A.: Aufgaben und Methodik gegenwartsnaher Forsteinrichtung. Archiv für Forstwesen. H. 1, Berlin 1952
Richter, A.: Einführung in die Forsteinrichtung. Radebeul: Neumann Verlag 1963, S. 39
Rostow, W.W.: Stadien wirtschaftlichen Wachstums. Eine Alternative zur marxistischen Entwicklungstheorie. Göttingen, S. 15-18
Rousseau, J.J.: Bekenntnisse. Leipzig: Insel-Verlag 1955
Rousseau, J.J.: Der Gesellschaftsvertrag. 1948, III, S. 9
Rousseau, J.J.: Über den Ursprung und die Grundlagen der Ungleichheit unter den Menschen. Berlin 1955, S. 57-58
Rousseau, J.J.: Emile oder Über die Erziehung. Berlin 1958, S. 37-38
Rousseau, J.J.: Über die Erziehung. Berlin 1958, S. 165

Schelling, F.W.J.: Werke. Stuttgart 1856, Bd. 3, S. 284 und Bd. 5, S. 218
Schiller, F.: Etwas über die erste Menschengesellschaft nach dem Leitfaden der Mosaischen Urkunde. A.a.O., Bd. 11, S. 188-189
Schiller, F.: Etwas über die erste Menschengesellschaft nach dem Leitfaden der Mosaischen Urkunde. A.a.O., S. 190
Schiller, F.: Philosophie und Physiologie. Berlin-Leipzig: Deutsches Verlagshaus Bong, Bd. 12, S. 78-79
Schiller, F.: Über den Zusammenhang der tierischen Natur des Menschen mit seiner geistigen. A.a.O., Bd. 12, S. 96
Schiller, F.: Über den Zusammenhang der tierischen Natur des Menschen mit seiner geistigen. A.a.O., S. 108-109
Schiller, F.: Über naive und sentimentalische Dichtung. A.a.O., Bd. 8, S. 115
Schmidt, H.: Ernst Haeckel. Berlin: Deutsche Buch-Gemeinschaft 1928, S. 215
Schmidt-Bleek, F.: Ohne De-Materialisierung kein ökologischer Strukturwandel. In: Jahrbuch Ökologie 1994, A.a.O., S. 94-108
Schöne, I. (Hg.): Möglichkeiten einer realitätsgerechteren Wohlstandsberechnung. Kiel: SPD-Dokumentation 1990
Schönherr, H.M.: Von der Schwierigkeit, Natur zu verstehen – Entwurf einer negativen Ökologie. Frankfurt a.M. 1989

Schröpfer, H.: Zum Verhältnis von geologischer und philosophischer Erkenntnisgewinnung in der Periode der klassischen deutschen Philosophie. In: Philosophie und Natur. A.a.O., S. 94

Schröpfer, H.: Zum Verhältnis von geologischer und philosophischer Erkenntnisgewinnung in der Periode der klassischen deutschen Philosophie. A.a.O., S. 100

Schuffenhauer, W.: Materialismus und Naturbetrachtung bei Ludwig Feuerbach. Deutsche Zeitschrift für Philosophie, H. 12, Berlin 1972, S. 1461-1473

Schürer, G.: Zum Volkswirtschaftsplan 1978. Berlin: Dietz Verlag 1977, S. 77

Schürer, G.: Zum Volkswirtschaftsplan 1981. Berlin: Dietz Verlag 1980, S. 84

Schurig, V.: Naturschutz hat Geschichte – auch in der ehemaligen DDR. Nationalpark, H. 3, Grafenau 1991, S. 28

Schwanhold, E.(Hg.): Die Industriegesellschaft gestalten.

Schwanhold, E.: Vorwort. In: Die Industriegesellschaft gestalten. A.a.O., S, V-VII

Schweitzer, A.: Die Entstehung der Lehre der Ehrfurcht vor dem Leben und ihre Bedeutung für unsere Kultur. Berlin: Union Verlag 1969, Bd. 5, S. 187

Schweitzer, A.: Die Ethik der Ehrfurcht vor dem Leben. A.a.O., Bd. 2, S. 377

Simonis, U.E.(Hg.): Basiswissen Umweltpolitik. Berlin: edition sigma 1990

Smith, A.: Der Wohlstand der Nationen. München 1974, S. 124

Spinoza, B.: Ethik. Buch I, S. 29

Stahl, A.: KDT scheiterte am Mißmanagement. Berliner Zeitung vom 11.7.1994, S. 31

Stahl, J.: Fichtes Beitrag zur Ausbildung einer dialektischen Naturbetrachtung. In: Philosophie und Natur. A.a.O., S. 151

Stahl, J.F.: Onomatologia forestalis-piscatorio-venatoria oder vollständiges Forst-, Fisch- und Jagdlexikon. 2. Teil, Frankfurt und Leipzig 1773, S. 6

Statistisches Jahrbuch für das Deutsche Reich. Berlin 1889, S. 22 und Berlin 1907, S. 19

Teichmann, D.: Beherrschbarkeit und Beherrschung des wissenschaftlich-technischen Fortschritts als weltanschauliches Problem. Deutsche Zeitschrift für Philosophie, H. 8, Berlin 1985, S. 694

Telefon-Interview mit Joachim Berger vom 10.4.1994 in Berlin

Thomasius, H.: Ansprache zur Beratung des Zentralvorstandes der Gesellschaft für Natur und Umwelt am 15.11.1989

Töpfer, K.: Die Naturschutzgebiete sind das Familiensilber im DDR-Erbe. Berliner Zeitung vom 16.10.1990, S. 3

Umweltbewußtsein und Umweltprobleme in der DDR. Köln: Verlag Wissenschaft und Politik 1985, S. 158-165

Unsere gemeinsame Zukunft. Berlin: Staatsverlag 1988, S. 26

Uschner, M.: Die zweite Etage. Berlin: Dietz Verlag 1993

Verner, P.: Aus dem Bericht des Politbüros an die 11. Tagung des ZK der SED. Berlin: Dietz Verlag 1973, S. 17

Vester, F.: Der Wert eines Vogels. München 1983

Voltaire, F.M.: Das ABC oder Dialoge zwischen A, B und C. In: Erzählungen – Dialoge – Streitschriften. Berlin 1981, Bd. 2, S. 165

Voltaire, F.M.: Mensch. In: Philosophisches Wörterbuch, Paris 1764

Waldzustandsbericht 1992 der Bundesregierung. Bonn 1992

Weiss, H.: Viktor-Wendland-Ehrenring für Heinz Nabrowsky. Grünstift, Nr. 1, Berlin 1992, S. 48

Weizsäcker, E.U.v.: Erdpolitik. Darmstadt: Wissenschaftliche Buchgesellschaft 1992

Welfens, M.J.: Umweltprobleme und Umweltpolitik in Mittel- und Osteuropa. Heidelberg: Physica-Verlag 1993, S. 126

Wernadskij, W.I.: Einige Worte über die Noosphäre. Biologie in der Schule, H. 6, Berlin 1972, S. 222

Wernadskij, W.I.: Geochemie in ausgewählten Kapiteln. Leipzig: Akademische Verlagsgesellschaft Geest & Portig 1930, S. 209

Wicke, L.: Die ökologischen Milliarden. München: Kösel-Verlag 1986

Wicke, L.: Umweltökonomie. München: Verlag Franz Vahlen 1993

Wolff, Ch.: Natürliche Gottesgelahrtheit, nach der beweisenden Lehrart abgefasset. Halle 1742, S. 266

Wolff, Ch.: Vernünfftige Gedancken von Gott, der Welt und der Seele des Menschen, auch allen Dingen überhaupt. Franckfurt und Leipzig 1733, S. 68

Wolff, Ch.: Von den engen Schranken des menschlichen Verstandes besonders in der Erkenntnis der Natur. Halle 1937

Workshop Programm Umweltschutz – Technologie. Leipzig 15.3.1990

Würth, G.: Umweltschutz und Umweltzerstörung in der DDR. Frankfurt a.M./Bern/New York 1985, S. 88

Zentralverordnungsblatt Nr. 7 vom 10.2.1949, Berlin

Ziele, Aufgaben und erste Ergebnisse der internationalen Zusammenarbeit zum RGW-Thema I.3 „Ausarbeitung einer Methodik der ökonomischen und außerökonomischen Bewertung des Einflusses des Menschen auf die Umwelt". Informationen der Forschungsstelle für Territorialplanung der SPK, H. 3, Berlin 1979, S. 1-72

Zimmermann, K./Hartje, V.J./Ryll, A.: Ökologische Modernisierung der Produktion. Berlin: edition sigma 1990

8. Personenverzeichnis

Abel, W. 132, 267
Agricola, Rudolf 29
Alembert, Jean Baptiste le Rond de 50
Alexander der Große 24
Altner, Günter 28, 116, 120, 126-128, 135, 136, 199, 267
Amery, Carl 127
Anaxagoras 17
Anaximander 15, 17, 102
Anaximenes 15, 102
Andropow, Juri 138, 267
Antiphon 130
Aquin, Thomas von 20, 27
Archimedes 25
Aristarch 16, 25
Aristoteles 14, 20-22, 33-35, 40-43, 46, 69, 71, 103, 115, 130, 267
Assisi, Franz von 110
Augustin, Aurelius 27
Axen, Hermann 203, 207, 208, 267

Baader, Georg 192, 194, 267
Bacon, Francis 32, 34, 35, 37, 38, 103, 127, 267
Bauer, Adolf 179, 275
Bebel, August 96, 267
Beckmann, Johann Gottlieb 190, 191, 267
Behrens, Hermann 45, 217, 222, 267
Benkert, Ulrike 217, 222, 267
Benthin, Bruno 213
Berger, Joachim 227, 277
Bergner, Tilly 49, 267
Berkeley, George 44
Bertalanffy, Ludwig von 108
Bieber, Hugo 94, 267
Biedermann, Georg 74, 267
Bierter, Willy 189, 267
Billwitz, Konrad 213

Binder, Manfred 183, 271
Boccaccio, Giovanni 29
Bodin, Jean 47
Böhme, Jacob 69
Bönte, Andreas 235, 276
Borgius, W. 147, 148
Brahe, Tyho 31
Brecht, Bertolt 199
Brundtland, Gro Harlem 191, 196, 198
Bruno, Giordano 29, 31-33, 41, 43, 69, 103, 265, 267
Budig, Peter-Klaus 245
Buffon, Georges Louis Leclerc 62, 108
Busch, Wilhelm 163

Campanella, Tommaso 29, 35
Campe, Joachim Heinrich 58, 268
Caspar, Rolf 230, 232, 235
Chardin, Teilhard de 110
Columbus, Christoph 29
Commoner, Barry 179, 268
Corvin, Otto von 33, 268
Cusanus, Nikolaus von 29-31, 40-42, 69, 268
Cuvier, Georges 80, 108

Daly, Herman 196, 198, 200, 268
Dante, Alighieri 29
Darwin, Charles 62, 95, 104, 107
Demokrit 17, 18, 24, 41, 43, 103
Descartes, Rene 32, 34, 35-38, 40, 42, 43, 45, 46, 49, 50, 61, 65, 66, 103, 127
Diaz, Bartolomeo 29
Diderot, Denis 49-51, 58, 59, 266
Diemann, Rolf 110, 268
Diesterweg, Friedrich Adolf Wilhelm 58
Dietzsch, Steffen 74, 268
Dohlus, Horst 203, 206-208, 234, 268

Dörfler, Ernst 232
Dörfler, Marianne 232
Du Bois-Reymond, Emil 108
Duby, G. 131, 268
Dühring, Eugen 32, 43, 95, 100, 147-149
Dürr, Hans Peter 120, 268

Ebert, Friedrich 203, 204, 268
Ehrenfeld, David 17, 268
Ehrlich, Paul R. 198, 268
Einstein, Albert 113
Empedokles 17
Engels, Friedrich 29, 32, 34, 43, 46, 57, 76, 77, 95-100, 102, 103, 136, 140, 142, 146-150, 152, 153, 177, 179, 268, 269, 273
Ennen, E. 131, 269
Epikur 24, 41
Epinay, Frau von 59
Epperlein, Siegfried 129, 274
Eriugena, Johann Scotus 27
Euklid 25

Felfe, Werner 203, 207, 209, 269
Feuerbach, Ludwig 74, 77-81, 95, 269
Fichte, Johann Gottlieb 66-70, 72, 82, 103, 266, 269
Fiedler, Manfred 223, 228, 230, 269
Fietkau, Hans-Joachim 139, 269
Fischer, Hagen 129, 274
Friedrich II. 43, 49, 53, 62, 65, 269
Friedrich Wilhelm II. 62
Fröbel, Julius 58

Galilei, Galileo 32, 33, 40, 103
Gama, Vasco da 29
Gandert, Dietrich 230
Gilsenbach, Reimar 232
Gimpel, J. 131, 269
Goethe, Johann Wolfgang von 14, 27, 39, 83, 89-94, 104, 116, 265, 269, 270
Gofman, K. 214, 270

Gorbatschow, Michail 224, 227, 234, 235
Gore, Al 176, 184, 185, 200, 202, 270
Gorgias 19
Gournay, Vincent de 59
Graf, Dieter 214
Gray, Asa 104
Grosser, Karl-Heinz 223, 270
Grüneberg, Gerhard 203, 206, 270
Grünert, H. 129, 270

Haaken, Manfred 214
Haase, Günther 213
Haeckel, Ernst 103-107, 270
Hager, Kurt 203-205, 270
Hartig, Georg Ludwig 191, 270
Hartje, Volkmar 183, 278
Harvey, William 40, 42
Hegel, Georg Wilhelm Friedrich 15, 20, 39, 42, 61, 70, 74-78, 82, 95, 103, 270
Heine, Heinrich 61, 74, 270
Heinzmann, Joachim 213
Helmholtz, Hermann von 64, 94
Helvetius, Claude Adrien 49, 51-54, 58, 270
Henrich, Rolf 234, 270
Hentschel, Peter 231
Heraklit 16, 40, 102, 103
Herbart, Johann Friedrich 58
Herder, Johann Gottfried 39, 43, 83-86, 89, 92, 270
Herrmann, Frank 229, 234
Herrmann, Helmut 213, 214
Herrmann, Joachim 203
Hesiod 14
Heyer, C. 192, 270
Hilaire, Geoffroy St. 104
Hipparch 25
Hippokrates 46, 47, 130, 271
Hobbes, Thomas 32, 33, 37, 38, 55
Hofmeister, Sabine 271
Holbach, Paul Heinrich Dietrich von 49, 52-55, 58, 103, 271

Holstein 239
Homer 14
Honecker, Erich 203, 206, 207, 271
Hönsch, Fritz 214
Hopfmann, Jürgen 45, 157, 217, 222, 267, 271
Hörz, Herbert 64, 119, 271
Hübler, Karl-Hermann 208, 238, 271
Hülsenberg, Dagmar 245
Hume, David 44
Hundeshagen, Johann Christoph 192, 271
Hutten, Ulrich von 29

Immler, Hans 137, 140, 142, 156, 175, 271
Inglehart, R. 139, 271

Jänicke, Martin 183, 196, 197, 200, 271
Jannsen, W. 131, 269
Jarowinsky, Werner 203, 206, 208, 272
Jonas, W. 238, 276
Joule, James 94
Judeich, F. 193, 272
Junghans, Rudolf 239, 272

Kagel, W. 129, 274
Kant, Immanuel 28, 36, 43, 60-69, 71, 72, 75, 81, 82, 94, 111, 128, 266, 272
Kapp, Christian 269
Katharina II. 43
Kepler, Johannes 25, 29, 31, 32, 40
Kessel, Hans 137, 272
Klages, H. 139, 271
Klemm, Volker 225, 226, 272
Klopstock, Friedrich Gottlieb 82
Kmieciak, P. 139, 271
Kneschke, Karl 218
König, B. Emil 33, 272
Kopernikus, Nikolaus 29-33, 40, 265, 272
Kopfmüller, Jürgen 196, 272
Kreibisch, Rolf 199, 272
Krenz, Egon 203, 209, 272

Kritias 19
Krüger, Peter 110, 272
Kvaloy Saetereng, Sigmund 189, 272

La Mettrie, Julien Offray de 49, 50
Lalande, Joseph Jerome 60
Lamarck, Jean Baptiste de 62, 104
Lamberz, Werner 203
Lamplugh, George William 97
Laplace, Pierre Simon de 36, 60, 61, 107, 273
Leibniz, Gottfried Wilhelm 20, 41, 42, 60, 61, 69, 83, 86
Lem, S. 186, 187, 273
Lemeschew, M. 214, 270
Lenin, Wladimir Iljitsch 143, 273
Lessing, Gotthold Ephraim 39, 82, 203, 273
Leukipp 17
Ley, Hermann 77, 273
Linne, Carl von 50
Locke, John 32, 38, 44, 46, 48, 50, 55, 79
Löther, Rolf 47, 273
Lötzsch, Peter 243, 273
Ludwig XIV. 43, 45
Ludwig XVI. 59
Luther, Martin 29, 247
Lyell, Charles 80, 94, 108

Maas 228
Maechler, Uwe 217, 222, 267
Magellan, Ferdinand 29
Magnus, Albertus 132
Mantel, Kurt 132, 273
Markl, Hubert 11, 188, 273
Marx, Karl 24, 34, 35, 46, 60, 74, 95-103, 113, 117, 136, 137, 140-152, 156, 178, 179, 266, 273, 274
Mayer, Julius Robert 94
McNeely, Jeffrey A. 156, 274
Meadows, Dennis L. 201, 274
Meadows, Donella H. 201, 274
Melanchthon, Philipp 29

Menge, Hermann 28, 274
Metzler, Helmut 90, 274
Mez, Lutz 197, 274
Mittag, Günter 203, 205, 224, 226, 274
Mitzenheim, Paul 57, 274
Modrow, Hans 235, 244
Mohr, Hans 199, 274
Mohry, Herbert 240, 246
Mönch, Harald 183, 271
Montesquieu, Charles Louis 46, 47, 55, 274
Morus, Thomas 29, 35
Moscovici, S. 186, 187, 274
Mottek, Hans 160-162, 177, 178, 274
Müller, Johannes 104
Müller, Michael 196, 197, 274
Musiolek, Peter 129, 274

Nagorny, A. 179, 274
Napoleon I. Bonaparte 43, 60
Necker, Tyll 188
Neumeister, Hans 214
Newton, Isaac 32, 40 41, 44, 48, 50 60, 64, 66
Norden, Albert 203
Norton, Bryan 153, 157, 158, 274
Nutzinger, Hans Günter 189, 274

Oettelt, C. Ch. 191, 274
Oken, Lorenz 62
Oranien, Wilhelm von 43
Ostwald, E. 193, 274
Ostwald, Wilhelm 107, 108, 274

Paracelsus, Philippus Aureolus Theophrastus 29, 30, 43
Pascal, Blaise 11
Paucke, Horst 11, 95, 100, 119, 139, 146, 154, 158, 160, 175, 179, 180, 182, 194, 199, 203, 209, 214, 252, 259, 275
Paul, Frithjof 195, 275
Peccei, Aurelio 113

Peschel, Manfred 125, 275
Pestalozzi, Johann Heinrich 12, 58
Peter I. von Rußland 43
Petrarca, Francesco 29
Platon 14, 20-22, 27, 35, 36, 41-43, 69, 70, 130
Plechanow, Georgi Walentinowitsch 143, 273
Plinius 130
Portmann, Adolf 127, 275
Pressler, M.R. 193, 275
Preuss, Sigrun 137, 138, 275
Protagoras 19
Ptolemäus 25
Pyrrhon 24
Pythagoras 15, 103

Quesnay, Francois 59

Rabelais, Francois 29
Randers, Jörgen 201, 274
Ranke, Leopold 11, 276
Rapp, Friedrich 115, 186, 276
Reichelt, Hans 225, 226, 228
Reimers, N. 214, 270
Rekus, J. 238, 276
Reuth, Ralf Georg 235, 276
Ricardo, David 44, 45
Richter, Albert 190, 194, 195, 276
Richter, Hans 213
Rodenstock, Rolf 188
Rostow, Walter W. 136, 276
Rotterdam, Erasmus von 29
Roubitschek, Walter 213
Rousseau, Jean Jaques 49, 55-59, 67, 82, 86, 103, 266, 274, 276
Roy, Le 110
Rüthnick, Rodolf 228, 229, 234
Ryll, Andreas 183, 278

Say, Jean Baptiste 59

Schattkowsky, Martina 129, 274
Schelling, Friedrich Wilhelm Joseph 69-74, 92, 103, 276
Schewardnadse, Eduard 224
Schiller, Friedrich 83, 86-89, 276
Schleiden, Mathias Johann 94
Schleiermacher, Friedrich Ernst 39
Schmidt, Heinrich 104, 276
Schmidt-Bleek, Friedrich 197, 276
Schmidtke, Heidrun 252, 275
Schöne, Irene 160, 276
Schönherr, Hans Martin 118, 276
Schröpfer, Horst 69, 75, 276
Schubert, Manfred 243
Schuffenhauer, Werner 81, 276
Schulmeister, Karl-Heinz 227-229
Schürer, Gerhard 203, 206, 277
Schurig, Volker 235, 277
Schwanhold, Ernst 190, 196, 277
Schwann, Theodor 94
Schweitzer, Albert 111-114, 277
Shaftesbury, Anthony Ashley 86
Simonis, Udo Ernst 196, 277
Sisjakin, O. 179, 274
Skufjin, K. 179, 274
Smith, Adam 44, 45, 277
Sokrates 14, 19, 20, 265
Sophokles 130
Spinoza, Baruch 32, 33, 38-41, 43, 44, 61, 69, 71,82, 83, 90, 94, 103, 277
Stahl, Andre 245, 277
Stahl, J.F. 191, 277
Stahl, Jürgen 68, 277
Stein, Charlotte von 92, 93
Steinberg, Karl-Hermann 231, 236
Strabon 130
Streibel, Günter 139, 158, 179, 214, 252, 275
Succow, Michael 232
Suess, Eduard 109

Teichmann, Dieter 119, 277
Tertullian 27
Thales 15, 102
Theophrast 130
Theresia, Maria 43
Thomasius, Harald 222, 227- 230, 233, 235, 277
Tindal, Matthew 44
Tischler, Wolfgang 137, 272
Töpfer, Klaus 237, 245, 277
Turgot, Jaques 59

Uschner, Manfred 234, 277

Verner, Paul 203, 205, 206, 277
Vester, Frederic 155, 277
Vinci, Leonardo da 29
Vitruv 130
Voltaire, Francois Marie 47-50, 57, 58, 265, 267, 277

Weiss, Heinrich 221, 278
Weizsäcker, Ernst Ulrich von 175, 278
Welfens, Maria J. 213, 278
Wernadski, Wladimir Iwanowitsch 108-110, 278
Wessel, Karl-Friedrich 119, 271
White, Lynn 127
Wicke, Lutz 174, 278
Wieland, Christoph Martin 82
Winterfeld, Uta von 189
Wolff, Christian 61, 62, 278
Würth, Gerhard 217, 278

Xenon 130
Xenophanes 14, 16
Xenophon 130

Zahrnt, Angelika 189, 274
Zenon 23, 103
Zimmermann, Klaus 183, 278

9. Sachwortverzeichnis

Abbaurate 196
Abfall 100, 101, 180, 181, 211, 258
Abfallbörsen 182
Abfallproblematik 100, 181-184
Abfallwirtschaft 101
Abproduktenmessen 182
Abraumbewegung 209
Absorptionsrate 196
Absorptionsvermögen 179, 198
Abstammungslehre 62, 74, 104
Abwasserbehandlungsanlagen 253, 255
Abwasserlast 252
Agnostizismus 24, 78
Agrochemikalien 253
Altlasten 169, 170, 257
Anpassung 266
Anpassungsstrategien 137
Anthropozentrismus 126, 154
Antike 14, 26, 29, 30
Arbeit 99, 141, 142, 156, 188
Arbeits- und Lebensbedingungen 204, 239
Arbeitsgemeinschaften 239, 243, 245
Arbeitswerttheorie 44
Arten, von Tier und Pflanzen 198
Askese 29
Atheismus 24, 48, 58, 105
Atom 17, 24, 60, 65, 103
Atomistik 18, 24
Aufklärung 32, 43, 61, 83
Auslese 104

Bedürfnisbefriedigung 138, 162, 198
Bedürfnisentwicklung 138, 139
Bedürfnisse, der Menschen 54, 96, 120, 127, 161, 178
Beseitigungskosten 160
Bewegungsarten 18, 44

Bewertung, ökonomische 153-158, 174, 175, 213
Bewußtsein 77, 79
Biosphäre 109, 179, 198
Biosphärenreservate 263
Biotechnologie 212
Biotop 257
Bodenbelastung 168-170, 256-258
Bodenkontamination 257
Bodennutzung 257
Bodenschäden 168, 169
Bodenschadstoffe 168
Bodenschutzkonzeption 169
Bruttosozialprodukt 158-163, 175, 184, 200
Bundesnaturschutzgesetz 236

Christentum 26

Deismus 40, 41, 48
Deponie 181, 258
Destruktivkraft 118
Dialektik 19, 35, 41, 42, 57, 68, 76, 88, 95, 102
Direktive 204
Dogmen, kirchliche 25, 29, 31, 46
Dreifelderwirtschaft 131
Dualismus 17, 36, 37, 79

Effizienzrevolution 197
Ehrfurcht, vor dem Leben 28, 110
Einheit, von Natur und Gesellschaft 33, 53, 54, 114, 115
Einkommensteuer 189
Emissionsrate 196
Empirie 18, 34, 35, 37
Entfremdung 28, 58, 72
Entsorgungsstrategien 162, 184

Entsorgungstechnologien 152, 162, 180, 181, 186
Entwicklung, ontogenetische 42, 105
Entwicklung, phylogenetische 42, 50, 92, 105
Entwicklung, qualitative 136
Entwicklungsgesetze 137
Entwicklungslehre 66, 104
Entwicklungslinien 93
Entwicklungsstufen 93
Epikurismus 23, 24
Erblast, ökologische 251
Erkenntnistheorie 38, 64
Ernährungsstufen 180
Ersatzrate 196
Ertragsregelung 191
Ertragsregelungsverfahren 194
Ertragsverluste 165
Erziehung 46, 57, 59, 82, 103
Ethik 35, 113, 126
Eutrophierung 253
Evolution 28, 42, 115, 137, 186
Evolutionstheorie 42, 80, 94, 104, 110, 118, 187

Fernwasserversorgungssysteme 255
Folgekosten 163
Folgewirkungen, Neben-, Früh- und Spätwirkungen 100, 121, 122, 125
Förderprogramme 177, 186
Forstordnung 190
Forstwirtschaft 190-195
Freiheit und Notwendigkeit 39, 55, 64, 68, 73, 75, 87, 103
Fremdstoffe 173
Fundamentalopposition 224

Ganzheitsauffassung 93
Gefährdungspotential 181, 258
Geheimnisschutz 236
Gemeineigentum 55

Gesamtrechnung, volkswirtschaftliche 158
Geschichte, von Natur und Gesellschaft 35
Gesellschaftskonzeptionen 136
Gesellschaftsvertrag 38, 55, 56
Gesetze 16, 17, 34, 53, 64, 102
Gesetzmäßigkeiten 16, 17, 95, 140
Gesundheit 171, 172-174
Gesundheitsgefährdung 263
Gesundheitsschäden 173
Glasnost 224
Gleichgewicht, dynamisches 54, 57, 59, 84, 107, 112, 202
Gleichheit, der Naturgeschöpfe 135
Gottesbeweise 28
Gratisdienste, der Natur 60
Grenzwertüberschreitung 251, 252
Grundgesetz, biogenetisches 105

Harmonie, zwischen Natur und Gesellschaft 16, 26, 31, 42, 57, 84
Heimatfreunde 214, 218, 232
Heimatvereine 214
Holzertragsvermögen 194
Holzqualitätsverluste 167
Holzverbrauch 132
Holzvorräte 194
Holzzuwachs 194
Humanismus 43, 58, 59, 67, 81, 83, 85, 86, 102, 110, 113
Hypothesen 34

Immission 166, 248
Immissionsnetz 248
Imperativ, ökologischer 128, 155
Industrialisierung 132, 134
Industriegesellschaft 145
Industrielle Revolution 132, 238
Intensivierung 203, 205, 223, 237, 253, 257
Intensivierungsstrategie 223
Interessen, der Menschen 54, 127
Investitionen 189

Kahlschlagswirtschaft 193
Kartellgesetze 185
Katastrophentheorie 80
Kausalitätsbeziehungen 42, 53, 63, 105
Kausalitätsprinzip 79
Kausalketten 107
Kernenergie 212
Kirche 26, 224, 232, 234
Kläranlagen 171, 252
Kompensationsmechanismen 188
Komplexprogramm 210, 212
Komplextechnologien 183
Kompostierungsanlage 258
Konkurrenz 147, 186
Konsumtionsweise 205
Kosten 160, 163
Krankenstand 172
Krankheit 172
Krankheitstypen 174
Kreisbahn 25, 31
Kreislauf 17, 21, 59, 66, 200
Kreislauftechnologien 152, 189, 211
Kreislauftheorie 16-18, 36, 60
Kultivierung 89, 129
Kultur 37, 85
Kulturbund 214, 217, 218, 229, 231-233
Kulturenergie 113
Kulturfähigkeit 113
Kulturlandschaft 257

Landeskultur 204
Landeskulturgesetz 216, 217
Landschaftsschutzgebiete 216
Lärmabstrahlung 262
Lärmbekämpfung 262
Lärmbelastung 262, 263
Lärmgebietseinstufung 262
Lärmminderung 262
Lärmschutz 239, 240
Leben 110

Lebensdauer 172
Lebensformen 22
Lebensprinzipien 112
Lebensqualität 172, 248
Lebensstil 201
Lebensweise 128, 131, 135, 172, 204, 205, 212
Luftbelastung 163-165, 248-251
Luftqualität 248
Luftschadstoffe 163, 248-251

Marktwirtschaft 149
Maschinentheorie 42
Materialismus 49, 50, 69, 78, 102, 138
Materialisten 18, 51, 105
Materialökonomie 204, 206
Materie 15, 17, 21, 29, 41, 44, 48, 53, 64, 70, 97, 103, 108, 114
Mensch, als Einzelwesen 22
Mensch, als Gattungswesen 19, 22
Mensch, als Gesellschaftswesen 23
Mensch, als Naturwesen 23, 98
Meßmethoden 211
Metaphysik 20, 42, 50
Methoden, deduktive 35
Methoden, induktive 34, 35, 41
Methoden, spekulative 18, 26, 33-35, 41, 51, 64, 67
Mikroelektronik 207
Milieutheorie 46, 48, 51
Mitgliederschwund 225
Möglichkeitsfeld 119
Monade 31, 41, 43, 64
Monadenlehre 41
Monismus 31
Mystizismus 32

Nachhaltigkeit 190-194, 196, 199
Nahrungskette 169
Nationaleinkommen 160, 207

Natur 15, 52, 58, 70, 71, 78, 79, 87, 90, 114, 142, 156
Naturaneignung 99
Naturausbeutung 127
Naturbeherrschung 12, 19, 34, 36, 73, 92, 100, 116-120, 127
Naturbelastung 150
Naturbetrachtung, dialektische 51, 71, 75, 79, 95, 103, 104, 145, 146
Naturbetrachtung, makrokosmische 16, 30
Naturbetrachtung, mechanische 30, 32, 53, 63
Naturbetrachtung, mikrokosmische 30
Naturerkenntnis 32, 34
Naturerscheinungen 15, 24, 36
Naturfreunde 218, 232
Naturgesetze 34, 44, 54, 75, 84, 100
Naturhaushalt 134
Naturinteressen 98
Naturkapital 199
Naturkonzeptionen 97
Naturkreislauf 59, 66, 73, 103, 133
Naturordnung 85
Naturorientierung 12
Naturpark 263
Naturphilosophie 14-16, 18, 26
Naturpotentiale 119, 127, 135, 179
Naturprinzipien 92, 150, 180
Naturrecht 21, 49, 55
Naturreligion 53, 61
Naturressourcen 133, 210
Naturschutz 214-218
Naturschutzarbeit 215, 221, 237
Naturschutzbeauftragte 217
Naturschutzbund 231, 236
Naturschutzgebiete 215, 216, 237
Naturschutzgesetz 216, 217
Naturschutzpraxis 218
Naturschutzvereine 214
Naturschutzverordnungen 228
Naturstandard 181, 186

Naturstoffe 150, 180
Naturstoffvergeudung 150
Naturstrategien 179, 180
Naturtechnologien 180, 183
Naturverhältnisse 72, 96
Naturverständnis 14-115
Naturweisheit 85
Naturwerttheorie 45
Naturwissenschaft 26, 33, 40, 51, 63, 66, 90
Naturzustand 22, 37, 38, 55, 56
Nettoprimärproduktion 198
Noosphäre 110
Normalwaldtheorie 192
Normen 211
Nutzungsklasse 254
Nutzungsrate 196

Öffentlichkeitsarbeit 225
Ökologie 105, 191, 230
Ökologisierung 12, 101, 152, 175, 179, 189
Ökonomie 154, 155
Ökozentrismus 126, 154

Pantheismus 27, 31, 39, 41, 44, 82, 94
Paradigmenwechsel 126, 201
Parteitage, der SED 203
Patente 246
Patristik 27
Perestroika 224
Physiokraten 44, 59
Planvorsprung 208
Plenartagungen, der SED 12, 203, 204
Politbüro 203, 208
Präformationstheorie 42, 62
Privateigentum 38, 55
Produktionsstillegung 248
Produktionstechnologien 12, 178, 181
Produktionsumstellung 248
Produktionsverbrauch 207
Produktionsverhältnisse 96

Produktionsweise 128, 144, 146, 205
Produktivkraft 80, 118, 140, 144, 146, 161, 205, 238

Qualität 93, 136
Qualitätsminderungen 163

Raubbau, an Mensch und Natur 129
Realität, objektive 36, 114
Reformpolitik 227, 235
Regenerationsrate 196
Regenerationsvermögen 108, 133, 137, 140, 142, 160, 161, 195, 198, 253
Reinertragslehre 194
Renaissance 29, 32, 35
Reproduktionsprozesse 59, 96
Reproduktionstheorie 95, 99
Reproduktionsvermögen 137
Rohstoffe 206
Rohstoffeinsparungen 207
Rohstoffpreise 206
Runder Tisch 230, 235

Sanierung 171, 249, 263
Sanierungskonzepte 253
Sanierungskosten 171
Schadensanalysen 165
Schadensbewertung 163-175
Schadenserfassung 164
Schadensquellen 164
Schaderreger 261
Schadstoffe 121, 122, 167
Schadstoffeintrag 254
Schadstoffemission 122
Schadstoffimmission 122
Schadstoffresistenz 166
Schadverlauf 164
Scholastik 27, 29, 30, 34, 40, 45, 62, 63
Schöpfung 27, 28, 94
Sekundärrohstoffe 206
Sekundärrohstoffnutzung 120

Sekundärrohstoffwirtschaft 182
Selbstbewegung 41,103
Selbstentwicklung 41, 70, 73
Selbsterhaltungstrieb 37, 154
Selbsterkenntnis 19
Selbstorganisation, der Materie 146
Selbstreinigungsvermögen 133, 161, 171
Selbstvernichtung 199
Selektionsdruck 186
Selektionstheorie 104
Skeptizismus 23, 24, 37
Sophismus 19
Sophisten 18
Sozialleistungen 189
Sozialökologie 140
Sozialverträglichkeit 139, 176, 200
Standards 211
Staubbelastung 248, 250
Staubemission 248-250
Stoffausnutzung 121, 133
Stoffaustausch 121, 133, 179
Stoffbilanzen 214
Stoffluß 214
Stoffkreislauf 100, 121, 180, 181, 199
Stoffumsatz 121, 133, 180
Stoffwechsel 76, 95, 97-99, 117, 152
Stoizismus 23, 24
Strategie, ökonomische 203, 208, 226
Subventionen 185

Technik 140, 143, 147, 148
Technikentwicklung 140
Technologieentwicklung 133, 184
Technologiefolgenabschätzung 185
Technologien 121, 140, 150, 152, 207, 211, 239, 243, 244
Teleologie 63
Transportwesen 208
Triebkräfte, der Entwicklung 147
Trinkwasserschutzgebiete 255
Trinkwasserverbrauch 254

Sachwortverzeichnis

Überlebensinteresse 154, 180
Umwelt 208
Umweltaufgaben 211, 212
Umweltbelastung 160, 161, 172, 188, 197, 214, 247, 250, 263
Umweltbewußtsein 176, 222
Umweltbücher 228
Umweltdaten 226, 228, 236, 247
Umweltfaktoren, Einfluß von 46, 172
Umweltgestaltung 205, 209, 246
Umweltignoranz 203
Umweltinitiative, strategische 184
Umweltkatastrophen 122, 154
Umweltkrisen 154, 230
Umweltpolitik 218, 225, 244, 245
Umweltprobleme 12, 154, 176, 205, 225
Umweltprogramm 210, 225
Umweltrevolution 201
Umweltsanierung 13
Umweltschäden 161, 174, 175
Umweltschutz 12, 204, 205, 209, 210, 212
Umweltschutzaufwendungen 175
Umweltschutzbeauftragte 218
Umweltschutzgesetzgebung 217, 244
Umweltschutzmaßnahmen 223
Umweltschutzpraxis 218
Umweltschutzverantwortliche 218
Umweltsituation 213
Umweltstrategie 226
Umweltüberwachungssystem 211
Umweltverbände 237
Umweltverbrauch 197, 214
Umweltverhalten 176
Umweltverseuchung 204
Umweltverträglichkeit 139, 176, 185
Umweltzeitschrift 228
Urstoff 15, 16, 22
Urzeugungstheorie 42, 104

Verfassung 217
Verkehrsnetze 256
Vermeidungskosten 160
Verrechnungssystem, multilaterales 213
Verwaltungsreform 216
Volkswirtschaft 206
Volkswirtschaftsplan 206
Vorsorgeprinzip 183
Vorsorgestrategien 162
Vorsorgetechnologien 152, 180, 182, 184, 186, 211

Wachstum 136, 163
Wahrheit 266
Waldbewirtschaftung 190, 261
Waldökosysteme 261
Waldrodungen 132
Waldschäden 166-168, 259-261
Waldschadenserhebung 166, 259
Waldverwüstungen 190
Wasserbedarf 251, 155
Wasserbelastung 170, 171, 251-56
Wasserbeschaffenheit 253, 256
Wasserbeschaffenheitsklassen 253, 256
Wasserqualität 254
Wasserverschmutzung 210
Wasserversorgung 251
Wechselwirkung 69, 172
Weltbild, dualistisches 17, 36, 37
Weltbild, geozentrisches 20, 25, 30, 40
Weltbild, heliozentrisches 16, 25, 30, 40
Weltbild, idealistisches 20, 41, 44, 74, 88
Weltbild, materialistisches 20, 46, 87, 103, 145, 146
Weltbild, monistisches 31, 39, 104
Weltepochen 73
Weltgeist 20, 77
Weltgesellschaft 114
Weltseele 21
Weltsystem, geozentrisches 15
Weltsystem, heliozentrisches 16
Weltwirtschaft 135, 200
Wert, der Natur 153-158

Wertewandel 137, 138, 186, 201
Werttheorien 45
Wettbewerb 205
Widerspruch 41, 70, 96, 103, 149, 213
Widerspruch, und Identität 41, 70, 72
Winterbedingungen 208
Wirkungszusammenhang 109, 125, 198
Wirtschafts- und Sozialpolitik 12, 207
Wirtschaftsentwicklung 190, 212
Wirtschaftsstruktur 190, 247, 263
Wissenschaftlich-technischer Fortschritt 12, 118, 146, 181
Witterungsunbilden 204, 206, 208
Wohlstandsgefälle 200

Zukunftsgesellschaft 137
Zuwachsverluste 166
Zyklen, geschlossene technologische 211

10. Abkürzungsverzeichnis

ADN	–	Allgemeiner Deutscher Nachrichtendienst
BAUM	–	Bundesdeutscher Arbeitskreis für umweltbewußtes Management
BMFT	–	Bundesministerium für Forschung und Technologie
BNU	–	Bund für Natur und Umwelt
BSP	–	Bruttosozialprodukt
BUND	–	Bund für Umwelt und Naturschutz Deutschlands
CO_2	–	Kohlendioxid
DDR	–	Deutsche Demokratische Republik
DWK	–	Deutsche Wirtschaftskommission
FDGB	–	Freier Deutscher Gewerkschaftsbund
FND	–	Flächennaturdenkmale
GNU	–	Gesellschaft für Natur und Umwelt
GUS	–	Gemeinschaft unabhängiger Staaten
IG	–	Interessengemeinschaft
IHD	–	Internationale Hydrologische Dekade
IHP	–	Internationales Hydrologisches Programm
IUCN	–	International Union for the Conservation of Nature; Internationale Naturschutzunion
KDT	–	Kammer der Technik
Kfz	–	Kraftfahrzeug
KGB	–	Komitee für Staatssicherheit
KKW	–	Kernkraftwerk
LKG	–	Landeskulturgesetz
MfS	–	Ministerium für Staatssicherheit
MIK	–	Maximale Immissions-Konzentration
MLFN	–	Ministerium für Land-, Forst- und Nahrungsgüterwirtschaft
MUW	–	Ministerium für Umweltschutz und Wasserwirtschaft
MW	–	Megawatt

ND	–	Naturdenkmal
NPP	–	Nettoprimärproduktion
NSG	–	Naturschutzgebiete
RGW	–	Rat für Gegenseitige Wirtschaftshilfe
SBZ	–	Sowjetische Besatzungszone
SED	–	Sozialistische Einheitspartei Deutschlands
SMAD	–	Sowjetische Militäradministration
TINA	–	Technologie- und Innovationsagentur
UdSSR	–	Union der Sozialistischen Sowjetrepubliken
UN	–	United Nations; Vereinte Nationen
UNESCO	–	United Nations Educational, Scientific and Cultural Organisation; Organisation der Vereinten Nationen für Erziehung, Wissenschaft und Kultur
UTG	–	Umwelttechnische Gesellschaft
VDI	–	Verein Deutscher Ingenieure
VEB	–	Volkseigener Betrieb
VVB	–	Vereinigung Volkseigener Betriebe
WCS	–	World Conservation Strategy; Weltschutzstrategie
WHO	–	World Health Organisation; Weltgesundheitsorganisation
WMO	–	World Meteorological Organisation; Weltorganisation für Meteorologie
WTF	–	Wissenschaftlich-technischer Fortschritt
ZK	–	Zentralkomitee
ZV	–	Zentralvorstand